数字扩声系统搭建解析

韩宪柱　康从超　张子壮　编著
吴　晨　主审

電子工業出版社
Publishing House of Electronics Industry
北京·BEIJING

内 容 简 介

本书以演出现场为实例，详细介绍数字扩声系统搭建的工作过程，包括上篇的搭建数字扩声系统的基础知识和基本技能，下篇的演出场所的勘察、声场模拟、设备的选型原则、供电系统及系统初调、声学特性测试，可使读者全方位地掌握从进入演出现场时刻到演出开始所进行的工作。

本书适合从事厅堂、室外大中型文艺演出系统设计的工程师及现场音响师阅读。

图书在版编目（CIP）数据

数字扩声系统搭建解析/韩宪柱等编著．—北京：电子工业出版社，2019. 1
ISBN 978-7-121-35507-3

Ⅰ．①数…　Ⅱ．①韩…　Ⅲ．①扩声系统-电声技术　Ⅳ．①TN912. 2

中国版本图书馆 CIP 数据核字（2018）第 252492 号

责任编辑：富　军
印　　刷：北京虎彩文化传播有限公司
装　　订：北京虎彩文化传播有限公司
出版发行：电子工业出版社
　　　　　北京市海淀区万寿路 173 信箱　邮编 100036
开　　本：787×1 092　1/16　印张：17. 75　字数：455 千字
版　　次：2019 年 1 月第 1 版
印　　次：2025 年 1 月第 11 次印刷
定　　价：98. 00 元

凡所购买电子工业出版社图书有缺损问题，请向购买书店调换。若书店售缺，请与本社发行部联系，联系及邮购电话：(010)88254888，88258888。

质量投诉请发邮件至 zlts@ phei. com. cn，盗版侵权举报请发邮件至 dbqq@ phei. com. cn。

本书咨询联系方式：(010)88254456。

前　言

随着数字技术的快速发展和网络的普及应用，现场扩声设备从模拟时代进入数字时代，相继涌现出各种品牌的数字调音台、数字信号处理器及数字功率放大器等数字化扩声设备，通过计算机完成对扩声系统的设计、声场模拟及演出场所特性的调试等，利用网络实现远距离传输，解决了长距离传输音频信号衰减的难题。为了满足相关读者的需要，我们组织编写了《数字扩声系统搭建解析》。

本书以演出现场为实例，详细介绍数字扩声系统搭建的工作过程。全书分为上篇（准备知识）和下篇（现场实践）。

上篇讲述搭建数字扩声系统的基础知识和基本技能，共9章：第1章介绍以数字调音台为核心的数字扩声系统；第2章介绍数字化设备；第3章介绍系统的连接；第4章介绍演出现场数字扩声系统的搭建；第5章介绍扬声器阵列；第6章介绍m32软件解析；第7章介绍xtaDP448数字信号处理器软件解析；第8章介绍EASE FOCUS（声场模拟软件）解析；第9章介绍Smaart电声测量软件解析。

下篇讲述演出场所的勘察、设备的选型原则及供电系统，以某体育场馆的中型演唱会为例，共6章：第10章介绍现场演出前的工作；第11章介绍声场模拟；第12章介绍扩音系统的设计；第13章介绍设备的安装和系统的连接；第14章介绍系统的初始调整；第15章介绍演出现场声学特性测试。

本书彩色印刷，图文并茂，可使读者全方位地掌握从进入演出现场时刻到演出开始所进行的工作。

数字扩声系统与模拟扩声系统没有本质的区别，只是系统的设备功能集中，具有一定的智能，是具有人性化的扩声系统。既然了解数字扩声系统的读者会体会到其参数的调节机理与模拟扩声系统的参数调整机理相同，那么为什么一些读者在初次接触数字扩声系统时会感到“茫然”呢？其原因为：专业英文的含义没有掌握；通过软件操作不适应；对数字扩声系统的设计理念不熟悉，如Layer分层、信号处理采用模块化、推子（Fader）的概念更新等。

本书给出数字扩声系统处理实际问题的解决方法，由于篇幅原因不能面面俱到，读者可在学习基本思想后，通过举一反三的方式处理实际问题。

由于笔者时间有限，本书内容不妥之处在所难免，敬请业内专家批评指正，可通过kd13120177780@sina.com与笔者沟通。

北京市东城区裕龙职业技能培训学校校长邓安煦对此书给予很大支持和帮助，在此表示感谢！

编著者

读者可扫描二维码观看实操视频

目　录

上篇　准备知识

下篇　现场实践

上篇　准备知识

第1章　以数字调音台为核心的数字扩声系统

1.1　学习数字扩声系统的思维、调试方法及网络传输协议

1.1.1　学习数字扩声系统的思维

尽管数字扩声系统与模拟扩声系统具有基本的共同点，但是在学习数字扩声系统时，要摆脱模拟扩声系统的思维方式，以数字调音台为例。

① 建立“页”“层”的概念，掌握在有限的物理尺寸下扩充通道路数。与12路输入通道、4编组模拟调音台尺寸相近的数字调音台可实现36路输入、8路输出，还可以通过扩充卡再增加输入/输出通道，大大节省了空间。

② 建立模拟调音台INSERT接口在数字调音台中应用的概念。数字调音台输入通道条内含压缩限幅器、噪声门、图示均衡器及效果声等信号处理单元，等同模拟调音台的“INSERT”接口串接压缩限幅器等多个周边设备，采用一个工具模板调节参数。

③ 建立数字调音台操纵台面有限推子（Fader）的公用概念，既能充当通道推子，也能充当主输出、编组输出及辅助输出推子。

④ 建立处理、传送的是数字信号的意识。

⑤ 了解数字扩声系统的网络架构。

⑥ 过载的概念。过载即超出自身应承担的负荷。扩声系统的过载是指音频设备或电声器件的工作电平超出额定输入电平，输出信号产生顶部削波的现象。

模拟音频设备过载的起因是幅度过高的信号进入放大器件的非线性区域。数字音频设备在使用时首先进行模/数转换（ADC），转换器件具有最高转换电压，如5V，采用16位的ADC，当模拟信号的电压瞬时幅值为+5V时，转换后的数字信号序列为1111111111111111（16个1），当模拟信号的电压瞬时幅值为-5V时，转换后的数字信号序列为0000000000000000（16个0）；然后进行数/模转换（DAC），1111111111111111（16个1）转换后的模拟信号电压瞬时幅值为+5V，0000000000000000（16个0）转换后的模拟信号电压瞬时幅值为-5V，转换后的模拟信号不产生失真。一旦模/数转换器输入的模拟信号电压超出最高转换电压5V，则超出+5V的部分，转换后的数字信号序列全为0000000000000000，数/模转换后的模拟信号电压瞬时幅值全为+5V，即出现顶部削波。

由此可以看出，无论模拟音频设备还是数字音频设备，均会出现过载，需要注意调节输入电平，防止过载。

1.1.2 学习数字扩声系统的调试方法

数字扩声系统是在模拟扩声系统的基础上发展起来的，具有的基本共同点体现在：

① 以数字调音台为中心，利用各种声音效果处理调音的基本框架模式没有改变，包括声源、调音台、声音效果处理、供声系统（功率放大器、扬声器）及传输通路系统等环节；

② 各种声音效果的处理方法是相同的，如频率均衡、幅度压缩、分频及人工模仿房间声音效果；

③ 各种声音效果的调节参数是相同的，如压缩限幅、门限电平、压缩比、动作时间及恢复时间。

因此，在学习数字扩声系统之前，熟练掌握模拟扩声系统是很有必要的。

1.1.3 学习数字扩声系统的网络传输协议

1. 网络传输协议

网络传输协议是在计算机网络中进行数据交换而建立的规则、标准或约定的集合，是在计算机网络中交换信息的语言，在不同的计算机之间必须使用相同的网络传输协议才能进行通信。音频信号实时传输常用的网络传输协议有 Cobra Net、Ethernet AVB、Dante、AES50 及 MADI。

(1) Cobra Net

Cobra Net 是一种可在以太网中传输专业非压缩音频信号，并工作在数据链路层（OSI 二层）的低层传输协议，无法穿过路由器，只能在局域网中传输，音频流不能大于 8 个数据包。Cobra Net 完全兼容当前的以太网（EtherNet）。网络声频的数据流可以通过双绞线采用以太网 10Base-T 的标准格式和快速以太网 100Base-T 的标准格式入网传输，完全支持并兼容 TCP/IP 协议。

Cobra Net 网卡（Cobra Net Card）可充当计算机与网络之间的物理接口，用于向网络发送数据、控制数据、接收并转换数据。

(2) Ethernet AVB (Audio Video Bridging)

以太网音视频桥接（Ethernet AVB）技术是一项新的 IEEE 802 标准，在传统以太网的基础上，通过保障带宽、限制延迟和精确时钟同步提供完美的服务，可支持各种基于音频、视频的网络多媒体应用。由 Ethernet AVB 建立的 AVB 网络被称为 AVB “云”（Cloud）。在 AVB “云”内，延迟和服务质量得到保障，能够高质量地提供实时的流媒体服务

(3) Dante 数字音频传输协议

Dante 数字音频传输技术是一种基于 3 层的 IP 网络技术，为点对点的音频连接提供低延时、高精度和低成本的解决方案，可以在以太网（100M 或者 1000M）中传输高精度的时钟信号和专业的音频信号，并可以进行复杂的路由。与以往传统的音频传输技术相比，Dante 数字音频传输技术继承了 Cobra Net 和 Ether Sound 的所有优点，如无压缩的数字音频信号，可保证良好的音质效果；解决了在传统音频传输中的繁杂布线问题，降低了成本；适应现有的网络，无需进行特殊配置。

Dante 数字音频传输技术能提供 1~1024 个通道的音频传输并路由到无限数量的通道。

（4）SuperMAC 数字音频传输协议

SuperMAC 数字音频传输协议是由英国牛津大学的索尼专业音频实验室最早研发的。2005 年，SuperMAC 被 AES（Audio Engineering Society，音频工程师协会）认证为第 50 号标准，即 AES50 协议。SuperMAC（AES50）通过一根标准的 CAT5 网线可传输 24 路采样率为 96kHz的双向通道 和 48 路采样率为 48kHz 的双向通道，最长传输距离为 100m；通过 50/125μm的多模光纤可传输 192 路采样率为 96kHz 的双向通道，最长传输距离为 500m。英国 Midas 品牌的全部数字调音台及音频接口箱皆采用 AES50 音频协议。

（5）多通道音频数字接口

多通道音频数字接口（Mu1ti-channel Audio Digital Inter，MADI）格式是以双通道 AES/EBU接口标准为基础的多通道数字音频设备之间的互连标准，可以通过一条 75Ω 的同轴电缆或光纤串行传输 56 路的线性量化音频数据，每一路的一个样值能够在一个音频采样周期内被传输出来。MADI 指定采用 75Ω 视频同轴电缆和 BNC 接口连接件。同轴电缆的最长长度不超过 50m，如用光缆，则可以传输更远的距离。例如，采用光纤分布式数据接口（Fiber Distributed Data Inter，FDDI）可以传输的距离长达 2km。

MADI 传输的数字信号路数取决于每一路数字信号的码率。码率低，传输的路数多；反之，则少。

2. 传输协议插卡

数字音频信号在网络中传输时，要求所用的设备应支持选用的网络传输协议。采用传输协议插卡的目的是可以灵活地选择任意的网络传输协议，不必在每一个设备中安装多个网络传输协议。例如，在选用 Dante 数字音频传输协议时，在每一个设备的插卡槽内可插入 Dante 数字音频传输协议插卡；若改用 Cobra Net 网络传输协议，则插入 Cobra Net 传输协议插卡即可。

1.2 数字扩声系统的搭建方式

1. 搭建方式一

① 声源设备、数字调音台、数字功率放大器（含音频处理器）及扬声器系统，适用于中小型的数字扩声系统。

② 声源设备、数字调音台、数字音频处理器、数字功率放大器及扬声器系统，适用于中小型的数字扩声系统。

2. 搭建方式二

① 声源设备、舞台接口箱、数字调音台、数字信号处理器、数字功率放大器及扬声器系统，适用于中大型的数字扩声系统。

② 声源设备、舞台接口箱、数字调音台、数字功率放大器及扬声器系统，适用于中大型的数字扩声系统。

3. 搭建方式三

搭建方式三是指由数字音频设备、模拟音频设备组合的系统，包含声源设备、模拟调音台、数字信号处理器、数字功率放大器及扬声器系统。其优点为：采用模拟调音台代替数字调音台，可在节省成本的基础上达到调音要求，被大多数音响师选用。

4. 搭建方式四

搭建方式四是由音响设备和交换机组成的数字音频传输网。

1.3 搭建数字扩声系统的注意事项

搭建数字扩声系统的原则：运行稳定、可靠性高、性能价格比高。

1.3.1 可靠性

① 数字扩声系统的架构越简单，发生故障的节点就越少，可靠性也就越高。出现故障的节点多在设备之间繁多的连接处。解决的办法是整合设备，选用内置 DSP 的功率放大器，可省去众多 DSP 的连接。

② 选用具有远程监控功能的设备监测运行参数，如选用具有远程监控功能的数字功率放大器。

③ 采用备用方式。数字扩声系统在发生故障时可使演出现场的扬声器哑音，要求在短时间内恢复现场的声音响度，解决的办法是采取备用方案，要预先热备份，一旦发生故障，立即投入使用。

数字扩声系统的常见故障归纳如下。

① 传声器，尤其是无线传声器出现故障。

② 调音台。数字调音台已占主导地位，其可靠性远不如模拟调音台。一旦出现死机现象，将直接影响全局，因此应备份一台模拟调音台，确保信号源的供给。

③ 220V 电源的断电问题需要注意。数字音频设备在断电后，又恢复供电，不等于能够立即投入工作状态，如 DSP，对断电间隙有一定的要求。220V 电源的断电有两种情况：一种是由故障引起的较长时间的断电，在大型、重要的演出现场，需要配置双路供电，并能够自动切换；另一种是突发的瞬间断电，需要备有不间断电源。随着技术的发展和市场的需求，厂商在设备中也采取了相应的措施及解决方案，可解决瞬间断电的不间断供电问题。

1.3.2 合理性

① 系统架构。数字扩声系统的搭建要根据演出的现场环境及需求选用不同的搭建方案，不应单纯追求设备的高端化、配置的全面化。以线阵列的使用为例，目前线阵列的使用很普遍，但只适用于面积大的大型室内外扩声系统。

② 设备选型。设备选型的原则：满足要求→可靠性→性能价格比。

1.3.3 搭建传输通道

数字扩声系统的信号传输通道至关重要：一是安全可靠；二是信号衰耗小；三是抗干扰能力强，引入的外界噪声低。

1. 网络化数字扩声系统的架构

网络化数字扩声系统的架构如图 1-1 所示。

图中各单元通过以太网或光纤网互通，进一步的发展趋向为无线传输网，可彻底摆脱各种线缆的连接。

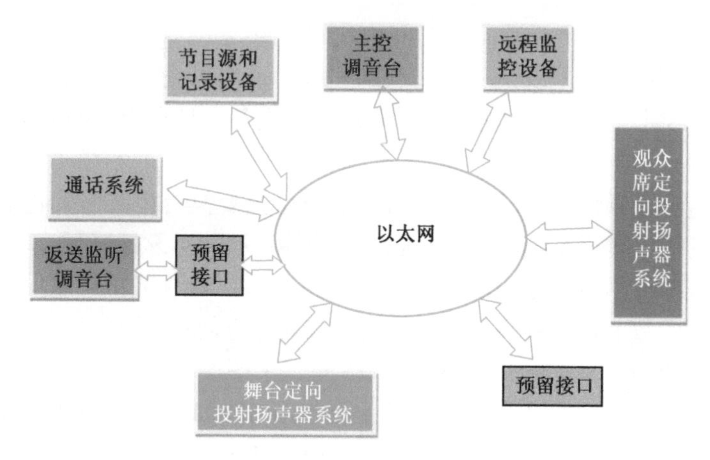

图 1-1　网络化数字扩声系统的架构

（1）设备的配置

网络化数字扩声系统的主要器材为交换机（以太网交换机或光纤交换机）、网线（超五类或六类屏蔽双绞线）及光缆、电光/光电转换模块。

（2）网络拓扑结构

网络拓扑结构是指网络分布和连接方式，如图 1-2 所示。

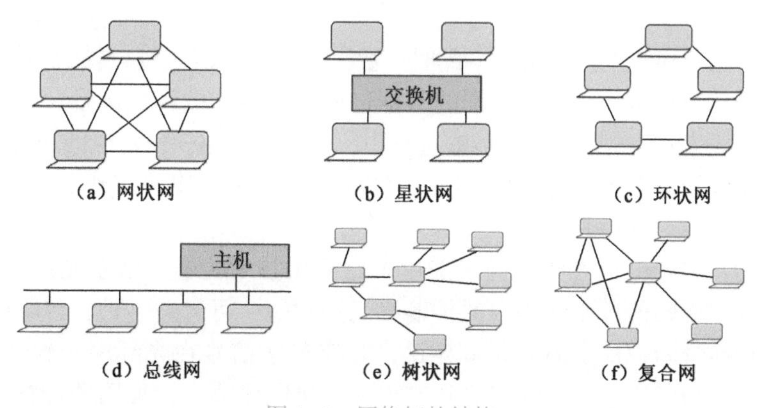

图 1-2　网络拓扑结构

各种网络拓扑结构的优、缺点如下。

① 星状网的优点是线路成本低，信道利用率高；一旦汇接点（网络交换机）发生故障，则全网瘫痪，可靠性差。

② 环状网比星状网的线缆少，布线费用相对较低；为了保证信号传输线路的可靠性，一般采用双路布线，当两个节点之间的单条线路出现故障时，能够切换到备份线路，不影响系统的正常运行。

③ 总线网的传输链路少，节点之间的通信无需转接节点，控制方式简单，增/减节点方便；网络稳定性差，节点不宜过多，网络覆盖范围较小。

目前，数字扩声系统大多采用星状网。

2. 网络传输形式

数字扩声系统的传统连接方式是通过线缆、插接件、跳线盘进行设备之间的连接，经常因为线缆的焊接点不牢固、插接件接触不良等因素造成传输信号出现故障，尤其在大型数字扩声系统中，线缆众多，不易在短时间内找到故障点。

目前，数字扩声系统采用以太网或光纤网连接。采用以太网传输音频信号会涉及网络传输协议，如 Dante 数字音频传输协议，需要所有的设备均具有相应的 Dante 数字音频传输协议才能互通，导致设备造价过高。

采用光纤网传输音频信号比较简易，所有的设备只要具有电光、光电转换器及光缆即可，但是在大型的数字扩声系统中出现众多的转换器，会使可靠性降低。

数字扩声系统要根据情况选用不同的传输方式：小型的数字扩声系统采用线缆传输方式比较合适；大型的数字扩声系统采用网络传输方式会方便一些。

（1）基于以太网（Ethernet）的传输形式

以太网是目前最通用的数字音频传输技术，与 IEEE802.3 系列标准类似，包括标准的以太网（10Mb/s）、快速以太网（100Mb/s）及 10G（10Gb/s）以太网。快速以太网为了最大限度地减少冲突，提高网速和使用效率，使用交换机进行网络连接，即采用星状网结构。

基于以太网的数字音频传输技术是常用的一种技术，具有不依赖控制系统而独立存在的特性，广泛应用在很多项目中，不仅解决了多线路问题，还解决了远距离传输、数据备份及自动冗余等一系列在模拟传输中无法解决的问题。

比较成熟的以太网音频传输技术主要有 Cobra Net 和 Ether Sound。在此基础上，2003 年，Audinate 公司推出了融合很多新技术的数字音频传输技术，是当今采用的主流音频传输技术。

通过一个千兆交换机就可以组网，此时，数字调音台无需再进行模/数转换，直接在网络环境中即可处理数据包，并可以相同的数据包返回网络，供其他调音台和设备使用，采用的传输介质主要为 CAT5 网线。在传输过程中，调音台使用一一对应的通道名称完成整个路由过程，可减少断点设备配置的复杂性，完成信号的传输、共享工作。

（2）基于光纤网的传输形式

基于光纤的数字音频信号传输网络采用多路复用技术传输。由于光速（300000km/s）非常快，因此数字音频信号在网络中的传输时间非常短，可忽略不计，传输的总延时仅为 A/D、D/A 的转换时间。这个时间是固定的。数字音频信号在光纤中传输的损耗非常小，可保证数字音频信号的质量。光纤传输具有很强的抗电磁能力，采用的传输介质有多模光纤和单模光纤。

光纤的组网形式如图 1-3 所示。采用哪种组网形式，应根据工程情况确定。

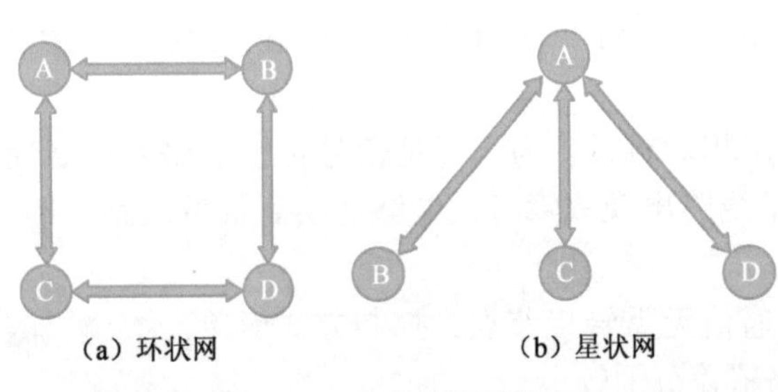

图 1-3 光纤的组网形式

（3）基于局域网的传输形式

局域网是指在一定的局部地理区域内，将各类计算机、网络设备及数据库以一种拓扑结构互相连接，进行数据的传输、交换及处理。局域网的分类如下：

① 按拓扑结构分为总线网、星状网等；

② 按传输介质分为同轴电缆、双绞线、光纤及空间电磁波；

③ 按工作方式分为共享式和交换式。

共享式：公用一条传输介质，各节点从总带宽中均分相同的带宽。

交换式：每一个端口或各节点独享网络的传输介质带宽，整个局域网的可用带宽为局域网传输介质的带宽乘以节点数。

局域网采用星状网、双绞线及交换式居多，是目前用于数字音频信号传输的主要架构。

1.4 数字扩声系统的接口协议

① AES/EBU：传送单路和双路数字音频信号。

② AES50：最大允许传输 96 路数字音频信号，取决于传输的数字信号采样率和量化比特确定的码率。

③ ADAT 又称 Alesis 多信道光学数字接口，是美国 Alesis 公司开发的一种数字音频信号格式，最早用于生产 ADAT 八轨数字磁带录音机。ADAT 格式使用一条光缆传输八个声道的数字音频信号。由于连接方便、稳定可靠，因此 ADAT 格式已经成为事实上的多声道数字音频信号格式，广泛使用在各种数字音频设备中。目前，许多公司的多声道数字音频接口使用的都是 ADAT，如 FRONTIER 公司的一系列产品。

④ MADI 多通道数字音频信号接口协议可传输 56～64 路的数字音频信号。传输的路数决定于传输数字音频信号的码率。码率高，传输的路数少。码率与采样率和量化比特成正比，以 CD 为例，码率$=(44\times10^3\times16)\times2=1408\times10^3(\text{b/s})=1.408\text{Mb/s}$。

⑤ S/PDIF 接口协议是索尼—菲利浦公司在早期的合作中开发的一种民用数字音频信号接口协议，虽然在格式结构上与 AES/EBU 略有差异，但是仍然可以兼容。在一定的情况下，两者可以直接相连，但不推荐这种做法。S/PDIF 接口不仅用在民用消费设备中，在专业音频设备中也被采用。

1.5 数字扩音系统的组成

数字扩音系统包括四套音频系统，即直播系统（OB）、主扩系统（PA）、舞台返送系统（MON）及现场录音系统（REC），虽然各自需要完成的任务不同，但是都需要相同的声源信号。现场直播系统需要设置现场效果传声器拾取现场效果。

1.5.1 直播系统

1. 音频分配器

音频分配器的使用如图 1-4 所示。

图中画出的是三个音频分配器的连接方法。如果有更多个音频分配器，则连接方法相同。在演出现场，如果不进行直播、录音，则可改用 1/2 音频分配器。中小型演出现场监听返送调音台所需的信号从主扩调音台的输出信号中获取，在这种情况下可省去音频分配器。

2. 舞台接口箱

舞台接口箱的连接如图 1-5 所示。舞台上的多个传声器采用多芯线缆与接口箱连接。接口箱使用一根线缆将多路数字音频信号传输至主扩数字调音台的 AES50 端口，利用 AES50 端口在多台数字调音台之间传输。需要注意的是，采样率和时钟要调节一致。

演出现场除安放主扩调音台，还会安放录音和现场直播调音台，传声器的配置要统筹

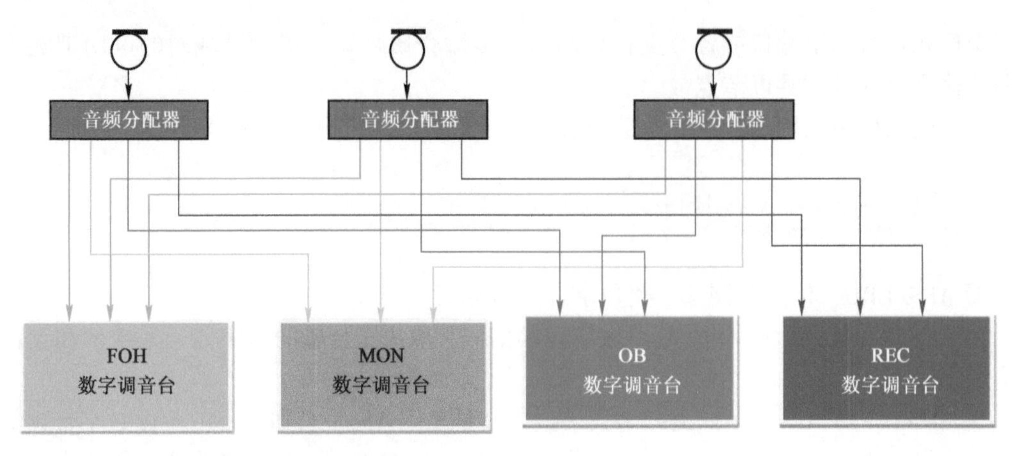

图 1-4 音频分配器的使用

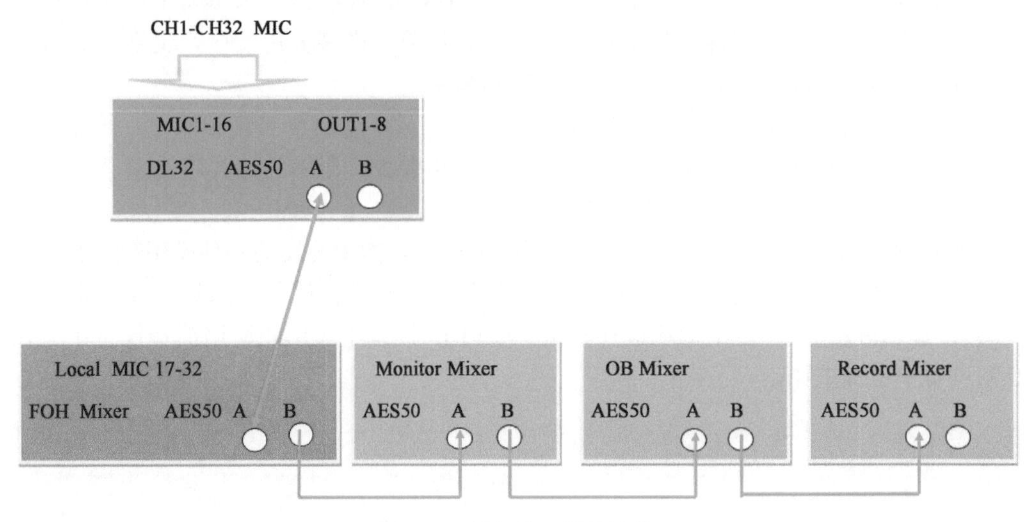

图 1-5 舞台接口箱的连接

考虑。以现场直播调音台为例，演出现场需要安放现场效果传声器，但主扩调音台不需要现场效果传声器。鉴于信号传送方式，现场效果传声器拾取的声音信号同样传给了主扩调音台的输入通道。此时，该输入通道需要进行哑音处置。

3. 以太交换机

当数字调音台之间的距离较远时，演出现场需要采用以太网，拾音信号利用以太交换机进行传输，如图 1-6 所示。图中的各个设备通过以太网端口互通，适合远距离的信号传输。

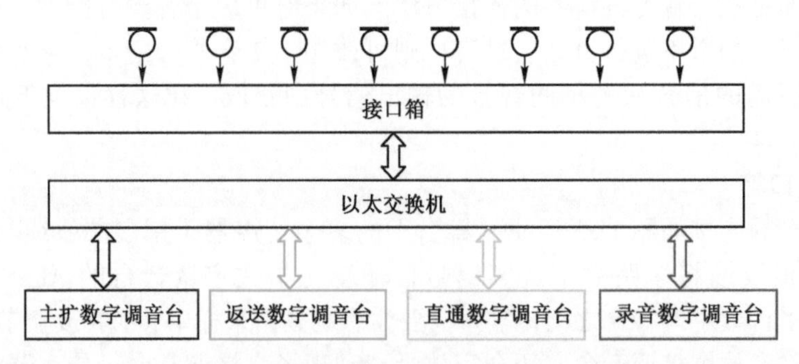

图 1-6 拾音信号利用以太交换机进行传输

4. 使用 MADI BRIDGE（MADI 桥）

拾音信号利用 MADI BRIDGE 进行传输如图 1-7 所示。图中的各个设备通过 MADI 端口互通，适合远距离的信号传输。

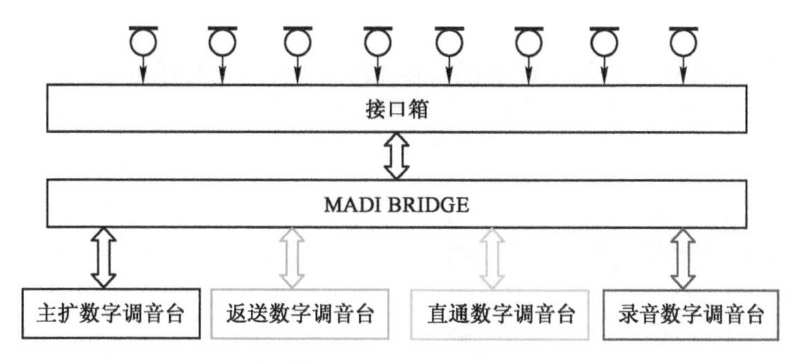

图 1-7　拾音信号利用 MADI BRIDGE 进行传输

1.5.2　主扩系统

主扩系统如图 1-8 所示。

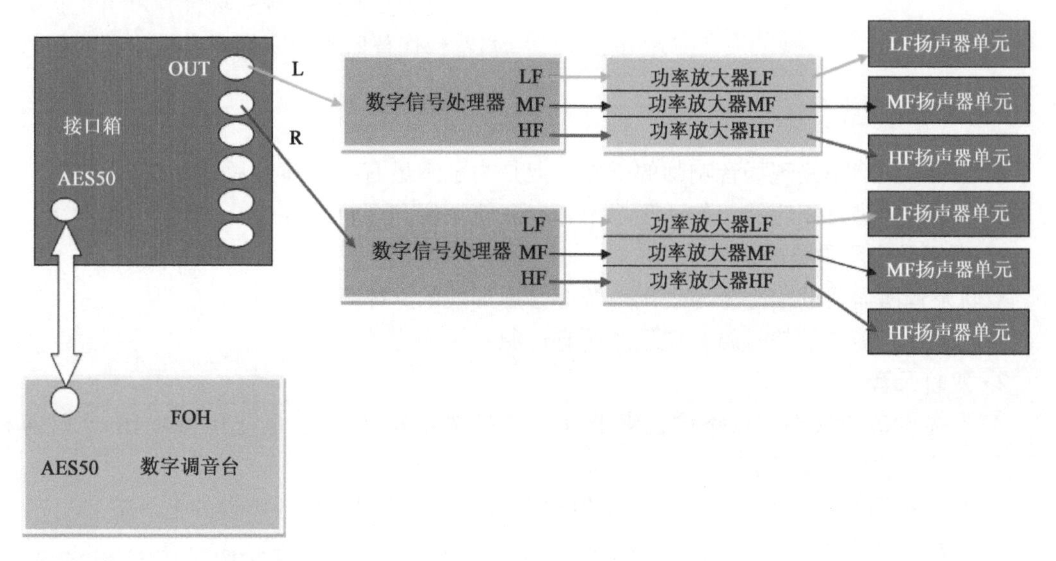

图 1-8　主扩系统

图中仅画出一组输出系统，可作为主扩扬声器系统，补声扬声器系统等辅助扬声器系统与主扩扬声器系统相同。

（1）数字调音台输出的数字信号通过 AES50 返送到接口箱，接口箱选用模拟信号输出。

（2）数字信号处理器可作为单一设备，也可与专业的功率放大器组合为数字功率放大器。

（3）当声源路数较多、扬声器系统复杂时，采用如下方案：

① 选用大型数字调音台，如 DiGiCo 的 SD8、SD7 甚至 SD5；

② 选用多输入/输出端口的接口箱，也可选用少输入/输出端口的多台接口箱组合或增

加扩展板。

(4) LF、MF 及 HF 扬声器单元组合为线阵列音箱。

1.5.3 舞台返送系统

舞台返送系统如图 1-9 所示，可采用有源监听音箱和个人耳机监听系统监听（耳内个人监听）。

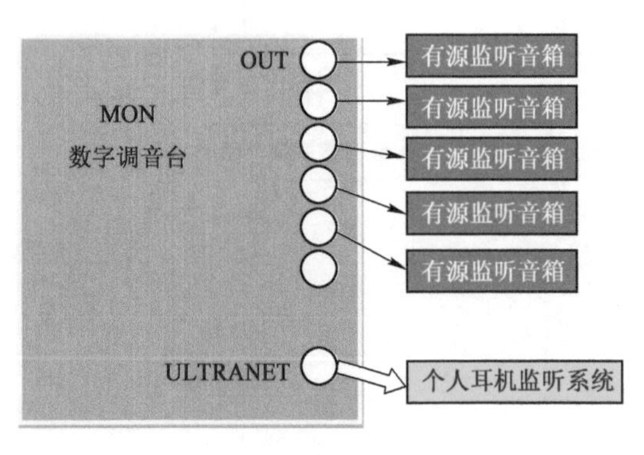

图 1-9 舞台返送系统

有源监听音箱的输入为数字调音台的本地输出。个人耳机监听系统的输入为数字调音台 ULTRANET 端口的输出。舞台返送系统可提供 16 路的监听信号。

数字调音台靠近舞台放置，直接由本地输出端口输出监听信号，不必由主扩数字调音台输出监听信号。

大型演出现场要求的监听信号很多，会使用多台监听数字调音台输出监听信号，在只需要少量监听信号的场合，可由主扩数字调音台代替监听数字调音台输出监听信号。

1.5.4 现场录音系统

现场录音虽然不是现场音响师的工作，但是为了满足有些导演或后期制作人员的需求，现场音响师也会进行相应的工作。现场录音有双轨录音和多轨录音。

1. 现场录音所需要的信号源

双轨录音所需要的信号源为现场声源混合后形成的立体声。

多轨录音所需要的信号源为现场的所有声源。

2. 双轨录音

① 所需设备和软件：双路输入声卡（采样频率≥44.1kHz、量化比特≥16）、计算机（标配），录音软件（多个版本）。

② 从主扩调音台或返送调音台的模拟输出端口引出信号源送入声卡的输入端口。

③ 从单独设置的录音调音台模拟输出端口引出信号源送入声卡的输入端口（需专业录音师操作）。

3. 多轨录音

① 单独设置录音调音台现场所有声源的获取见图 1-5。

② 不设置录音调音台，采用 m32 数字调音台（简称 m32）自备扩展卡（见图 1-10）的 USB 端口引出信号源送入计算机（计算机应安装相应的软件）。

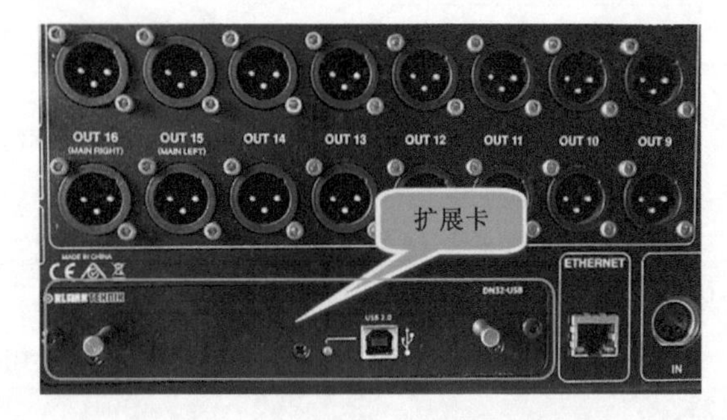

图 1-10 m32 数字调音台自备扩展卡

1.6 数字扩声系统的信号传输

1.6.1 光纤网传输数字音频信号

采用光纤网传输数字音频信号的框图如图1-11所示。

数字调音台安装有电/光转换模块，可将数字音频信号转换为光信号，通过光接口与光缆（其中的一根）连接后，通过光纤交换器将信号送至舞台接口箱的光接口，再到多台数字信号处理器。光纤网传输数字音频信号具有传输距离长、损耗小、延时小的优点。

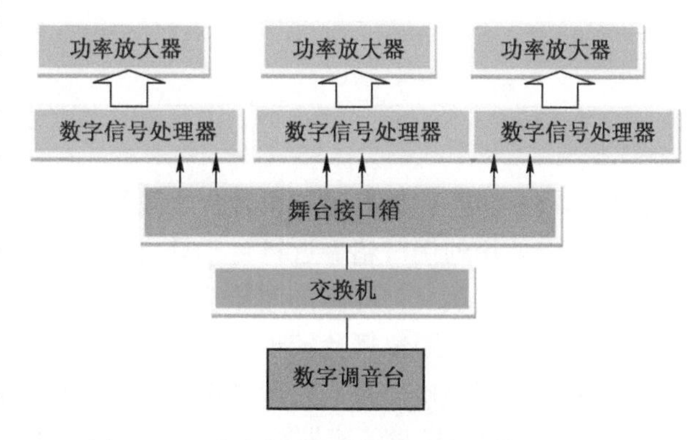

图1-11 采用光纤网传输数字音频信号的框图

数字音频信号可由独立设备——数字信号处理器进行处理，也可由功率放大器内部的数字功率放大器进行处理。

1.6.2 以太网传输数字音频信号

以太网传输数字音频信号的框架如图1-12所示。

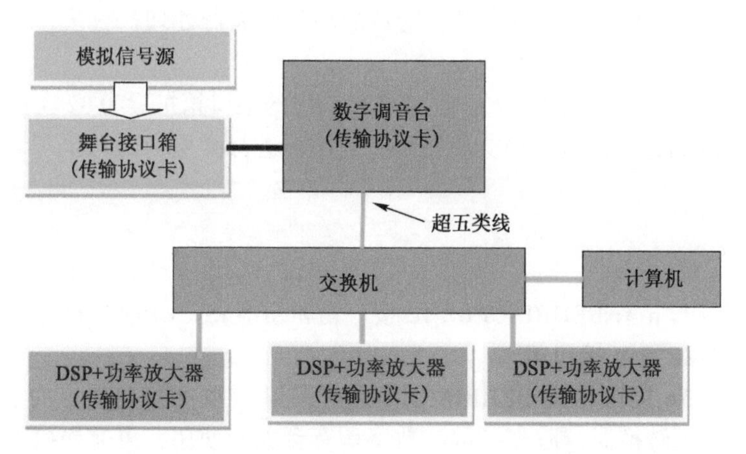

图1-12 以太网传输数字音频信号的框架

图中参加以太网传输的设备必须遵守同一网络传输协议，由于有多种网络传输协议存在，因此选用制成多网络传输协议的插卡，如Dante/Cobra Net等，可利用变换不同的插卡满足不同的网络传输协议。

第 2 章　数字化设备

2.1　接口箱

2.1.1　接口箱的功能

接口箱（I/O 板）是声源与调音台之间的媒介。

模拟系统使用的接口箱靠近舞台，具有多传声器输入端口（XLR），可与舞台上的众多传声器连通；输出端口与屏蔽的单根多芯话筒线（音频多芯线缆）连接，如 12 芯、24 芯等，可将信号源送往距离舞台较远的调音台，走线便利，信噪比高。

数字系统使用的接口箱与模拟系统使用的接口箱相似，但扩大了功能，体现在：

① 通过模/数转换将传声器输入的模拟信号转换为数字信号。

② 采用多通道音频数字接口协议，利用单根线缆，如同轴电缆、网线或单根光纤即可传输 64 路的数字音频信号。

③ 具有数字调音台的输出信号返回接口箱的功能，在 AES50 端口，利用单根网线即可实现双向传输，也就是说，仅用单根超五类线即可在接口箱与数字调音台之间往返信号。

接口箱内置数/模转换器，可将信号转换为多路模拟音频信号输出，具有多路数字音频信号输出端口，输出的信号经放置在舞台附近的功率放大器处理，直接将数字音频信号传输给后续需要数字音频信号的设备。

④ 具备可扩展性，可将一个 32 路输入/8 路输出的接口箱扩展为 32 路输入/16 路输出，甚至 48 路输入/16 路输出的接口箱，即利用扩展插板进行扩展，此时要求调音台具有相应的输入通道容量。

2.1.2　16 系列数字接口箱

16 系列数字接口箱有 BEHRINGER S16 接口箱和 MIDAS DL16 接口箱。

1. BEHRINGER S16 接口箱

BEHRINGER S16 接口箱是 BEHRINGER 生产的舞台数字接口箱，内置话筒放大器、模/数转换器及数/模转换器，适合与 m32 数字调音台配套使用，可充当模拟调音台使用的数字蛇缆。

数字蛇缆：可搭配 ADA8000 数/模转换器完成数/模转换，为多路模拟信号送往模拟调音台提供了便利。

BEHRINGER S16 接口箱的面板和背板如图 2-1 所示，配置 16 路输入 MIC XLR 插座、8 路模拟平衡 XLR 输出及电平显示插座、AES50 环路插口等。BEHRINGER S16 接口箱背板设置的端口如下：

① AES50 环路插口：可从 B 向外发送 A 的信号，相当于 LINK 的功能。

② ADAT OUT 光缆口输出：一个传输 1~8 通道；另一个传输 9~16 通道。

③ ULTRANET：个人监听系统连接口，可与 P16 个人监听系统连接，便于表演者对自己的声音进行简单的调节和控制，可让表演者集中注意力，全身心地投入表演，为观众带来一场完美的听觉盛宴。

④ MIDI 接口：传送电声乐器演奏所用的控制数据。

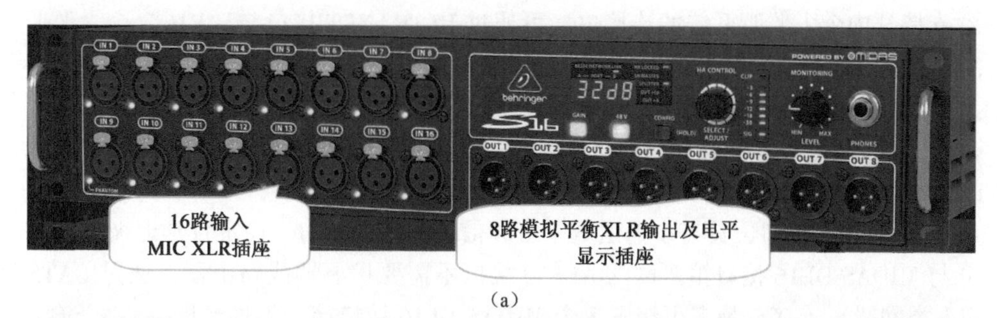

(a)

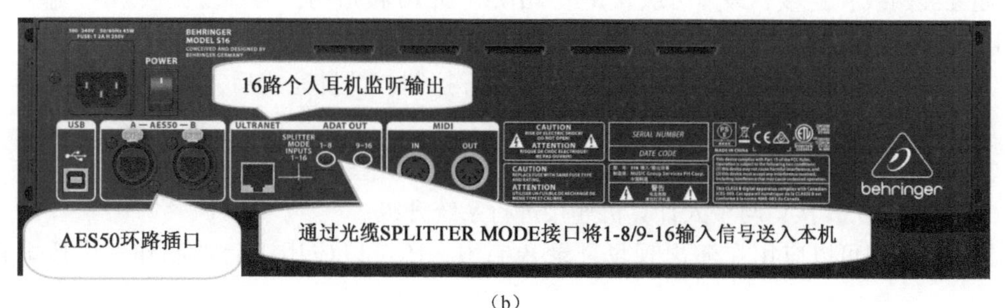

(b)

图 2-1 BEHRINGER S16 接口箱的面板和背板

2. MIDAS DL16 接口箱

MIDAS DL16 接口箱与BEHRINGER S16 接口箱大同小异，前面板如图 2-2（a）所示，配置 16 路输入 MIC XLR 插座、8 路模拟平衡 XLR 输出及电平显示插座、AES/EBU 50 接口等。MIDAS DL16 接口箱背板的设置与 BEHRINGER S16 接口箱相同，如图 2-2（b）所示。

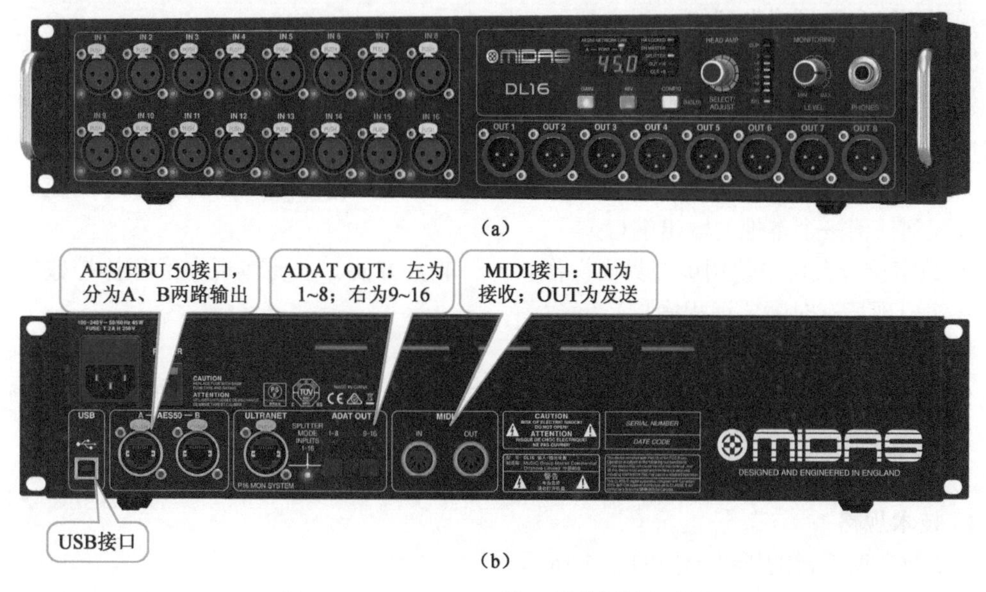

(a)

(b)

图 2-2 MIDAS DL16 接口箱的面板和背板

3. BEHRINGER S16 接口箱与MIDAS DL16 接口箱的共同特点

① 具有独特的监听控制/前置话筒放大器增益控制功能，便于使用者对每路信号进行监听和控制，除能够进行信号电平指示，还能够调节每个通道的增益、电容传声器+48V 幻象电源馈送及监听等，内置模数及数模变换器。

② 支持耳内个人监听系统的连接口，可通过 ULTRANET 接口与“P16”个人监听系统连接，便于表演者对自己的声音进行简单的调节和控制。

③ 采用 ADAT 数字接口作为音频设备之间传输数据的桥梁，如调音台、合成器（电子键盘等)、照明设备及效果器等，通过 MIDAS DL16 接口箱的 ADAT 可便捷地与其他支持 ADAT 协议的外置设备连接。

④ 设置 AES50 接口，具有多通道数字音频信号的传输能力，稳定且延迟极低，

⑤ 与 MIDAS DL16 接口箱级联的 AES50 接口不需要扩展器或路由器，通过 CAT5 屏蔽线（超五类网线）连接，最多可级联 3 个 MIDAS DL16 接口箱，为舞台提供 48 个输入接口和 24 个输出接口。

⑥ 所有的设置都可通过前面板或调音台进行控制，设置完成后，MIDAS DL16 接口箱的声源分配路由设定可通过调音台锁定。

⑦ MIDI 输入/输出接口可提供控制台与舞台 MIDI 设备之间的连接。

⑧ 可通过 USB 接口与个人计算机连接进行系统升级。

接口箱不但可以应用在演出现场、录音棚中，还可以应用于后期制作、广播电视领域等。

2.2 m32 数字调音台

m32 数字调音台的特色或优势可从功能、操作性及结构性三个方面进行介绍。

① 数字调音台通过“分层”可在有限的空间接收大量的声源并提供众多的信号输出端口；有限的物理推子可容纳输入通道的最大值（上百个)、输出路数的最大值（几百路)。这是模拟调音台不可能做到的。

② 数字调音台可以做到一路声源路由多个输入通道，可提高声源的利用率。

③ 模拟调音台输出端口的信号固定，固定的主输出端口不能更换为 AUX 输出。数字调音台的输出端口可以进行自定义，增加了灵活性，可在一定数量的输出端口下，根据现场需求方便地将 R/L 输出信号、单声道输出信号、编组输出信号、AUX 输出信号及监听输出信号分配到任何一个本地的输出端口。

④ 数字调音台可以使用虚拟界面操作软件，非常方便，主要体现在远程操控数字调音台（在演出现场有时需要远程操控)。

数字调音台可在线下（脱离数字调音台）使用虚拟界面完成输入、输出路由，甚至确立信号处理参数，并将其以文件的形式存储起来，使用时再拷贝到现场的数字调音台中。

⑤ 数字调音台可在有限的空间完成众多外置设备承担的任务。

1. 技术规格

m32 数字调音台的操纵台如图 2-3 所示。

技术规格：32 通道全处理，8 通道辅助输入，8 通道效果返回；25 混音母线（AUX/

GROUP 辅助/编组母线 16 条、MATRIX 矩阵母线 6 条、L/R/C 左右中置声道母线 3 条)；8 个立体声输出端口；最多 16 个图示均衡；可拓展的数字音频网络为 96×96；1 个 AES/EBU 数字音频信号输出；6 个 AUX OUT 辅助输出（TRS 和 RCA 两种插座）。

图 2-3　m32 数字调音台的操纵台

2. 通道参数编辑区域

m32 数字调音台的通道参数编辑区域包含 CONFIG/PREAMP（配置/预放）（见图 2-4（a））、GATE（噪声门）（见图 2-4（b））、DYNAMICS 动态（见图 2-4（c））及 EQUALISER（均衡）（见图 2-4（d））四部分。

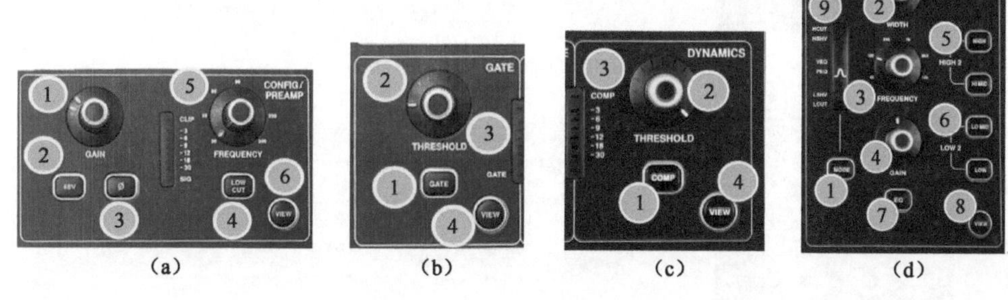

图 2-4　通道参数编辑区域

图 2-4（a）中，①为 GAIN 旋钮，用于调节输入通道的电平（用右侧的电平柱表指示)；②为+48V 按键，按下时灯亮，表示幻象电源启用；③为 Φ 按键，按下时灯亮，用于指示输入信号极性的变换；④为 LOW CUT 按键，按下时灯亮，表示高通滤波器启用，切除输入信号的低频成分；⑤为 FREQUENCY 旋钮，用于调节高通滤波器的截止频率，即选择开始切除频率；⑥为 VIEW 预览，按下按钮点亮时，可在主屏幕上查看参数。

图 2-4（b）中，①为 GATE 按键，按下时灯亮，噪声门启用；②为 THRESHOLD 旋钮，用于选择门限电平；③为 GATE 电平柱表，与图 2-4（c）中③的电平柱表公用，用于显示噪声门的输入电平；④为 VIEW 预览按键，点亮时，可在主屏幕上查看参数。

图 2-4（c）中，①为 COMP 按键，用于启用压缩；②为 THRESHOLD 旋钮，用于选择门限电平；③为 COMP 电平柱表，用于显示压缩器的输入电平；④为 VIEW 预览按键，点亮时，可在主屏幕上查看参数。

图 2-4（d）中，①为 MODE 模式按键，用于选择均衡模式；②为 WIDTH 旋钮，用于调节峰谷均衡特性宽度；③为 FREQUENCY 旋钮，用于均衡选择的频率（包含 LOW2/

HIGH2 四段)；④为 GAIN 增益（均衡)/均衡抬升/衰减旋钮；⑤为 HIGH2（HIGH/HI MID)/HIGH2 两段均衡按键，HIGH 为高端频率启用，HI MID 为中高频率启用；⑥为 LOW2（LOMID/LOW)/LOW2 两段均衡按键，LOW 为低端频率启用，LO MID 为中低频率启用；⑦为 EQ（均衡）按键，按下时灯亮，启用均衡；⑧为 VIEW 预览按键，点亮时，可在主屏幕上查看参数；⑨为均衡类型图示，与①配合显示。

3. BUS SENDS 总线发往区域

BUS SENDS 总线发往区域包含 BUS SENDS 总线发往区域（见图 2-5（a))、RECORDER（录音）及 MAIN BUS（输出总线发往区域）(见图 2-5（b))。

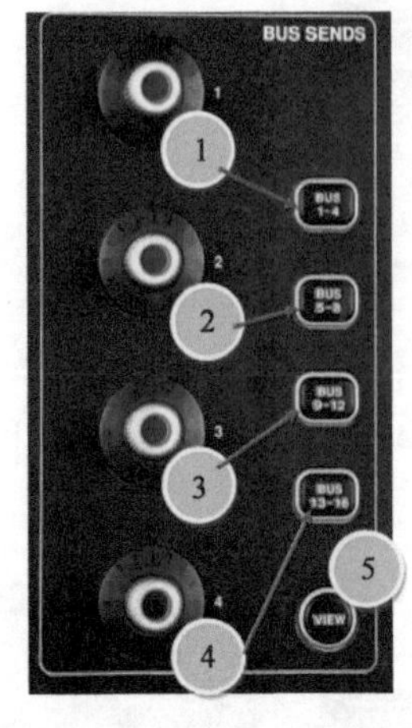

(a）BUS SENDS辅助总线发往区域

(b）RECORDER(录音)和MAIN BUS(输出总线发往区域)

图 2-5　BUS SENDS 总线发往区域

4. 显示屏

m32 数字调音台的显示屏如图 2-6 所示。

图中，1：HOME 按键，主菜单；2：METERS 按键，用于显示电平表、输入通道及输出推子的位置；3：ROUTING 按键，用于路由通道路线；4：SETUP 按键，用于参数设置（依个人习惯设置)；5：LIBRARY 按键，数据库，用于厂家预设均衡、效果器及路由等参数；6：EFFCTE 按键，用于内置效果；7：MUTE GRP 按键，用于静音编组；8：UTILITY

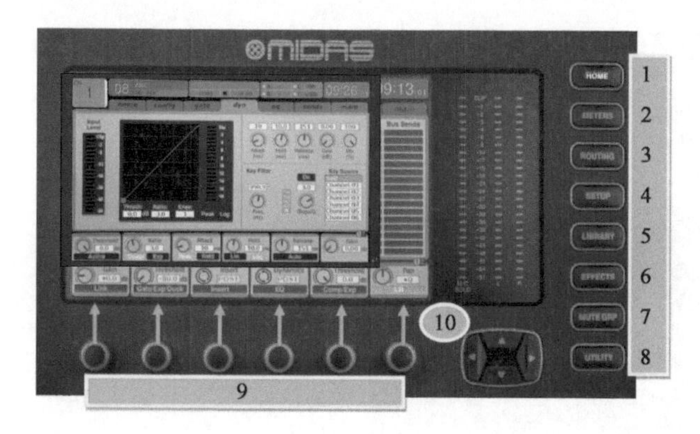

图 2-6　m32 数字调音台的显示屏

按键，可与其他按键配合进行多功能扩展；9：操作旋钮，包含启用、选项及参数调节；10：操作子菜单上、下、左、右按键。

5. MONITOR（监听）/TALKBACK（对讲）

m32 数字调音台的 MONITOR（监听）/TALKBACK（对讲）面板如图 2-7 所示。

1-1：MONITOR LEVEL旋钮，用于调节监听电平。
1-2：PHONESLEVEL旋钮，用于调节耳机电平。
1-3：MONO单声道按键，用于单声道监听。
1-4：DIM按键，用于监听整体衰减。
1-5：VIEW按键，用于启动监听对讲界面。
2-1：EXT MIC 卡侬插座，外置对讲传声器插座。
2-2：TALK LEVEL 旋钮，用于调节对讲电平。
2-3：TALK A按键，两组对讲之一的A路。
2-4：TALK B按键，两组对讲之二的B路。
2-5：VIEW按键，用于启动对讲界面。

图 2-7　m32 数字调音台的 MONITOR（监听）/TALKBACK（对讲）面板

6. SHOW CONTROL 场景控制（存储）区域

m32 数字调音台的 SHOW CONTROL 场景控制（存储）区域如图 2-8 所示。

LAST按键：紧跟前面的场景列表。
NEXT按键：下个列表。
UNDO按键：消除。
NOW按键：目前。
VIEW按键：预览场景状态列表。

图 2-8　m32 数字调音台的 SHOW CONTROL 场景控制（存储）区域

7. ASSIGN 自定义区域

m32 数字调音台的 ASSIGN 自定义区域如图 2-9 所示。

8. MUTE GROUPS 静音编组区域

m32 数字调音台的 MUTE GROUPS 静音编组区域如图 2-10 所示。

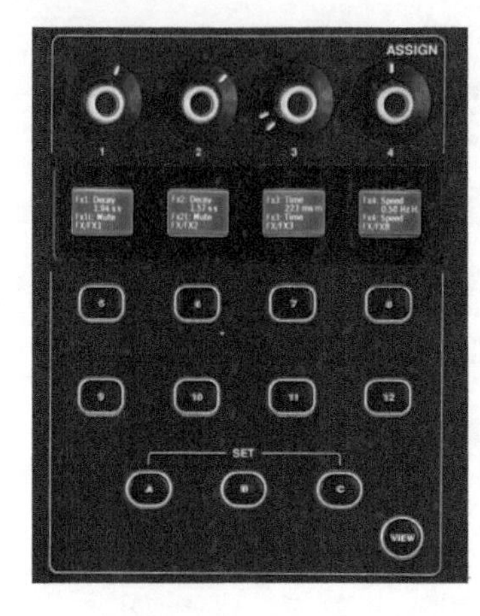

图 2-9 m32 数字调音台的 ASSIGN 自定义区域

图 2-10 m32 数字调音台的 MUTE GROUPS 静音编组区域

9. 16 条物理推子

m32 数字调音台的 16 条物理推子如图 2-11 所示。

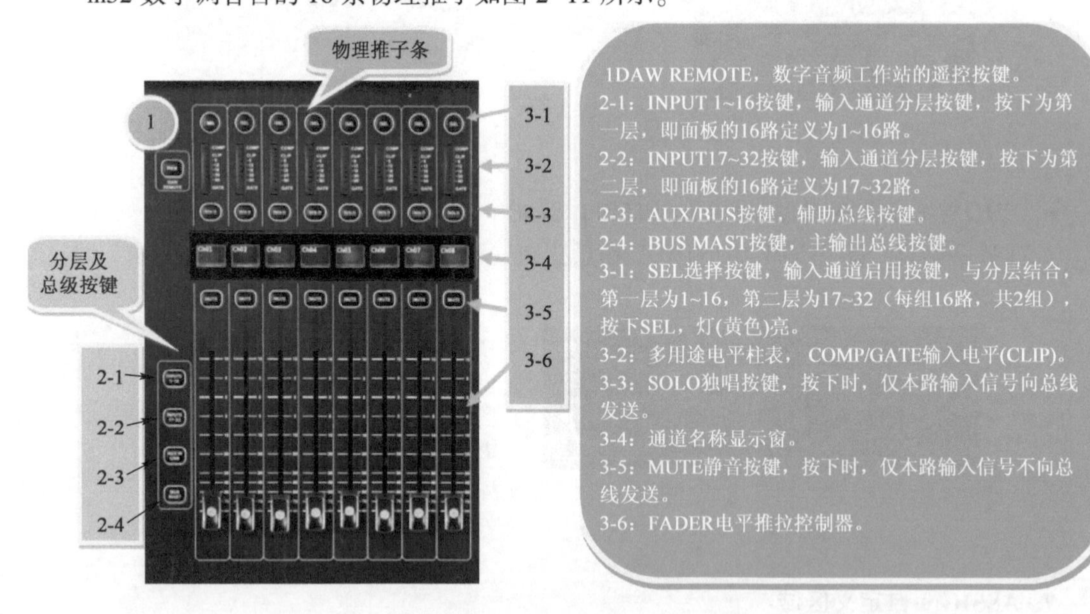

图 2-11 m32 数字调音台的 16 条物理推子

10. 9 条物理推子

m32 数字调音台的 9 条物理推子如图 2-12 所示。

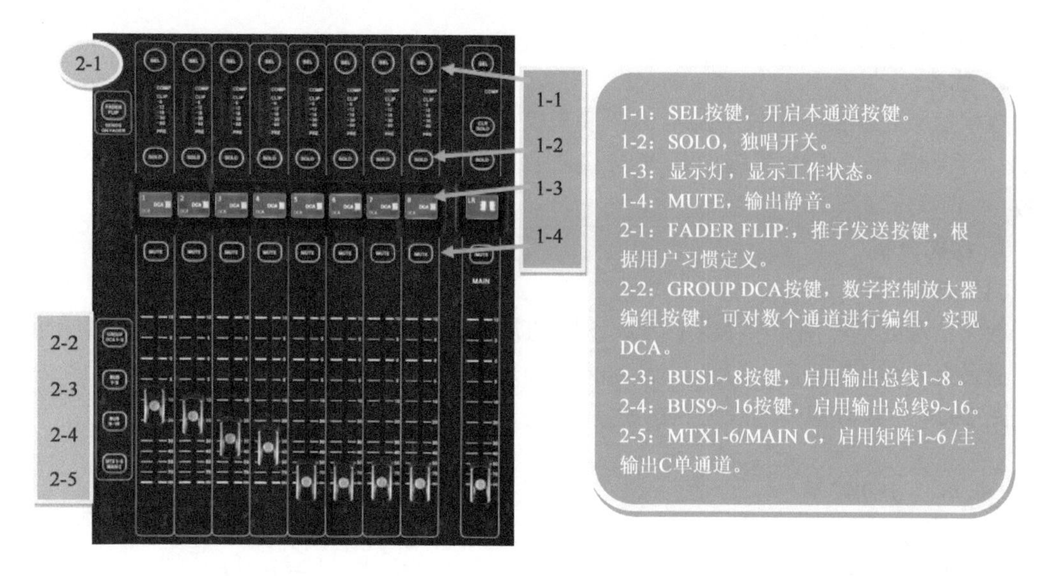

图 2-12 m32 数字调音台的 9 条物理推子

11. 后面板插座布局

m32 数字调音台的后面板插座布局如图 2-13 所示。

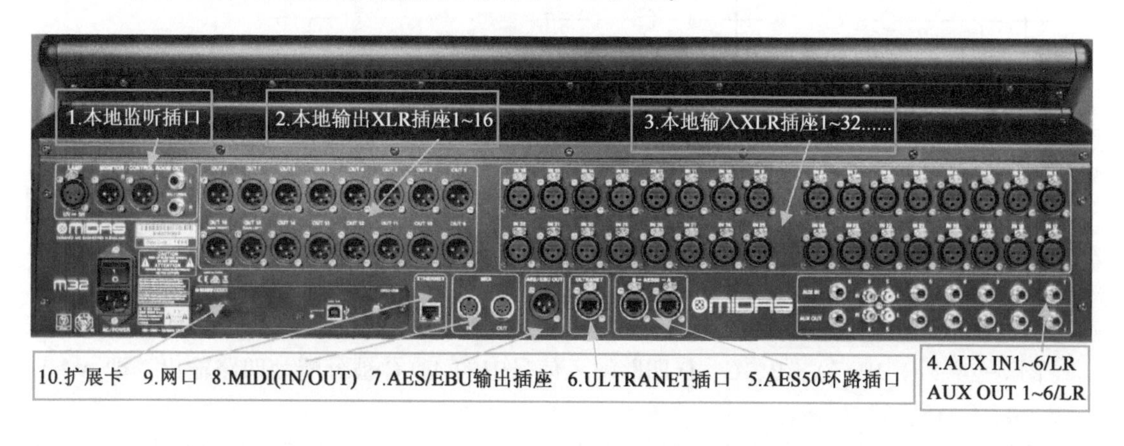

图 2-13 m32 数字调音台的后面板插座布局

2.3 数字信号处理器

2.3.1 概述

1. 功能

数字信号处理器集矩阵、电子分频、均衡、压缩限幅及延时等功能于一身，可代替数字扬声器管理系统，补偿不同类型、型号扬声器的幅频特性，匹配扬声器驱动单元的相位，实现供声范围内的声压级均匀覆盖。数字信号处理器利用矩阵可将任何一路的输入信号路由到任意输出端。数字信号处理器实施分频可将全音域的声音分割为 LF（低频）、MF（中频）及 HF（高频）频段。

2. 优势

数字信号处理器采用数字技术，可带来模拟设备不可比拟的优势：功能强大；体积仅占 1U；系统简化；优化系统的排序与设置；操作简便；可远距离调节单台甚至多台的参数。

3. 结构分析

（1）矩阵

数字信号处理器用矩阵 $M\times N$ 表示不同的规格：M 表示输入的路数；N 表示输出的路数，通常有 2×6、3×8、4×8、8×8 及 16×16 等规格。

图 2-14 为 4×8 矩阵实现分路的示意图。图中，彩色圆环表示处于接通状态。

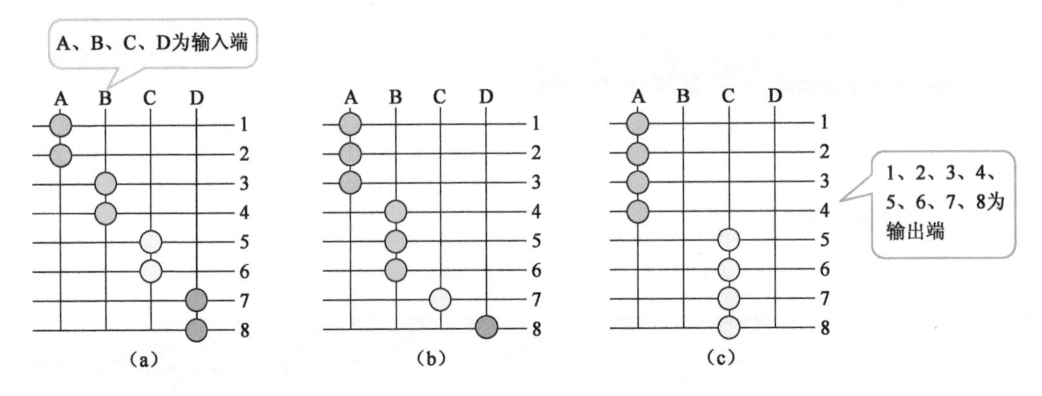

图 2-14　4×8 矩阵实现分路的示意图

图 2-14（a）中，A、B、C、D 四路输入信号中的每一路被分配为两路输出，即 A→1、2，B→3、4，C→5、6，D→7、8。

图 2-14（b）中，A、B、C、D 四路输入信号中的 A、B 被分配为三路输出，C、D 被分配为一路输出，即 A→1、2、3，B→4、5、6，C→7，D→8。

图 2-14（c）中，A、B、C、D 四路输入信号中的 A、C 被分配为四路输出，即 A→1、2、3、4，C→5、6、7、8。

根据描述可以看出，利用矩阵可以灵活地将输入信号分配或路由到任意输出端，以图 2-14（a）为例，可改为 A→3、4，B→1、2，C→7、8，D→5、6。

通常的做法是将输出端按顺序排列分配，为了方便连接，以图 2-14（c）为例，A→1、2、3、4，C→5、6、7、8，或按照每位音响师的习惯分配路径。

（2）分配路径的选用

图 2-14（a）进行两分频输出的状况为：

主音箱 L	A 左声道→1 路分频输出高音音域（主音箱 L 高音扬声器） →2 路分频输出低音音域（主音箱 L 低音扬声器）
主音箱 R	B 右声道→3 路分频输出高音音域（主音箱 R 高音扬声器） →4 路分频输出低音音域（主音箱 R 低音扬声器）

续表

补声音箱 L	C 左声道→5 路分频输出高音音域（补声音箱 L 高音扬声器） →6 路分频输出低音音域（补声音箱 L 低音扬声器）
补声音箱 R	D 右声道→7 路分频输出高音音域（补声音箱 R 高音扬声器） →8 路分频输出低音音域（补声音箱 R 高音扬声器）

图 2-14（b）进行 3 分频+超低频输出的状况为：

主音箱 L	A 左声道→1 路分频输出高音音域（主音箱 L 高音扬声器） →2 路分频输出中音音域（主音箱 L 中音扬声器） →3 路分频输出低音音域（主音箱 L 低音扬声器）
主音箱 R	B 右声道→4 路分频输出高音音域（主音箱 R 高音扬声器） →5 路分频输出中音音域（主音箱 R 中音扬声器） →6 路分频输出低音音域（主音箱 R 低音扬声器）
超低音音箱 L	C 左声道→7 路超低音输出音域（L 超低音扬声器）
超低音音箱 R	D 右声道→8 路超低音输出音域（R 超低音扬声器）

（3）声音效果处理单元

数字信号处理器通常具备通道增益 Gain、延时 Delay、相位 Polarity、均衡 EQ、系统图示均衡 GEQ 及限幅 Limit 处理单元。这些处理单元分别安插在声源和输出通道内。

2.3.2 xtaDP448 数字信号处理器

1. 前面板布局

xtaDP448 数字信号处理器为 4×8 规格，适合用于多分频的供声系统，如超低音、低音、中音及高音的供声系统。xtaDP448 数字信号处理器的前面板布局如图 2-15 所示。

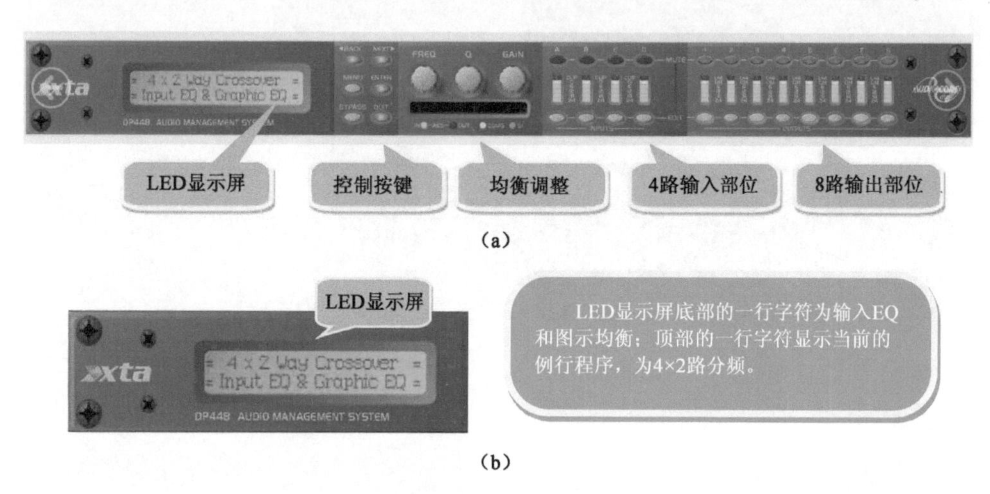

图 2-15　xtaDP448 数字信号处理器的前面板布局

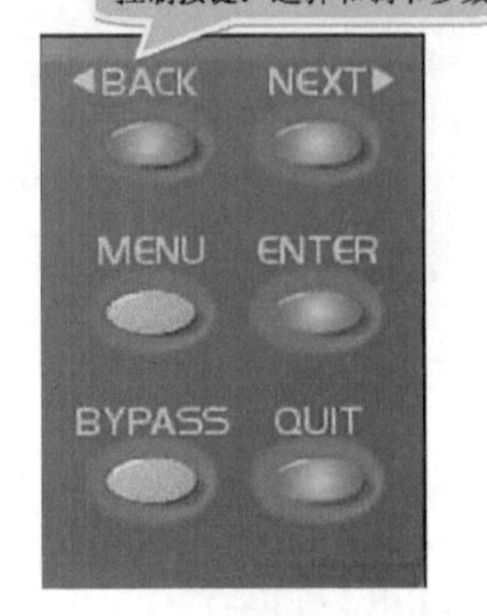

BACK /NEXT：后退/前进。
MENU菜单：按下时，激活主菜单；再次按下时，继续选择编辑菜单；第三次按下时，选择菜单项目。当按下菜单三次时将跳回最后调整的参数。在完成不同菜单的选择下，可使用BACK /NEXT或FREQ编码器。
ENTER：进入，按下时，进入精选菜单，进一步选择或当编辑参数时可用于改变滤波器的类型。
BYPASS：直通，按下时，信号直通，无均衡实施，弹起后，进行均衡。
QUIT：按下时，退出菜单，返回不执行状态窗口。

（c）

FREQ：均衡频率调节旋钮；Q：均衡带宽调节旋钮；GAIN：均衡量调节旋钮。
底排指示灯用于显示工作状态。
绿：AES 数字信号输入IN；红：AES 数字信号输出OUT；黄(COMS)：普通模式；橙(5.1)：声道模式。

（d）

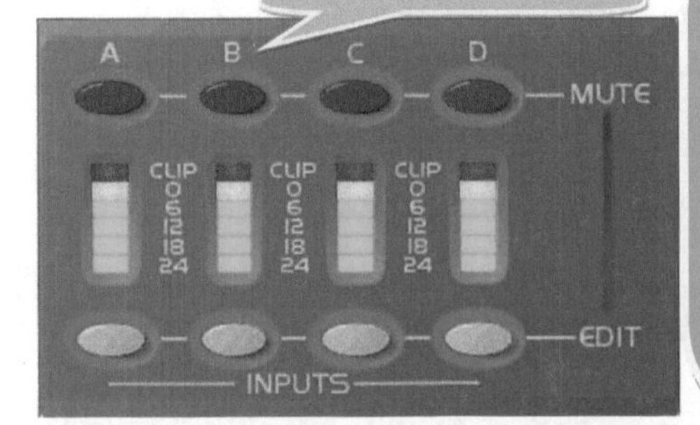

A、B、C、D：四路输入按键和LED电平柱表。
MUTE(红色按键)：当按下某一个红色按键时，对应的输入通道静音。
LED电平柱表：在模/数转换发生削波点期间用dB值显示输入电平。黄色灯(0dB)启亮时为幅度低于削波发生3dB状态。信号顶部被削波时，启亮红色削波灯。
所有四个削波灯启亮时，指示内部模/数转换后发生削波。
EDIT编辑：按下时，黄色灯启亮；第一次按下时读取增益，配合旋钮预览参数；第二次按下时退出EDIT编辑。

（e）

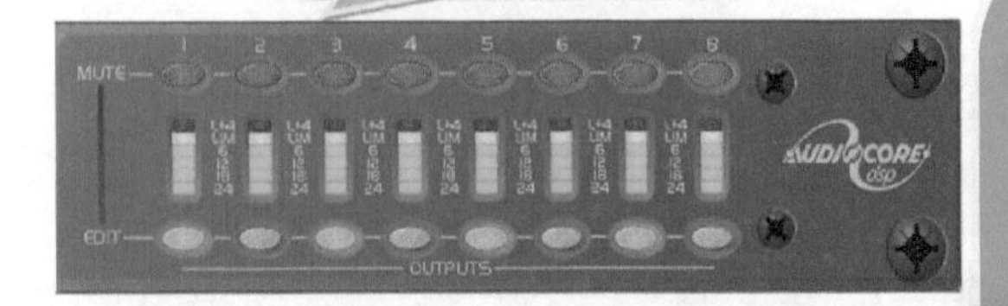

1~8路输出按键和LED电平柱表。
MUTE(红色按键)：当按下某一个红色按键时，对应的输出通道静音。
LED电平柱表：输出LED电平柱以dB显示输出电平，表示限幅状态的出现。
在模/数转换发生削波点期间用dB值显示输入电平。黄色灯(0dB)启亮意味着发生限幅。红色灯启亮意味着进入限幅(信号幅度低于削波信号幅度4dB，即保护量为4dB)。
EDIT编辑：当按下EDIT按键时，黄色灯启亮；第一次按下时读取增益；第二次按下时预览参数；第三次按下时退出EDIT编辑。

（f）

图 2-15　xtaDP448 数字信号处理器的前面板布局（续）

2. 背板端口布局

xtaDP448 数字信号处理器的背板端口布局如图 2-16 所示。

（a）4输入插座

（b）8输出插座

4路输入平衡XLR插座(母)，三针中的1为地、2为热、3为冷。

左下角的半红/半黑凹座开关按键(DIGITAL INPUT SWITCH)为选择AES数字信号作为输入信号开关。当选择AES数字信号作为输入信号时，孔内红色灯应启亮，表明上一级设备为数字输出并使用AES专用电缆连接。

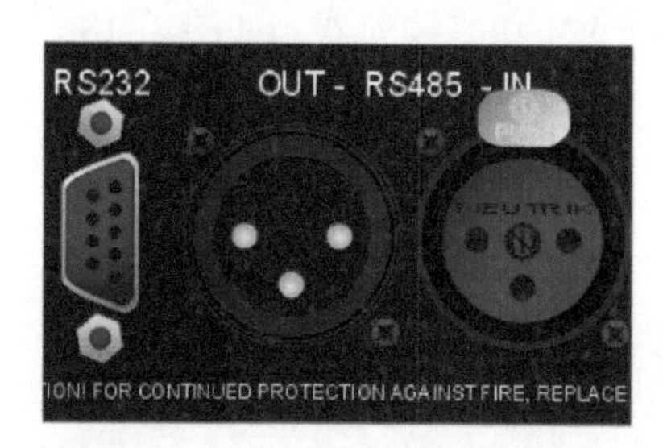

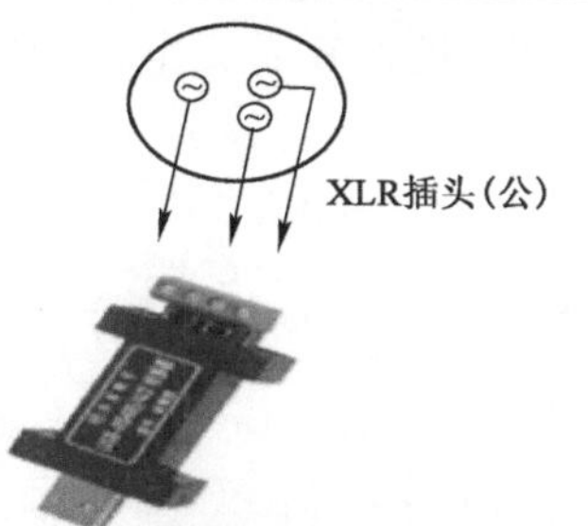

控制数据传送插座用于与计算机连接，通过操作安装在计算机上的软件控制数字信号处理器。其中，RS485端口(XLR)通过右侧的USB/XLR转换件与计算机USB的端口连接。设置两个XLR插座(公、母各1个)用于信号环路，即从IN端口输入信号，从OUT端口输出该信号至另一台计算机。

（c）控制数据传送插座

图 2-16　xtaDP448 数字信号处理器的背板端口布局

2.4　专业功率放大器

2.4.1　专业功率放大器的分类

（1）根据监控信号和音频信号的传输方式，专业功率放大器可分为数控功率放大器、数字功率放大器及网络功率放大器，通常被统称为数字功放。

① 数控功率放大器或准数字功率放大器：数字控制信号通过 RS485 串口控制线与计算机连接；声频信号依然属于模拟信号，通过音频线接入功率放大器。

② 数字功率放大器：以 CROWN 数字功率放大器为例，可在计算机上远程多点监控数字控制信号；数字音频信号通过标准以太网传输到功率放大器。

③ 网络一线通网络功率放大器：数字监控信号和数字音频信号都在以太网中的一条标准 CAT5 上传输。

（2）根据工作方式，专业音频功率放大器有末级放大功率管采用 AB 类方式工作的模拟功率放大器和 PWM（脉冲宽度调制）方式功率放大器。

PWM 方式功率放大器是将模拟信号采用 PWM 调制脉冲宽度，再经桥式电路、D 类工作模式放大器及低通滤波器后输出。

（3）根据电源的处理方式，专业功率放大器分为传统式功率放大器和开关电源式功率放大器。

传统式是采用滤波电路对整流器输出的脉动电压进行滤波并产生直流电压；开关电源式是利用开关电源代替滤波电路，使交流电转变为直流电，效率得到提高。

2.4.2 数字功率放大器的工作原理及输入信号电平的调节

1. 数字功率放大器的工作原理

数字功率放大器是由数字信号处理器与专业功率放大器组合为一体的设备，如图 2-17 所示。数字信号处理器的输入信号为模拟音频信号或数字音频信号；输出信号为具有一定功率的模拟信号。专业功率放大器的末级功率管可工作在 AB 类或 D 类，音频信号先经脉冲宽度调制（PWM），再进入 D 类工作模式的 PWM 功率放大器，如图 2-18 所示。

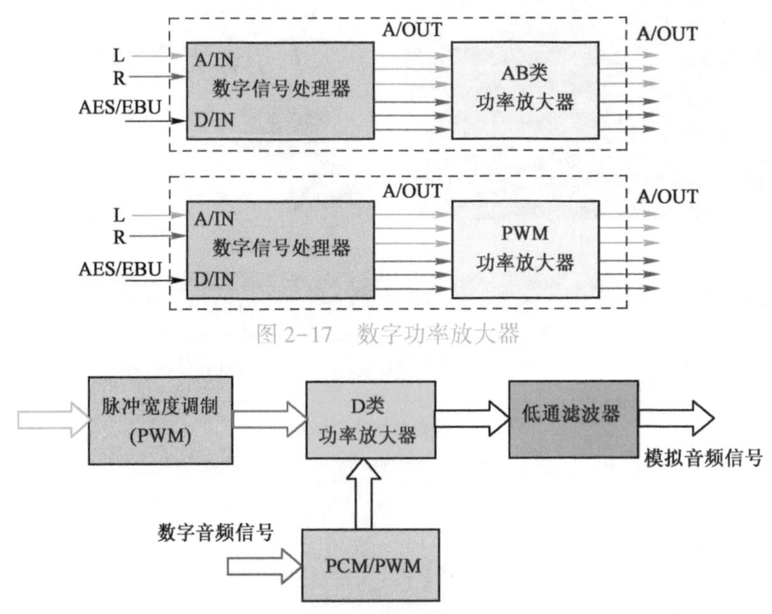

图 2-17 数字功率放大器

图 2-18 PWM 功率放大器的信号流程

PWM 功率放大器的最突出优势是采用 D 类工作方式，能量转换效率为 90%以上；AB 类工作模式的功率放大器，能量转换效率的理想值为 75%左右。如果音频功率为 100W，则提供给 PWM 功率放大器功率管的直流功率为 110W，AB 类工作模式功率放大器功率管的直流功率为 132 W，即后者比前者多散热 22W。

2. 输入信号电平的调节

PWM 功率放大器输入级的脉冲宽度调制器同样存在不失真电平的限制，要求前级送入的信号电平不能超出限制值，否则会产生削波，通常在前面板设置电平柱表，用 Clip 红灯显示。若红灯亮，则应调节输入电平衰减器。

2.4.3 专业模拟功率放大器

目前使用最多的功率放大器多是输出级工作在 AB 类的桥式电路模拟功率放大器，在使用中要注意如下问题。

（1）外接扬声器的阻抗最好等于功率放大器的输出负载，尽量避免将阻抗不等于输出负载的扬声器接入，既不能将4Ω的扬声器接至功率放大器8Ω的输出端口获得大功率输出，也不能将16Ω的扬声器接至功率放大器8Ω的输出端口获取低功率输出，应按照阻抗的匹配原则连接扬声器和功率放大器。有些功率放大器设有2Ω、4Ω及8Ω多个输出端口，有很大的灵活性。

（2）双通道模拟功率放大器（工作模式）的选用。

双通道模拟功率放大器的工作模式有三种，即STEREO立体声、PARALLEL单声道并联、单声道串联桥接BRIDGE。

桥接模式的注意事项：

① 工作在单声道：左声道或右声道，输入信号仅送一路；

② 将工作模式开关扳到BRIDGE；

③ 立体声ST模式和桥接模式的连接方法如图2-19所示。

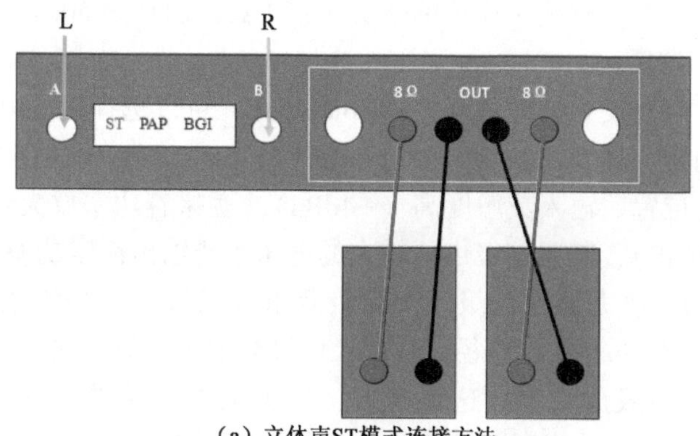

（a）立体声ST模式连接方法

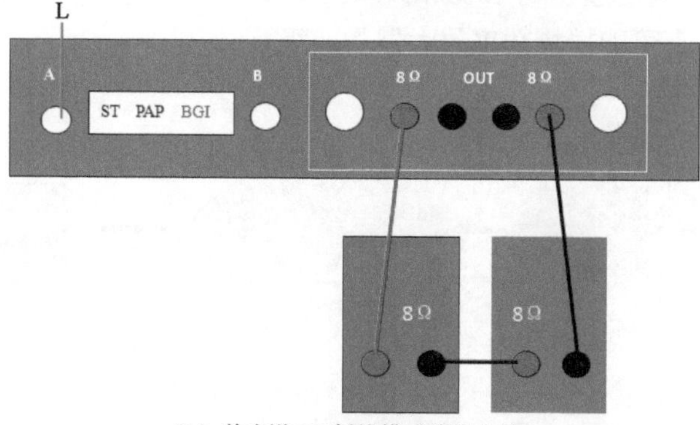

（b）单声道BGI桥接模式连接方法-1

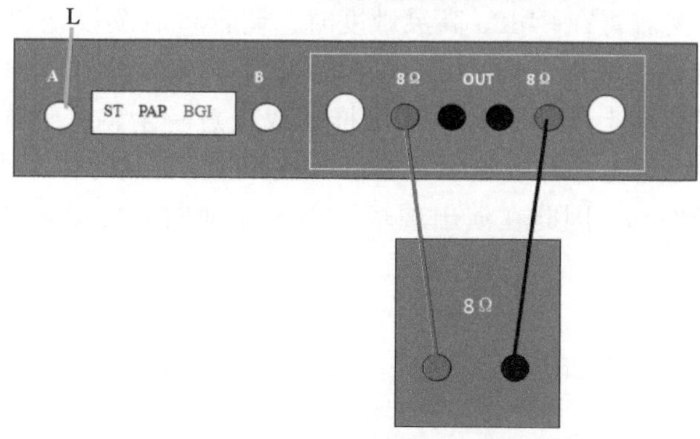

（c）单声道BGI桥接模式连接方法-2

图2-19 立体声ST模式和桥接模式的连接方法

图2-19（b）中，双通道功率放大器的单路输出功率为500W（8Ω），将工作在立体声模式的两个500W（8Ω）扬声器串接后，接至双通道放大器双路输出的红色接线柱输出端，每个扬声器获取的功率为500W，共获取1000W，相比单路输出500W提高1倍。

图2-19（c）中，改用2000W（8Ω）的扬声器接至双通道放大器双路输出的红色接线柱输出端，扬声器获取的功率为2000W，是单路功率放大器（输出功率为500W）的4倍(实际值达不到)。

若改用4000W（4Ω）的扬声器接至双通道放大器双路输出的红色接线柱输出端，则扬声器获取的功率为4000W，是单路功率放大器（输出功率为500W）的8倍。这是理论值，4000W（4Ω）的扬声器接至功率放大器的桥接输出端实现起来有一定的困难，并充满危险性，不能轻易试用，即使产品技术说明书举例说明，也要慎重。

从安全、可靠性出发，桥接模式是单路功率放大器输出功率500W的4倍较为理想。

（3）灵敏度开关的使用。

功率放大器在背面板设有灵敏度开关+4dBu/26dB，可以选择输入电平。其中，26dB表示在+4dBu基础上的增加量，26dB对应为30dBu(31.6×0.775V=24.49V)。使用时，一定要看清灵敏度开关的位置。输入灵敏度高（+4dBu），意味着功率放大器的放大倍数高；输入灵敏度低（扳向26dB），需要前级供给较大的电压才能输出额定功率。

若某1000W的功率放大器由前级、中间级及末级三级放大器组成，如图2-20所示，当灵敏度开关放置在+4dBu(红线路径)时输入信号至前级，放置在26dB(绿线路径)时输入信号跳过前级至中间级放大器。这意味着，当灵敏度开关放置在26dB时，输入信号+4dBu表现输入不足，输出达不到1000W；当灵敏度开关放置在+4dBu时，输入信号26dB(30dBu)出现过载，有可能损坏功率放大器的前级。

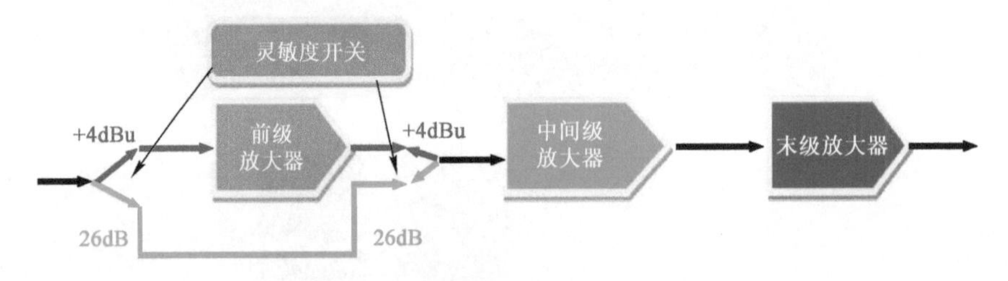

图2-20 某1000W的功率放大器

通常，灵敏度开关放置在+4dBu高灵敏度时，调音台后续设备的输入/输出电平旋钮为0dB刻度，当调音台主输出达到+4dBu（LED电平柱表显示在0dB刻度）时，功率放大器将输出额定功率；向上推调音台主输出推子或任意一个输入通道的推子，调音台主输出将超过+4dBu（LED电平柱表显示在0dB刻度以上），此时功率放大器的输出大于额定功率，将产生信号失真，因此在演出现场不能一味地向上推动调音台主输出推子或任意一个输入通道的推子。

（4）浮地开关的使用。

浮地开关可切断电路系统的“信号地”与机壳“安全地”之间的通路，消除由非同一地电位引起的交流声。

2.4.4 瑞典 Lab 模拟专业功率放大器

1. 瑞典 Lab FP10000Q 专业功率放大器

（1）Lab FP10000Q 专业功率放大器（简称 Lab FP10000Q）为四通道功率放大器，前面板布局如图 2-21 所示。

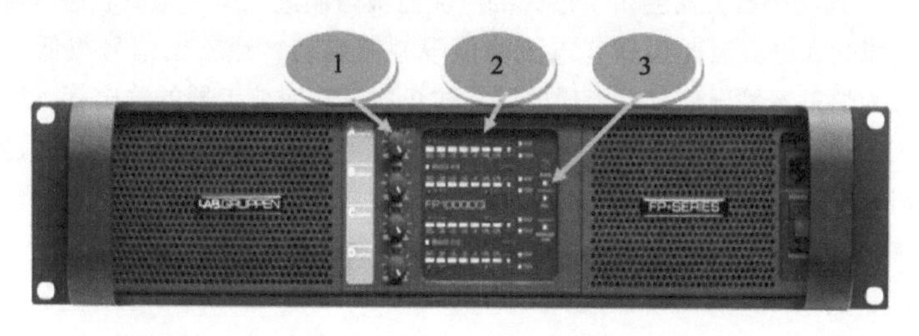

图 2-21 Lab FP10000Q 专业功率放大器的前面板布局

图中，①为通道增益旋钮（每一个通道一个）。②为前面板 LED 指示灯（1），如图 2-22 所示。

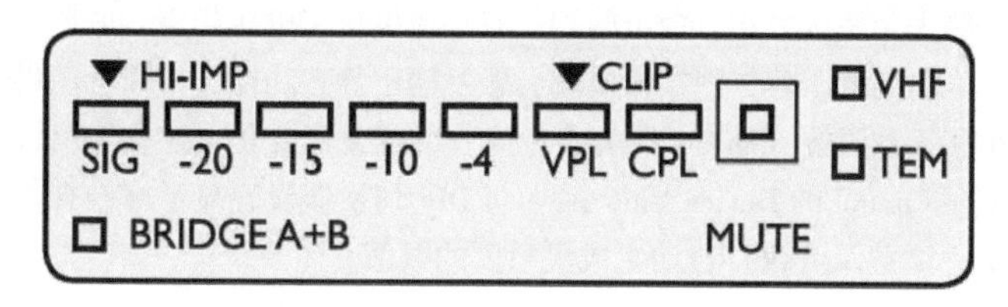

图 2-22 前面板 LED 指示灯（1）

□ VHF：超高频保护指示灯（黄色为开启，输出静音）。

VHF 超高频保护功能：FP 系列功率放大器都具有保护电路，可监测从 10 kHz 左右直至超声波的输入信号。如果检测到 VHF 信号，则输出将会在重新测量之前静音 6s。若一直都没有检测到持续的超高频信号，则输出将会取消静音，回到正常的运行状态。VHF 保护的运行范围取决于输出功率的频率。

VHF 保护的启动时间是随着频率的升高而逐渐缩短的。前面板的黄色 LED 灯表示在启用 VHF 保护时，输出信号正处在 6s 静音状态。D 软件 Device Control（设备控制）将会通过 Nomad Link 网络在 GUI（图形用户界面）上报告故障信息。

□ TEM 温度过高而警告（黄色闪烁）；温度过高而静音（黄色常亮）。

高温保护功能：在每一个输出通道上都设置热量测量点，在电源处也设置。当传感器检测温度超过规定的最大值时，前面板 TEM（温度）的 LED 灯开始闪烁，发出高温警告。警告同样会通过 Nomad Link 网络显示在软件 Device Control 的 GUI（图形用户界面）上。当功率放大器的温度接近热量保护的阈值时，一列 LED 灯开始短时间闪烁。如果功率放大器的温度仍然过高或接近极限值，则 LED 灯的闪烁时间会越来越长，直到激活温度保护模式。如果功率放大器的温度逐渐升高，且不能继续运行，则会静音温度过高的通道，直到温度恢复到设备可接受的范围内。TEM（温度）的 LED 灯持续点亮，表示温度保护功能（带静音）完全启动。同样，故障报告会通过 Nomad Link 显示在软件 Device Control 的 GUI（图形用户界面）上。每间隔 6s 测量一次温度。当通道或电源温度恢复到安全运行温度后，输出会取消静音状态。

□MUTE：通道静音指示灯，通过 Nomad Link 网络的静音通道（红色）送入功率放大器的末级。静音的目的是当末级功率放大器的工作状态出现异常时，可自动切断信号，对设备进行保护。

▼ CLIP：电流峰值限制器指示灯（橙色闪烁为开启）。

□ CPL：低阻/短路故障检测（橙色常亮，输出静音）。

电流峰值限制器可确保功率放大器不会被超出晶体管物理极限的输出电流损坏，保证功率放大器处在安全工作范围内。CLIP 的值是不可调的，不同的功率放大器具有不同的 CLIP 值。

CPL 通过前面板每一个通道对应的橙色 LED 灯指示。错误警报也显示在软件 Device Control 的 GUI（图形用户界面）上。橙色 LED 灯持续点亮表示短路或阻抗很低，在再次测量输出阻抗之前，将会输出静音 6s，直到短路被修复时，输出将自动取消静音。输入信号必须进行短路和低阻抗检测。如果 CPL 和 -4dB的指示灯同时亮，则功率放大器会由于过大的电流而被强制进入电流限制状态（输出静音）。

低阻抗或短路故障会在电流消耗很高（电流峰值限制器启动）或输出信号很低（-4dB 的 LED 灯不亮）时启动，功率放大器静音输出信号并旁通电路，防止损坏功率放大器的输出管。故障时，电流峰值限制器的橙色 LED 灯持续点亮，保护功能有 6s 的时间间隔进行重新测量。如果低阻抗故障不需要再次检测，则功率放大器将取消输出静音。

□ VPL ：电压峰值限制器（红色为启动）。

▼ HI-IMP：高阻/负载开路检测（橙色）。

高阻警告（开路负载）：输入信号检测为高于-29dB，没有有效的扬声器与功率放大器连接，可通过红色的 Sig/Hi-imp（信号/高阻抗）LED 灯进行识别，变为绿色时，表示有效负载出现在相同输入信号的条件下。

□ SIG：信号电平指示灯。

□ BRIDGE ：桥接模式指示灯（黄色为开启），A+B 或 C+D 桥接。

功率放大器末级电路采用桥接模式，输出两端只有直流电压，电压相等，电压差为零，当电压差不为零时会损坏扬声器。一旦出现电压差，则在输出端会触发输出静音功能，切断电源供电，点亮 LED 灯。

灵敏度随输出功率和负载阻抗（通常 4Ω 为参考值）的变化而变化，建议使用软件 Device Control 来简化这一过程。软件 Device Control 的 Device View page 与 DIP 切换器设置显示屏结合使用，可以根据给出的数据（电压峰值限制值、增益及负载）自动生成灵敏度的数值。

③为前面板 LED 指示灯（2），如图 2-23 所示。

PWR
PAL
NOMAD LINK

● **PWR：电源指示灯（绿色为开启）**

● **PAL：平均功率限制器指示灯（红色为开启）**

● **NOMADLINK：网络模块指示灯（蓝色为开启）**

图 2-23　前面板 LED 指示灯（2）

（2）Lab FP10000Q 专业功率放大器的背面板布局如图 2-24 所示。

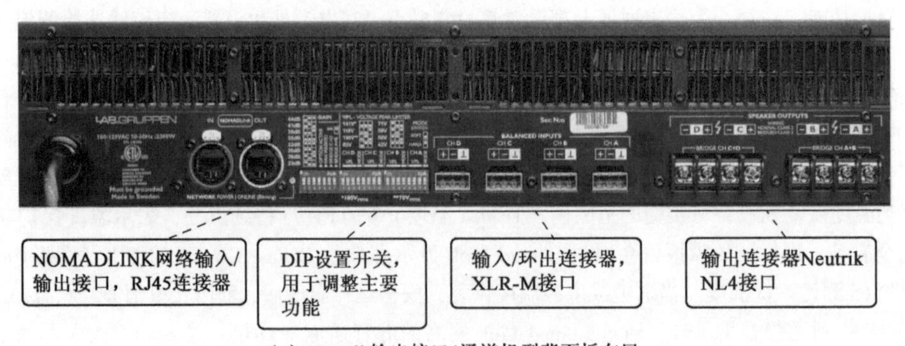

（a）Neutrik输出接口4通道机型背面板布局

图 2-24　Lab FP10000Q 专业功率放大器的背面板布局

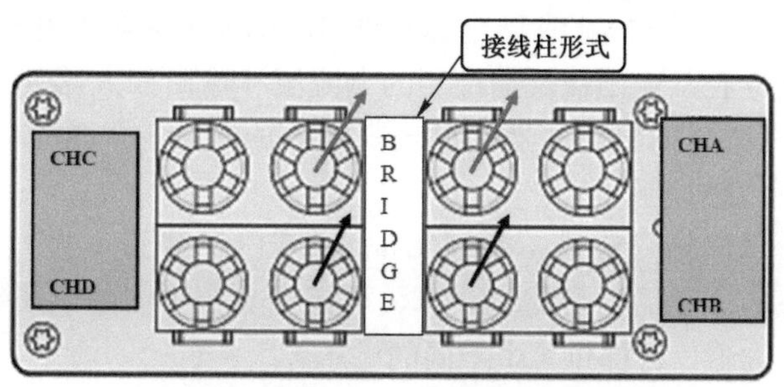

（b）接线柱形式输出接口4通道机型背面板布局

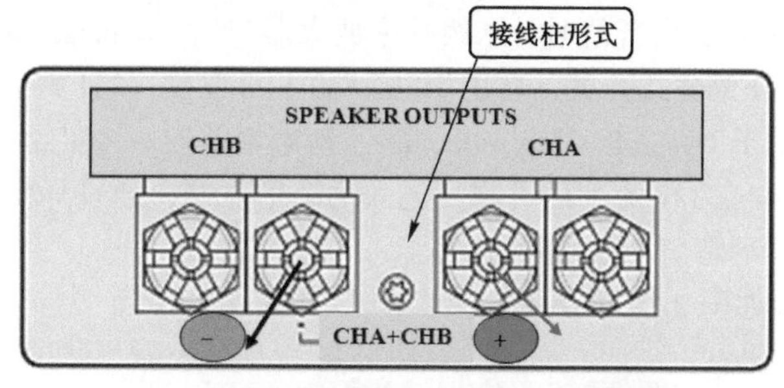

（c）接线柱形式输出接口2通道机型背面板布局

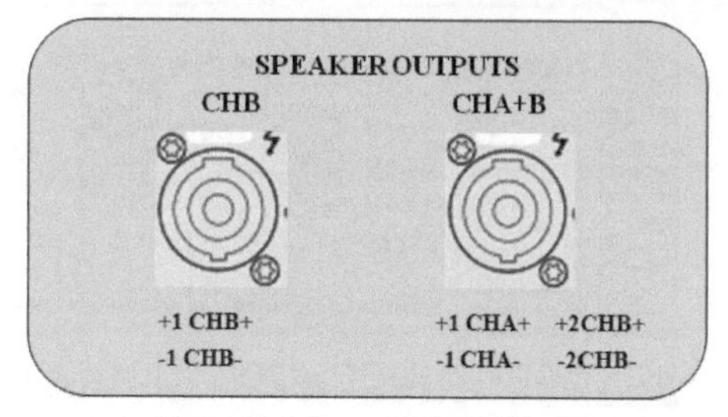

（d）钮垂克输出接口2通道机型背面板布局

图 2-24 Lab FP10000Q 专业功率放大器的背面板布局（续）

2. Lab FP 系列专业功率放大器

Lab FP 系列专业功率放大器的信号流程如图 2-25 所示。

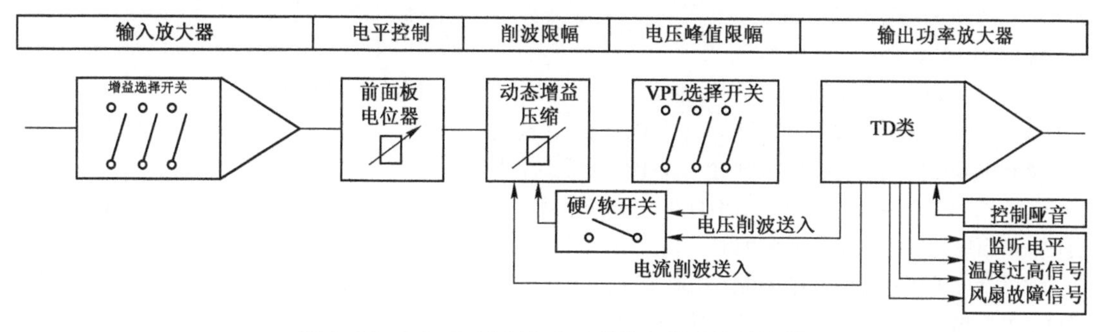

图 2-25 Lab FP 系列专业功率放大器的信号流程

Lab FP 系列功率放大器具有的共同点：同样的信号流程和同一性能的设置；不同点：仅为每一个通道的最大输出电流和电压峰值限幅（VPL）的设置。

Lab FP 系列功率放大器的输入级可提供足够的系统过载，意味着输入级几乎不能产生削波，可通过调节 DIP 开关的 GAIN 匹配达到输出功率要求的输入电平。

启用动态限幅建立在从输出级反馈检测的电流值和输出放大器（当“软削波”已被激发）检测 VPL 电压削波（输出放大器的电压削波）的基础上。选定的 VPL 值应确保功率的输出值在限幅范围内被抑制。

可调节的电压峰值限幅（Voltage Peak Limiter，VPL）应设立最大输出电压和最大输出功率，通过调节功率放大器后面板的 DIP 开关可得到 8 个不同的电压等级。Lab FP9000 和 Lab FP6000Q 功率放大器仅可提供 6 个不同的电压等级。

结合如图 2-25 所示 Lab FP 系列专业功率放大器的信号流程分析内置压缩限幅过程：当输入信号电平超过 VPL 设置值时，末级功率放大器产生“Voltage Clip sensing（电压削波检测）”信号并送至压缩方式开关，启用 Hard/Soft Switch 硬/软开关中的一种方式（可通过 DIP 面板选取）作用于 Dynamic Gain reduction（动态增益器）（实际是降低增益），同时又发出 Current Clip sensing（电流削波检测）送入动态增益器，通过降低增益，使大信号幅度不失真压缩，达到大动态信号限幅的目的。

DIP 开关的面板如图 2-26 所示。

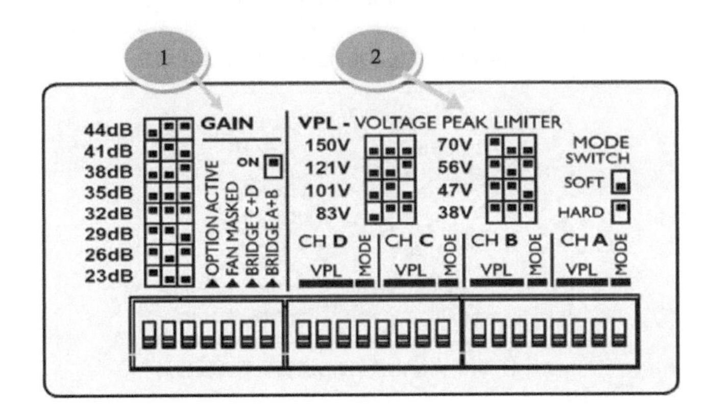

图 2-26　DIP 开关的面板

图中，① GAIN（增益）：通过调节左侧 23～44dB 设置四个通道的增益，每级 3dB，调节值为 23～44dB。单个通道的增益（电平）可通过前面板的电位器进行调节，从 0dB 到负无穷，分 31 级，按对数递减衰减，12 点的位置表示-10dB。

▲OPTION ACTIVE：选项激活。

▲FAN MASKED：开启时，启用智能风扇功能，在没有信号时可降低风扇转速。

▲BRIDGE C+D：切换成对的通道（C+D）为桥接模式。

▲BRIDGE A+B：切换成对的通道（A+B）为桥接模式。

② VPL-VOLTAGE PEAK LIMITER（电压峰值限幅）。电压峰值限制器可单独调节 38～150V 的 8 种电压，取值原则应适合连接的扬声器。VPL 是 C 系列功率放大器的特有功能。选择每一个输出通道的 VPL 值为最大峰值电压并转换为有效值，可通过调节 DIP 开关选定所需的电压。当输出为低阻抗系统（2Ω、4Ω、8Ω 或 16Ω）时，有时需要调节较低的 VPL 值，避免过高的持续功率送至扬声器或输出通道因有过大的电流消耗而过热。

MODE：模式开关。

SOFT：软，限幅启动采取平滑过渡。

HARD：硬，限幅启动即刻生效。

VPL 的工作模式基于硬、软两种模式。如果扬声器工作在超低频和低频通道，建议选择硬模式；如果工作在中、高频通道，建议选择软模式。

3. Lab Nomad Link 网络设置

Lab Nomad Link 网络的标准配置包含检测和控制 Nomad Link 网络的内部设备。Nomad Link 网络中的所有功能都可以通过安装在计算机主机上的 Lab. gruppen 专用软件 Device Control 进行实现。

NLB 60E Nomad Link 网络控制器用来接收计算机发出的 TC P/IP 数据流，并将其转换为 Nomad Link 协议；独立供电开启运行，可实现静音及报错和预警功能；与计算机主机连接时，使用标准的以太网接口和交叉五类网线（点对点设置）；前、后面板的网络接口可以独立使用，但在同一时间只能一台运行软件 Device Control 的计算机主机访问网络；默认的 TCP/IP地址为 192. 168. 1. 166，子网掩码为 255. 255. 255. 0；与 Nomad Link 连接时使用标准的平行五类网线，出于更安全的考虑，可以使用 Neutrik Ether Con “XLR-type” 卡侬式网络连接头制作线缆；输出端口必须与第一台功率放大器的输入网口连接，再从第一台功率放大器的输出网口连接下一台功率放大器的输入网口，形成串联，最后将最末级功率放大器的输出网口连接在 NLB 60E 的输入端口，使整个系统链路为环状，有助于提高冗余和通信速度；闭合的外部触点和 24V 低/高触发器与 NLB 60E 的 GPI 连接器连接，可对报警系统或电源定序器进行控制。

多台 Lab FP 系列功率放大器与计算机的连接如图 2-27 所示。

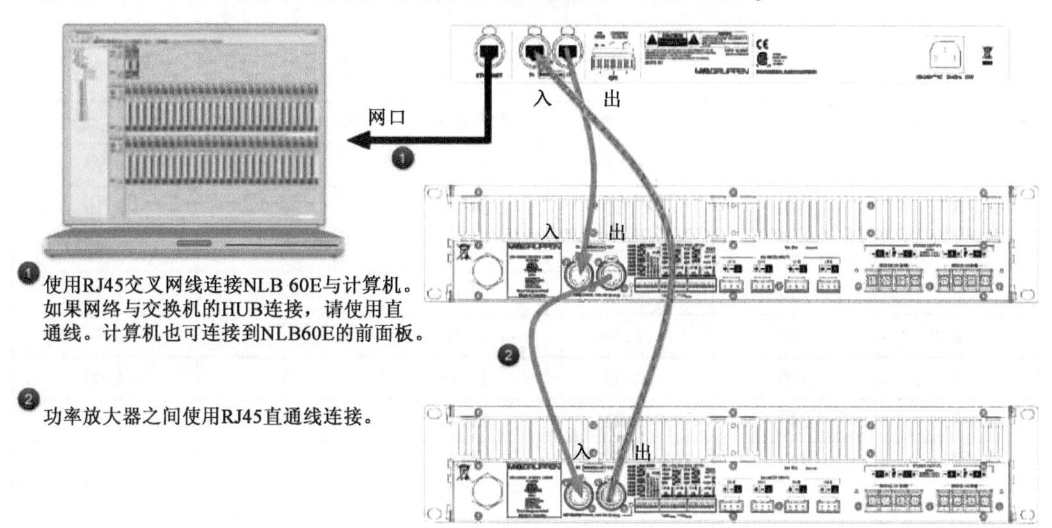

图 2-27　多台 Lab FP 系列功率放大器与计算机的连接

4. Lab 功率放大器参数速查表

Lab 功率放大器参数速查表见表 2-1。

表 2-1　Lab 功率放大器参数速查表

单元阻抗/Ω	输出功率/W	输出电压有效值/V	灵敏度/dBu	输出电压峰值/V	输出电流/A
8	60	21. 91	29. 03	31	2. 74
8	80	25. 30	30. 28	36	3. 16
8	120	30. 98	32. 04	44	3. 87
8	150	34. 64	33. 01	49	4. 33
8	180	37. 95	33. 80	54	4. 74
8	200	40. 00	34. 26	57	5. 00

续表

单元阻抗/Ω	输出功率/W	输出电压有效值/V	灵敏度/dBu	输出电压峰值/V	输出电流/A
8	240	43.82	35.05	62	5.48
8	250	44.72	35.22	63	5.59
8	300	48.99	36.02	69	6.12
8	320	50.60	36.30	72	6.32
8	350	52.92	36.69	75	6.61
8	360	53.67	36.81	76	6.71
8	400	56.57	37.27	80	7.07
8	480	61.97	38.06	88	7.75
8	500	63.25	38.23	89	7.91
8	600	69.28	39.03	98	8.66
8	640	71.55	39.31	101	8.94
8	700	74.83	39.70	106	9.35

5. DIP 开关面板 GAIN 和 VPL 的选值操作

DIP 开关面板 GAIN 和 VPL 的选值操作如图 2-28 所示。

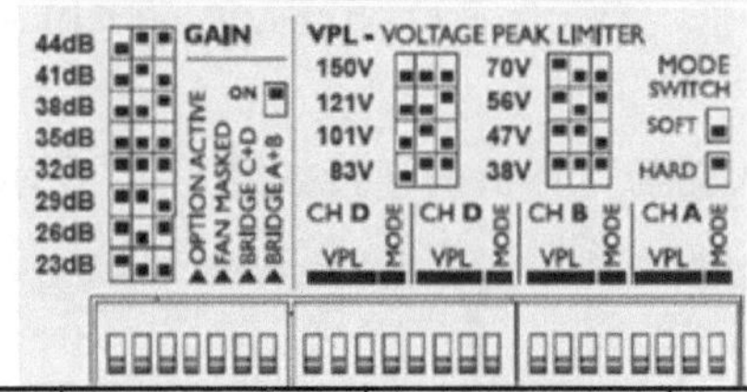

单元阻抗/Ω	输出功率/W	输出电压有效值/V	灵敏度/dBu	输出电压峰值/V	输出电流/A
8	60	21.91	29.03	31	2.74
8	80	25.30	30.28	36	3.16
8	120	30.98	32.04	44	3.87
8	150	34.64	33.01	49	4.33
8	180	37.95	33.80	54	4.74
8	200	40.00	34.26	57	5.00
8	240	43.82	35.05	62	5.48
8	250	44.72	35.22	63	5.59
8	300	48.99	36.02	69	6.12
8	320	50.60	36.30	72	6.32
8	350	52.92	36.69	75	6.61
8	360	53.67	36.81	76	6.71
8	400	56.57	37.27	80	7.07
8	480	61.97	38.06	88	7.75
8	500	63.25	38.23	89	7.91
8	600	69.28	39.03	98	8.66
8	640	71.55	39.31	101	8.94
8	700	74.83	39.70	106	9.35

图 2-28 DIP 开关面板 GAIN 和 VPL 的选值操作

（1）GAIN 的选取

方法一：按照图 2-28 中的标注 1，选定输出功率为某值，换算为对应的 dBu 后，扣除使用者设定的 GAIN 值，即为该功率放大器的输入电平。

例如，选定图 2-28 中的 700W/8Ω→74.83V 有效值→39.70dBu，若 DIP 中的 GAIN 值选为 23dBu，则功率放大器的输入电平应为 39.70dBu-23dBu=16.7dBu；若 DIP 中的 GAIN 值选为 34dBu，则功率放大器的输入电平应为 39.70dBu-34dBu=5.07dBu。

方法二：若已知输入电平为×dBu（前级送入的信号电平），则 DIP 中的 GAIN 值应选为 39.70dBu-×dBu。若输入电平为 5.07dBu，则 GAIN 值为 34dBu。

（2）VPL 的选取

按照图 2-28 中的标注 2，根据功率放大器在 8Ω 负载下的输出功率和使用的扬声器功率，查表可得 VPL 的临界值。例如，功率放大器：700W/8Ω，扬声器：700W（额定功率），查表得到的输出电压峰值 106V 可作为 DIP 中的 VPL 临界值。

6. Lab FP 系列功率放大器的电压峰值等级（VPL）和通道的输出功率

Lab FP13000 功率放大器的电压峰值等级（VPL）和通道的输出功率见表 2-2。

表 2-2　Lab FP13000 功率放大器的电压峰值等级（VPL）和通道的输出功率

VPL 设置/V	电压峰值/V	电压有效值/V	端　口			
			16Ω	8Ω	4Ω	2Ω
			每个通道的输出功率/W			
195	195	138	1200	2400	4800	6500
170	170	120	860	1720	3445	6500
140	140	99	620	1245	2485	4970
116	116	82	445	885	1770	3540
100	100	70	320	640	1275	2550
80	80	57	230	460	925	1850
66	66	47	170	340	665	1330
54	54	38	120	240	480	960
VPL 设置/V	电压峰值/V	电压有效值/V	双通道桥接输出功率/W			
195	390	276	4800	9600	13000	n. r.
170	340	240	3445	6890	13000	n. r.
140	280	198	2485	4970	9940	n. r.
116	232	164	1770	3540	7080	n. r.
100	200	142	1275	2550	5100	n. r.
80	160	114	925	1850	3700	n. r.
66	132	94	665	1330	2665	n. r.
54	106	76	480	960	1920	n. r.

Lab FP10000Q 功率放大器的电压峰值等级（VPL）和通道的输出功率见表 2-3。

表 2-3 Lab FP10000Q 功率放大器的电压峰值等级（VPL）和通道的输出功率

VPL 设置/V	电压峰值/V	电压有效值/V	端口			
			16Ω	8Ω	4Ω	2Ω
			每个通道的输出功率/W			
150	150	106	620	1240	2485	2500
121	121	86	435	870	1740	2500
101	101	70	315	625	1250	2500
83	83	59	225	450	900	1805
70	70	49	160	315	630	1260
56	56	40	110	220	435	870
47	47	33	80	155	315	625
38	38	27	55	110	220	440
VPL 设置/V	电压峰值/V	电压有效值/V	双通道桥接输出功率/W			
150	300	212	2485	4970	5000	n. r.
121	242	172	1740	3480	5000	n. r.
101	202	140	1250	2500	5000	n. r.
83	166	118	905	1810	3615	n. r.
70	140	98	630	1260	2520	n. r.
56	112	80	435	870	1740	n. r.
47	94	66	315	625	1250	n. r.
38	76	54	220	440	880	n. r.

第 3 章　系统的连接

3.1　连接电缆

连接电缆有 75Ω 同轴电缆、屏蔽双绞线、光缆及屏蔽数字三芯线。除了光缆，其他连接电缆的传输距离均在 100m 以内。

3.1.1　75Ω 同轴电缆

与 BNC 接头连接的 75Ω 同轴电缆如图 3-1 所示。导线与屏蔽层之间由绝缘材料隔离，用聚氯乙烯或特氟纶材料护套包裹，传输频带较宽。优质同轴电缆的频宽可达几百兆赫，能够保证音频的质量。同轴电缆的标准接头为 BNC，阻抗为 75Ω，与 75Ω 同轴电缆配合能够保证阻抗恒定，确保正确地传输信号。虽然同轴电缆的标准接头为 BNC，但市场上的同轴电缆多采用 RCA 民用接头。

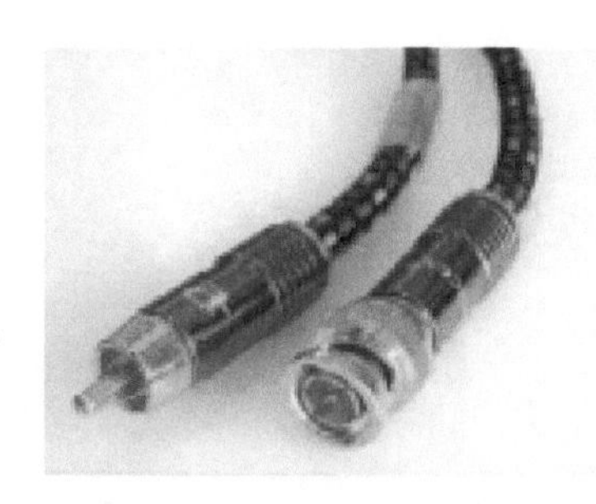

图 3-1　与 BNC 接头连接的 75Ω 同轴电缆

3.1.2　屏蔽双绞线

双绞线是由不同颜色的 4 对 8 芯线组成的。每两条芯线按一定的规则绞在一起，即成为一个芯线对。作为以太网最基本的传输介质，双绞线在一定程度上决定了整个网络的性能。如果双绞线的质量不好，则传输速率受到限制。双绞线有 5 类线、超 5 类线及 6 类线。其中，6 类线优于 5 类线。

超 5 类即为 CAT5E，有超 5 类非屏蔽双绞线（Unshielded Twisted Pair，UTP）和超 5 类屏蔽双绞线。

屏蔽双绞线是由多对双绞线和一个塑料外皮构成的。

3.1.3　光缆

光缆由多根光纤构成，如图 3-2 所示。

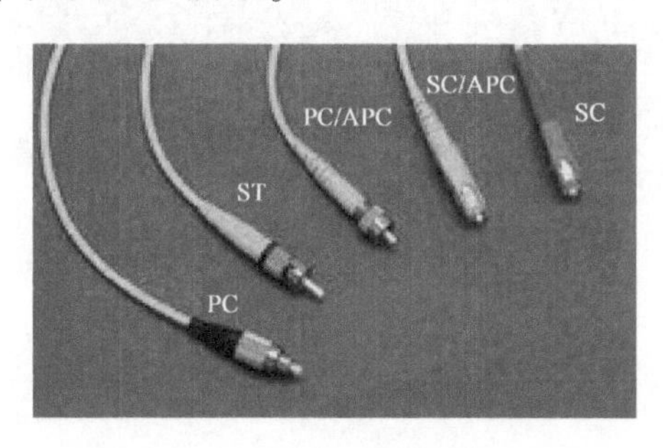

图 3-2　光缆

3.1.4 屏蔽数字三芯线

屏蔽数字三芯音频线如图 3-3（a）所示。屏蔽数字多芯音频线如图 3-3（b）所示。

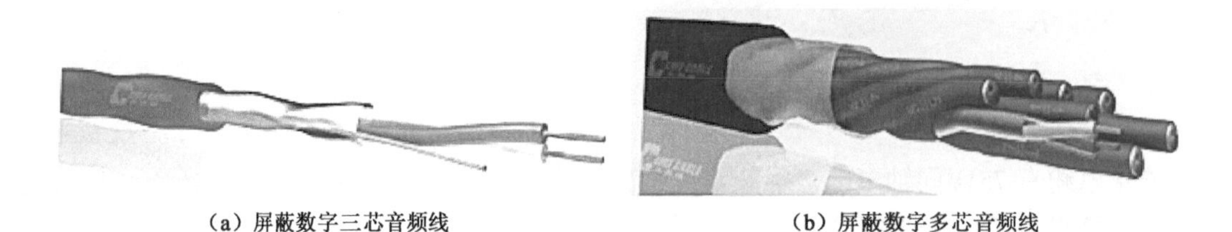

（a）屏蔽数字三芯音频线　　（b）屏蔽数字多芯音频线

图 3-3 屏蔽数字音频线

3.2 传送实时数字信号的物理接口

3.2.1 数字信号物理接口类型

① 卡侬 XLR 插座，使用屏蔽音频线作为传输介质传送 AES/EBU 数字信号。

② NCJ6FA-H-0 插座，可通用 XLR/TRS 插头，是组合的 3 芯母头和 1/4in TRS 插座，适合传输数字音频信号。

③ AES50 插孔，使用 CAT5E 超 5 类线作为传输介质传送 5AES50 数字信号，传输距离最高为 100m。

④ 75ΩBNC 插孔，使用 75Ω 同轴电缆作为传输介质传送 AES/EBU、MADI 多通道的数字音频信号。

⑤ S/PDIF 接口，有三种 RCA 同轴接口、BNC 同轴插孔及东芝（TOSHIBA）制定的技术标准，即 Toslink Optical 接口，传输介质为光纤，内置电/光转换模块，有标准方头及外观与 3.5mm TRS 接头类似的圆头（常用于便携式设备）两种。

数字信号物理接口实物图如图 3-4 所示。

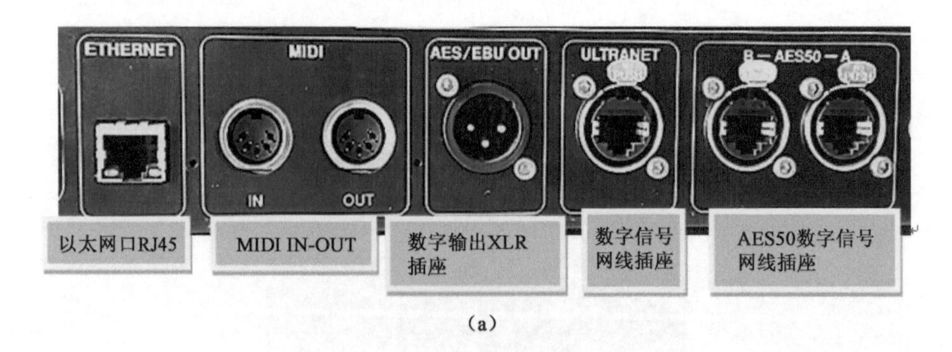

（a）

图 3-4 数字信号物理接口实物图

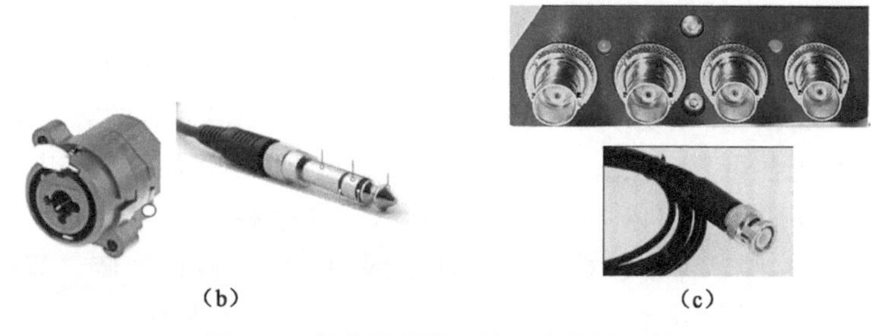

（b）　　　　（c）

图3-4　数字信号物理接口实物图（续）

3.2.2　应用

1. XLR插座（公或母）的应用

XLR插座（公或母）可用于传送AES/EBU（双声道或单声道）数字音频信号，如图3-5所示。

AES/EBU（Audio Engineering Society/European Broadcast Union，音频工程师协会/欧洲广播联盟）是美国和欧洲录音师协会制定的一种高级的专业数字音频数据格式，插口硬件主要为卡侬头，用三线平衡方式传输两路（最高为24bit量化）数字音频信号，如调音台输出的左、右两路数字音频信号，不需要采用均衡方式即可传输100m的距离。如果采用均衡方式，则传输的距离可以更远。三个标准采样率为32kHz、44.1kHz、48kHz。许多接口也能够在其他不同的采样率上应用。

2. AES50插孔的应用

AES50插孔如图3-6所示，是外圆形、内RJ45插孔，使用屏蔽超5类线作为传输介质，遵守AES50网络传输协议，可传输96路数字信号，具体路数由传输信号的码率确定。

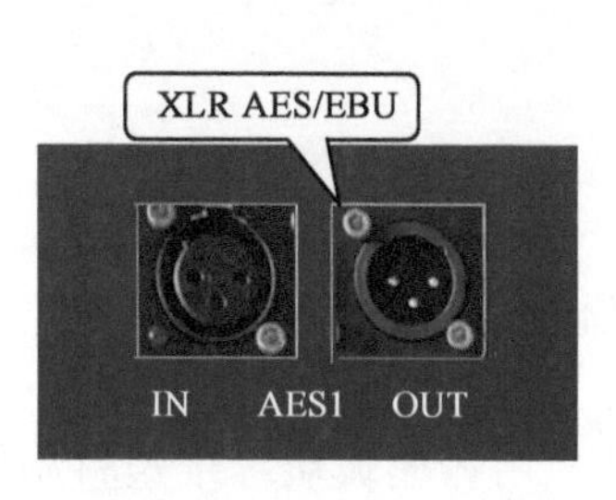

图3-5　XLR插座（公或母）

图3-6　AES50插孔

3. 75ΩBNC插孔的应用

75ΩBNC插孔如图3-7所示。

① 可传输AES/EBU数字音频信号，与采用XLR插座传输的不同点为传输介质不同。

② 可传输多信道的数字音频（Multi-Channel Audio Digital Interface，MADI）是以AES/EBU数字音频接口为基础的，可传输56路（取决于传输音频信号的采样率）的音频数据，传输距离为100m。

4. RJ45 插头的应用

RJ45 插头是最常见的网络设备接口，俗称水晶头，专业术语为 RJ-45 连接器，如图 3-8所示，属于双绞线以太网的接口类型。RJ45 插头只能沿固定的方向插入，有一个塑料弹片与 RJ45 插槽卡住可防止脱落，在 10Base-T 以太网、100Base-TX 以太网及 1000Base-TX 以太网中都可以使用。RJ45 插头根据线的不同排序有两种连接方法：一种是橙白、橙、绿白、蓝、蓝白、绿、棕白、棕；另一种是绿白、绿、橙白、蓝、蓝白、橙、棕白、棕。因此，RJ45 插头的连接线也有两种：直通线、交叉线（反相线）。

图 3-7　75ΩBNC 插孔

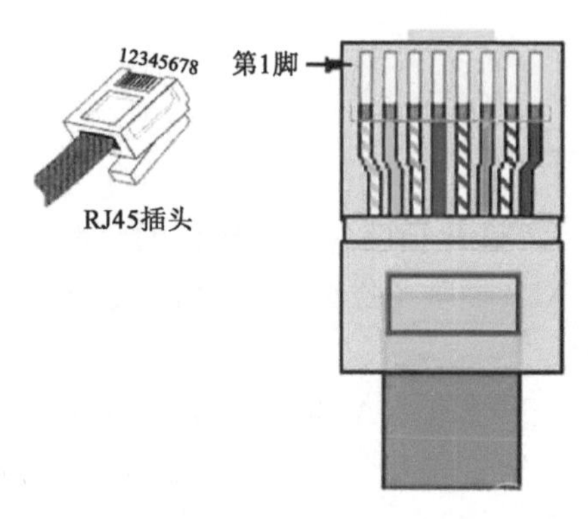

图 3-8　RJ-45 连接器

RJ45 插头可作为以太网接口（ETHERNET）接入数字音频网传输数字音频信号。

5. 光纤接口的应用

光纤接口是用来连接光纤线缆的物理接口，有 SC、ST、FC、LC 等几种类型，如图 3-9所示。

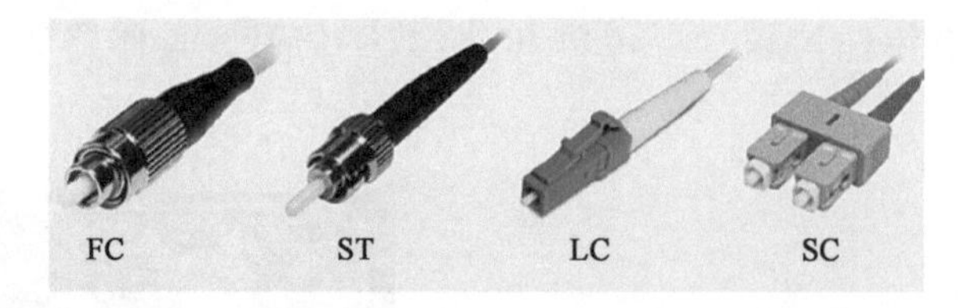

图 3-9　光纤接口

（1）SC 光纤接口

SC 光纤接口与 RJ45 插头相似。SC 光纤接口显得更扁一些。SC 光纤接口与 RJ45 插头的明显区别是里面的触片：如果有 8 条细的铜触片，则是 RJ45 插头；如果是一根铜柱，则是 SC 光纤接口。SC 光纤接口的外壳采用模塑工艺，用铸模玻璃纤维塑料制成，呈矩形；插头套管（也称插针）由精密陶瓷制成；耦合套筒为金属开缝套管结构；结构尺寸与 FC 光纤接口相同；采用插拔销式紧固方式，不需旋转；价格低廉，插拔操作方便，介入损耗波动小，抗压强度较高，安装密度高。

（2）FC 光纤接口

FC 是 Ferrule Connector 的缩写，表明外部加强件采用金属套，紧固方式为螺丝扣。根据传导光波的不同，FC 光纤接口可分为单模光纤接口（传导长波长的激光）和多模光纤接口（传导短波长的激光）。

3.3 传送控制数据的物理接口

传送控制数据的物理接口有RS485/RS232接口连接器、USB插口、MIDI音乐设备数字接口、NCJ6FA-H-0插座等。

3.3.1 RS485/RS232接口连接器

采用BD-9的9芯RS485/RS232插座如图3-10所示。RS485接口组成的半双工网络一般为两线制（以前有四线制的接法，只能实现点对点的通信方式，现在很少采用），多采用屏蔽双绞线传输，为总线式拓扑结构，在同一总线上最多可以挂接32个节点，采用主从通信方式，即一个主机带多个从机。在很多情况下，连接RS485通信链路时只是简单地用一对双绞线将各个接口的A、B端连接起来。这种连接方法在许多场合是能够进行正常工作的，但需要注意的一个问题是信号地。RS232、RS422、RS485的主要区别是逻辑如何表示。RS232使用-12V表示逻辑1，+12V表示逻辑0，全双工，最少3根通信线（RX，TX，GND），因为使用绝对电压表示逻辑，考虑到干扰、导线电阻等原因，通信的距离短，低速时的通信距离为几十米。RS422定义为全双工，最少4根通信线（一般额外多一根地线），驱动器可以驱动最多10个接收器（接收器为1/10单位负载），通信距离与通信速率有关，一般在距离短时可以使用高速率进行通信，速率低时可以进行较远距离的通信，距离为数百至上千米。

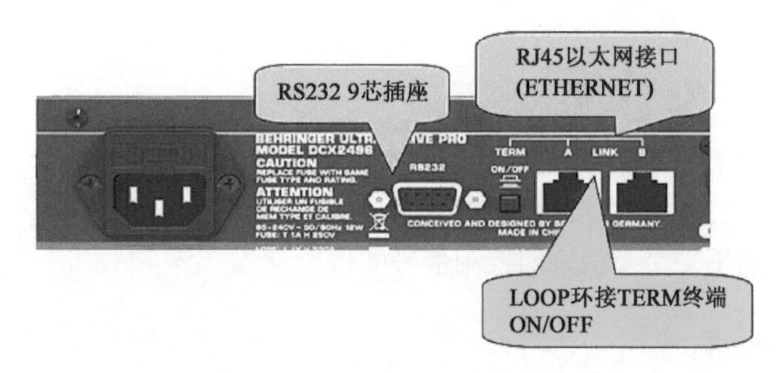

图3-10 采用BD-9的9芯RS485/RS232插座

3.3.2 USB插口

目前，传送数据多采用USB插口，用USB线连接计算机与被控设备，如数字信号处理器、数字调音台或具有远程控制的专业功率放大器。

老型号的设备仅设置RS232接口BD-9的9芯插座，需要进行插口转换。

3.3.3 MIDI音乐设备数字接口

MIDI（Music Instrument Digital Interface）音乐设备数字接口用于在计算机、合成器、键盘之间传输音乐控制数据，以实现实时演奏，使用MIDI专用线IN（输入）连接，如图3-11所示。图中，IN：输入；THRU：转接下一台MIDI设备IN；OUT：输出。

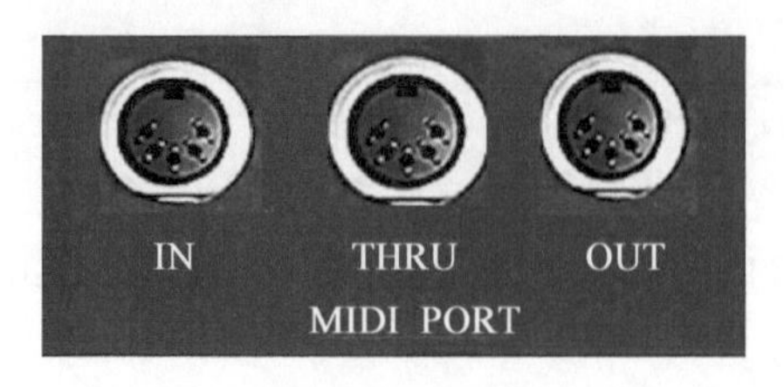

图 3-11　MIDI 音乐设备数字接口

3.3.4　NCJ6FA-H-0 插座

NCJ6FA-H-0 插座为组合的 3 芯母头和 1/4in TRS 电话插座，如图 3-12 所示。

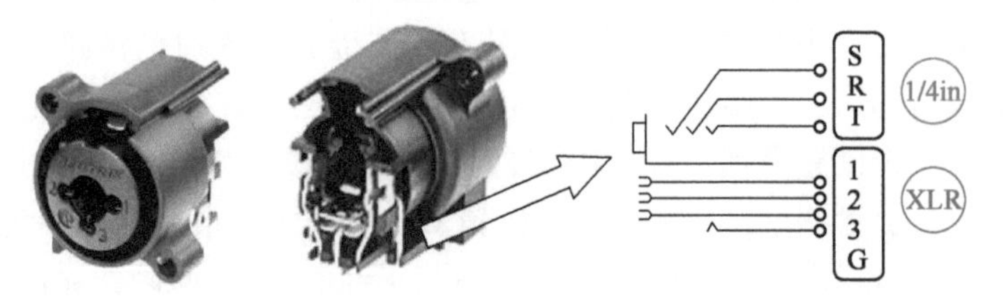

图 3-12　NCJ6FA-H-0 插座

3.4　接口转换

3.4.1　RS485/RS232 与 USB 的转换

RS485/RS232 与 USB 的转换如图 3-13 所示，可分别插入计算机的 USB 接口和被控设备的 RS485/RS232 BD9 插座，适用于交换机之间控制信号的传送。

图 3-13　RS485/RS232 与 USB 的转换

3.4.2　USB 与 XLR 485 的转换

USB 与 XLR 485 的转换适用于安装 XLR 插座的数字信号处理器与计算机的 USB 接口连接，如图 3-14 所示。RS485 蓝色接线板有 A 热（+）、B 冷（-）、G 地三个接线端，与 XLR 插头的接法如下。

接法 1：XLR 插头的①与 G 地、②与 A 热、③与 B 冷连接。

接法 2：XLR 插头的①与 G 地、②与 B 冷、③与 A 热连接。

信号极性不同，接法不同。

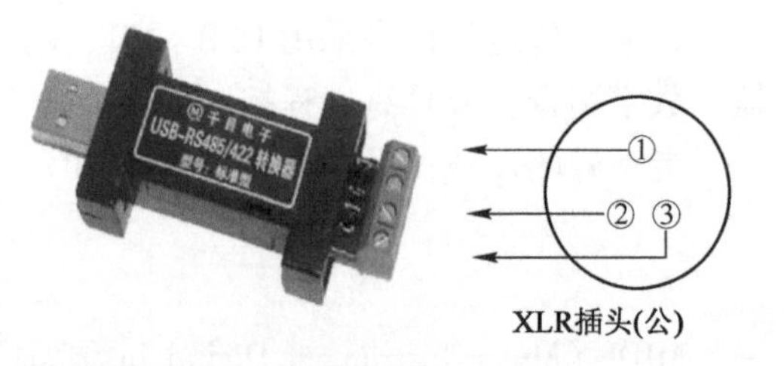

图 3-14　USB 与 XLR 485 的转换

将 XLR 插头（公）插入数字信号处理器的 XLR485 插座（母），USB 插头与计算机的 USB 接口连接，用于传送计算机发出的控制命令。数字信号处理器的另一个 XLR485 插座（公）与另一台数字信号处理器的 XLR485 插座（母）连接，可以实现多台数字信号处理器同时接收计算机发出的控制命令。

3.4.3 RS485/RS232（BD5）与 RJ45 的转换

RS485/RS232（BD5）与 RJ45 的转换适用于设置 RS485/RS232（BD5）的数字信号处理器无网口（RJ45）与没有设置 RS485/RS232（BD5）的数字信号处理器有网口（RJ45）的转换连接，如图 3-15 所示，采用以太网传输控制信号。如果被控设备没有 RJ45 网口，则可通过 RS485/RS232（BD5）转换，使具有 RS485/RS232 串口的被控设备具备连接 TCP/IP 网络的功能。

图 3-15 RS485/RS232（BD5）与 RJ45 的转换

C2000 N2A1 转换盒向上提供 10/100M 以太网接口，向下提供 1 个标准 RS485/422 串行口，通信参数可通过多种方式设置。

第 4 章　演出现场数字扩声系统的搭建

4.1　数字扩声系统的基本框架

4.1.1　数字调音台+数字信号处理器+模拟功率放大器

数字信号处理器采用二分频全音域数字扩声系统，如图 4-1 所示。

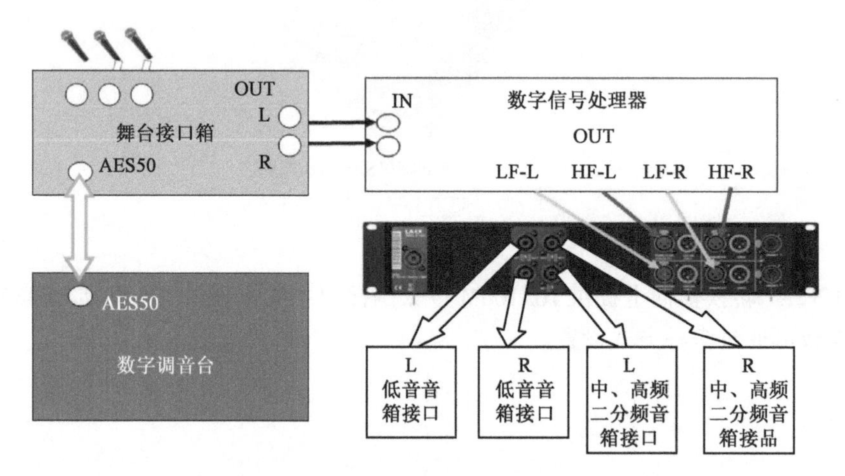

图 4-1　二分频全音域数字扩声系统

图中，数字信号处理器用于完成 LF 和 HF 频段的二分频。其中，HF 频段的信号送入内置的中、高频二分频音箱，完成全音域放声。除了使用 AES50 端口，舞台接口箱与数字调音台还可以使用其他传输协议端口连接，如 MADI 或光传输端口。功率放大器选用末级工作 AB 类、桥式电路多通道结构的功率放大器。

数字信号处理器采用三分频全音域数字扩声系统，如图 4-2 所示。

图 4-2 与图 4-1 的不同之处：使用低、中、高及超低音单音域音箱放声，需要使用 2 台 4 通道的功率放大器。

4.1.2　数字调音台+数字功率放大器

将内置数字信号处理器的功率放大器称为数字功率放大器。由舞台接口箱送入数字功率放大器的信号可选择模拟信号或数字信号。如果选择数字信号，则可借用以太网进行远距离的传输。数字调音台+数字功率放大器是一种典型的全数字化数字扩声系统，如图 4-3 所示。

4.1.3　多通道数字扩声系统

数字调音台+数字功率放大器可组成多通道数字扩声系统，如图 4-4 所示，与图 4-1 的区别：可供多组扬声器使用，如舞台两侧的主扩扬声器、补声扬声器。

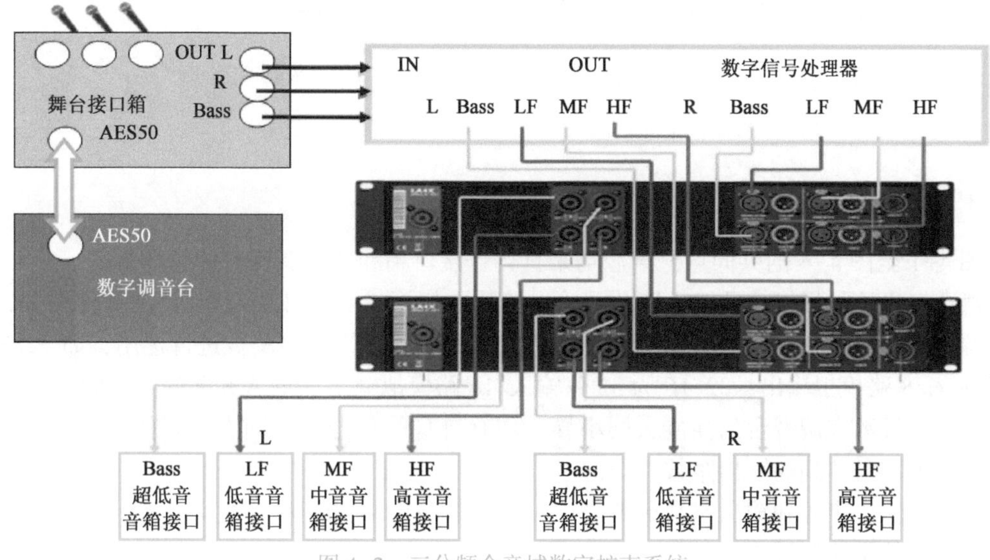

图 4-2 三分频全音域数字扩声系统

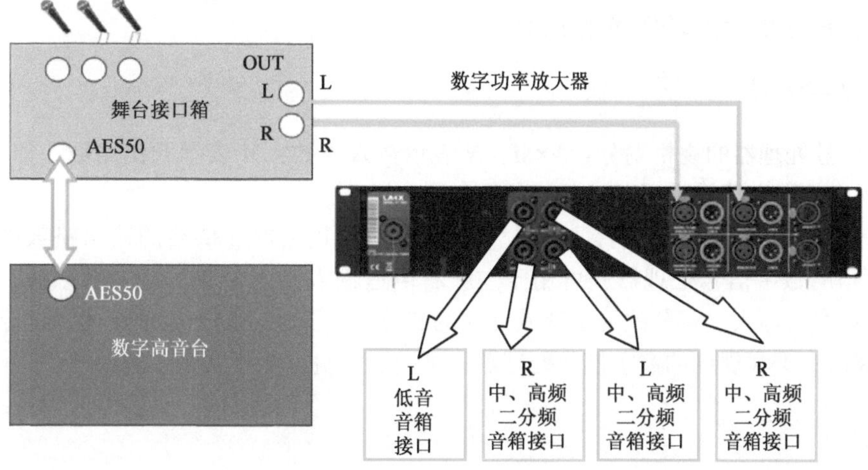

图 4-3 全数字化数字扩声系统

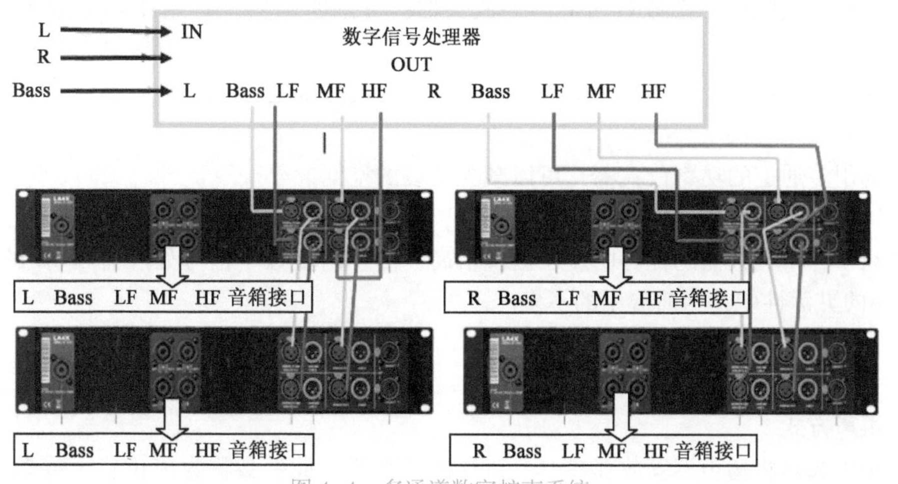

图 4-4 多通道数字扩声系统

图 4-4 省略了舞台接口箱和数字调音台，连接方法与图 4-2 相同。

4.2 数字扩声系统选用的设备及语音信号的传输方式

4.2.1 舞台接口箱和数字调音台

图 4-1 至图 4-4 的共同点：声源均来自舞台接口箱和数字调音台的组合体。

舞台接口箱的规格按照输入路数、输出路数（模拟或 AES/EBU）及扩展插件划分，根据声源数目、数字调音台“分层”后的最大输入路数及所需输出路数进行选用，如 32/8 为 32 路输入/8 路模拟输出、32/16 为 32 路输入/16 路模拟输出（插入 8 路输出扩展插件）。

各种型号数字调音台的性能大同小异，均有自身的长处，不同点主要体现在：可容纳的输入路数和可达到的输出路数。

在满足输入声源和输出路数的要求下，数字调音台要选用稳定性高、操作简便、人机对话人性化的主流型号。

舞台接口箱与数字调音台之间的信号传输协议相同，具备相同的信号传输端口。有些数字调音台是与舞台接口箱搭配使用的。

4.2.2 数字信号处理器

数字信号处理器的规格划分：$N \times M$，N 表示输入路数，M 表示输出路数，如 3×6、4×6、4×8 规格的数字信号处理器，调节参数大同小异。

数字信号处理器规格的选择主要从需要完成的分频路数和供给的输出路数进行考虑，如 3×6 规格的数字信号处理器，可用于左、右声道输入及三分频的全音域系统，或者左、右及超低音声道输入、三分频的全音域（实为二分频，其中一路分频使用内置二分频音箱）+超低音系统；4×8 规格的数字信号处理器，可用于两组三分频的全音域系统。

4.2.3 功率放大器

功率放大器选用时的出发点：

① 带有远程监控的模拟双通道功率放大器，可远距离监控运行中功率放大器的工作状态。

② 选用末级输出级工作在 AB 类、桥式电路的模拟双通道功率放大器，有利于大动态信号的运行。

③ 选用多通道的功率放大器，可以减少安装的空间。

④ 选用多种阻值输出端口的功率放大器，可以灵活匹配多个扬声器的并联。

⑤ 数字功率放大器的优势明显，但价格高，由于内置数字信号处理器 $M \times N$ 的局限性，导致使用的灵活性差，当前选用的不多。

4.2.4 供声系统

1. 供声方式

① 集中式是将扬声器安放在舞台台口顶部的骨架（此处被称为声桥）上或舞台台口的两侧。大型演出场所可采用线阵列的方式将扬声器吊挂在舞台台口上方的左、右两侧；台

口地面安放超低音点声源阵列的扬声器。室内的中小型演出场所不适用线阵列的扬声器。

② 集中+辅助方式是除了将扬声器安放在舞台处外，还在观众区的适当位置安放多组扬声器，如在大型户外演出场所观众区架设的“声塔”和厅堂内的补声扬声器。

③ 分散式是在观众区架设多处组合扬声器，如体育场的供声系统。

2. 音箱类型

这里的音箱类型是指音域范畴。

① 全音域组合音箱：音箱内配有不同音域（LF、MF、HF）的扬声器单元：一种内置分频器，称其为主动式分频组合音箱；另一种外置分频器，称其为被动式分频组合音箱。如在某全音域音箱的背板上贴有“铭牌”，说明可选用内置或外置分频，并配有切换开关。

② 单音域音箱：音箱内仅有一种音域的扬声器单元，如低音音箱，可使用不同音域的音箱组合为全音域供声，不同于前面讲述的全音域组合音箱，是将不同音域的扬声器安放在同一个箱体内。线阵列中的组件应归属于全音域组合音箱；音柱为单音域音箱。

4.2.5 语音信号的传输方式

数字信号的传输具有抗干扰性强、传输距离远及远程可控等优点，传输介质有数字线、同轴电缆、屏蔽双绞线（超5类）及光纤（光缆）。传输介质选择的出发点是在远距离传输时的损耗小。

① 近距离：当下级设备的数目较少时，宜采用模拟传输，如中小型演出现场，从舞台接口箱至功率放大器。

② 远距离：当下级设备的数目较多时，宜采用数字音频电缆或网络传输，如以太网或光纤网。

第5章　扬声器阵列

5.1　水平/垂直扬声器阵列

大型演出场所为增大供声的覆盖范围或使观众席获得更高的声压级或满足扬声器的远投射能力，均采用将若干单个扬声器按一定的方式叠积为一个整体。

5.1.1　水平扬声器阵列

水平扬声器阵列（简称水平阵列）是将多个相同特性的扬声器水平靠近或互成一个角度并排摆放，如图5-1所示。水平扬声器阵列有三种形式：并列水平阵列、变窄水平阵列及变宽水平阵列。

5.1.2　垂直扬声器阵列

垂直扬声器阵列（简称垂直阵列）是将多个相同特性的扬声器上下摆放，最简单的是将两个相同特性的扬声器垂直摆放，如图5-2所示。垂直扬声器阵列有三种形式：并列垂直阵列、变窄垂直阵列及变宽垂直阵列。

图5-1　水平扬声器阵列

图5-2　垂直扬声器阵列

5.1.3　扬声器阵列的特点

(1) 可改变声波的覆盖范围。

(2) 在扬声器阵列中，各个扬声器发出的声波会产生干扰，可使单个扬声器平坦的频响特性变成与“梳状滤波器”一样的合成频响特性，音质变坏。在演出现场，听点接收的声波是扬声器阵列中各个扬声器发出声波叠加后的合成波。由于各个扬声器发出的声波到听点的距离不相等，因此可产生不同的延时。

5.2　点声源扬声器阵列

点声源扬声器阵列由 n 个扬声器、相距 d 排列在一条直线上，可分为全频扬声器阵列及低频和超低频扬声器阵列。

5.2.1 全频扬声器阵列

全频扬声器阵列可分为水平扬声器阵列、垂直扬声器阵列及复合扬声器阵列，通过各种方式的叠积可增加或变窄覆盖范围，提高输出声压级，增加投射距离，扩大应用范围。

1. 水平扬声器阵列声压级解析

① 单个扬声器的水平覆盖角定义为：以扬声器轴线方向的相对声压级0dB作为基准，当偏轴方向的声压级下降到-6dB时之间的夹角。

② 当水平的两个扬声器共同作用时，在共同轴线上的相对声压级比单个扬声器的相对声压级增加6dB，水平覆盖角边缘（偏轴）处的合成声压级为0dB，水平覆盖角与单个扬声器的水平覆盖角相同，声压级提高，“梳状滤波器”严重，称这种摆放方式为并列水平阵列。

③ 若两个扬声器互摆放角度（V字形）为30°，则声波中心交汇角在扬声器后面的共同轴线上，在共同轴线上的合成声压级比单个扬声器的声压级提高4dB，在偏轴方向上的声压级下降到-2dB时的夹角变窄了，称这种摆放方式为变窄水平阵列。

④ 当两个扬声器的摆放角度增大到左扬声器覆盖角的右边缘刚好与右扬声器覆盖角的左边缘相互衔接但不重叠，每个扬声器轴线上的声压级均没有提高，仍为0dB时，左扬声器覆盖角的左边缘与右扬声器覆盖角的右边缘之间的夹角增大，即覆盖角增大，称这种摆放方式为变宽水平阵列，可在水平覆盖范围保持单个扬声器产生声压级的均匀性。

并列水平阵列：在水平覆盖范围可保持单个扬声器的特性，合成频响特性受到严重损坏，不推荐使用。

变窄水平阵列：水平覆盖范围比单个扬声器窄，在偏轴方向上的合成频响特性受到较小影响。

变宽水平阵列：在水平覆盖范围内，声压级与单个扬声器的声压级相同，覆盖范围变大，在覆盖范围内的合成频响特性几乎没受影响，可保持与单个扬声器同样的音质效果。

2. 垂直扬声器阵列声压级解析

垂直扬声器阵列在垂直平面上的合成声压级、覆盖范围及频响特性与水平扬声器阵列类似。其不同为：在垂直平面上，阵列中每一层扬声器投射距离的要求不同，上层扬声器应投射到观众区的后排。为解决近距离投射的声压级高于远距离投射的声压级，一般采用降低下层扬声器驱动功率的方法。这种使声压级均匀的方法被称为功率幅度递减。此外，为了减小在覆盖重叠区由声波行程差产生的“梳状”合成频率响应，下层扬声器必须增加若干延时，使两个声源同步到达。

5.2.2 低频和超低频扬声器阵列

扬声器的指向特性随声波辐射频率的降低而变宽，根据声波干涉原理，利用叠积在一起的低频扬声器阵列可实现在低频范围内指向性宽度，即可控制低频扬声器的覆盖范围。

1. 水平低频扬声器阵列

采用水平摆放的低频扬声器阵列可使水平方向的低频指向特性有明显的改变。图 5-3 给出单个反射式低频扬声器辐射频率分别为 50Hz、80Hz、125Hz 时的水平/垂直指向图。

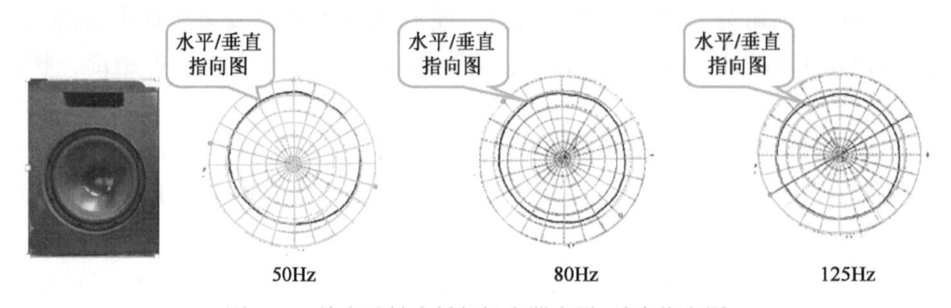

图 5-3 单个反射式低频扬声器水平/垂直指向图

图 5-4 给出 2 个、4 个、8 个扬声器水平并列摆放，在辐射频率为 100Hz 时的水平/垂直指向图。外圆为垂直指向，内圆为水平指向。

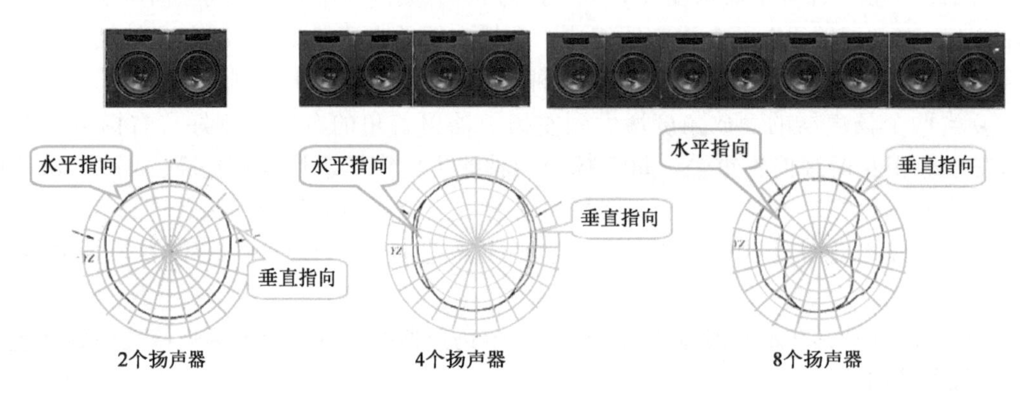

图 5-4 2 个、4 个、8 个扬声器水平并列摆放，在辐射频率为 100Hz 时的水平/垂直指向图

2 个扬声器水平指向特性：偏轴声压级下降 6dB 时的夹角小于 180°；垂直指向特性：未改变，轴向相对声压级增加 3dB。

4 个扬声器水平指向特性：偏轴声压级下降 6dB 时的夹角小于 120°；垂直指向特性：未改变，轴向相对声压级再增加 3dB。

8 个扬声器水平指向特性：偏轴声压级下降 6dB 时的夹角减小为 60°；垂直指向特性：未改变，轴向相对声压级再增加 3dB。

结论：在水平并列摆放低频扬声器的数量增加时，水平指向特性变窄，声压级提高，垂直指向特性基本不变。

2. 垂直低频扬声器阵列

垂直低频扬声器阵列仅改变垂直指向特性，水平指向特性基本不变，声压级的增加规律与水平阵列相同。图 5-5 为 2 个、4 个、8 个低频反射式扬声器在辐射频率为 100Hz 时的水平/垂直指向图。外圆为水平指向，内圆为垂直指向。

3. 混合型低频扬声器阵列

在实际应用中，往往既要控制水平指向特性，还要控制垂直指向特性。因此，单纯的水平阵列或垂直阵列使用较少，为了充分利用有限的低频扬声器资源（包括与其配套使用的功率放大器)，通常将低频扬声器组成混合型低频扬声器阵列，如图 5-6 所示。

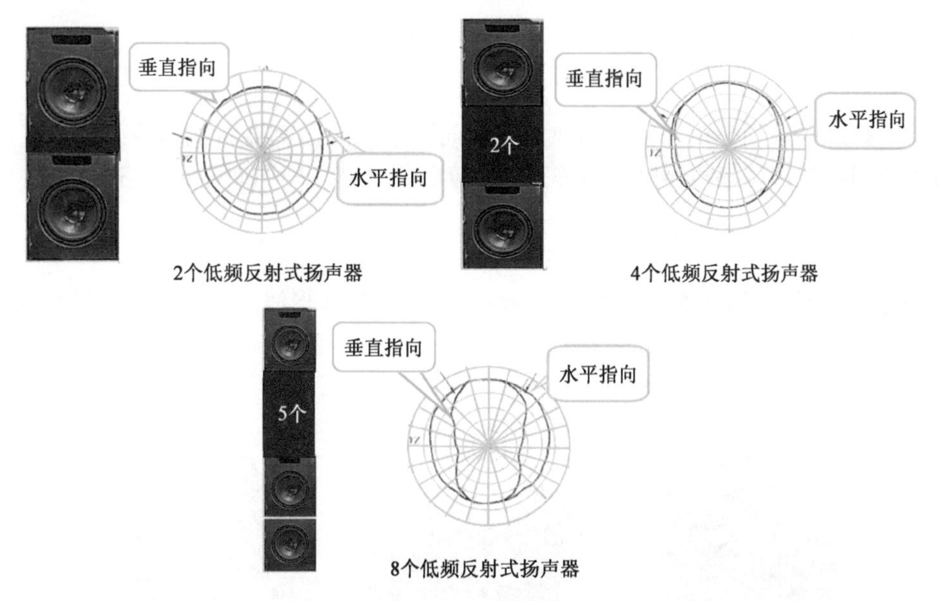

图 5-5　2 个、4 个、8 个低频反射式扬声器在辐射频率为 100Hz 时的水平/垂直指向图

图 5-6　混合型低频扬声器阵列

混合型低频扬声器阵列在发出 100Hz 声波时的指向特性为：

① 倒 T 形的指向特性在发出 100Hz 声波时为 135°（水平）×135°（垂直）。

② L 形的指向特性在发出 100Hz 声波时为 90°（水平）×105°（垂直）。

③ 品字形的指向特性在发出 100Hz 声波时为 180°（水平）×120°（垂直）；在发出高于 100Hz 的声波时，覆盖范围将变窄；在发出低于 100Hz 的声波时，覆盖范围将变宽。

4. 总结

① 在自由空间（将扬声器吊挂在空间，周围无反射物体），每增加 1 倍数量同样性能的扬声器（叠积在一起），在公共轴线上的声压级将提高 6dB（声功率增加 3dB）。4 个扬声器阵列比 2 个扬声器阵列的声压级又多增加 6dB，依次类推。

② 如果低音（或超低音）扬声器摆放在地板上，则可形成半空间辐射，声压级可增加 6dB。如果在摆放在地板上低音扬声器的后面还紧靠着一面墙，则可形成 1/4 的空间辐射。此时，声压级可增加 9dB。如果摆放在地板上的低音扬声器紧靠墙角（两面靠墙，一面靠地板），则可形成 1/8 的空间辐射。此时，声压级可增加 12dB，但频响特性会改变，低端

频率有明显的提升。

5.3 线声源扬声器阵列

线声源扬声器阵列是由一组排列成直线、间隔紧密的扬声器组成的阵列。与点声源扬声器阵列不同：线声源扬声器阵列对阵列的长度和扬声器之间的间隔有严格的要求。

5.3.1 线声源扬声器阵列的结构

线声源扬声器阵列的结构有直线线声源扬声器阵列、J形线声源扬声器阵列及弓字形线声源扬声器阵列，如图 5-7 所示。使用较多的是 J 形线声源扬声器阵列，尤其在大型演出场所。

J形线声源扬声器阵列

直线线声源扬声器阵列

弓字形线声源扬声器阵列

图 5-7 线声源扬声器阵列的结构

5.3.2 垂直线声源扬声器阵列

线声源扬声器阵列的音箱外形与全音域音箱相似，但设计与传统的全音域音箱完全不同。线声源扬声器阵列的音箱依据扬声器的布局分为对称型和非对称型。

1. 对称型三分频音箱 A 型

对称型三分频音箱 A 型如图 5-8 所示。低音、中音扬声器的驱动单元辐射体为圆锥形。

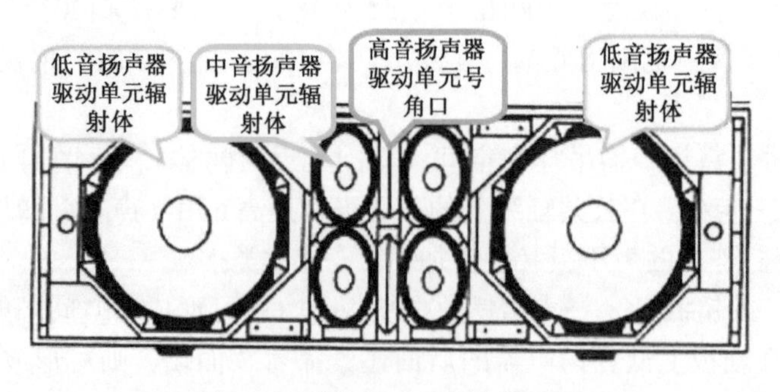

图 5-8 对称型三分频音箱 A 型

两个低音扬声器的尺寸为 12 英寸或 15 英寸，水平摆放在左、右两侧。四个中音扬声器：上、下、左、右互为 V 形（图中未画出）。高音扬声器：上、下两个，为号角形。设计的特点：确保声源的间隔符合线声源扬声器阵列的要求，即使上、下垂直摆放音箱，声源间隔也会满足要求。

2. 对称型三分频音箱 B 型

对称型三分频音箱 B 型如图 5-9 所示。低音、中音扬声器的驱动单元辐射体为圆锥形。在中音扬声器的辐射体前面放置有四个长方形孔的挡板，中音扬声器的发声孔是两条红线内的黑长条。高音扬声器的驱动单元为号角形。

3. 非对称型三分频音箱

非对称型三分频音箱如图 5-10 所示。

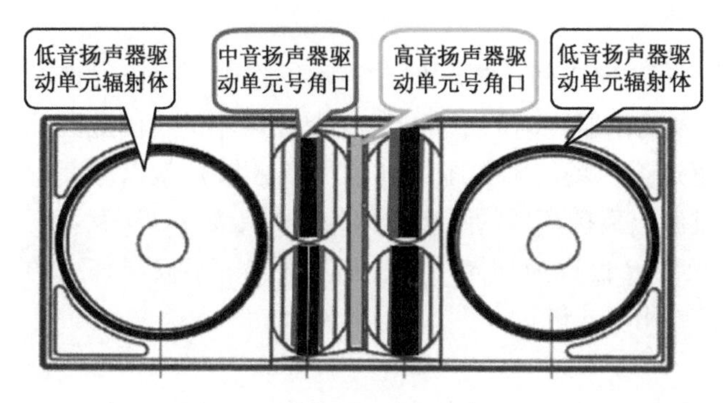

图 5-9　对称型三分频音箱 B 型

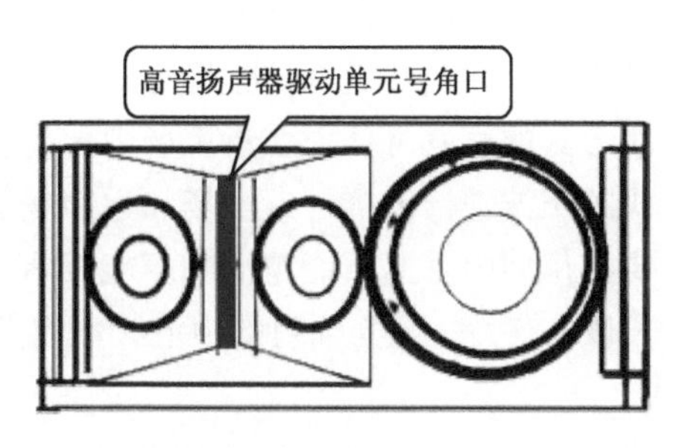

图 5-10　非对称型三分频音箱

5.3.3　垂直线声源扬声器阵列的垂直指向性

垂直线声源扬声器阵列的长度 l 为不同声波波长时的垂直指向性如图 5-11 所示。

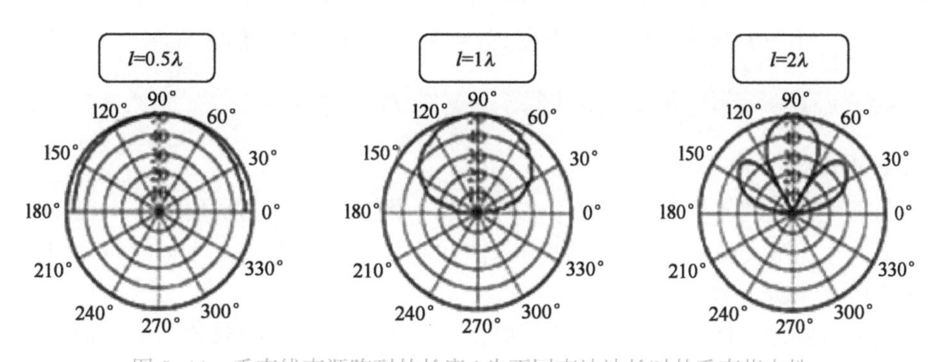

图 5-11　垂直线声源阵列的长度 l 为不同声波波长时的垂直指向性

从图中可以看出两个特点：第一个特点，指向性不出现旁瓣；第二个特点，如果线声源扬声器阵列的长度等于或小于半个波长，则没有指向性，阵列的长度相比波长越长，指向性越尖锐，即垂直线声源扬声器阵列的覆盖角越小，高频远程投射能力比低频远程投射能力更显著（是由声干涉造成的），水平指向性不受影响，为单个扬声器的水平指向性。

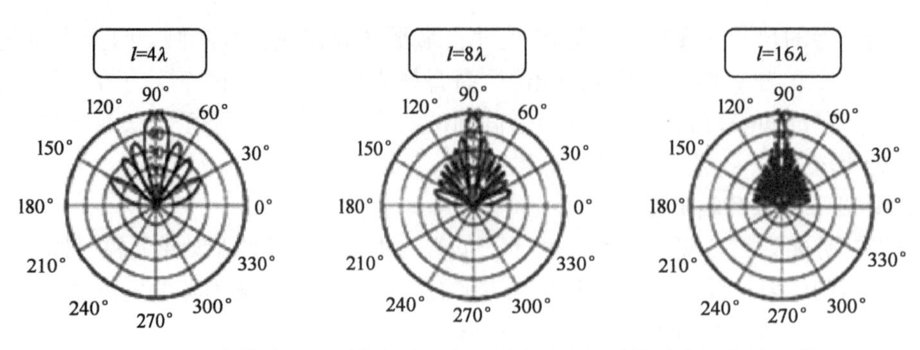

图 5-11　垂直线声源阵列的长度 l 为不同声波波长时的垂直指向性（续）

5.3.4　线声源扬声器阵列的声波传播衰减

线声源扬声器阵列的声波以圆柱面的形式向空间传播。但在实际工作中，由于线声源扬声器阵列的长度 l 不是无限长的，并且各扬声器之间的距离 d 也不是无限小的，因此圆柱面形式的声波可认为在近声场中传播，超过近声场的临界距离（远声场区域）就以球面形式的声波进行传播。近声场和远声场的过渡点离扬声器的距离被称为临界距离 r。注意：不要将房间中直达声能与混响声能相等的距离 R 也称为临界距离。临界距离 r 不仅与阵列的长度 l 有关，还与辐射的声波频率有关，可用下式进行计算，即

$$r=l^2 f/690$$

式中，r 为扬声器与近声场和远声场过渡点之间的距离，单位为 m；l 为线声源扬声器阵列的长度，单位为 m；f 为线声源扬声器阵列的辐射频率，单位为 Hz。

例如，线声源扬声器阵列的长度为 3m，辐射频率为 1kHz 和 10kHz 两个声波的临界距离为

$$1\text{kHz 声波的临界距离 } r_{1k}=3^2\times1000/690\approx13(\text{m})$$

$$10\text{kHz 声波的临界距离 } r_{10k}=3^2\times10000/690\approx130(\text{m})$$

5.3.5　点声源扬声器阵列与线声源扬声器阵列的对比

1. 垂直指向性

点声源扬声器阵列的垂直指向性为 n（数量）、距离及波长的函数。当 $n=2$ 时，点声源扬声器阵列处在无限大障板中，指向性与距离和波长的比值有关，在频率较低时为单一波瓣，频率越高，波瓣越多。

线声源扬声器阵列具有集中声波的辐射作用。当线声源扬声器阵列的长度一定时，高频声波集束明显，长度越长，集束高频声波的频率越高。高频指向性出现的波瓣是由各声源的干涉造成的。

2. 优、缺点

（1）优点

精确设计的垂直线声源扬声器阵列在大型扩声系统，尤其在体育比赛场（馆）、广场、DISCO 舞厅、流动演出等场所具有许多突出的优点。

在混响时间较长、声学缺陷较多的演出场所，线声源扬声器阵列能够精确控制声波辐射的指向，消除天花板、地板、墙面及其他表面的反射声能，将声能最大限度地集中到观

众区，提高声音的清晰度，不易产生啸叫，提高传声增益；可均衡观众区声压级的不均匀性，如采用J形垂直线声源扬声器阵列，在垂直平面内具有增强指向性的作用。在距离加倍的情况下，点声源扬声器阵列的声压级衰减6dB；线声源扬声器阵列的声压级衰减3dB（在近场区域），可提高远投能力。

（2）缺点

在满足扬声器阵列长度的条件下（$l \geq \lambda/2$），当频率较高时，点声源扬声器阵列的指向性会出现旁瓣，产生梳状滤波效应；线声源扬声器阵列体积庞大，给安装带来一定的困难。

5.4 线声源扬声器阵列的应用

5.4.1 现场使用线声源扬声器阵列的结构

现场使用线声源扬声器阵列的结构多为J形线声源扬声器阵列，尤其在大型演出场所。J形线声源扬声器阵列与点声源水平扬声器阵列组合使用如图5-12所示。其中，J形线声源扬声器阵列用于覆盖远场区域，点声源水平扬声器阵列主要用于近场区域。

图5-12 J形线声源扬声器阵列与点声源水平扬声器阵列组合使用

5.4.2 无源线声源扬声器阵列与有源线声源扬声器阵列

1. 无源线声源扬声器阵列

无源线声源扬声器阵列是仅配置不同尺寸的单音域扬声器和内分频器（并非都是），用音箱线按标称阻值将输入端（钮垂克插座）与功率放大器相应阻值的输出端连接起来。

2. 有源线声源扬声器阵列-1类

有源线声源扬声器阵列-1类为数字信号处理单元+功率放大器+线声源扬声器阵列，后面板如图5-13所示。

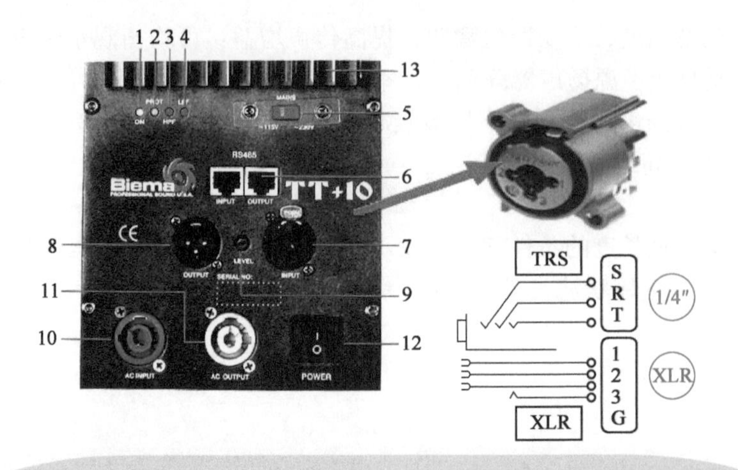

1.电源220V指示灯； 2.扬声器短路和功率放大器过载指示灯(黄色)；3.高频输入电平过高削波指示灯(红色)；4..低频输入电平过高削波指示灯(红色)；5.电源电压选择开关AC 115~230V；6.RS485接口，与计算机连接，传输DSP控制数据；7.输入信号接口NCJ6FA-H-0插座；8.输入信号LINK接口，用于传送信号给下一台设备；9. 输入电平调节旋钮；10.电源输入115~230V接口；11. 电源输入LINK接口，给下一台设备供电；12. 电源开关；13. 散热器。

图 5-13　有源线声源扬声器阵列-1 类的后面板

有源线声源扬声器阵列-1 类内置的数字信号处理单元软件操作界面如图 5-14 所示。

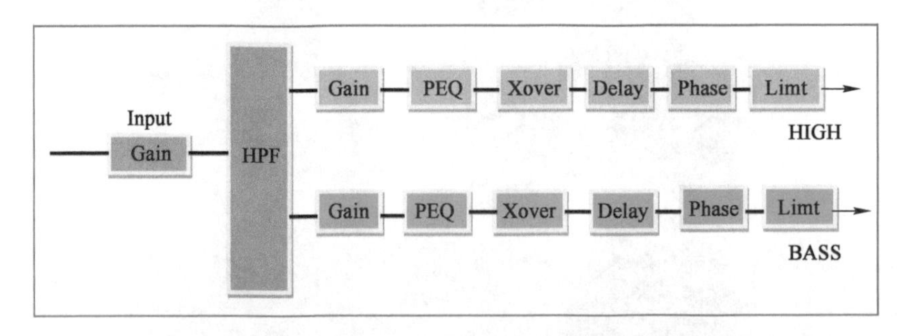

图 5-14　有源线声源扬声器阵列-1 类内置的数字信号处理单元软件操作界面

输入信号（Input）经 HPF 高通滤波器分为 A、B 两路，完成分频及对扬声器的相位特性补偿、保护等，通过安装在计算机中的软件可调节 RS485 接口的控制数据。

上路 A→Gain（放大）→PEQ（频率均衡器）→Xover（分频）→Delay（延时）→Phase（反相位）→Limt（限幅）→HIGH（高频输出）。

下路 B→Gain（放大）→PEQ（频率均衡器）→Xover（分频）→Delay（延时）→Phase（反相位）→Limt（限幅）→BASS（低频输出）。

3. 有源线声源扬声器阵列-2 类

有源线声源扬声器阵列-2 类为功率放大器+线声源扬声器阵列，后面板如图 5-15 所示。

5.4.3　线声源扬声器阵列与功率放大器

（1）线声源扬声器阵列与功率放大器的位置如图 5-16 所示。

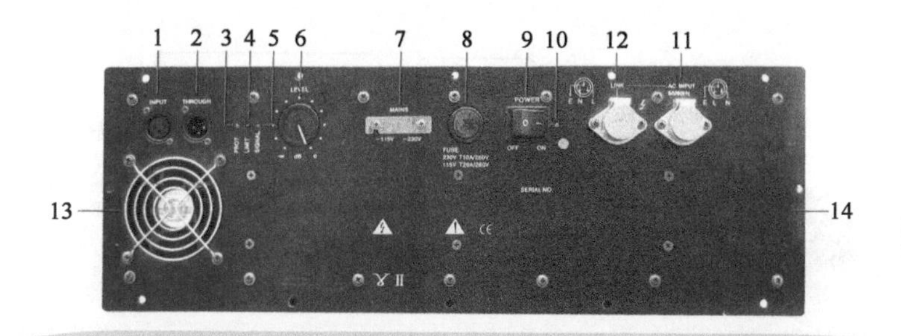

1. 输入信号接口XLR；2. 输入信号LINK接口，用于传送信号给下一台设备；3. 扬声器短路和功率放大器过载指示灯(黄色)；4. 输入电平过高削波指示灯(红色)；5. 输入信号状态显示指示灯(绿色)；6.输入电平调节旋钮；7. 电源电压选择开关AC 115~230V；8. 电源熔断盒；9. 电源开关；10. 电源220V指示灯(蓝色)；11. 电源输入接口；12. 电源输入LINK接口，用于给下一台设备供电；13. 冷却风扇；14. 通风孔。

图 5-15 有源线声源扬声器阵列-2 类的后面板

图 5-16 线声源扬声器阵列与功率放大器的位置

（2）使用钮垂克插头的功率放大器与线声源扬声器阵列连接

钮垂克插头/插座如图 5-17 所示，常用的为 4 芯，还有 2 芯、8 芯的，外观基本相同，只是尺寸有些差异。在通常情况下，线声源扬声器阵列的接口为 4 芯插头。钮垂克 4 芯插头有 4 根音箱线，分为+1、- 1 和+2、-2 两组：用于内置分频器的线声源扬声器阵列连接时，只用一组+1、-1，将+2、-2 空置；用于外置两分频的线声源扬声器阵列连接时，可将一组用于高音连接，另一组用于低音连接；如果用于外置三分频或四分频的线声源扬声器阵列连接，则选用钮垂克的 8 芯插头；如果连接全音域扬声器阵列+超低音扬声器阵列，则使用一根 4 芯的音箱线+4 芯的钮垂克插头，+1、-1 用于连接全音域扬声器阵列（内置分频器），+2、-2 用于连接超低音扬声器阵列，超低音扬声器阵列或全音域扬声器阵列用一根很短的跳线就可以与另一个设备连接。

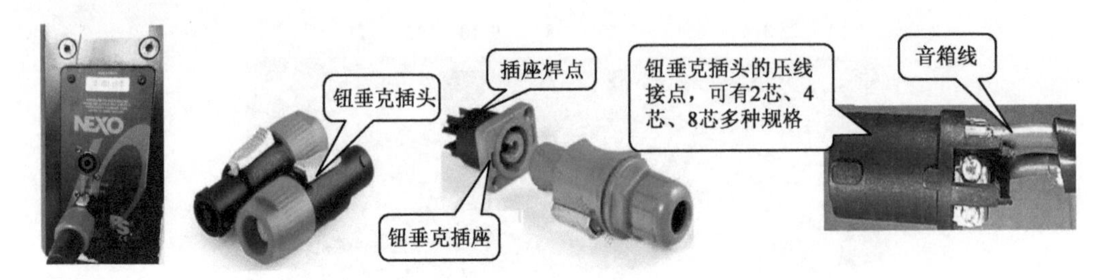

图 5-17　钮垂克插头/插座

钮垂克插头一旦插入所属的插孔便会锁闭，就像 XLR 卡侬插头，不会因为不小心拉线而松脱，可靠性非常高。

5.5　声柱指向性的控制

5.5.1　声柱指向性控制的方法及优点

声柱是线声源扬声器阵列的一种，是由多个同相工作的扬声器按一定的结构组成（排成曲线或直线）的，遵循线声源扬声器阵列的理论。

1. 指向性控制的方法

① 指向性与频率有关，在投射方向不变的情况下，控制低频的指向性需要长一些的线声源扬声器阵列。

② 改变投射方向的方法：采用不同结构的线声源扬声器阵列。J 形或弓字形结构的线声源扬声器阵列可改变主轴的投射方向。例如，J 形线声源扬声器阵列的直线部分用于投射远区，向下弯曲的部分用于投射舞台近区。

③ 通过控制声柱的间隔改善指向性。

2. 指向性控制的优点

① 抑制演出场所由声波反馈产生的啸叫。

② 降低有效混响时间，改善厅堂语言的清晰度。

控制指向性有利于大型体育场馆的演出。

5.5.2　实现声柱可控指向性

声柱可控指向性是利用相移的方法使声波束偏转实现的。

声波束偏转：将声柱的多个声源 s 送入不同延时的同一声源信号中，即可使声波束产生偏转。声波束的偏转角为

$$\theta=\sin(x/d)$$

式中，d 为声源之间的距离；x 为声源 s 到波阵面的距离，如图 5-18 所示。

在实际使用中，声柱是与地面垂直悬挂的，应要求声波束下倾指向观众区，如图 5-19 所示。

偏转角为

$$\theta_0=\arctan[(Z_C-Z_H)/D_2]$$

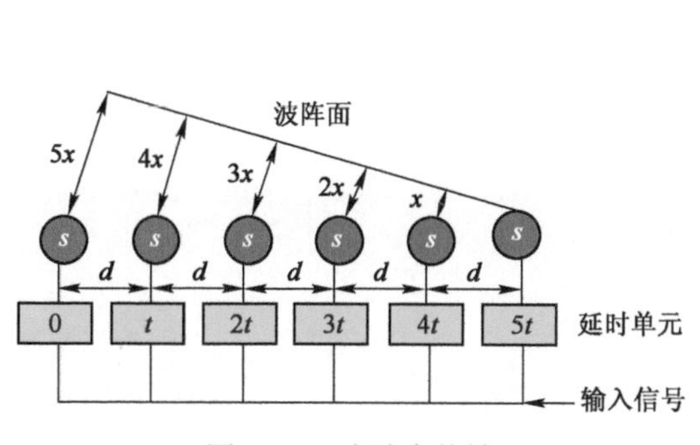

图5-18　声波束偏转

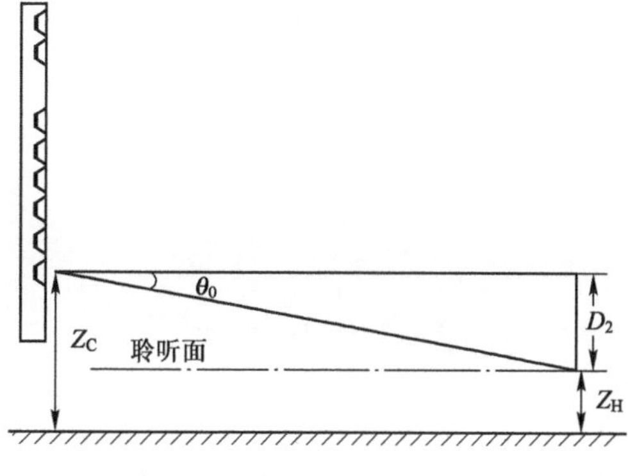

图5-19　声柱与地面垂直悬挂

式中，θ_0为偏转角；Z_C为声柱中最低声源离地面的高度；Z_H为聆听面离地面的高度；D_2为声柱中最低声源主轴线与聆听面的距离。

5.5.3　声柱可控指向性的性能指标

1. 有效频率范围

例如，某声柱的有效频率范围为120Hz～18kHz，频率下限不是很低，是因为声柱多采用口径为Φ100mm左右的扬声器单元，并且声柱的谐振频率会随声柱扬声器单元的增加而增加。如果感觉频率下限不足，则可另加低频扬声器。频率上限是在1m/1W的条件下测出的，在远距离下会衰减。

2. 水平覆盖角

声柱的水平覆盖角与单个扬声器的水平覆盖角相似，是比较宽的，一般在100°以上，可达到120°～150°。

3. 垂直覆盖角

声柱指向性的关键在于垂直覆盖角可控。垂直覆盖角一般为10°～20°，甚至可达5°，可用软件来设计、控制垂直覆盖角。

4. 投射距离

扬声器单元越多，投射距离越远，一般为20～80m。

5. 目标角度

目标角度是声柱垂直覆盖的角度，为-30°～+30°。

6. 扬声器单元的数量及规格

目前，实际推出的扬声器单元数量为8～32个，以口径为Φ100mm的扬声器居多。

7. 声压级

声压级通常可标为1m/1W，也可标为30m/1W，用声压级计A计权可测量连续声压级和峰值声压级。

第 6 章　m32 软件解析

6.1　m32 软件操作使用说明

6.1.1　m32 软件简介

m32 软件有两类：一类内置操纵台；另一类安装在计算机中进行离机操作。

m32 软件版本有 2.3、3.1 等，可登录 http://www.music-group.com/brand/c/Midas/downloads? active=Download 下载。

m32 软件的操纵台显示界面除可利用主菜单的切换按键进行子菜单的操作外，还可通过操纵台面板上设置的功能区按钮或旋钮进入菜单进行操作。如果 m32 软件安装在计算机中，则通过鼠标进行操作。计算机中软件界面呈现的虚拟界面与操纵台显示的菜单界面略有差别。

6.1.2　m32 软件的菜单结构

m32 软件的菜单结构分为主菜单和子菜单，如图 6-1 所示。

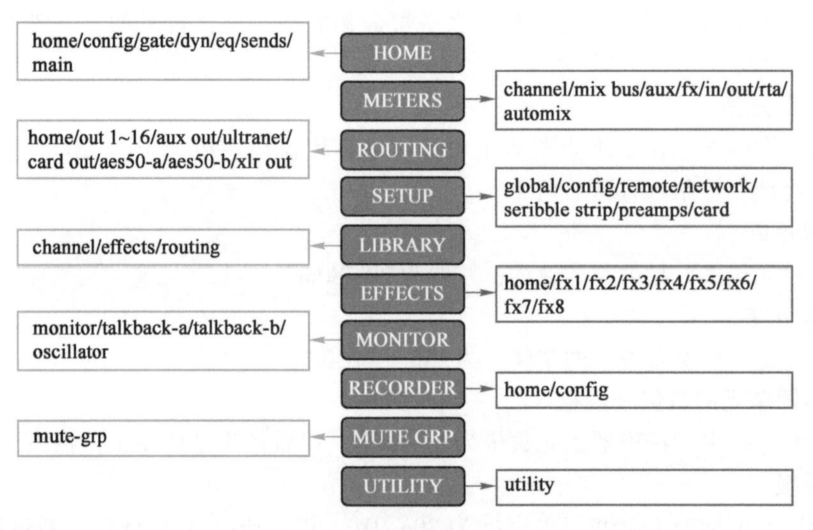

图 6-1　m32 软件的菜单结构

第一层主菜单（图 6-1 中黑框）列出 10 个模块；第二层子菜单（图 6-1 中蓝框和红框）有不等数目的模块，可在子菜单的显示界面中进行操作。主菜单标注用英文大写，子菜单标注用英文小写，如 HOME、home 等。

m32 软件操作界面使用英文标注，给英文不熟练的使用者带来困难。由于词汇较多，不可能全部标注中文解析，因此下面仅将关键词汇进行解析。

（1）主菜单中文解析

模块名称	含　义	使用场合
HOME（全貌）	各通道具体详情	回到主界面
MTEERS（指示）	全部电平柱显示	察看各个通道的电平显示
ROUTING（路由）	路由输入/输出设定	通道路由设置
SETUP（设置）	调音台状态设定	察看操纵台系统版本、其他设置等
LIBRARY（数据库）	通道、效果器、路由，可快速调用	数据库
EFFECTS（效果）	效果器设定	效果器调节
MONITOR（监听）	监听	监听系统调节
RECORDER（录音）	录音	可以插入 U 盘进行立体声录音
MUTE GRP（哑音编组）	哑音编组	快速设置哑音通道
UTILITY（扩展）	设定存储、呼叫	功能扩展区

（2）子菜单中文解析

HOME 全貌子菜单解析为

模块名称	含　义	使用场合
home	选择通道的基本信息	可察看通道的基本信息、参数
config	对通道进行配线路由，设置插入点及其他设置	设置延时、低切插入
gate	选择通道的门限功能进行控制，并提供参数细节调试	使用鼓组乐器时，加噪声门
dyn	选择通道进行动态功能处理，并提供参数细节调试	使用鼓组乐器或人声压缩时使用
eq	选择通道参量均衡进行控制，并提供参数细节调试	在改变当前通道的音色时使用
sends	选择通道母线发送进行控制	母线发送预览
main	选择通道输出进行控制	主母线发送预览

METERS 指示子菜单解析为

模块名称	含　义	使用场合
channel	输入通道	1~32 输入通道信号预览
mix bus	混音总线	所有输出通道信号预览
aux/fx	辅助发往效果总线	辅助输入/输出通道预览
in/out	输入/输出	所有输入/输出通道预览
rta	实时分析仪	当前声音实时状况
automix	自动混音	会议系统可用，目前仅支持前 8 路

ROUTING 路由子菜单解析为

模块名称	含　义	使用场合
home	输入通道配接程序方块图	信号是从接口箱输入的，应选择 aes50a，发出应选择 aes50b，否则选择本地输入
out 1~16	输出通道配接	输出母线和物理输出端口的配接
aux out	辅助输出	辅助输出母线和物理输出端口的配接
ultranet	P16 个人监听系统	一般应用于直接输出通道配接
card out	卡输出	应用于音频工作站录音

续表

模块名称	含　义	使用场合
aes50-a	aes50a 接收信号	应用于两个 m32 操纵台信号源共享
aes50-b	aes50b 发出信号	应用于两个 m32 操纵台信号源共享
xlr out	输出 xlr out 信号路由	out1～16 只起输出介质的作用，与线路相同，在默认状态下，out1～16 输出给 xlr out

SETUP 设置子菜单解析为

模块名称	含　义	使用场合
global	默认值	功能切换，在当前模块详细列出
config	通用	系统版本和采样率的选择
remote	遥控	MIDI 信号的输入/输出控制，在录音棚中使用较多
network	网络	当连接计算机时，需要设定 IP
scribble strip	可修改通道信息	可改变当前通道的颜色、命名
preamps	前置放大器	察看每通道的话筒增益
card	声卡	声卡的设定，输入/输出路数越多，采样率越低。声卡输入路数最小值为 2，最大值为 32

LIBRARY 数据库子菜单解析为

模块名称	含　义	使用场合
channel	通道	快速调用通道参数
effects	效果	快速改变效果
routing	路由	路由页面的调用、察看

EFFECTS 效果子菜单解析为

模块名称	含　义	使用场合
home	效果器主界面	察看所有效果器
fx1～8	1～8 效果器列表	效果器参数调节

MONITOR 监听子菜单解析为

模块名称	含　义	使用场合
monitor	监听	监听系统通道、参数的设置
talkback a/b	对讲	舞台对讲通道的设置
oscillator	振荡器	发送粉红噪声、正弦信号的设置

RECORDER 录音子菜单解析为

模块名称	含　义	使用场合
home	录音主界面	录音界面的基本设置
config	基本设置	录音输出通道的设定

MUTE GRP 哑音编组子菜单解析为

模块名称	含　义	使用场合
mute-grp	复合叠加键，可在前面任意界面中同时选择，在相应界面下方会出现 mute-grp 1~6，是哑音编组进行编辑时的必备步骤，在后面讲解哑音编组的使用时会进一步进行阐述	应用在多个通道时的开关设定，如整体鼓组话筒就可设定一个哑音编组

UTILITY 扩展子菜单解析为

模块名称	含　义	使用场合
utility	功能拓展区域选项，可在 home/routing/effects/library 及 SETUP 的 scribble strip 中同时选择，选择不同的选项会有不同的拓展界面	设置通道的参数复制、保存、调入、调出

6.1.3　m32 软件操纵台显示界面和计算机虚拟界面

1. 操纵台显示界面

（1）菜单显示及切换

操纵台的操作菜单是在显示屏上显示的，可以通过主菜单切换按钮和子菜单进退操作盘进行切换，如图 6-2 所示。

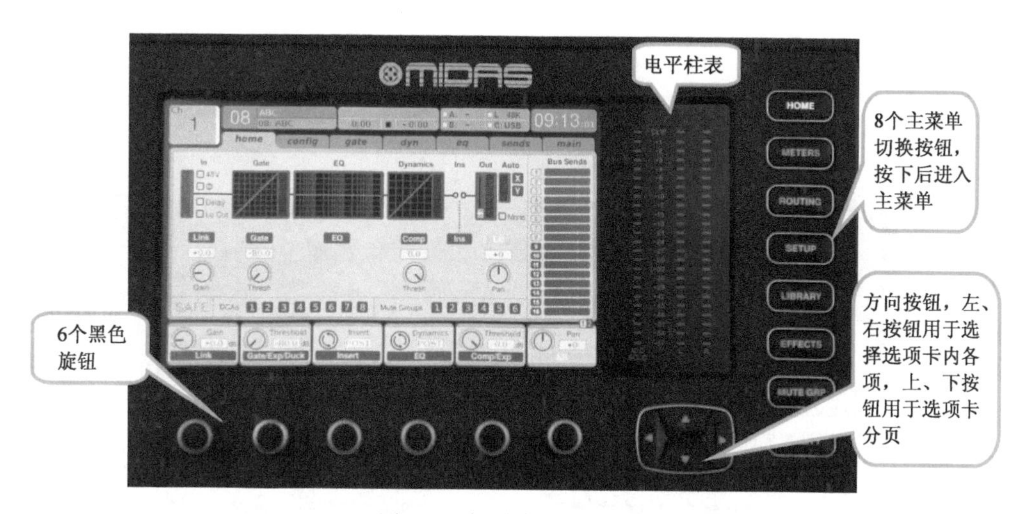

图 6-2　操纵台的操作菜单

操纵台显示的主菜单为 8 个，缺少 MONITOR、RECORDER。这两项可由操纵台面板设置的功能区 VIEW 预览进入主菜单，在计算机的虚拟界面中包含这两项。

（2）参数的调节

在操纵台显示界面中，参数通过如图 6-3 所示的 6 个黑色旋钮调节，所调节的参数为对应 6 个方框的图标参数，并在白色条框内显示数值。

如果参数很多，需要分页时，可利用图 6-2 中的方向按钮进行分页。

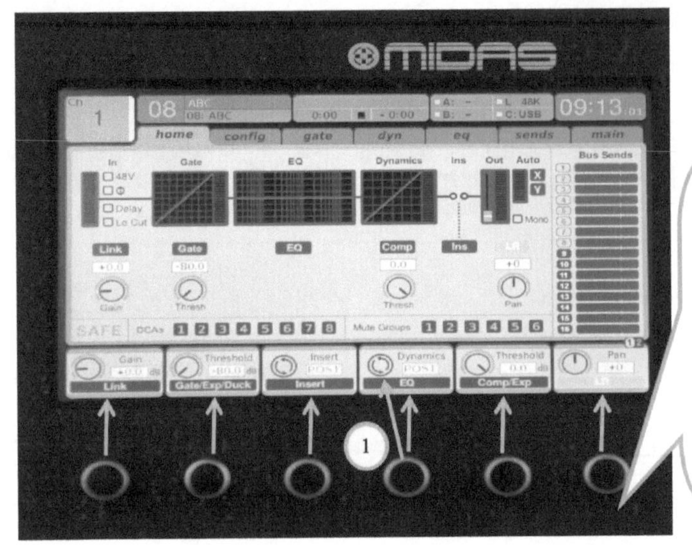

图 6-3　6 个黑色旋钮

6 个黑色旋钮对应的 6 个方框图标参数如图 6-4 所示，随界面的不同而变化。

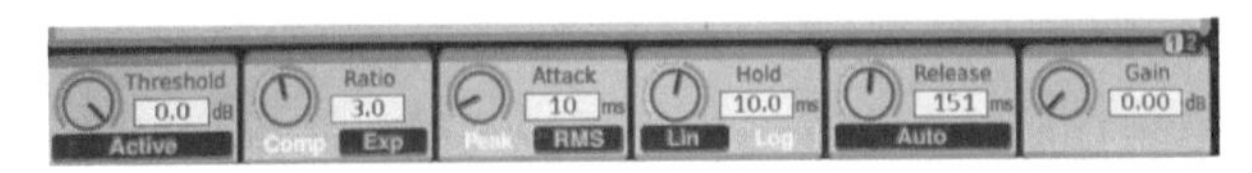

图 6-4　6 个黑色旋钮对应的 6 个方框图标参数

2. 计算机的虚拟界面

虚拟界面是 m32 软件安装在计算机中时显示的界面，如图 6-5 所示。

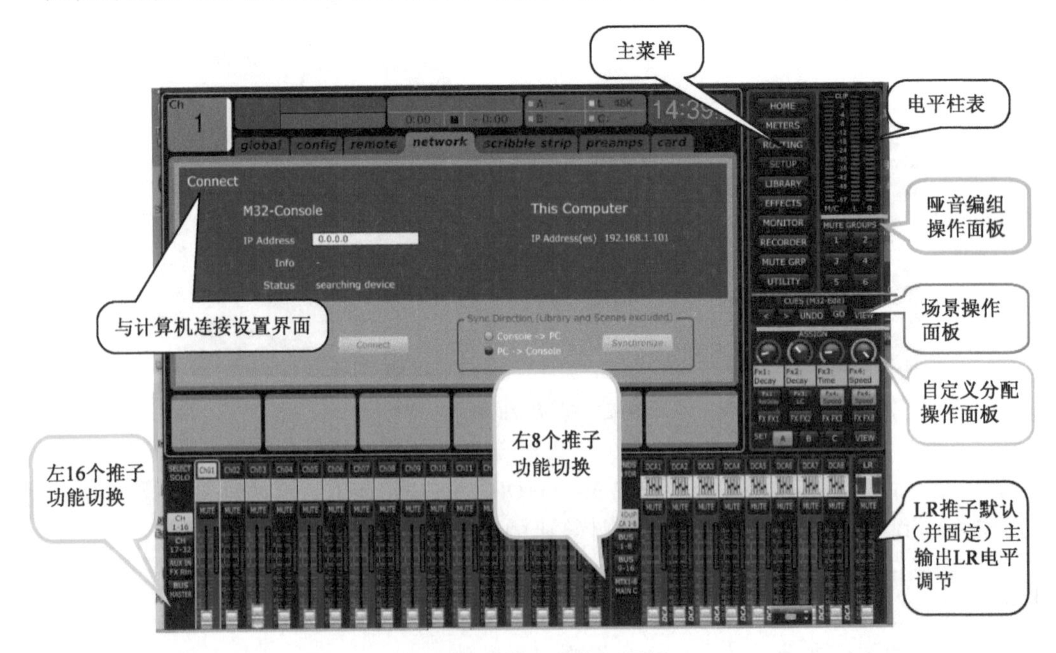

图 6-5　计算机的虚拟界面

① 计算机虚拟界面与操纵台操作界面的不同点：删掉操纵台面板由旋钮构成的快捷操作功能区，仅保留 MUTE GROUPS、CUES 及 ASSING 面板，是虚拟的，需要用鼠标单击操作。

② 网络设定：计算机与操纵台背板 REMOTE CONTROL 框内的网口 ETHERNET 连接后，Connect 呈绿色，并弹出对话框，询问是否传送两者之间的资料。

其中，Console->PC 是操纵台向计算机传送资料，PC->Console 反之。单击两者之一后，出现 transtering parameters 对话框，可进行双方联动。

6.2 m32 软件操作界面

6.2.1 HOME 主菜单

1. home 选项卡

加电开启操纵台后，显示屏首先显示主菜单 HOME 的选项卡 home，调节参数分为两页，如图 6-6 所示。首先显示的是第一页。第二页可通过操作方向按钮的上、下按钮获取。分页原因：由于调节的参数多，在一页上只有 6 个黑色旋钮，不够用，因此分为两页。

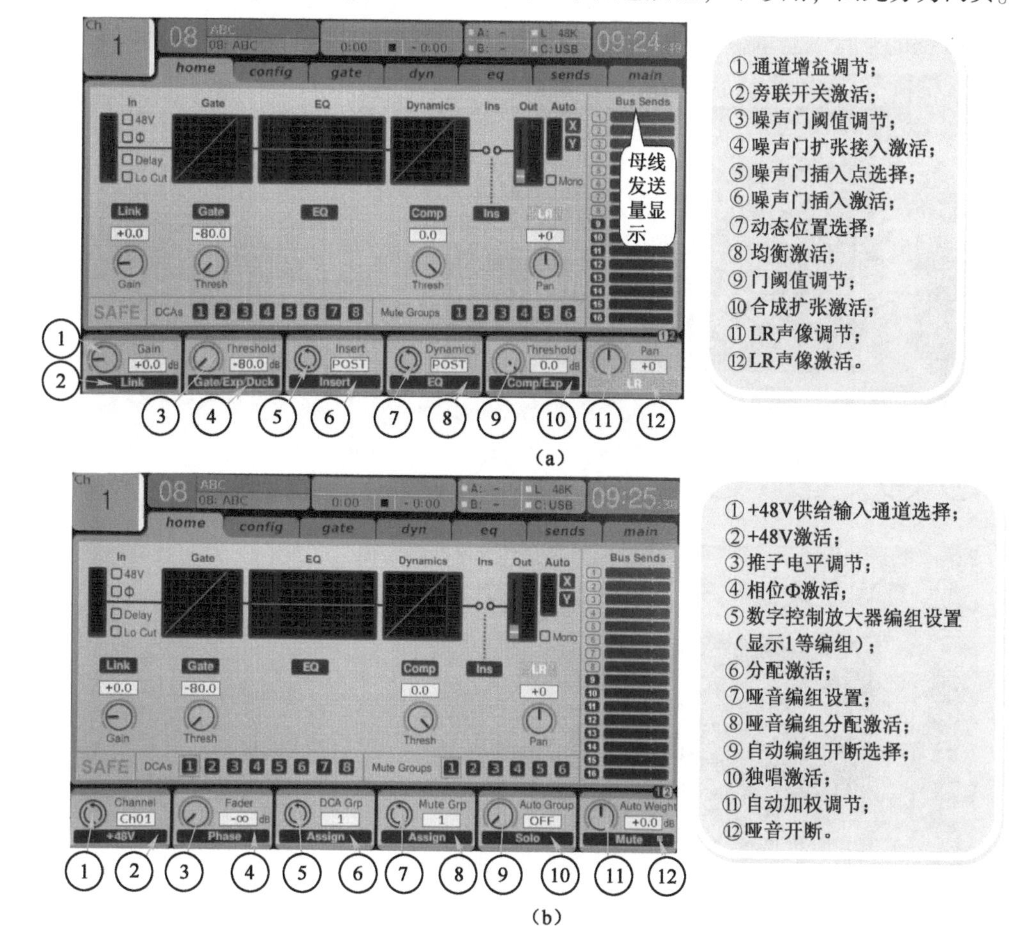

图 6-6 home 选项卡及解析

2. config 选项卡

利用操纵台的左、右方向按钮可进入 config 选项卡，如图 6-7 所示。图中给出 Insert

Position 插入位置图，在 Pre、Post 之间插入 Ins。

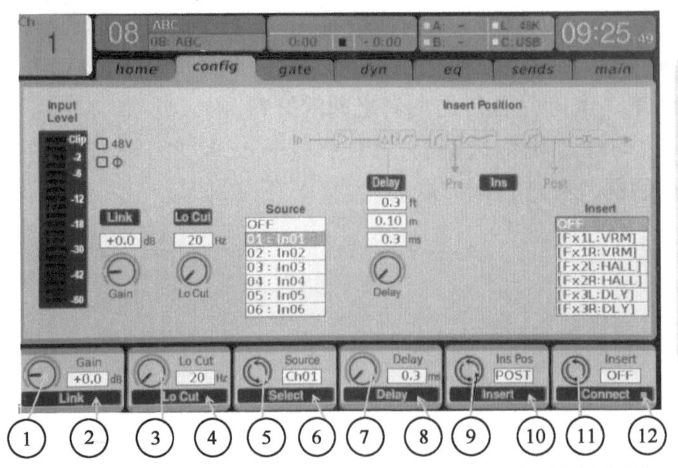

①通道增益调节；
②通道旁联激活；
③低切频点调节；
④低切激活；
⑤信号源选择（橘黄色显示）；
⑥选择激活；
⑦通道延时设定（显示）；
⑧通道延时激活；
⑨插入位置选取（橘黄色显示）；
⑩插入激活；
⑪效果插入选取；
⑫效果连接激活。

图 6-7　config 选项卡及解析

3. gate 选项卡

gate 选项卡如图 6-8 所示。调节参数分为两页。首先显示的是第一页。第二页可通过操作方向按钮的下行键获取。

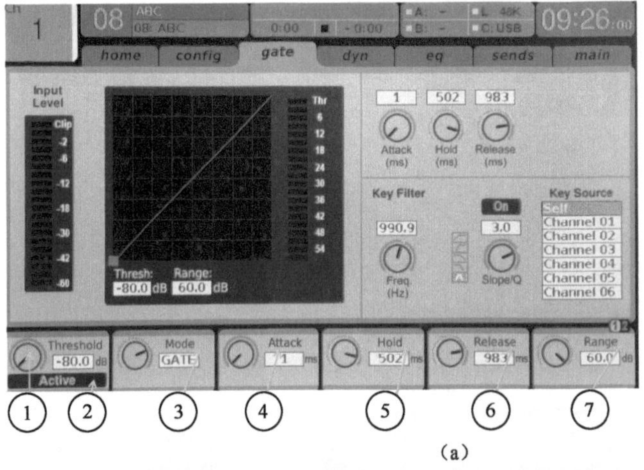

①噪声门阈值设定；
②噪声门激活；
③噪声门类型选择；
④噪声门启动时间选择；
⑤噪声门持续时间设定；
⑥噪声门释放时间设定；
⑦噪声门衰减范围设置。

（a）

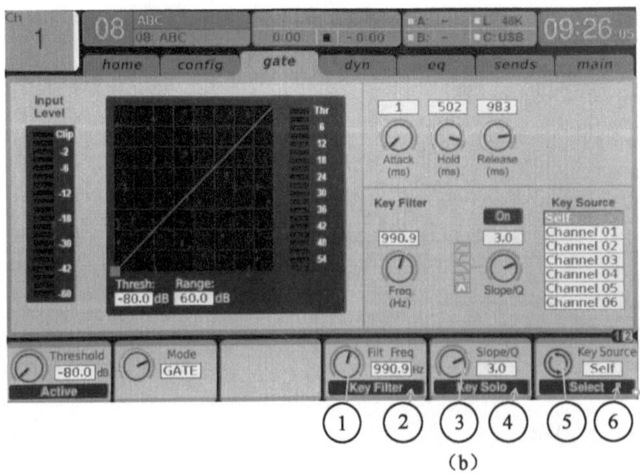

①滤波器频率选择；
②滤波器启用；
③Q值斜率选择；
④独唱启用；
⑤侧链信号源输入通道选择；
⑥选择激活。

（b）

图 6-8　gate 选项卡及解析

4. dyn 选项卡

利用操纵台的方向按钮可进入 dyn 选项卡，如图 6-9 所示。调节参数分为两页。首先显示的是第一页。第二页可通过操作方向按钮的下行键获取。

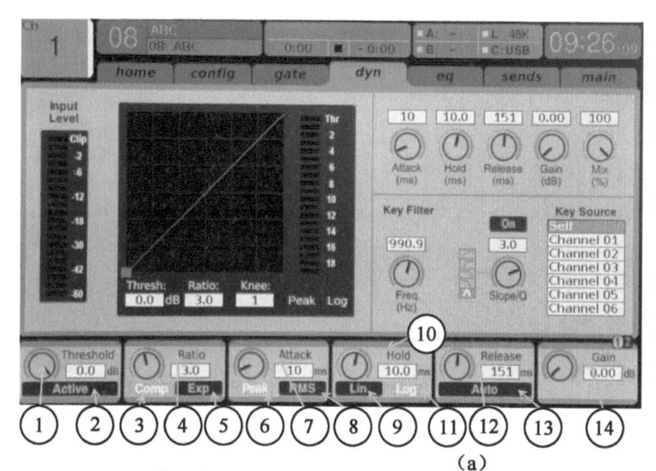

①压缩门限值调节；
②压缩门限值调节激活；
③合成状态；
④压缩比调节；
⑤扩张状态；
⑥峰值显示；
⑦动作时间调节；
⑧有效值显示；
⑨线性坐标；
⑩持续时间调节；
⑪对数坐标；
⑫释放时间调节；
⑬自动激活；
⑭输出增益调节。

(a)

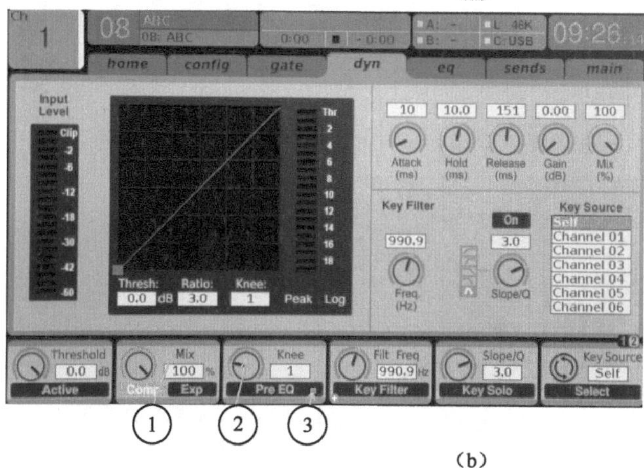

①混音百分比设定；
②压缩拐点选择；
③均衡实施前后激活。

(b)

图 6-9　dyn 选项卡及解析

5. eq 选项卡

利用操纵台的方向按钮可进入 eq 选项卡，如图 6-10 所示。

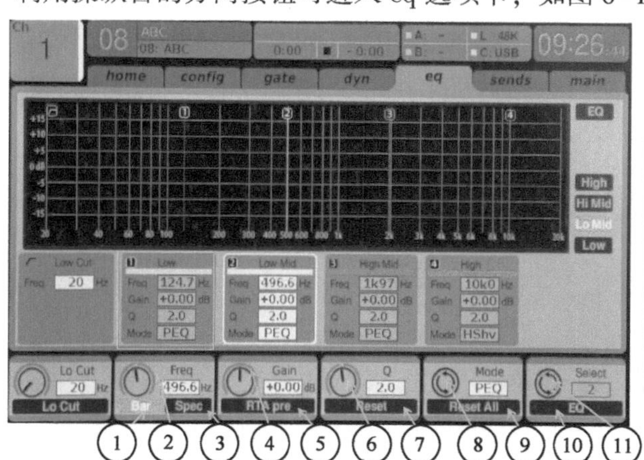

①Bar频谱；②频率设定(显示数值)；③Spec光谱；④增益调节；⑤RAT实时分析仪前后选择；⑥Q值选择；⑦复原；⑧均衡类型选择；⑨复原所有参数；⑩先将EQ激活，再进行图中1、2、3、4点均衡参数调节；⑪选定图中1、2、3、4不同颜色均衡点中的一个进行4个参数的选定(橘黄色条)。

图 6-10　eq 选项卡及解析

6. sends 选项卡

利用操纵台的方向按钮可进入 sends 选项卡，如图 6-11 所示。该选项卡可替代模拟调音台输入通道 AUX 旋钮的功能并显示 AUX 发送的电平。

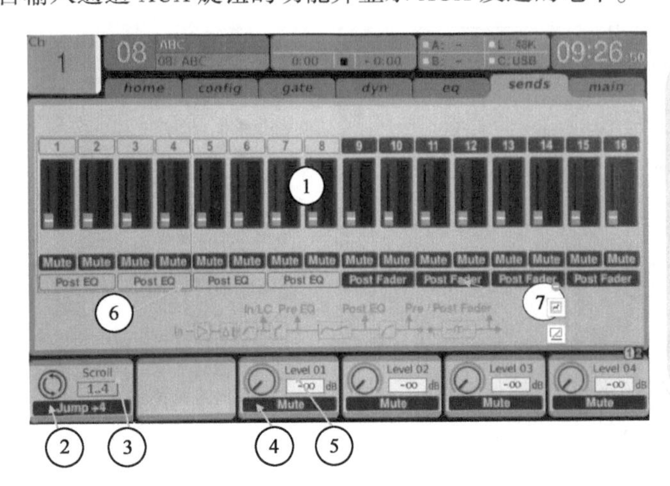

①1~16输入通道AUX发送电平显示区；②激活显示AUX发送电平输入通道选择；③打包选择显示的AUX发送电平输入通道，每4个为一组，选定后，用橘黄色框框起来；④哑音启用；⑤发送电平调节，共有4组分别对应显示的AUX发送电平输入通道；⑥1~8组输入通道AUX发送电平均衡后引出；⑦9~16组输入通道AUX发送电平经推子引出。

图 6-11　sends 选项卡及解析

7. main 选项卡

利用操纵台的方向按钮可进入 main 选项卡，如图 6-12 所示。

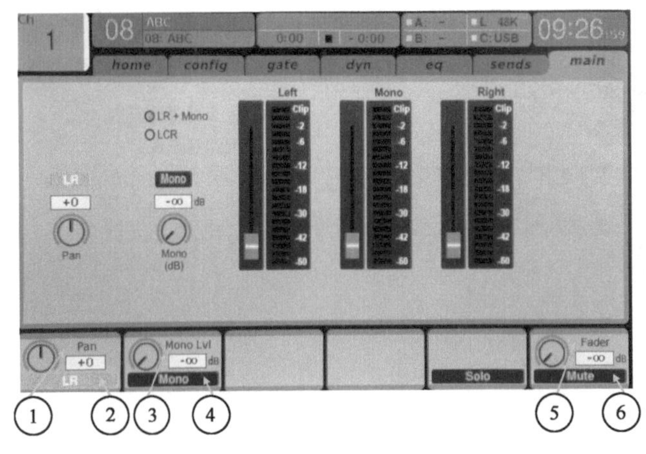

①LR声像控制调节；
②LR声像控制激活；
③单通道输出电平调节；
④单通道输出电平激活；
⑤左、右声道输出电平调节；
⑥左、右声道哑音启用。

图 6-12　main 选项卡及解析

6.2.2　METERS 主菜单

将图 6-1 切换为 METERS 主菜单，出现如图 6-13 所示的 channel 选项卡。

1. mix bus 选项卡

利用操纵台的方向按钮可进入 mix bus 选项卡，如图 6-14 所示。

2. aux/fx 选项卡

利用操纵台的方向按钮可进入 aux/fx 选项卡，如图 6-15 所示。

3. in/out 选项卡

利用操纵台的方向按钮可进入 in/out 选项卡，如图 6-16 所示。

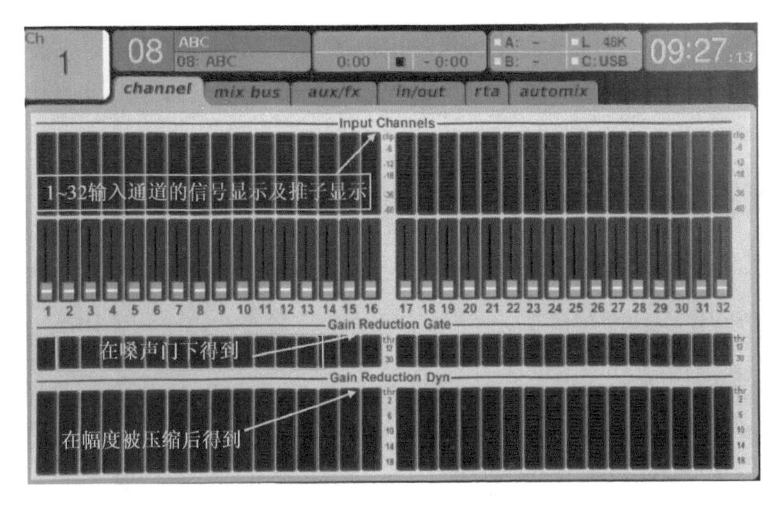

图 6-13　channel 选项卡

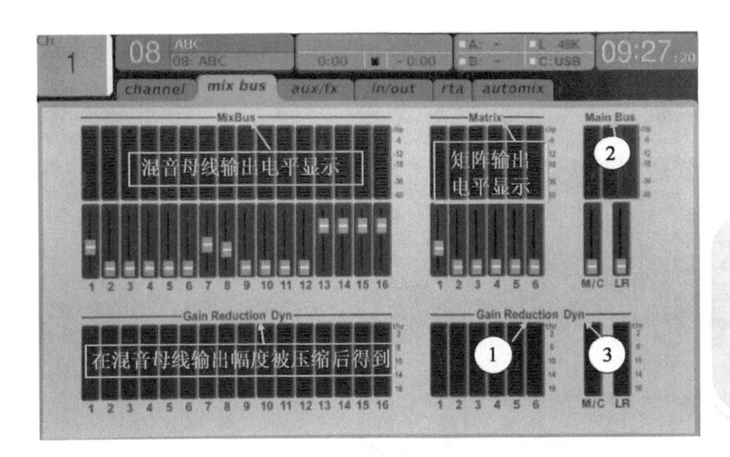

①幅度被压缩后，矩阵输出；②单声道(中置)及主输出左、右电平；③幅度被压缩后，单声道(中置)及主输出左、右电平

图 6-14　mix bus 选项卡及解析

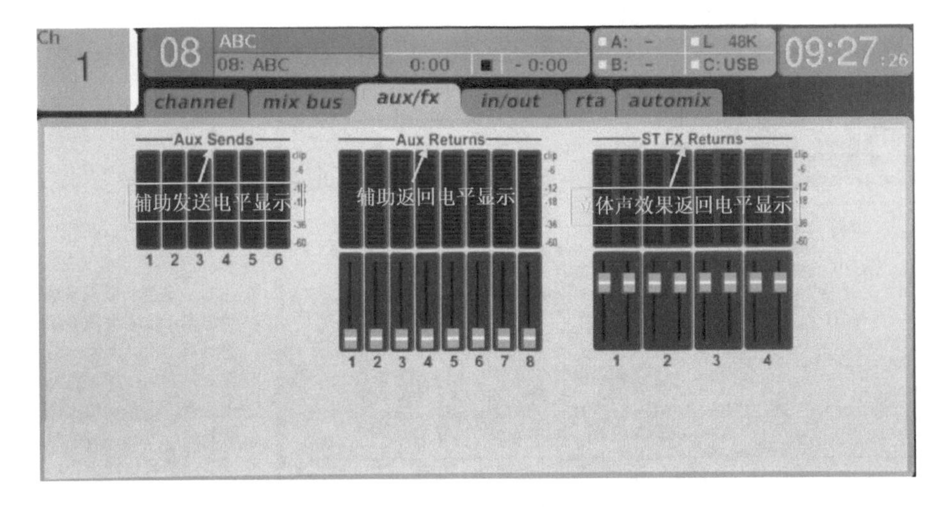

图 6-15　aux/fx 选项卡

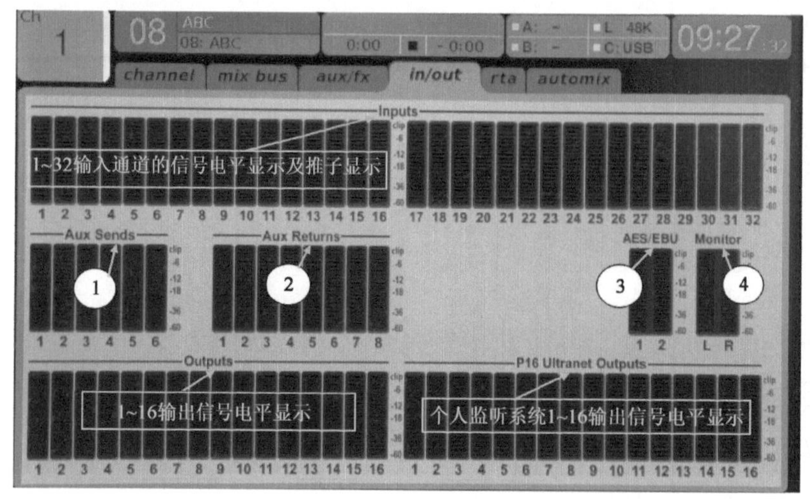

①辅助发送信号电平显示；②辅助返回通道信号电平显示；③数字信号输出；④监听输出的信号电平显示。

图 6-16　in/out 选项卡及解析

4. rta 选项卡

利用操纵台的方向按钮可进入 rta 选项卡，如图 6-17 所示，可显示频率特性曲线。

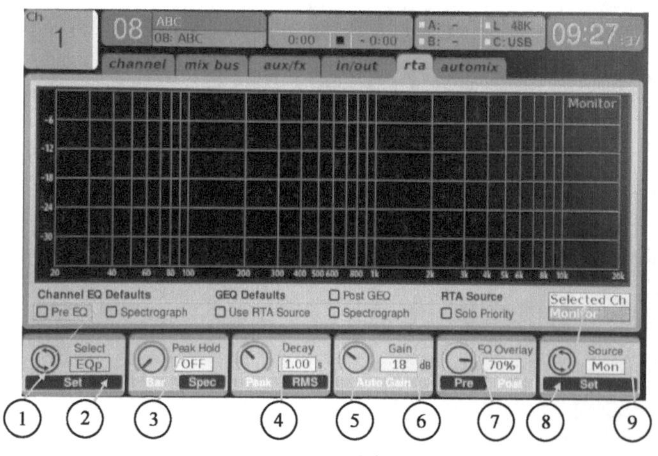

①通道均衡不执行项目选用（自左向右为均衡前、光谱、使用实时分析仪信源、图式均衡器及独唱之前）；②通道均衡不执行项目选用激活；③峰值保持时间（频谱和光谱切换）；④均衡衰减时间；⑤自动增益；⑥增益（调节均衡曲线幅度）；⑦均衡超过一定限度；⑧均衡来自信号源选取激活；⑨均衡来自信号源选取（输入通道和监听返送）。

图 6-17　rta 选项卡及解析

5. automix 选项卡

利用操纵台的方向按钮可进入 automix 选项卡，如图 6-18 所示。

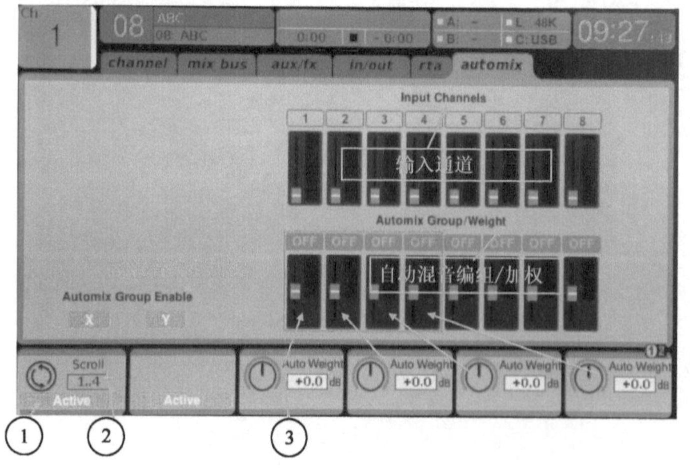

①打包选择自动混音编组激活；②自动混音编组选择，每4个为一编组，选定后用橘黄色框框起来；③自动加权调节旋钮，分别对应编组成员（橘黄色箭头）。

图 6-18　automix 选项卡及解析

6.2.3 ROUTING 主菜单

将图 6-1 切换为 ROUTING 主菜单，出现如图 6-19 所示的 home 选项卡。

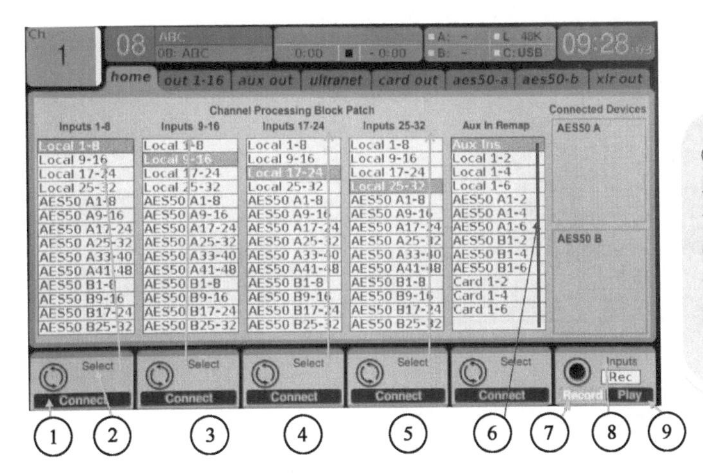

①输入1~8路连接激活；②输入1~8路连接目的地（本地端口为1~32，数字信号为AES50）；③针对输入9~16路；④针对输入17~24路；⑤针对输入25~32路；⑥针对表中标注的辅助输出红线）；⑦录音激活；⑧录音输入；⑨放音。

图 6-19　home 选项卡及解析

1. out 1-16 选项卡

利用操纵台的方向按钮可进入 out 1-16 选项卡，如图 6-20 所示。

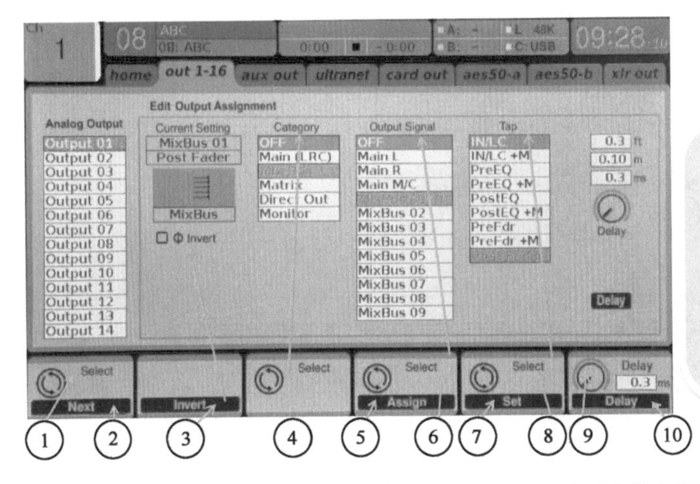

①选择模拟输出；②下一个；③相位倒相开启；④选择输出信号源类型；⑤输出信号源配给激活；⑥选择具体输出信号源；⑦录音信号源选取激活；⑧选取录音输出类型；⑨延时调节（针对选定输出端口信号）；⑩延时调节激活

图 6-20　out 1-16 选项卡及解析

2. aux out 选项卡

利用操纵台的方向按钮可进入 aux out 选项卡，如图 6-21 所示。

3. ultranet（P16 个人监听系统）选项卡

利用操纵台的方向按钮可进入 ultranet 选项卡，如图 6-22 所示。调节参数分为两页。首先显示的是第一页。第二页可通过操作方向按钮的下行键获取。

4. card out 选项卡

利用操纵台的方向按钮可进入 card out 选项卡，如图 6-23 所示。

5. aes50-a 选项卡

利用操纵台的方向按钮可进入 aes50-a 选项卡，如图 6-24 所示。

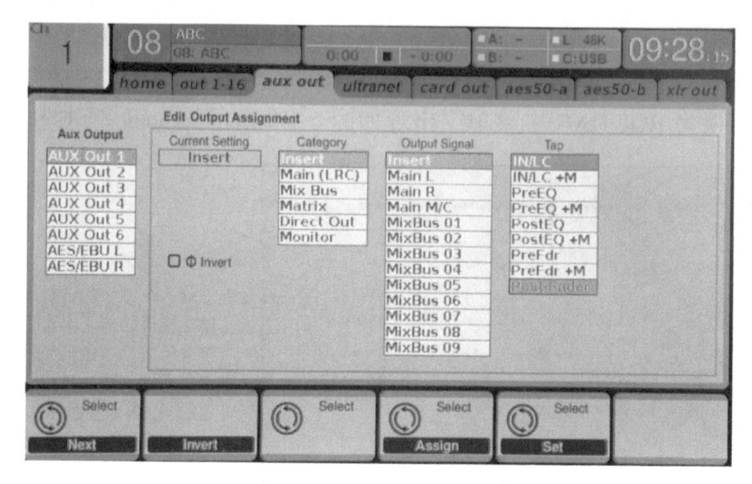

图 6-21　aux out 选项卡

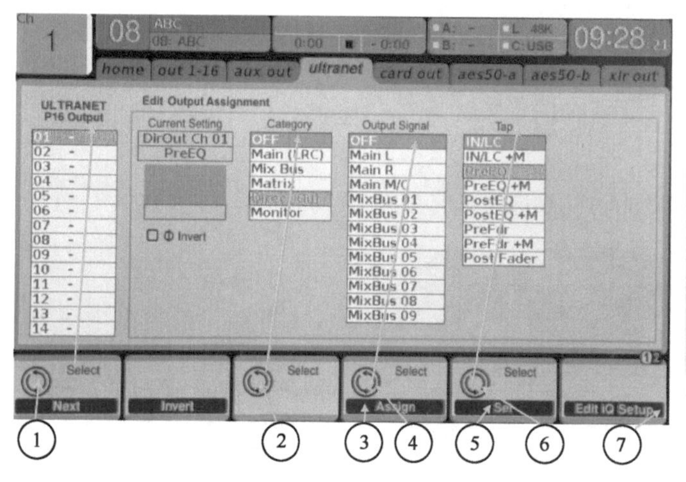

①选取个人监听输出；②选择个人监听信号源；③个人监听输出信号源分配激活；④个人监听具体信号源选定；⑤录音机磁带输出信号激活；⑥录音机磁带输出信号位置选定；⑦编辑输入/输出设置激活。

图 6-22　ultranet 选项卡及解析

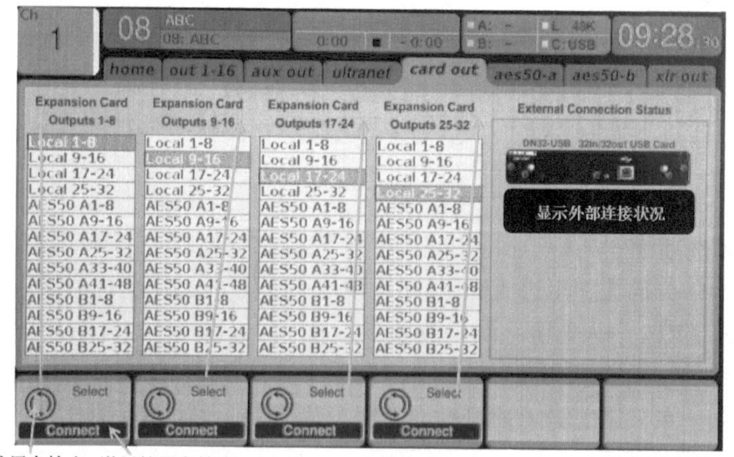

图 6-23　card out 选项卡

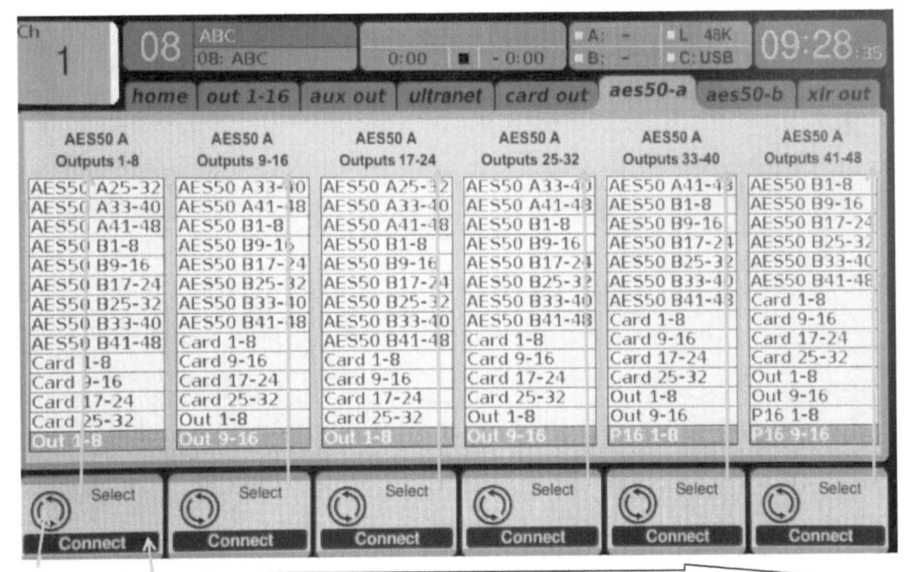

选择AES50A输出1~8 来源　选择AES50A输出1~8来源连接激活

图 6-24　aes50-a 选项卡

aes50-b 选项卡与 aes50-a 选项卡相同，如图 6-25 所示。

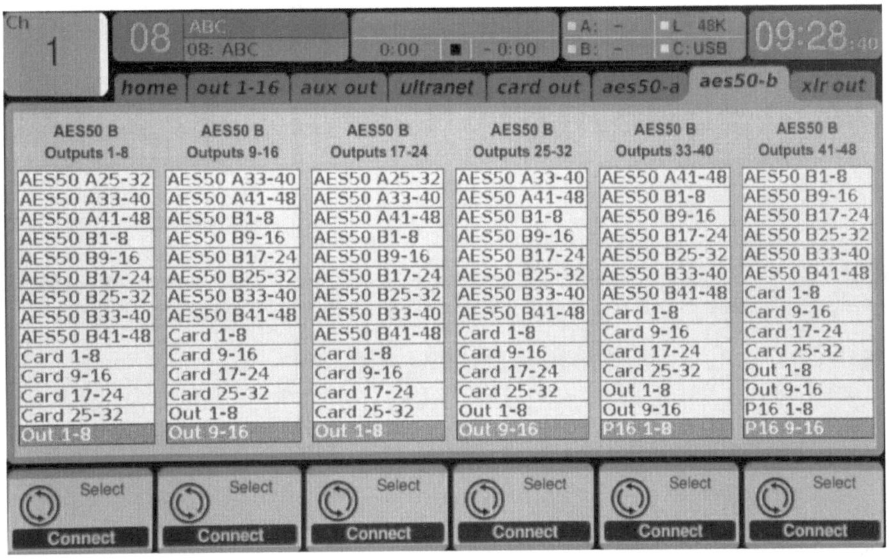

图 6-25　aes50-b 选项卡

6. xlr out 选项卡

利用操纵台的方向按钮可进入 xlr out 选项卡，如图 6-26 所示。

6.2.4　SETUP 主菜单

将图 6-1 切换为 SETUP 主菜单，出现如图 6-27 所示的 global 选项卡。

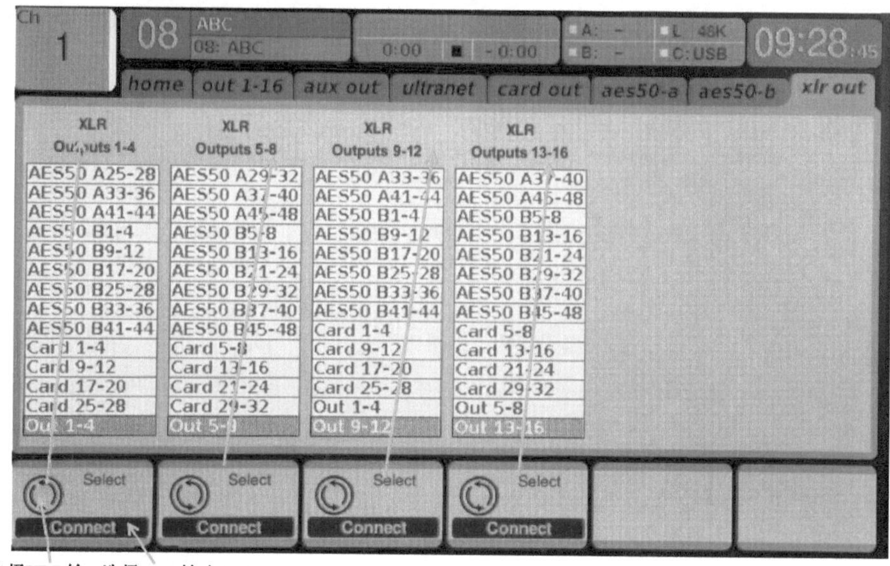

选择XLR输出1~4来源　选择XLR输出1~4来源连接激活

图 6-26　xlr out 选项卡

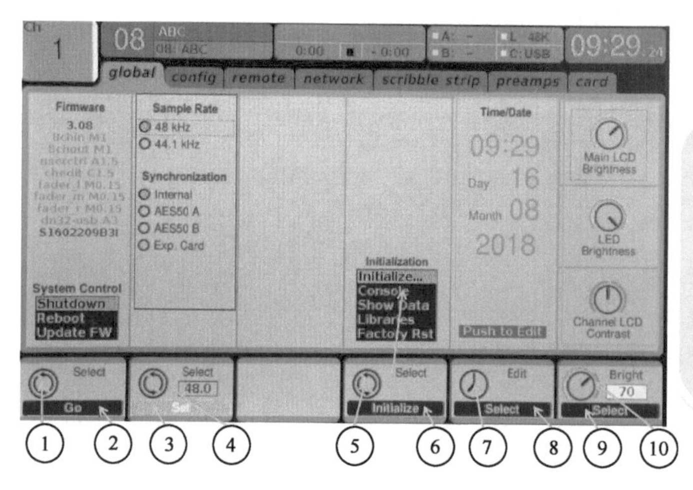

①系统控制选择；②系统控制选择启用；③采样频率等选定激活；④设定图中红色框内采样频率、同步类型；⑤初始状况选取；⑥初始状况操作激活；⑦校正橘黄色框内时间数据；⑧时间数据校正激活；⑨LED灯亮度调节激活；⑩绿色框内LED灯亮度调节。

图 6-27　global 选项卡及解析

1. config 选项卡

利用操纵台的方向按钮可进入 config 选项卡，如图 6-28 所示。

2. remote 选项卡

利用操纵台的方向按钮可进入 remote 选项卡，如图 6-29 所示。

3. network 选项卡

利用操纵台的方向按钮可进入 network 选项卡，如图 6-30 所示。

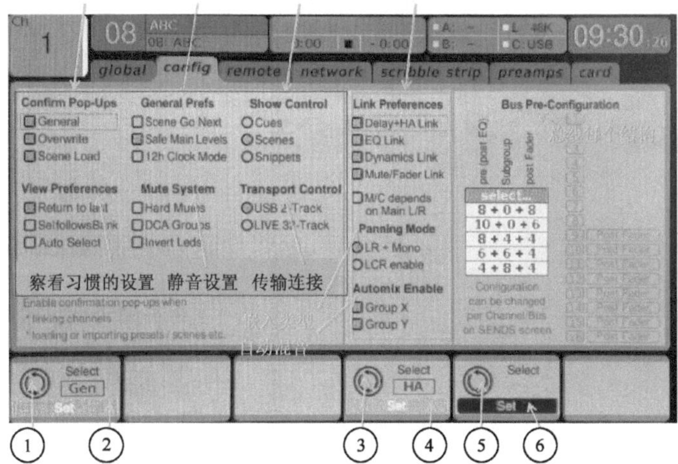

图 6-28 config 选项卡及解析

①选择红色框内各项；②红色框内各项选择激活；③橘黄色框内各项选择；④橘黄色框内各项选择激活；⑤设定每一个混合总线的结构，可以改变每一个通道的总线；⑥混合总线结构设定激活。

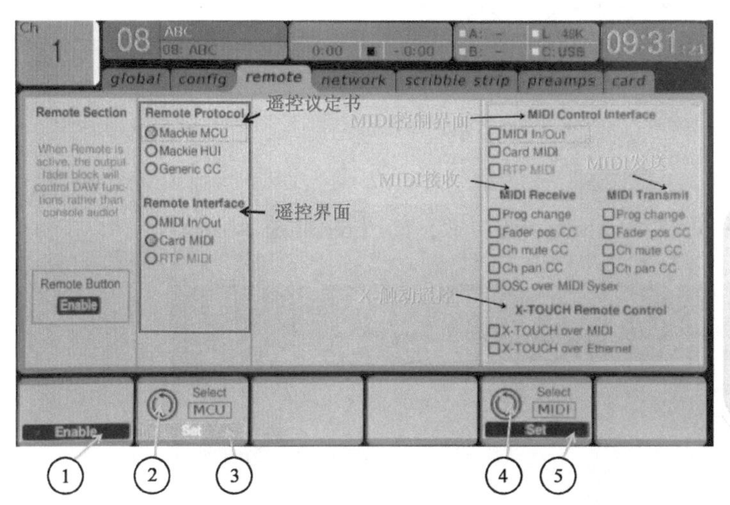

图 6-29 remote 选项卡及解析

①遥控实现激活；
②选定红色框内各项；
③选定激活；
④选定橘黄色框内各项；
⑤选定激活。

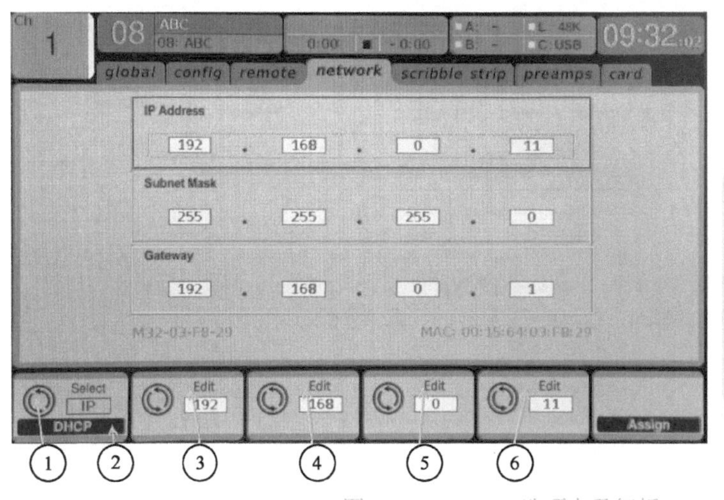

图 6-30 network 选项卡及解析

①选取编辑内容；②编辑激活；③编辑红色框内IP地址的第一项；④编辑红色框内IP地址的第二项；⑤编辑红色框内IP地址的第三项；⑥编辑红色框内IP地址的第四项。

4. scribble strip 选项卡

利用操纵台的方向按钮可进入 scribble strip 选项卡，如图 6-31 所示。

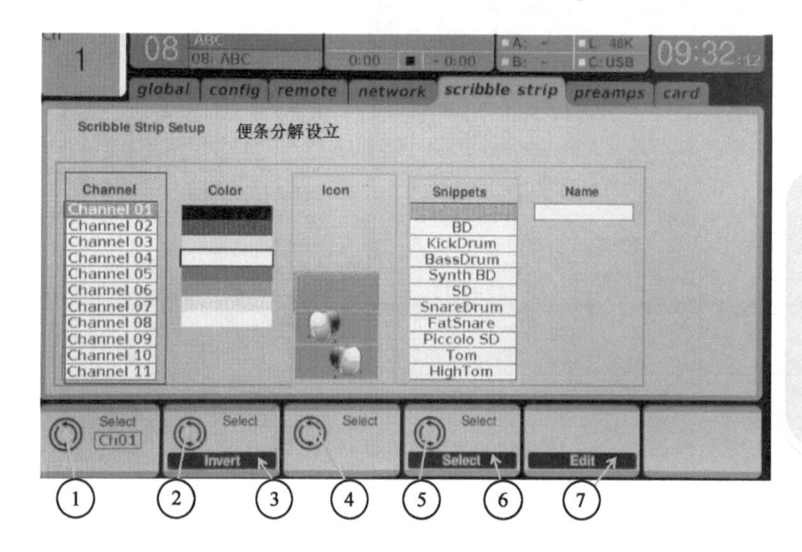

①选定红色框内通道；②选择要标示的颜色；③反转；④选择绿色框内的图示（乐器）；⑤选择橘黄色框内的英文注解（乐器）；⑥选择英文注解激活；⑦自编辑通道名称激活。

图 6-31　scribble strip 选项卡及解析

5. preamps 选项卡

利用操纵台的方向按钮可进入 preamps 选项卡，如图 6-32 所示。

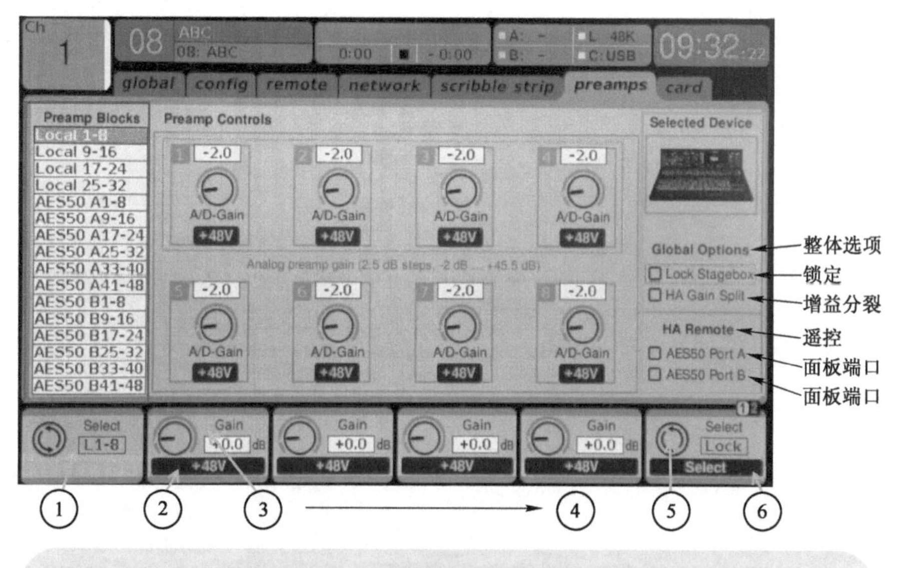

①选择红色框内要控制的预放位置；②激活橘黄色框内48V；③~④调节1~4通道的预放增益（需进入第二页，调节5~8通道）；⑤选择绿色框内各项；⑥选择激活。

图 6-32　preamps 选项卡及解析

6. card 选项卡

利用操纵台的方向按钮可进入 card 选项卡，如图 6-33 所示。

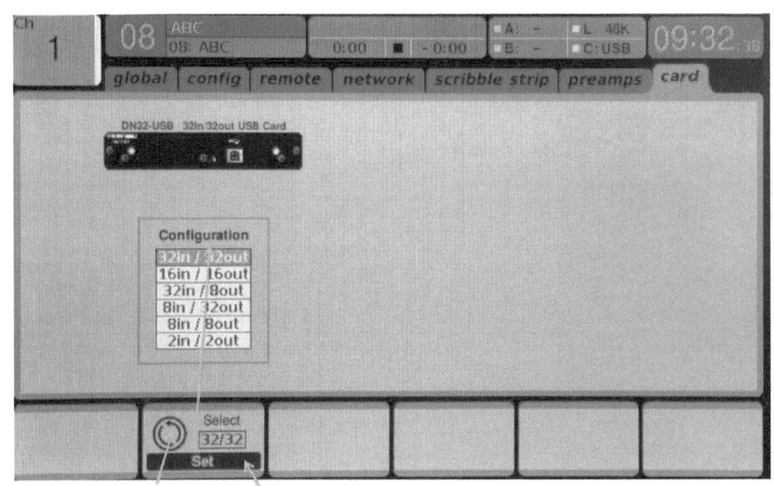

▲声卡最多可选32路（输入/输出的采样率为44.1kHz），最少2路（输入/输出的采样率为192kHz）。采样率越高，路数越少；采样率越低，路数越多。

图 6-33　card 选项卡及解析

6.2.5　LIBRARY 主菜单

将图 6-1 切换为 LIBRARY 主菜单，出现如图 6-34 所示的 channel 选项卡。

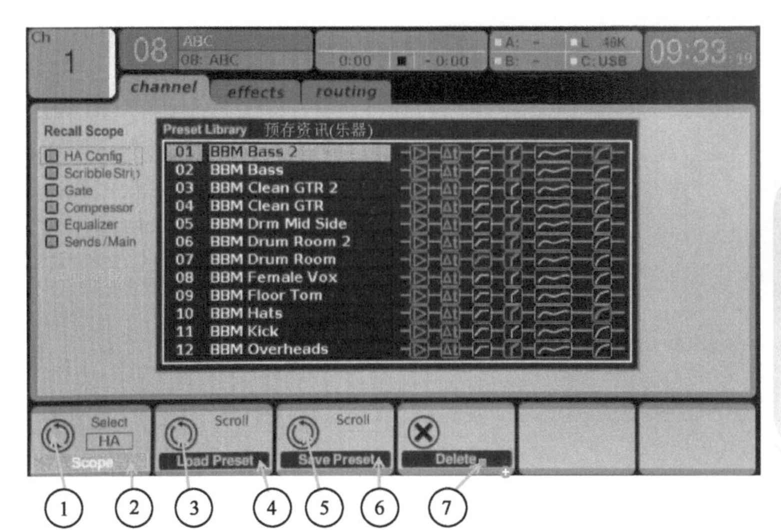

①选定是否呼出的选项范围；②呼叫范围激活；③呼出下载选项范围需要的预存资讯；④下载预存激活；⑤呼出存储选项范围需要的预存资讯；⑥存储预存激活；⑦删除。

图 6-34　channel 选项卡及解析

1. effects 选项卡

利用操纵台的方向按钮可进入 effects 选项卡，如图 6-35 所示，用于效果器载入与呼出预存数据。

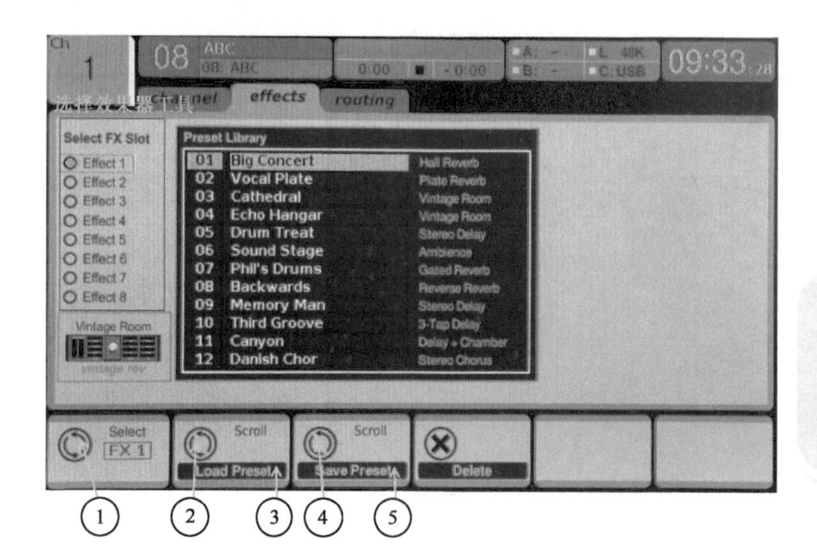

①选择效果器1~8；②呼出下载用于效果器的预存数据；③下载预存激活；④呼出存储用于效果器的预存数据；⑤存储预存激活。

图 6-35　effects 选项卡及解析

2. routing 选项卡

利用操纵台的方向按钮可进入 routing 选项卡，如图 6-36 所示。

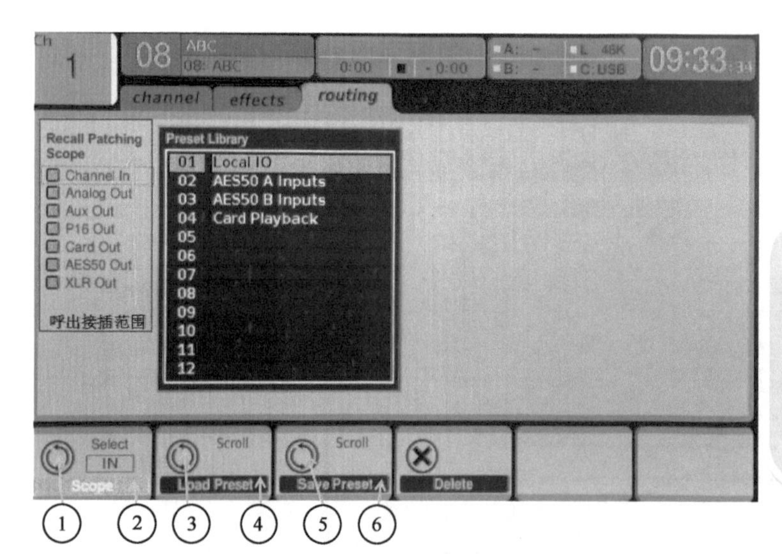

①选择呼叫接插点；②呼叫接插点激活；③选择呼出下载接插点状态预存数据；④下载预存激活；⑤选择呼出存储接插点状态预存数据；⑥存储预存激活。

图 6-36　routing 选项卡及解析

6.2.6　EFFECTS 主菜单

将图 6-1 切换为 EFFECTS 主菜单，出现如图 6-37 所示的 home 选项卡。

利用操纵台的方向按钮可进入 fx1 选项卡，如图 6-38 所示，使用底部黑色旋钮可改变效果参数，按一下右一黑色旋钮顶部，FX Home 变为橘黄色表示编辑启用，运行参数调节。fx2~fx8 选项卡效果参数的调节方法相同，在此不再赘述。

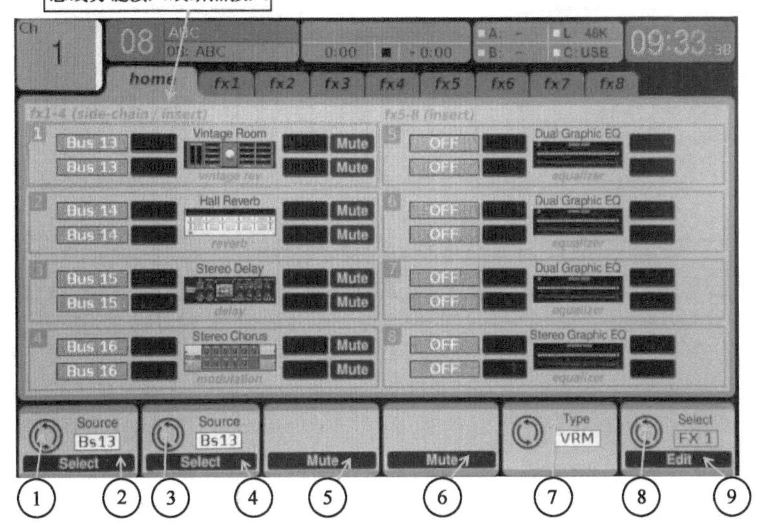

◎效果共列出8个：fx1（古典混响）、fx2（大厅混响）、fx3（立体声延时）、fx4（立体声合唱）、fx5（双图示均衡）、fx6（双图示均衡）、fx7（双图示均衡）、fx 8（立体声图示均衡）。

◎效果1~4可采取总线旁链接入或断点接入（橘黄色长条框，上为通道1，下为通道2）。

◎效果5~8只能断点接入。

①选择fx1输入；②选择激活；③选择fx2输入；④选择激活；⑤哑音fx2输出；⑥哑音fx2输出；⑦变换当前图中橘黄色框内的效果器类型，可从fx1变换为fx8；⑧选择效果界面；⑨进入编辑。

图 6-37 home 选项卡及解析

图 6-38 fx1 选项卡

6.2.7 MUTE GRP 主菜单

将图 6-1 切换为 MUTE GRP 主菜单界面，如图 6-39 所示。

6.2.8 UTILITY 主菜单

utility 是 UTILITY 主菜单的选项卡，可以视为一个记忆资料的页面，分别出现在主菜单 HOME、ROUTING、EFFECTS、LIBRARY 及 SETUP 的 Scribble Strip 对话框中，按下 UTILITY 按钮，会弹出不同的拓展界面。

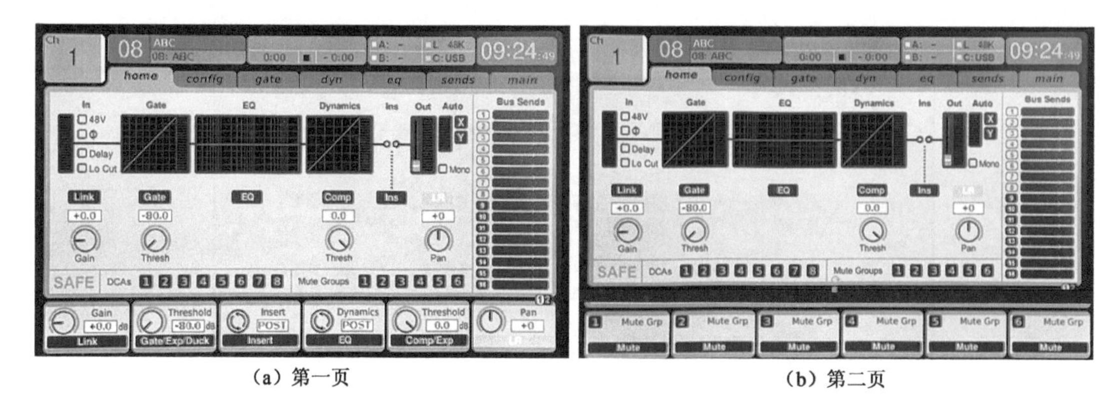

（a）第一页　　（b）第二页

图 6-39　MUTE GRP 主菜单界面

以主菜单 EFFECTS 的 home 选项卡应用 UTILITY 为例，按下 UTILITY 按钮，即可在 EFFECTS 的 home 选项卡上出现 Preset Library 扩展对话框，如图 6-40 所示。

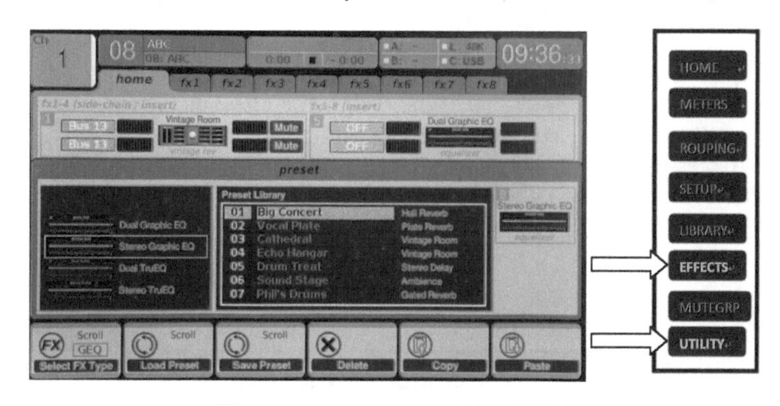

图 6-40　Preset Library 扩展对话框

扩展对话框 Preset Library 是一个数据库，是附在 EFFECTS 的 home 选项卡中的 UTILITY 内容。Preset Library 中的 01 Big Concert（大型音乐会）是选出的项目，由底部第一个 Scroll 旋钮选择类型 GEQ，选定后变为橘黄色。Select FX Type 为启用 Scroll 旋钮。两个旋钮均由对应的黑色旋钮操作，按动顶部启用。其他旋钮可对当前选定的内容进行下载 Load Preset、保存 Save Preset、删除 Delete、拷贝 Copy、粘贴 Paste 等操作，由对应的黑色旋钮进行操作，按动顶部启用。其他主菜单在这里不列出具体界面，读者可自行上机体验。

6.3　m32 软件操作界面功能区快捷操作

调节数字调音台的参数有两种方式：硬件+软件相结合；软件。

① 硬件+软件相结合：通过调节硬件，再配合显示屏显示的操作界面进行调节，可直接观察调节过程和结果（如均衡特性），相比模拟调音台更直观。例如，在演出现场需要调节某个参数时，为了能够直接调出需要的操作界面，可直接通过数字调音台面板上设置的快捷功能区进入操作界面，省去单击菜单逐步调用花费的时间。这种设计思想在大多数数字调音台中均有体现。

快捷功能区是在演出现场经常需要操作的，如 EQUALISER 均衡、BUS SEMDS 总线发送、CONFIG/PREAMP/预放等。

② 软件：完全用触摸操作界面中的图标进行操作，体积可缩小，目前在现场所用的数字调音台中很少使用。

下面以 m32 数字调音台为例介绍快捷功能区的使用。

6.3.1 传声器幻象电压、相位极性/CONFIG/PREAMP/预放快捷功能区

按下如图 6-41 所示快捷功能区 CONFIG/PREAMP 的 VIEW 预览圆形按钮，可以直接进入 HOME 的 config 选项卡。

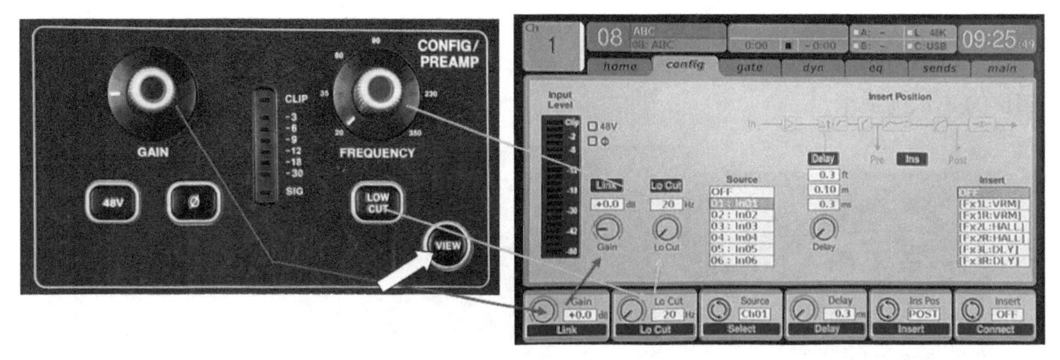

图 6-41　CONFIG/PREAMP 快捷功能区和 config 选项卡

图中，按 48V 幻象电源按钮给电容传声器供电；按 ϕ 按钮可对输入信号进行相位反相操作；旋动 GAIN 旋钮，红色箭头所指部位启动，带动红色箭头所指旋钮 Gain 转动，所标注的 Link 意味着与黑色旋钮连锁调节 Gain；按 LOW CUT 按钮，橘黄色箭头所指 Lo Cut 变为橘黄色，表示 Lo Cut 开启；旋动 Lo Cut 部位黑色旋钮可改变低切量，同时显示数值，橘黄色箭头所指 Lo Cut 旋钮随之转动；旋动 FREQUENCY 旋钮，橘黄色箭头所指 Lo Cut 下方显示的低切频率值改变。

6.3.2 GATE 噪声门快捷功能区

按下如图 6-42 所示快捷功能区 GATE 的 VIEW 预览圆形按钮，可以直接进入 HOME 的 gate 选项卡。

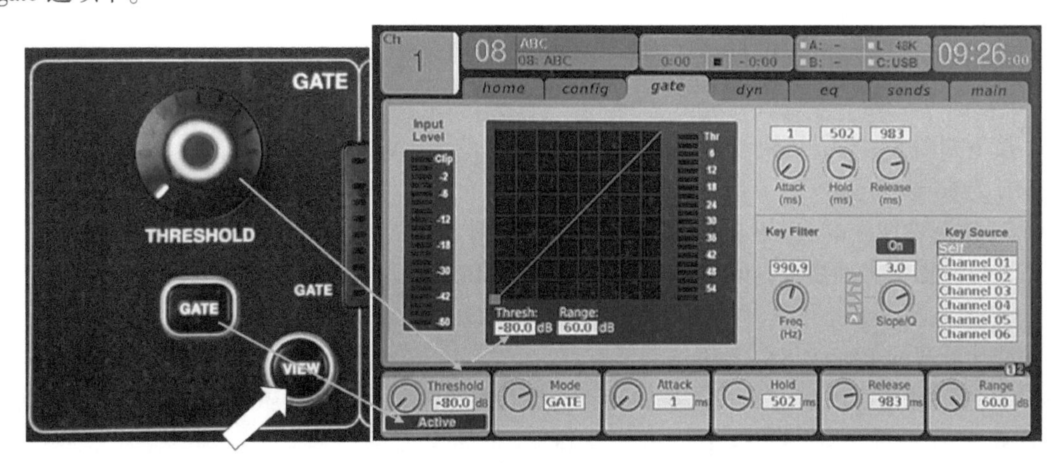

图 6-42　GATE 快捷功能区和 gate 选项卡

① 按 GATE 按钮，橘黄色箭头指向激活 Active 噪声门，黑框显示屏出现电平柱显示门限 Thr 和噪声门门限曲线（蓝线）

② 转动 THRESHOLD 门限值旋钮，橘黄色箭头所指电平值改变。该电平值为噪声门门限点，在 Threshoid 处显示数值。

从左边第二个黑色旋钮开始，按顺序用于 Mode 硬/软型拐点、Attack 启动时间、Hold 保持时间、Release 恢复时间的调节。调节时，界面上的相应图标旋钮随之转动，并显示数值。

6.3.3 DYNAMICS 动态快捷功能区

按下如图 6-43 所示快捷功能区 DYNAMICS 的 VIEW 预览圆形按钮，可以直接进入 HOME 的 dyn 选项卡。

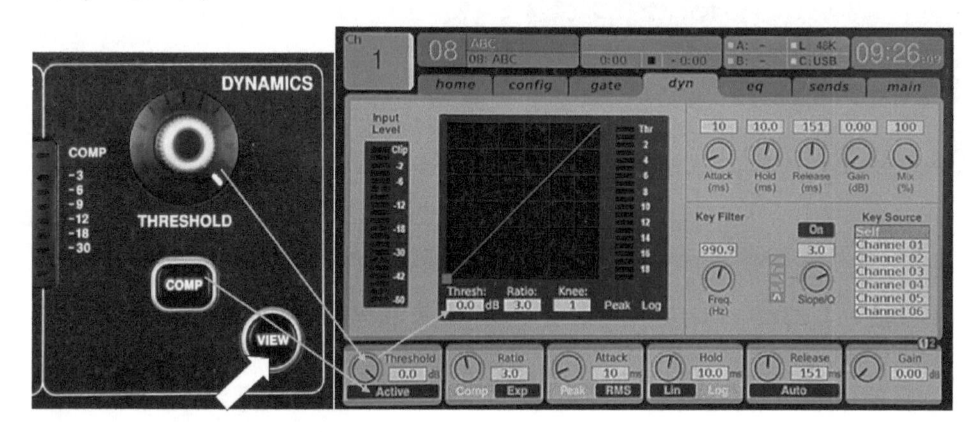

图 6-43　DYNAMICS 快捷功能区和 dyn 选项卡

① 按下 COMP 压缩按钮，激活 Active 动态（橘黄色箭头指向）。

② 转动 THRESHOLD 门限值旋钮，橘黄色箭头所指为门限值改变。该电平值为压缩门限点，并在 Threshoid 处显示数值。

从左边第二个黑色旋钮开始，按顺序用于 Ratio 压缩比、Attack 启动时间、Hold 保持时间、Release 恢复时间的调节，Gain 用于调节输出幅度。调节时，界面上的相应图标旋钮随之转动，并显示数值。

6.3.4 EQUALISER 均衡快捷功能区

按下如图 6-44 所示快捷功能区 EQUALISER 的 VIEW 预览圆形按钮，可以直接进入 HOME 的 eq 选项卡。

① 快捷功能区的 HIGH 2 有 HIGH 和 HI MID 两个按钮，LOW 2 有 LO MID 和 LOW 两个按钮，对应操作界面黑框内的 High、Hi Mid、Lo Mid 及 Low。

② 曲线图①②③④垂直线对应的频点分别为 Low、Lo Mid、High Mid 及 High，可以通过快捷功能区的 FREQUENCY 旋钮调节频点。

③ 快捷功能区的 MODE 模式按钮用于选择均衡模式，有 HCUT 高切、HSHV 高频搁式、VEQ 和 PEQ 参量均衡、LSHV 低频搁式及 LCUT 低切模式。

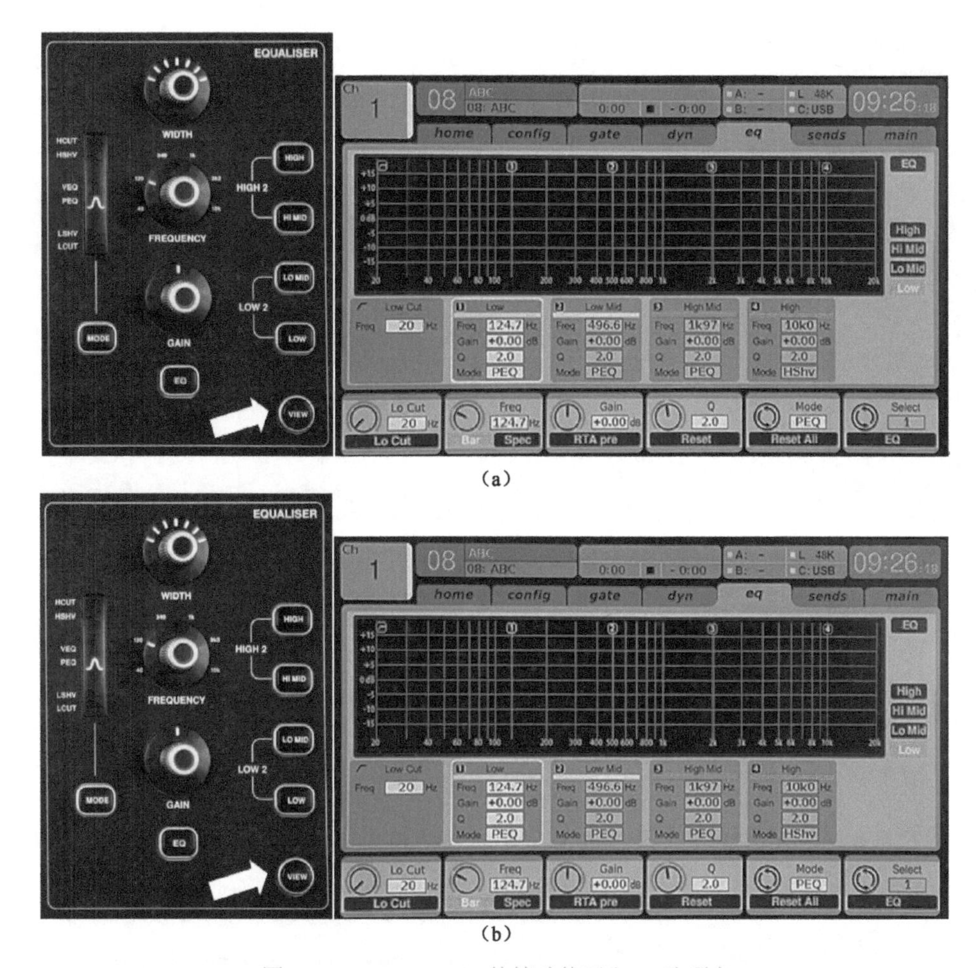

图 6-44 EQUALISER 快捷功能区和 eq 选项卡

④ 快捷功能区的 WIDTH 旋钮用于调节均衡曲线的带宽 Q。

⑤ 快捷功能区的 GAIN 旋钮用于调节均衡量。

①②③④旋钮调节的参数值将在曲线下方的①②③④蓝色框内显示，如 Lo Cut 频率值由左边第一个黑色旋钮调节，在 Freq 白色条框内显示数值 20。

按下快捷功能区的 EQ 按钮后，将显示均衡曲线（此处没给出），在调节各参数前，应按下快捷功能区的相应按钮给予激活（开启/关闭）。

6.3.5 BUS SENDS 总线发送快捷功能区

按下如图 6-45 所示快捷功能区的 VIEW 预览圆形按钮，可以直接进入 HOME 的 sends 选项卡。图中，BUS SENDS 是指 AUX SENDS，可看作模拟调音台输入通道上的 AUX 旋钮。

BUS SENDS 发送快捷功能区设置 BUS 1~4、BUS 5~8、BUS 9~12、BUS 13~16 按钮和 1、2、3、4 旋钮，用于调节发送 1~16 通道的推子（电平调节）。

按下快捷功能区的 BUS 1-4 按钮（橘黄色），1~4 通道用橘黄色框框起来，用 1、2、3、4 旋钮可分别调节 1~4 通道的推子（替代界面中的 Level 01~Level 04）；若按下 BUS 5~8 按钮，则 1、2、3、4 旋钮分别用于调节 5~8 通道的推子；依次类推。

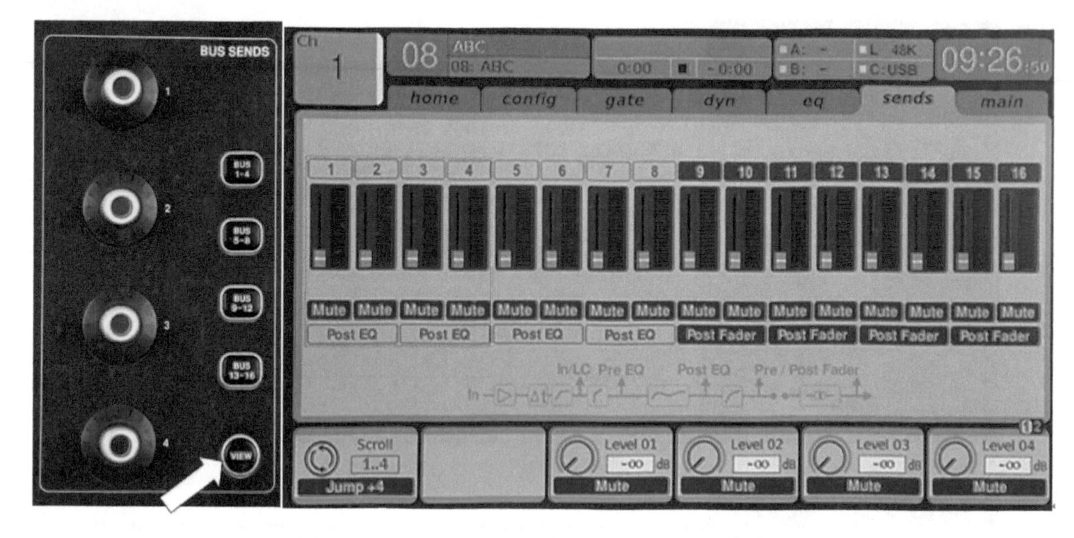

图 6-45　BUS SENDS 快捷功能区和 sends 选项卡

6.3.6　RECORDER 录音快捷功能区

因磁带录音已被淘汰，所以 RECORDER 录音快捷功能区已经不使用了。

6.3.7　MAIN BUS 主总线快捷功能区

按下如图 6-46 所示快捷功能区 MAIN BUS 的 VIEW 预览圆形按钮①，可以直接进入 HOME 的 main 选项卡。

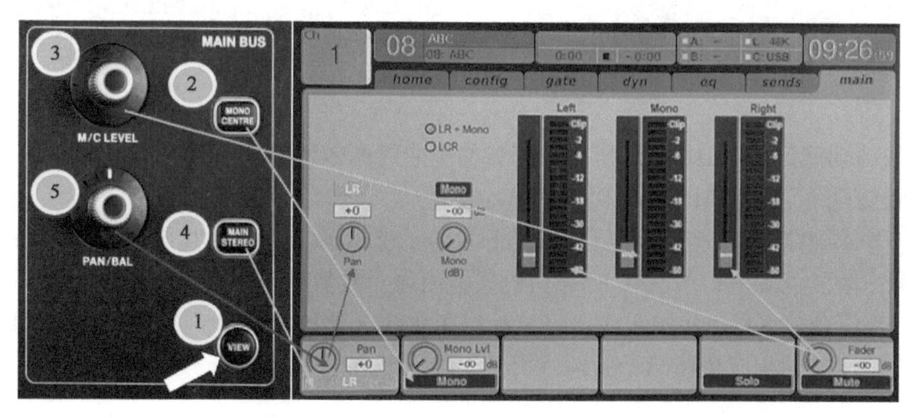

图 6-46　MAIN BUS 快捷功能区和 main 选项卡

① 按下快捷功能区的 MONO CENTRE 单声道中置按钮②，激活底部左侧第二个图标 Mono 变为橘黄色。旋动 M/C LEVEL 旋钮③，调节 Mono 电平，中间的推子移动并指示数值。

② 按下快捷功能区的 MAIN STEREO 主输出立体声按钮④，激活立体声声像调节（橘黄色箭头指向 LR 呈现橘黄色），旋动 PAN/BAL 声像/平衡旋钮⑤可以调节左、右声道声像平衡，红色箭头所指旋钮随之转动，并显示数值。

③ 三个 Fader 受控于对应的旋钮。中间的 Fader 用于调节左、右声道的输出电平，左、右 Fader 联动，并指示数值。

6.3.8 MONITOR 监听快捷功能区

按下如图 6-47 所示快捷功能区 MONITOR 的 VIEW 预览圆形按钮①，可以直接进入 HOME 的 monitor 选项卡。

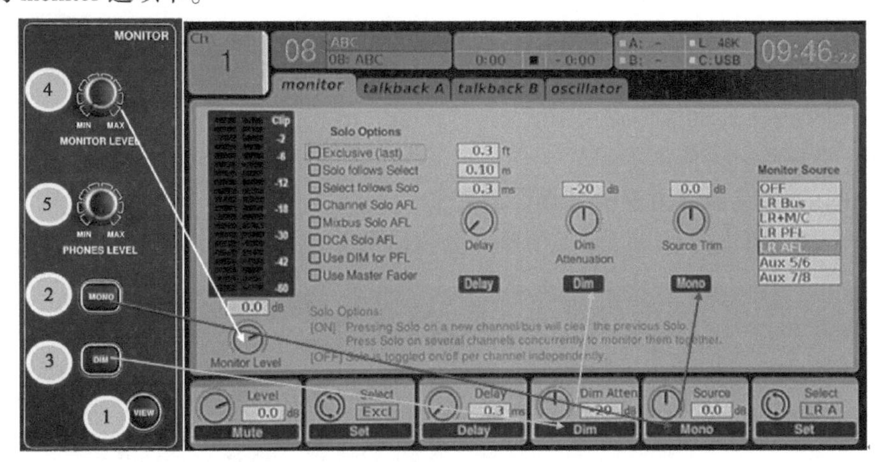

图 6-47 MONITOR 快捷功能区和 monitor 选项卡

① 按下快捷功能区的 MONO 单通道按钮②激活 MONO（单声道监听），红色箭头所指 Mono 将变为橘黄色，通过 Source 旋钮调节音量。

② 按下快捷功能区的 DIM 数字输入模块按钮③激活 DIM，橘黄色箭头所指 Dim 将变为橘黄色，通过 Dim Atten 黑色旋钮调节 Dim 的量值。

③ 快捷功能区的 MONITOR LEVEL 旋钮④用于调节监听电平，白色箭头所指 Monitor Level 旋钮随之转动。

④ 快捷功能区的 PHONES LEVEL 旋钮⑤用于调节耳机电平。

6.3.9 TALKBACK 对讲快捷功能区

1. TALKBACK 对讲操作

按下如图 6-48 所示快捷功能区 TALKBACK 的 VIEW 预览圆形按钮①，可以直接进入 talkback A 选项卡。

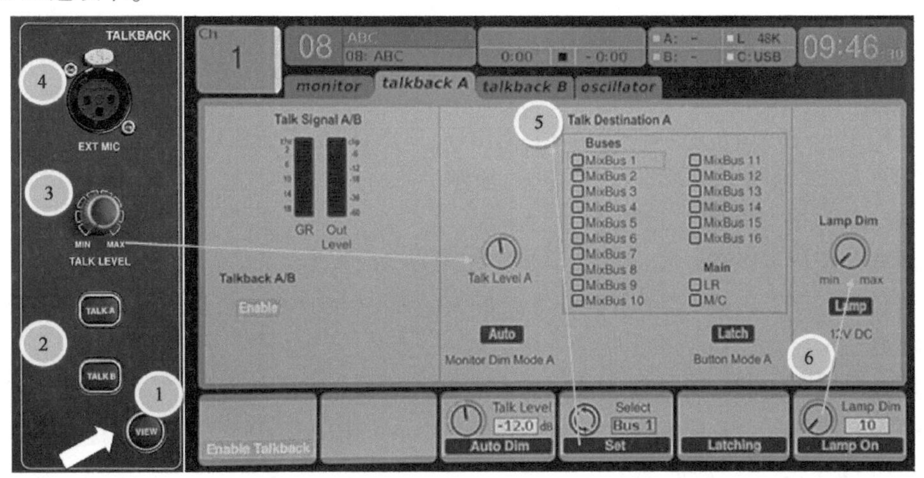

图 6-48 TALKBACK 快捷功能区和 talkback A 选项卡

① 按下快捷功能区 TALK A 或 TALK B 按钮②激活 TALK A 或 TALK B，选项卡上的 Enable Talkback 变为橘黄色。TALK LEVEL 旋钮③用于调节对讲电平，选项卡上的 Talk Level A 旋钮随之转动。也可利用底部 Talk Level 黑色旋钮进行操作，并在此显示电平值。按下左边第三个黑色旋钮顶部启用 Auto Dim 监控待机模式。

② 按下右边第一个黑色旋钮启用 Lamp On（开启 12V 直流电压），可调节亮度。

③ 按下黑色旋钮⑤Sel 选取 Talk Destination A 框内对讲 A 信源来源地并确认，图中选为 MixBus 1（橘黄色框）。

④ XLR 插座接对讲传声器④。

2. oscillator 振荡器（内置信号源）选项卡

利用方向按钮可进入 oscillator 振荡器（内置信号源）选项卡，如图 6-49 所示。

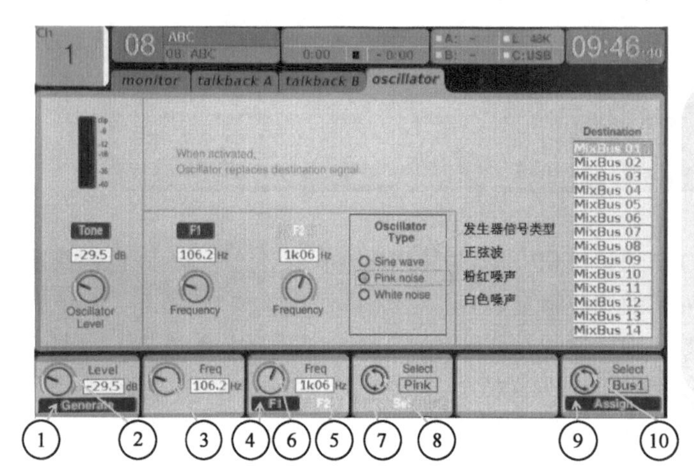

①机内信号发生器激活；②机内信号发生器电平调节；③机内信号发生器频率调节（1kHz以下）；④按下F1启用③进行频率调节；⑤按下F2启用；⑥进行频率调节（1kHz以上）；⑦发生器信号类型激活；⑧选择红色框内发生器信号类型；⑨发往目的地分配激活；⑩选择橘黄色框内发往目的地。

图 6-49 oscillator 振荡器（内置信号源）选项卡及解析

> oscillator 为调音台的内置信号发生器，充当测试声源，其作用为：
> ① 当数字调音台输出 1kHz Sine wave 正弦波时调节系统增益框架；
> ② 当数字调音台输出 Pink noise 粉红噪声时测量场所的电声特性。

6.3.10 SHOW CONTROL 场景控制快捷功能区

1. home 选项卡

按下如图 6-50（a）所示快捷功能区 SHOW CONTROL 的 VIEW 预览圆形按钮，可以直接进入场景 home 选项卡，如图 6-50（b）所示。

2. scenes 实况（场景）选项卡

利用方向按钮可以进入 scenes 选项卡，如图 6-51 所示。

保持图 6-51 的 scenes 选项卡，按下图 6-50（a）中的 NOW 按钮，弹出如图 6-52 所示的提示对话框 1。

使用显示屏下方的方向按钮，选中YES-OK，提示对话框 1 消失。

保持图 6-51 的 scenes 选项卡，按下图 6-50（a）中的 UNDO 按钮返回上一场景，弹出如图 6-53 所示的提示对话框 2。

LAST：向上翻页；
NEXT：向下翻页；
UNDO：取消、废除；
NOW：此刻。

（a）SHOW CONTROL快捷功能区

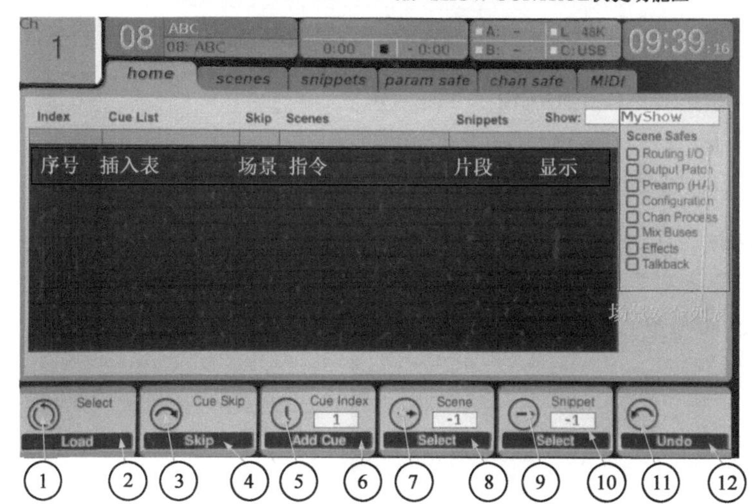

①选定序号；②选定序号后下载；③插入指令选择；④插入指令激活；⑤插入索引；⑥添加插入激活；⑦选择场景；⑧选择场景激活；⑨片段选择；⑩片段选择激活；⑪场景安全选定；⑫取消激活。

（b）场景home选项卡

图 6-50 SHOW CONTROL 快捷功能区、home 选项卡及解析

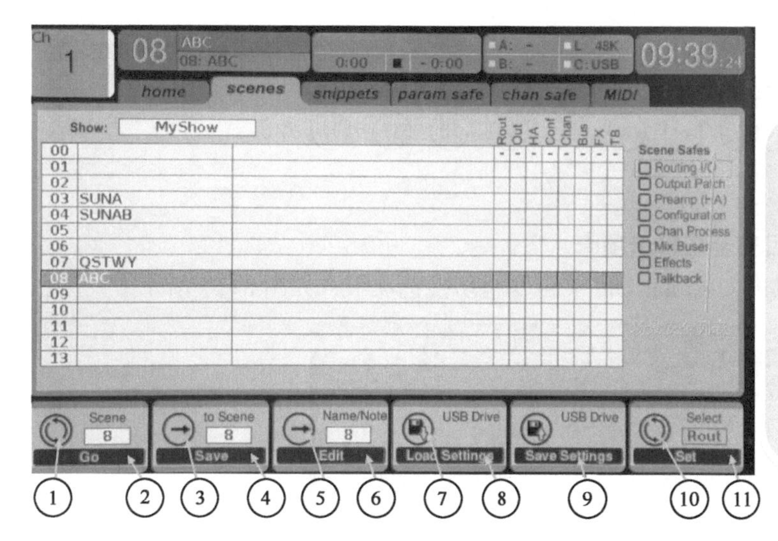

①选择场景；
②执行激活；
③找场景；
④保存激活；
⑤名称本；
⑥编辑；
⑦驱动；
⑧下载建立；
⑨保存建立；
⑩场景安全选定；
⑪选择激活。

图 6-51 scenes 选项卡及解析

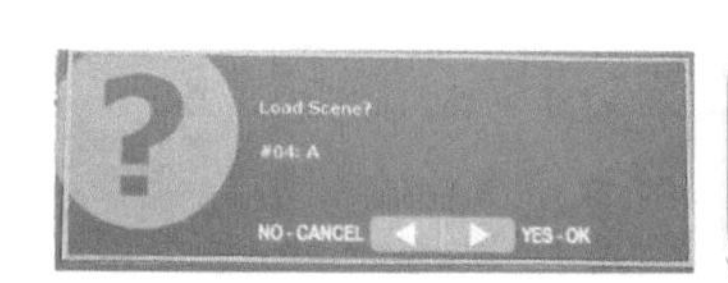

Load Scene：读取
#04:A
NO-CANCEL ◀ ▶ YES-OK
不-取消 是-保持

图 6-52 提示对话框 1 及解析

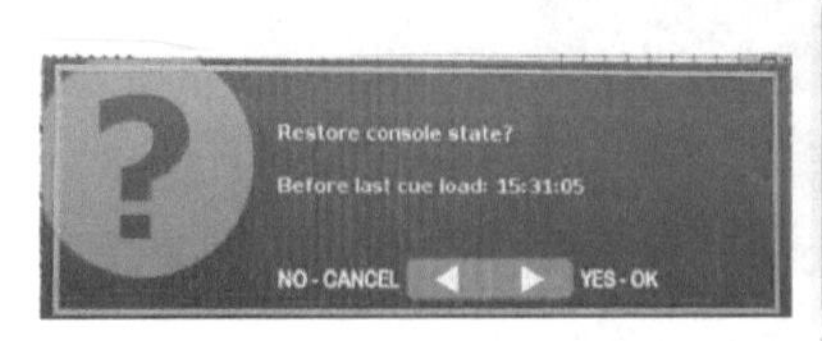

Restore console state?
Before last cue load: 15:31:05
NO-CANCEL YES-OK
Restore console state?
复位操纵台状况
Before last cue load 15:31:05
前一个实况存入时间。
NO-CANCEL ◁ ▷ YES-OK
不-取消 是-保持

图 6-53　提示对话框 2 及解析

使用显示屏下方的方向按钮选择 NO-CANCEL、YES-OK。

3. snippets 剪切片段选项卡

使用方向按钮可进入 snippets 选项卡，如图 6-54 所示。

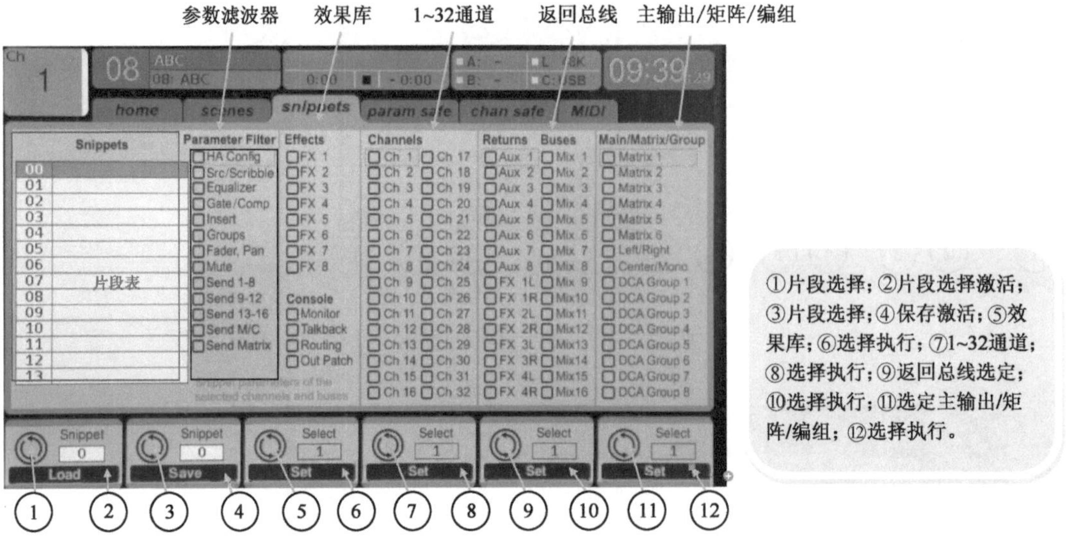

参数滤波器
效果库
1~32通道
返回总线
主输出/矩阵/编组
片段表
①片段选择；②片段选择激活；③片段选择；④保存激活；⑤效果库；⑥选择执行；⑦1~32通道；⑧选择执行；⑨返回总线选定；⑩选择执行；⑪选定主输出/矩阵/编组；⑫选择执行。

图 6-54　snippets 选项卡及解析

4. param safe 节目安全切换选项卡

使用方向按钮可以进入 param safe 节目安全切换选项卡，如图 6-55 所示。

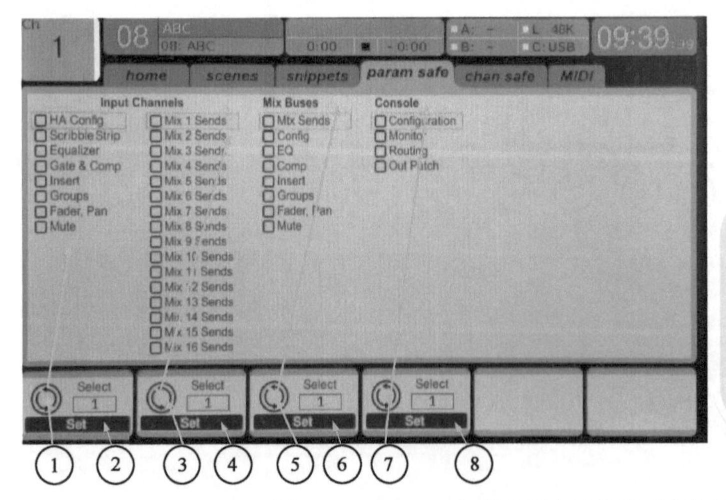

①选择输入通道内部部位；②选择执行；③选择输入通道混音发送；④选择执行；⑤选择混合母线部位；⑥选择执行；⑦选定操纵台部位；⑧选择执行。

图 6-55　param safe 节目安全切换选项卡及解析

5. chan safe 通道安全选项卡

使用方向按钮可以进入 chan safe 通道安全选项卡，如图 6-56 所示。

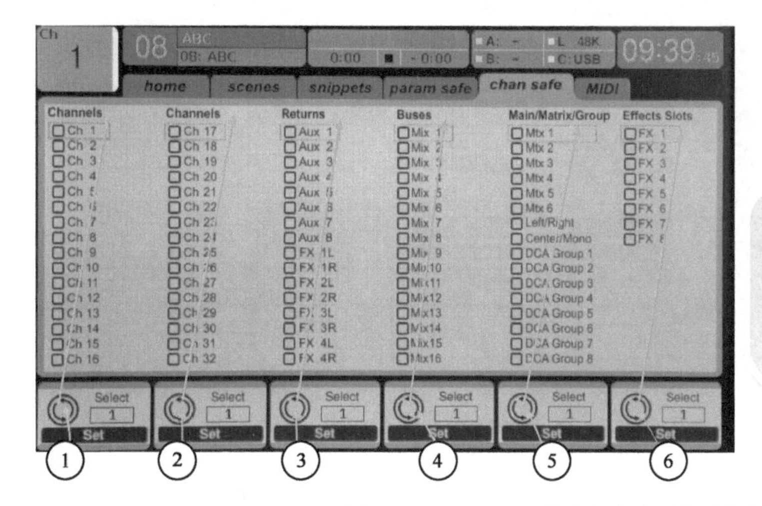

图 6-56　chan safe 通道安全选项卡及解析

6. MIDI 场景发送选项卡

使用方向按钮可以进入 MIDI 场景发送选项卡，如图 6-57 所示。

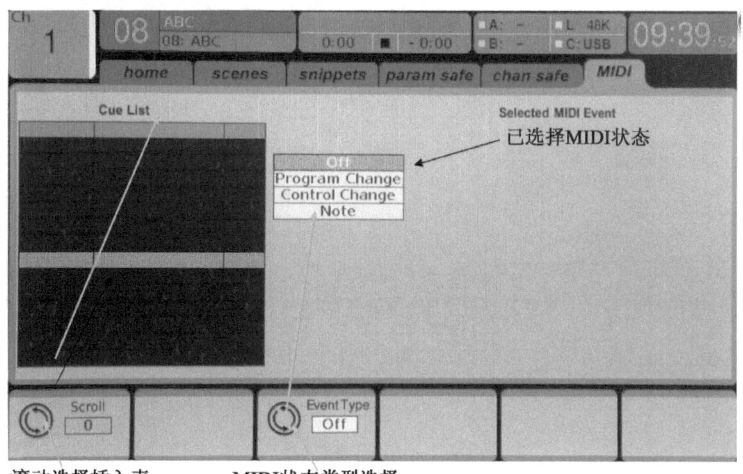

图 6-57　MIDI 场景发送选项卡

图中，旋动 Scroll 滚动 Cue List（插入字幕表）；旋动 Event Type 选取 Event Type（当类型表）。

6.3.11　ASSIGN 分配功能区

ASSIGN 分配功能区为“自定义键”区。所谓“自定义”，是将 ASSIGN 面板上的 4 个旋钮和 8 个按钮定义为某参数调节和某启动操作，如哑音，在现场使用时方便快捷，如图 6-58 所示。

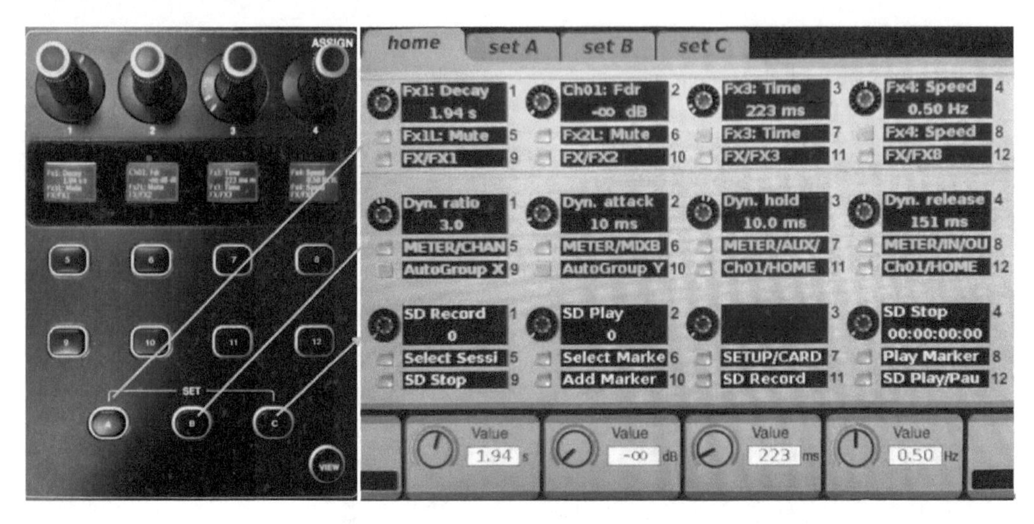

图 6-58　ASSIGN 分配功能区和 home 选项卡

ASSIGN 分配功能区具有 SET A、SET B 及 SET C 三个自定义模块。

先后按下 ASSIGN 分配功能区的 SET A 和 VIEW 预览按钮，直接进入 set A 选项卡，如图 6-59 所示。

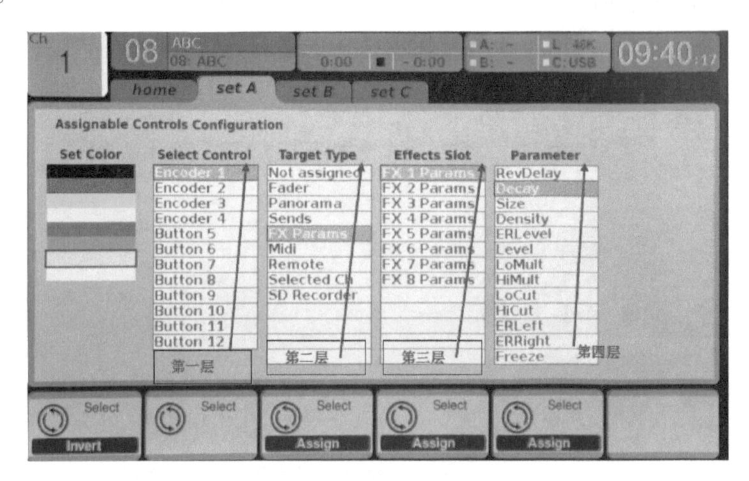

图 6-59　set A 选项卡

“层”就是操作顺序，图 6-59 被分为四层：

第一层为 Encoder（旋钮）1~4 和 Button（按钮）5~12；

第二层为目标类型，如 FX Params 效果参数；

第三层为具体效果器名单，如 FX1 Params；

第四层为具体效果参数，如 Rev Decay 、Decay、ER Level 等。

第四层为底层，自定义操作到此结束，并非都有四层，有些只有两层或三层。各层内容不同。

举例说明如下。

① 定义旋钮 1 操作流程如图 6-60 所示。

定义操作结果：旋钮 1 被定义为效果器 FX1 Params 的“衰减”参数，可调节数值。调节后，在图 6-58 中旋钮 1 的黑方框内显示 FX1 Decay 和数值。

② 定义旋钮 2 操作流程如图 6-61 所示。

定义操作结果：旋钮 2 被定义为 Channel 01，可调节电平。调节后，在图 6-58 中旋钮 2 的黑方框内显示 Ch01：Fdr 和数值。

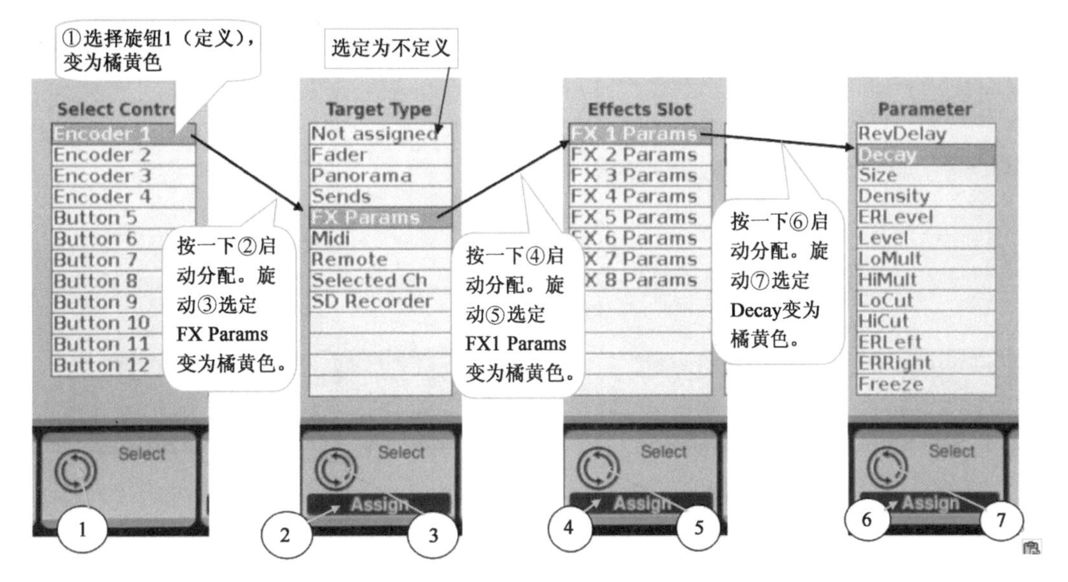

图 6-60 定义旋钮 1 操作流程

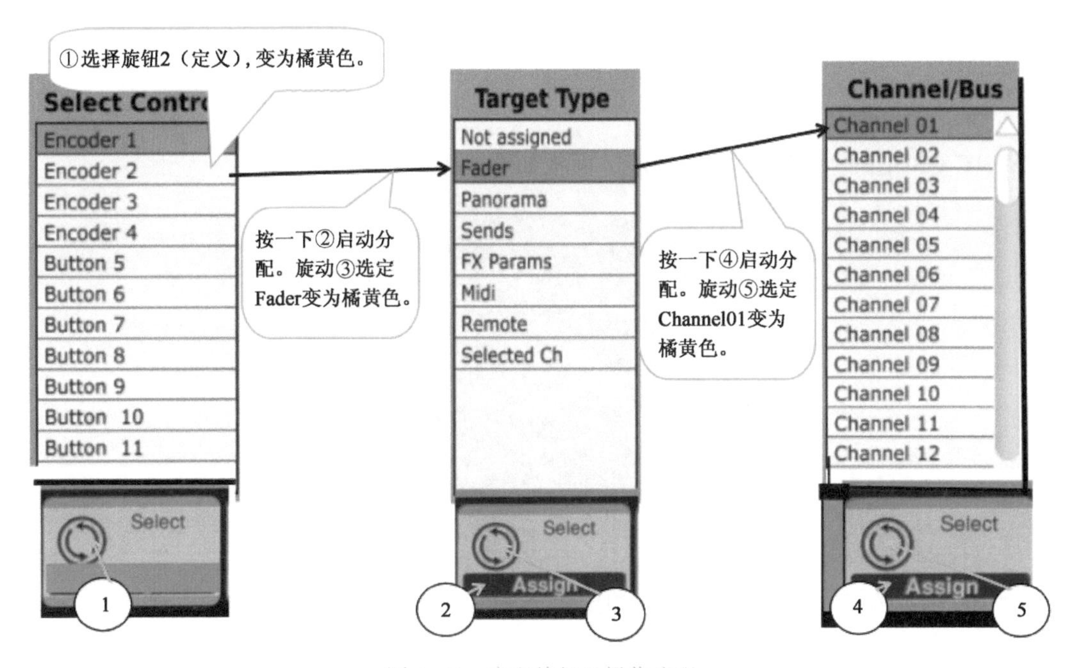

图 6-61 定义旋钮 2 操作流程

③ 定义按钮 5 操作流程如图 6-62 所示。

定义操作结果：按钮 5 被定义为效果器 FX1“混响延时”参数。

按钮 5 发亮有两种状态：常亮表示工作，按一下灭 ，再按一下又亮；闪亮表示断续操作，起节拍作用。

有关说明如下：

① 在定义旋钮或按钮前，先观察定义状况。

② SET A、SET B、SET C 共可定义旋钮 12 个、按钮 24 个。若 SET A 定义已满，再定义 SET B 或 SET C。

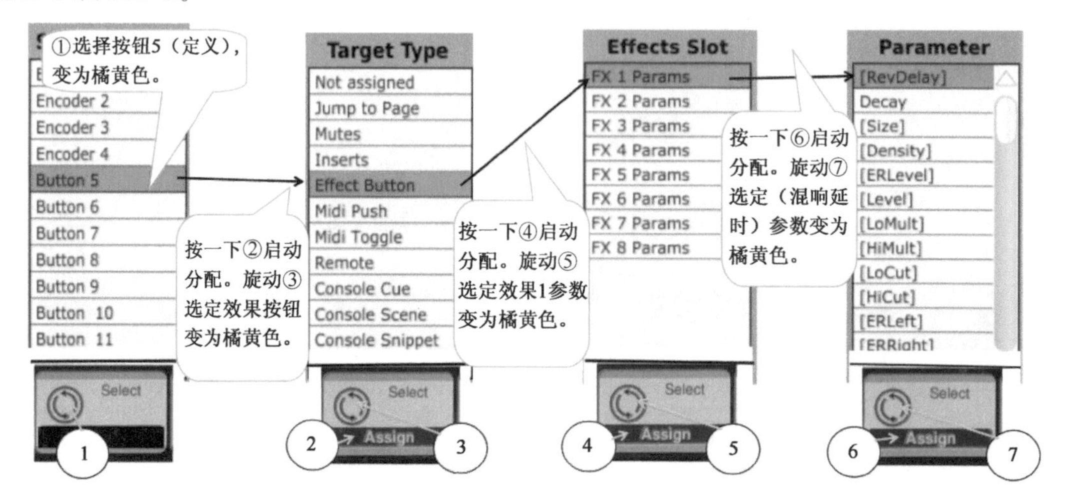

图 6-62　定义按钮 5 操作流程

③ 删去已被定义旋钮、按钮：以旋钮 1 为例，选择图 6-60 中的 Not assigned 即可。

关机后再开机时，所有定义被全部格式化。

可操作方向按钮或通过分配功能区进入 set B、set C 选项卡。定义操作等同 set A。

6.3.12　MUTE GROUPS 哑音编组快捷功能区

MUTE GROUPS 哑音编组快捷功能区面板如图 6-63 所示。

图 6-63　MUTE GROUPS 哑音编组快捷功能区面板

操作简述：按住快捷功能区面板上的按钮 1 不放，逐次按下推子 CH1～16 中 1、2、3、4 的 MUTE 按钮后，放开 MUTE GROUPS 按钮 1，将 INPUT CH1～4 编为 1 组，需要时，只要按下快捷功能区面板上的按钮 1，则 CH1～4 将一起哑音。按照此方法可将任意通道的 MUTE 编为一组。m32 共设有 6 个编组，与模拟调音台的操作相同。

6.3.13　推子（16）

m32 左侧的物理推子及解析如图 6-64 所示，共有 16 条。

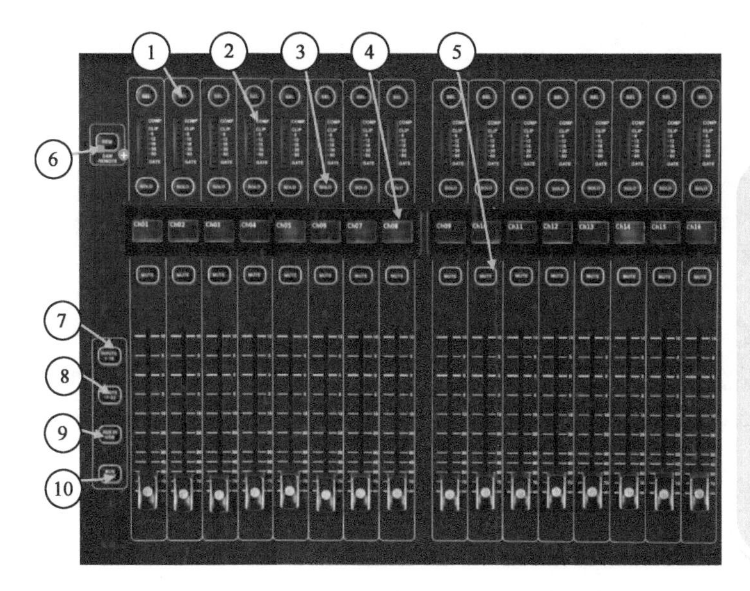

①按下时，表示该输入通道承担按下⑦⑧⑨⑩时承担的功能，如按下⑦表示选择1~16输入通道，通道数字在菜单界面的左上角，可进行gate、eq、dyn等操作，输入通道17~32应分页，按下⑧时生效；②电平柱，通道电平显示；③独唱执行；④灯内文字显示该通道功能；⑤哑音执行；⑥数字工作站遥控按钮；⑦输入1~16分层按钮；⑧输入 17~32分层按钮；⑨铺助输入总线；⑩总线控制按钮。

图 6-64　m32 左侧的物理推子及解析

6.3.14　推子（9）

m32 右侧的物理推子及解析如图 6-65 所示，共有 9 条。

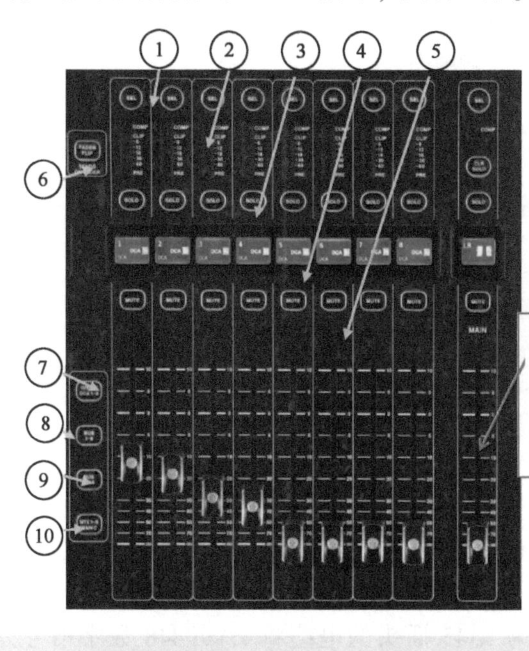

此通道仅在按下⑩时用于主输出单声道，其余均默认用于主输出立体声声道。

①按下时，表示该通道承担按下⑦⑧⑨⑩时承担的功能；②~⑤功能等同图6-66中的②~⑤；⑥发送推子按钮；⑦数字控制放大器编组按钮；⑧母线BUS1~8按钮；⑨母线BUS9~16按钮；⑩矩阵1~8及主输出单声道（左数第9条通道）按钮。

图 6-65　m32 右侧的物理推子及解析

第 7 章　xtaDP448 数字信号处理器软件解析

常用的数字信号处理器有 xtaDP448、dcx2496 等型号。其结构和软件操作界面大同小异。

安装数字信号处理器操作软件的计算机可以远程操控数字信号处理器。多台同型号的数字信号处理器通过 9 针 D 型插头的电缆与计算机连接。数字信号处理器必须设有 BD-9 IN、BD-9 OUT 两个插座或 RJ45 插座。

7.1　xtaDP448 数字信号处理器与计算机连接

7.1.1　单机连接

单机连接如图 7-1 所示。

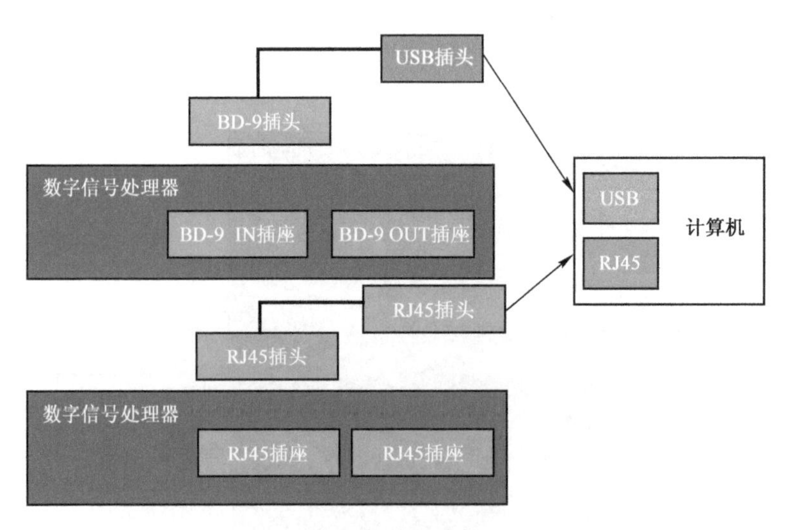

图 7-1　单机连接

连接方式一：采用一端为 BD-9 插头、另一端为 USB 插头的电缆，将 xtaDP448 数字信号处理器与计算机连接。

连接方式二：采用两端均为 RJ45 插头的电缆将 xtaDP448 数字信号处理器与计算机连接。

7.1.2　多机连接

多机连接如图 7-2 所示。

BD-9 插座采用 XLR 卡侬插座（IN 为母，OUT 为公），如图 7-3 所示。

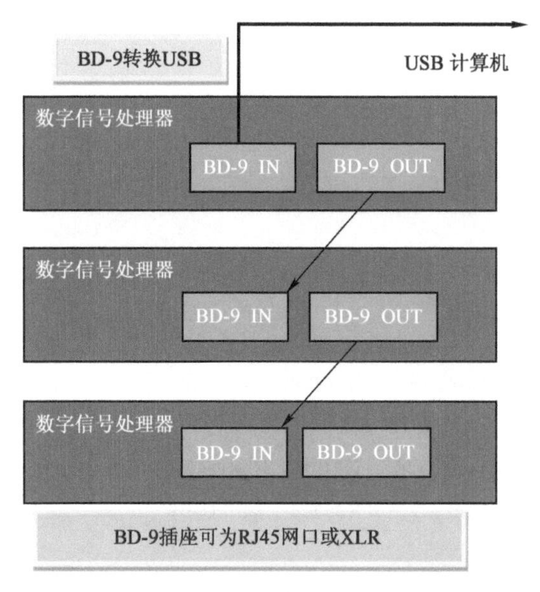

图 7-2　多机连接

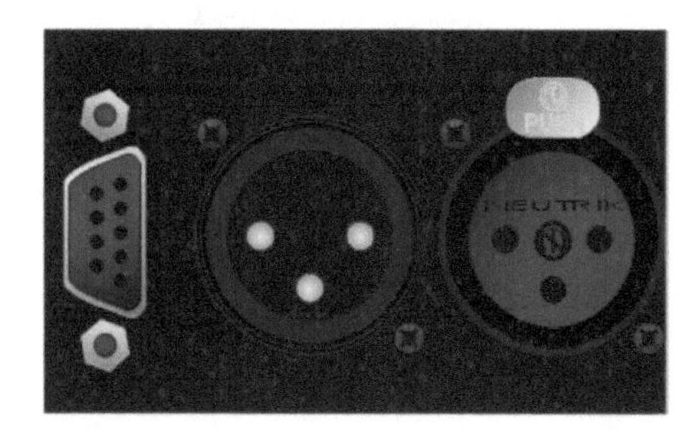

图 7-3　XLR 卡侬插座

7.2　xtaDP448 数字信号处理器软件操作界面

7.2.1　主界面

单击在计算机上安装的快捷方式 AudioCoreV891.msi Windows Installer 程序包 2,613 KB 进入主界面，如图 7-4 所示，出现软件图标后弹出 Did You Know，可不看，单击下方的 Close 关闭即可。

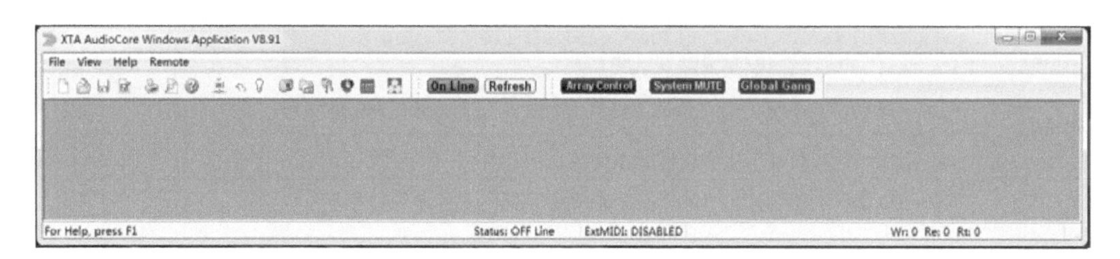

图 7-4　主界面

7.2.2　主界面菜单

主界面菜单如图 7-5 所示，注释见表 7-1。

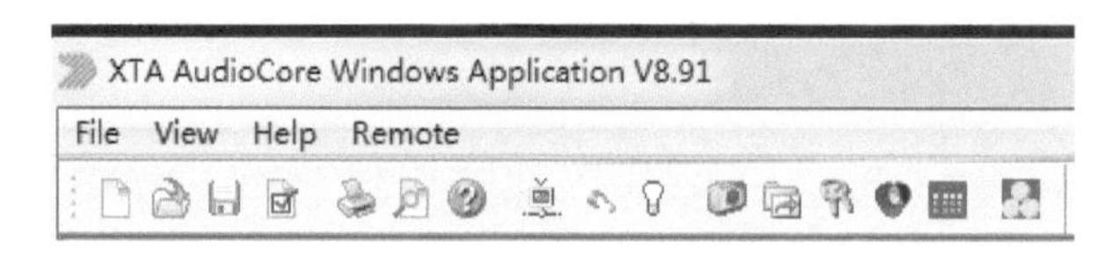

图 7-5　主界面菜单

表 7-1　主界面菜单注释

<table>
<tr><td rowspan="17">File
(文件)</td><td colspan="3">New：开始一个新系统或为了测试连接设备</td></tr>
<tr><td colspan="3">Open：打开一个系统图形</td></tr>
<tr><td colspan="3">Save：保存</td></tr>
<tr><td colspan="3">Save As：另存为</td></tr>
<tr><td colspan="3">Print：打印</td></tr>
<tr><td colspan="3">Print Preview：打印预览</td></tr>
<tr><td colspan="3">Print Setup：打印设置</td></tr>
<tr><td rowspan="5">Option：选项</td><td colspan="2">File：文件，自动打开最后的文件和在出口自动保存</td></tr>
<tr><td colspan="2">Drag：探寻，当编辑曲线时探寻选项</td></tr>
<tr><td colspan="2">Memory allocation：记忆分派，选择记忆名称到负载</td></tr>
<tr><td colspan="2">Preferences：选择优先，控制所有滤波器，读出 Q/BW</td></tr>
<tr><td colspan="2">Background：背景</td></tr>
<tr><td>Last file #1</td><td rowspan="4">1 号最后文件</td><td rowspan="4">到最后第 4 个文件出现在这儿，虽然最初这个部分是空的</td></tr>
<tr><td>Last file #1</td></tr>
<tr><td>Last file #1</td></tr>
<tr><td>Last file #1</td></tr>
<tr><td>Exit</td><td>退出</td><td></td></tr>
<tr><td rowspan="2">Device
(设备)</td><td colspan="3">New：在目录中添加一个单元到当前系统</td></tr>
<tr><td colspan="3">Modify：变更改变当前正存在的单元参数（表/路径/一组）</td></tr>
<tr><td rowspan="4">Remote
(遥控)</td><td colspan="3">No Connection：不连接第一台，通过标准负载连接</td></tr>
<tr><td colspan="3">RS232：通过标准（具备 9 针 D 型插座）连接第一台计算机（计算机有 USB 插口）</td></tr>
<tr><td colspan="3">RS485：通过 RS232-485 适配器连接第一台设备或通过 XLR 插座利用 XLR-XLR 电缆连接设备</td></tr>
<tr><td colspan="3">TCP/IP：以太网网口或 WiFi 适配器</td></tr>
<tr><td rowspan="3">Status
(状态)</td><td colspan="3">On Line：在线（在线/离线触发系统）</td></tr>
<tr><td colspan="3">Scan System：在系统规格（全部 ID 码，至 32）上检查所有设备的类型</td></tr>
<tr><td colspan="3">Flash IDS：IDS 闪光（LCD 显示设备名称）</td></tr>
<tr><td rowspan="2">Tools
(工具)</td><td colspan="3">Cycle Outputs：循环输出（对单独设备的输出按顺序完成系统检查）</td></tr>
<tr><td colspan="3">Temperature Check：温度检查（再现内部温度，读出每一个设备的温度）</td></tr>
<tr><td rowspan="5">Snapshots
(快照)</td><td colspan="3">Store a Snapshot：存储快照</td></tr>
<tr><td colspan="3">Recall a Snapshot：召回快照</td></tr>
<tr><td colspan="3">Rename a Snapshot：快照改名</td></tr>
<tr><td colspan="3">Erase a Snapshot：消除快照</td></tr>
<tr><td colspan="3">External MIDI Recall：外部 MIDI 召回</td></tr>
</table>

7.2.3　主界面模块

主界面模块如图 7-6 所示。

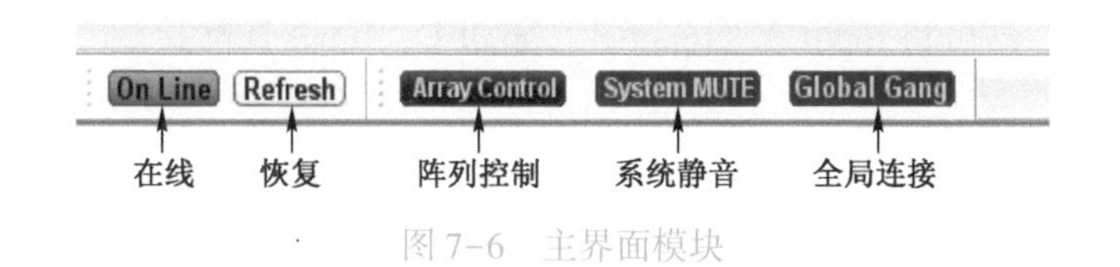

图 7-6 主界面模块

7.2.4 主界面底部模块

主界面底部模块如图 7-7 所示。

图 7-7 主界面底部模块

7.3 xtaDP448 数字信号处理器软件操作界面解析

7.3.1 软件的启用

路由分配界面如图 7-8 所示。

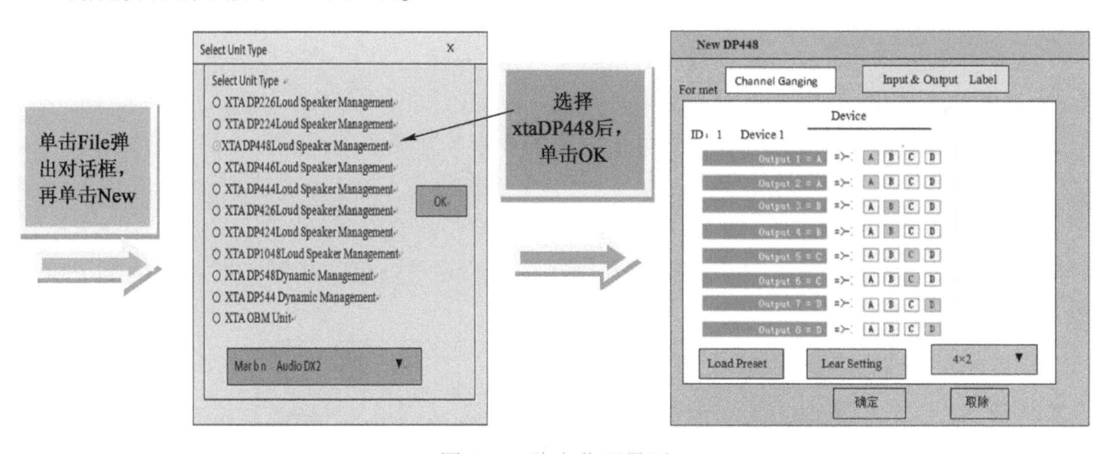

图 7-8 路由分配界面

图中，右侧为 4 路 A、B、C、D 输入，左侧为 8 路输出 Output 1～Output 8；Input A 路送入 Output 1、Output 2，Input B 路送入 Output 3、Output 4，Input C 路送入 Output 5、Output 6，Input D 路送入 Output 7、Output 8。

路由分配举例：

(1) Output 1 分配：对应 Output 1 单击右侧 A 变绿色，显示 Output 1= A ，即 Input A 路配接到 Output 1；再单击 B 变绿色，Output 1= A+B，输入 A、B 两路混合到 Output 1。依次操作，Input A、Input B、Input C、Input D 均变绿色，Output 1= A+B+C+D，4 路混合配接到 Output 1。若要删除一路，则单击恢复为白色。

依次操作配接，即可将 Input A、Input B、Input C、Input D 配接到 Output 1～Output 8 中的任意一路。

（2）内分频全音域分配。

① 设定 Output 1、Output 2 输出到主扩 L、R 音箱，Input A、Input B 分别为 L 声道、R 声道。

操作：单击 Output 1 对应的 Input A 变绿色，单击 Output 2 对应的 Input B 变绿色。

② 设定 Output 3、Output 4 输出到辅助 L、R 音箱，Input A、Input B 分别为 L 声道、R 声道。

操作：单击 Output 3 对应的 Input A 变绿色，单击 Output 4 对应的 Input B 变绿色。

③ 设定 Output 5、Output 6 输出到超低音 L、R 音箱，Input C、Input D 分别为超低音 L 声道、R 声道。

操作：单击 Output 5 对应的 Input C 变绿色，单击 Output 6 对应的 Input D 变绿色。

照此方法可将 Output 1～Output 8 配接到 Input A、Input B、Input C、Input D 中的任意一路，极其灵活。

（3）外分频全音域分配。

设定 Output 1 输出 L 高音单元，Output 2 输出 L 中音单元，Output 3 输出 L 低音单元，Output 4 输出 L 超低音单元。

操作：单击 Output 1、Output 2、Output 3 对应 Input A 的 L 声道变绿色，Output 4 对应 Input B 的 L 超低音声道变绿色。

设定 Output 5 输出 R 高音单元，Output 6 输出 R 中音单元，Output 7 输出 R 低音单元，Output 8 输出 R 超低音单元。

操作：单击 Output 5、Output 6、Output 7 对应 Input C 的 R 声道变绿色，Output 8 对应 Input D 的 R 超低音声道变绿色。

掌握上述的配接操作方法后，即可根据现场音箱布局灵活进行配接。

7.3.2 操作界面

路由分配完成后，单击图 7-8 中路由分配界面上的“确定”按键，即可弹出数字信号处理操作界面，如图 7- 9 所示。

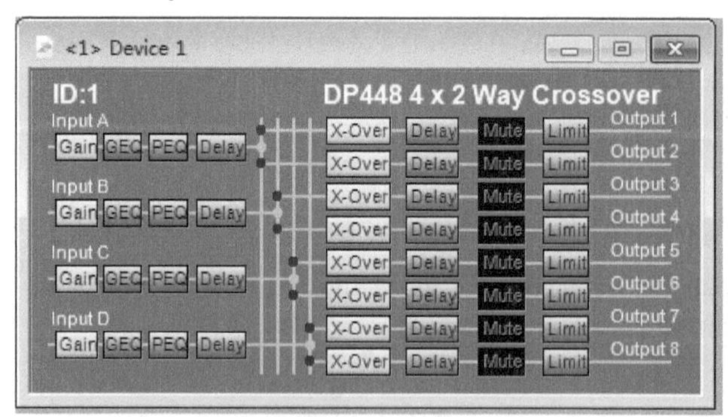

图 7-9 数字信号处理操作界面

图中，<1> Device 1：连接第一台设备；ID：1：第一台处理器的 ID 号；Input A、Input B、Input C、Input D 下面的方框：信号处理单元；Gain：增益，输入/输出电平的调节；GEQ：图式均衡器；PEQ：动态均衡器；Delay：延时。

GEQ 与 PEQ 的区别：GEQ 固定 31 个频点；PEQ 设定的几个频点可任意在全音域内移动进行均衡，比 GEQ 灵活。

Delay 延时在输入和输出声源时均需要设置，针对性不同。Input Delay 针对输入声源，如调节输入左、右音箱声源的延时。Output Delay 针对扬声器进行延时补偿，达到校正演出场所传输频率特性的目的。

Output 1～Output 8：8 路输出信号。

X-Over（X- Crossover）：获取该通道在某一频率范围的输出信号，即对输入信号进行分频。

Delay：对该通道的输出信号给予一定时间的延时，使音箱位于不同的位置，在观众席形成声波叠加。

Mute：哑音，切断该通道的输出信号。

Limit：压限，在大动态声音信号出现时进行不失真幅度压缩，保护扬声器。

7.3.3 创建 ID 码

首先给各台 xtaDP448 数字信号处理器创建 ID 码。ID 码是设备的识别码，当采用多台设备级联时，就需要用到 ID 码，如第一台设备的 ID 码为 001，第二台设备的 ID 码为 002，第三台设备的 ID 码为 003，依次类推。

创建 ID 码的方法：将 xtaDP448 数字信号处理器的显示屏切换为如图 7-10 所示的显示字框，利用 ID 码选取旋钮选取数码，并显示在显示字框中，如 ID：1，确认即可；在计算机上寻找 xtaDP448 数字信号处理器赋予的 ID 码，若为 ID：2，则选取的就是 xtaDP448 数字信号处理器 2。

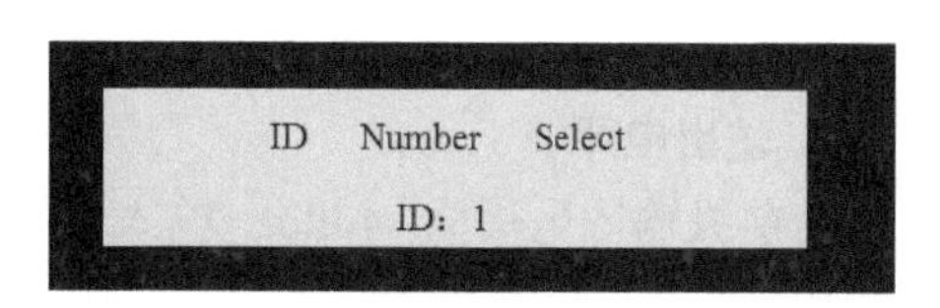

图 7-10 xtaDP448 数字信号处理器 ID 码的显示字框

7.3.4 Input Gain 输入增益

1. Gains 选项卡

单击图 7-9 左侧 Input A 的 Gain 图标，弹出如图 7-11 所示的 Gains 选项卡操作界面。

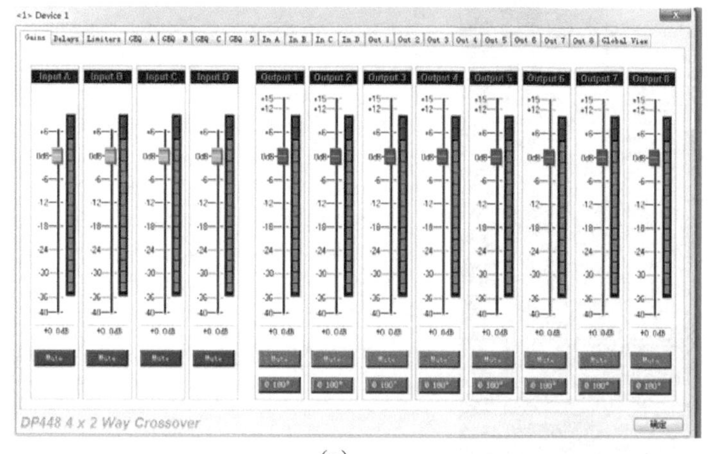

(a)

图 7-11 Gains 选项卡操作界面

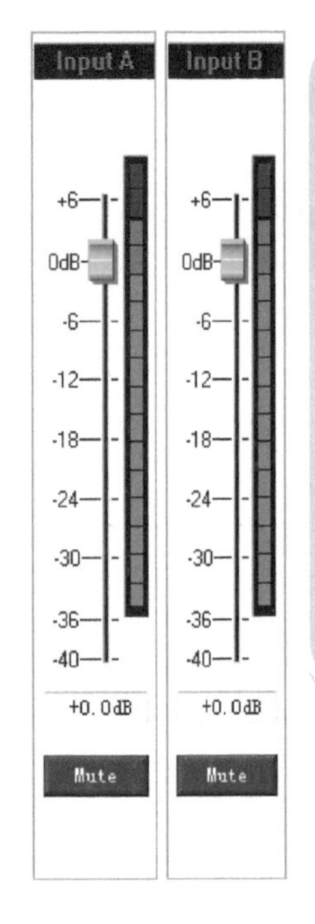

用绿色推子调节对应输入路数的电平，推子在0dB的位置，即输入电平为前级输入的电平，并伴随电平柱显示。

注意，显示值并不是具体的电平值。

底部设有Mute按钮。

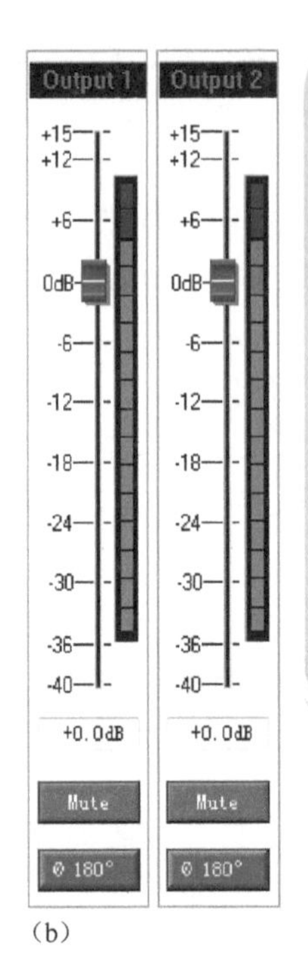

用蓝色推子调节输出路数的电平，推子在0dB的位置，意味着不对输入信号进行放大。若蓝色推子也在0dB的位置，则Output对应的是输入Input A的电平，即前级输入的电平。

注意，电平柱的显示值并不是具体的电平值。

底部设有Mute按钮和180°倒相按钮，用于校正左、右两路扬声器输入信号相位的不一致或系统左、右两路相位的不一致。

（b）

图 7-11　Gains 选项卡操作界面（续）

2. 输出电平

若前级输入电平为+4dBu，输入/输出推子均在 0dB 的位置，则输出电平柱显示+4dBu，即输出电平为+4dBu。

若前级输入电平为+4dBu，则输入推子在+2dB 的位置，输入抬升 2dB，电平为+6dBu；若输出推子在 0dB 的位置，则输出电平柱显示+6dBu，输出电平为+6dBu。若输出推子在+2dB 的位置，则输出电平柱显示+8dBu，输出电平为+8dBu。

dBFS 和 dBu 对照如图 7-12 所示。

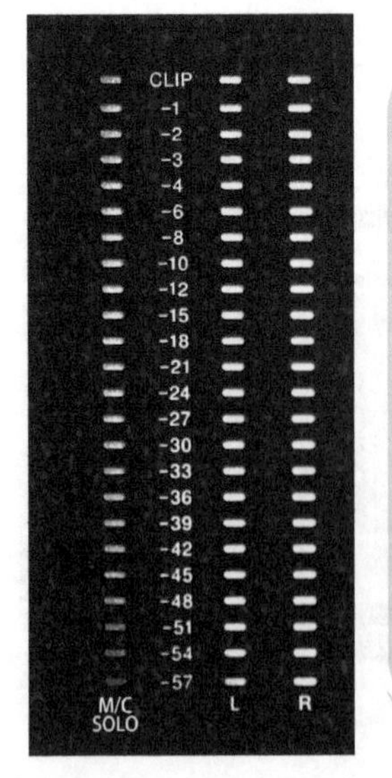

dBFS为数字信号电平的单位。0dBFS等于"满刻度"的数字音频参考电平。"满刻度"是模/数转换器可能达到"数字过载"之前的最大可编码模拟信号电平。在广播电视音频系统中，数字设备的"满刻度"电平0dBFS对应模拟信号电平为+24dBu。

欧洲标准	美国标准
0dBFS对应+18dBu	0dBFS对应+24dBu
-14dBFS对应+4dBu	-20dBFS对应+4dBu
-18dBFS对应+0dBu	-24dBFS对应+0dBu

通常，英国产品采用欧洲标准。

电平柱顶标0dBFS CLIP意味着"数字过载"。

图 7-12　dBFS 和 dBu 对照

7.3.5　Input GEQ 输入图示均衡器

单击图 7-9 左侧 Input A 的 GEQ 图标，弹出如图 7-13 所示的 GEQ A 选项卡。

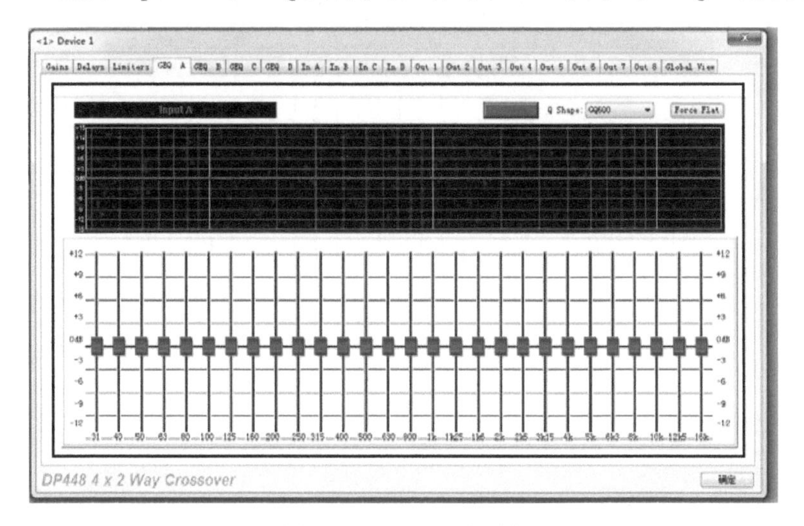

图 7-13　GEQ A 选项卡

图中显示的是 Input A 通道的图示均衡曲线；DP448 4×2 Way Crossover：所用设备为 xta 系列中的 DP448 分频，状态为每路输入信号可实现二分频到输出通道，若为四分频，则显示 4×4 Way Crossover；“确定”按键：操作结束后给予确认。

在图 7-13 中的频点 200Hz 处，向上移动蓝色推子，并在灰色条框中使用▼选中 GQ600，出现的均衡曲线如图 7-14 所示。单击“确定”，返回到图 7-9 操作界面，完成均衡。

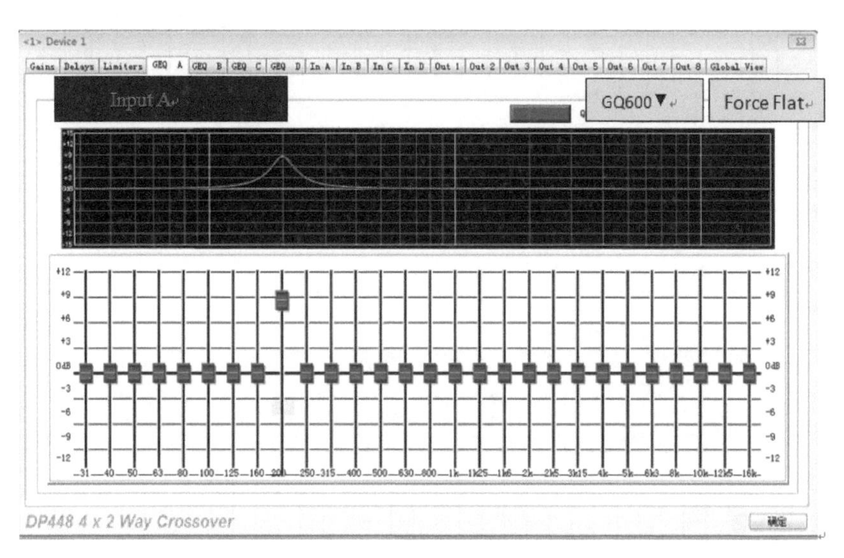

图 7-14　200Hz 均衡曲线

使用图 7-14 灰色条框中的▼选中 Special，均衡曲线如图 7-15 所示。从图中可以看出，均衡曲线略宽一些。

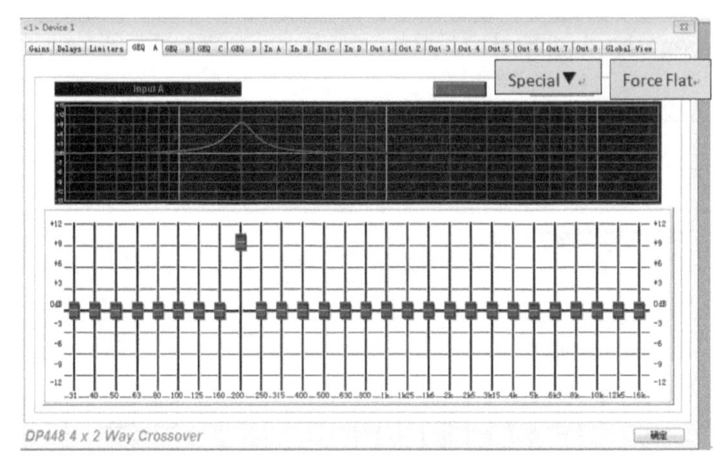

图 7-15　Special 均衡曲线

单击图 7-14 中的灰色条框 Force Flat，弹出提示窗 Press OK to Force all Sliders Flat，如图 7-16 所示。

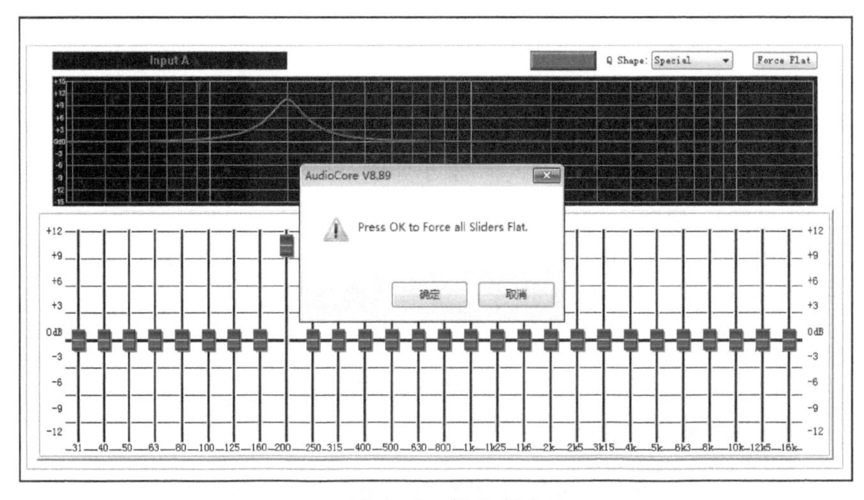

图 7-16　提示窗

单击“确定”，均衡曲线消失，如图 7-17 所示，可用来对比有、无(Bypass) 均衡的效果。

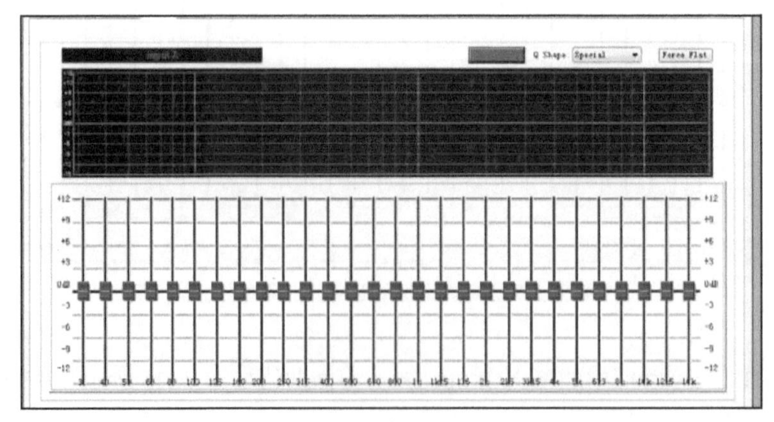

图 7-17　启用 Bypass

单击图 7-16 中的“取消”，解除 Bypass，重新回到如图 7-15 所示的均衡曲线。在操作界面上可以进行多个频点的均衡，如图 7-18 所示。

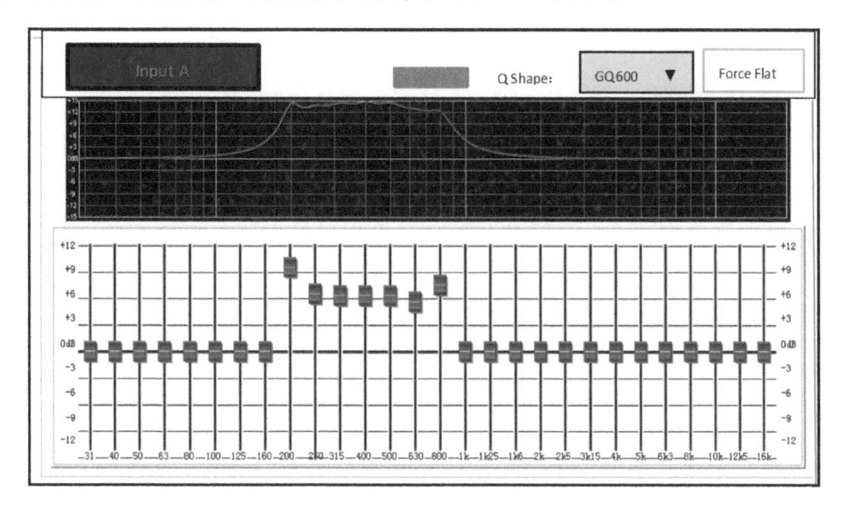

图 7-18　多个频点的均衡

均衡调节结束后，单击“确定”即可退出。

7.3.6　Input PEQ 输入动态均衡器

1. 操作的基本方法

单击图 7-9 左侧 Input A 的 PEQ 图标，弹出 In A 选项卡，如图 7-19 所示。

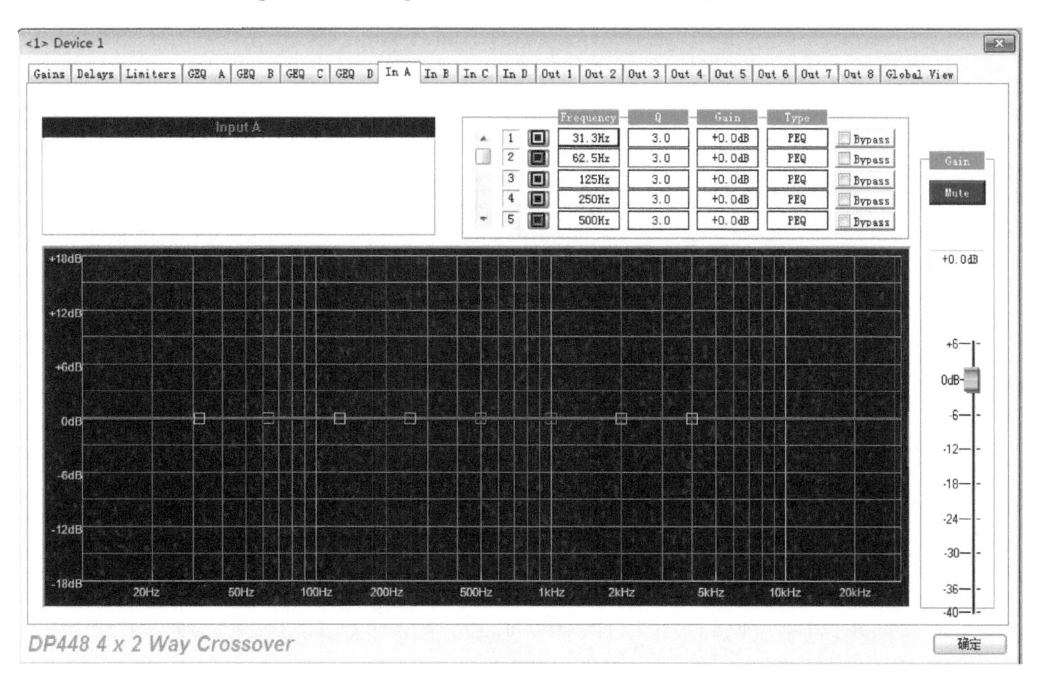

图 7-19　In A 选项卡

均衡参数调节对话框如图 7-20 所示。

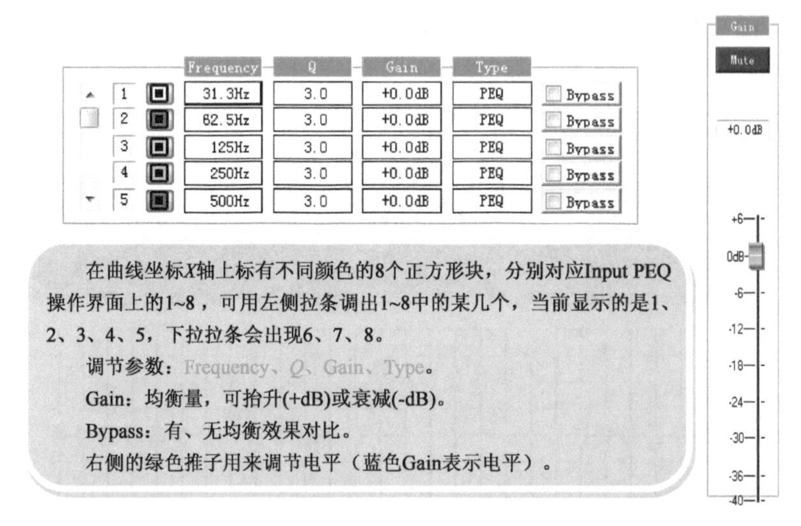

图 7-20　均衡参数调节对话框

以调节 X 轴最左侧的黄色块为例：将鼠标放在黄色块上向上移动，山峰状的均衡曲线显现，同时标号 1（黄色块）对应的参数（显示红色）随之改变。

调节参数的方法：用鼠标单击均衡曲线的峰点，显示实体方块表示要调节参数。用鼠标双击频率值的条框，弹出 PEQ 1 filter settings 对话框，如图 7-21 所示。

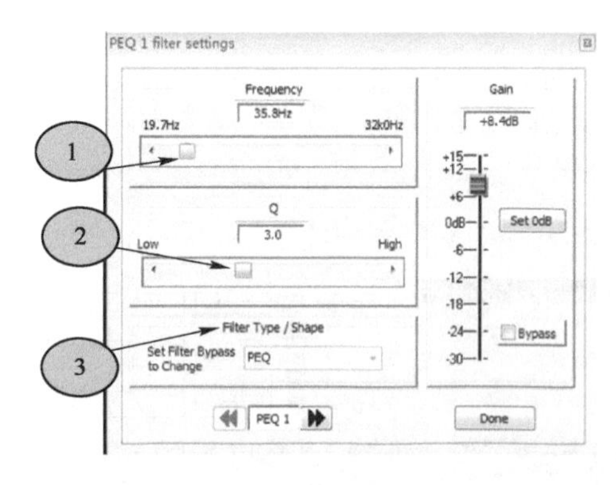

图 7-21　PEQ 1 filter settings 对话框

用鼠标拉动频率条框中的灰色方块①，在 Frequency 中显示频率值，单击 Done 后完成。

用鼠标拉动 Q 条框中的灰色方块②，在 Q 中显示数值，单击 Done 后完成。

此时的均衡曲线如图 7-22 所示，用鼠标双击任意数值条框，弹出的均衡参数调节对话框与图 7-20 相同。

图 7-21 中的③Filter Type/Shape 用于选定滤波器的类型，当前为 PEQ。

选定的数值在均衡参数调节框中显示。

如果需要简化操作，则可在图 7-19 中同时进行频率和 Q 值的设定，按照上述方法对 X 轴左侧的第二个方框位置进行操作，如图 7-23 所示。

图中，245Hz 和 642Hz 的 1、2 两个频点均衡；245Hz 和 642Hz 均衡曲线下的白色阴影部分仅表示 245Hz 均衡曲线。

根据需求还可再启用另外的均衡点，操作方法相同，在此不再重复。

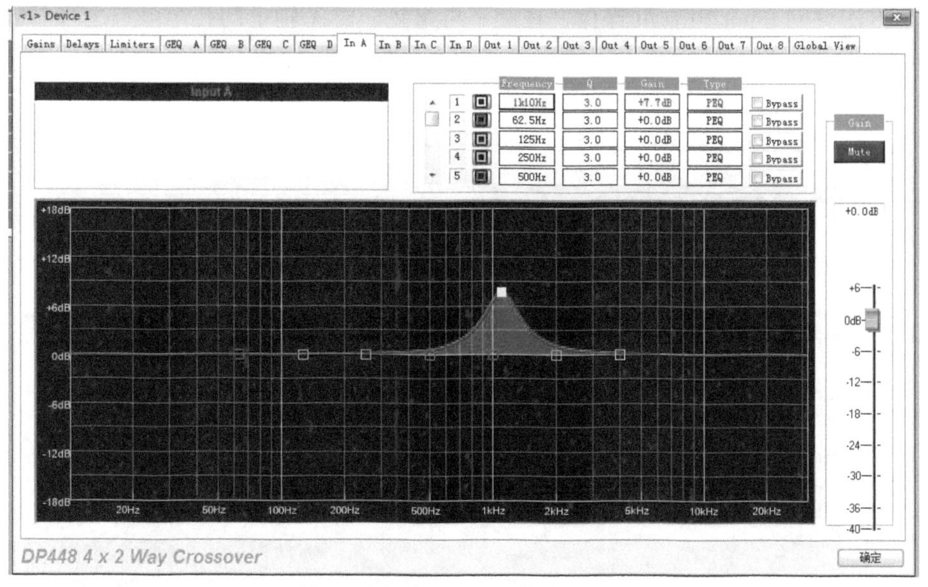

图 7-22 均衡曲线

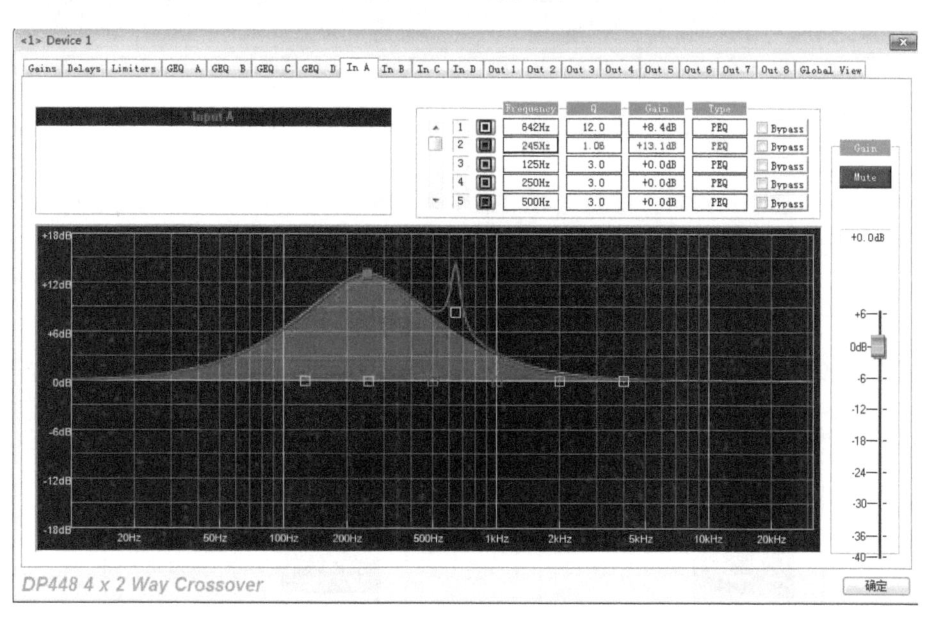

图 7-23 同时进行频率和 Q 值的设定

2. 峰谷式均衡频率曲线的调节

图 7-24 显示的峰谷式均衡参数调节对话框与图 7-20 相同。

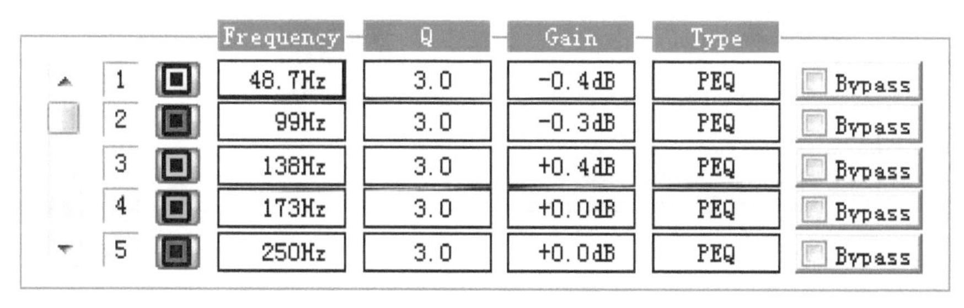

图 7-24 峰谷式均衡参数调节对话框

调节方法等同 Input PEQ 的操作，在此不再重复。对 X 轴上的几个频点进行 Frequency、Q 及 Gain 的选取，频率特性补偿后的峰谷式均衡参数如图 7-25 所示。

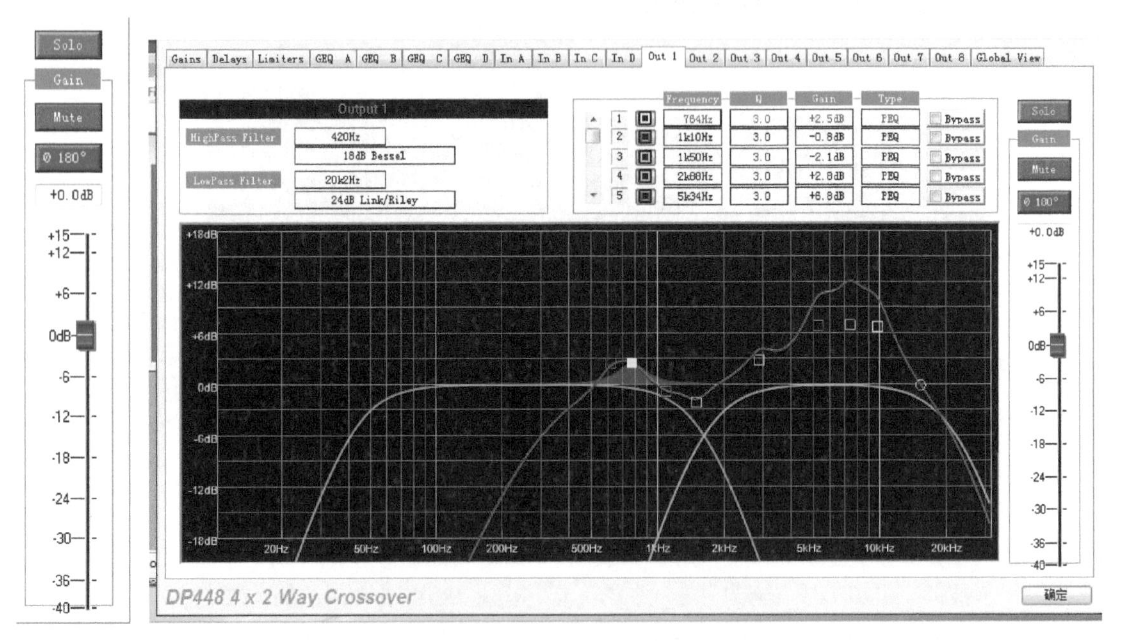

图 7-25　频率特性补偿后的峰谷式均衡参数

图中，Solo：独唱；Gain：增益，可用推子调节输出电平；Mute：哑音；Φ180°：相位反相，输出信号相位倒相 180°。

7.3.7　Input Delay 输入延时

单击图 7-9 左侧 Input A 的 Delay 图标，弹出 Input Delay 操作界面如图 7-26 所示。

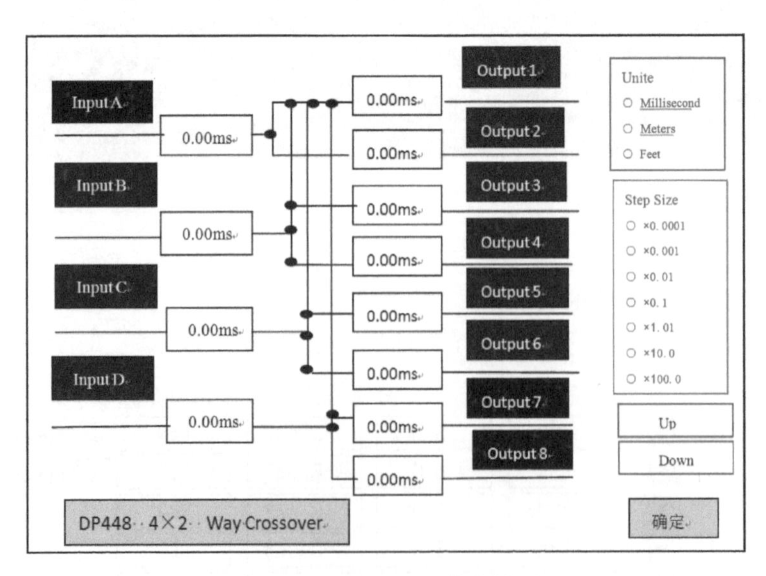

图 7-26　Input Delay 操作界面

延时补偿用于如下情况：

① 主扩音箱与辅助音箱（补声音箱和室外场地所用的声塔音箱）之间的延时可防止出现明显的回声，需要在输入通道中进行补偿。例如，Input A 送入 Output 1，Output 2 供主扩左、右声道音箱；Input B 送入 Output 3，Output 4 供辅助左、右声道音箱；Input B、Input A 的延时量决定二者之间的距离，在调节时可写入距离，时间为 d（m）/c（m/s），c = 340m/s。

② 音箱之间的相位耦合。相位耦合是两个音箱辐射的声波在重叠区域因相位不同而产生的声波干涉。如果主扩左、右音箱与观众区某区域的距离不相等，则因延时不同会导致左、右音箱发出同一声音的声波相位叠加，造成声压级下降，不均匀度加重。例如，Input A 送入 Output 1，Output 2 供主扩左、右声道音箱，应在 Output 1 和 Output 2 之间进行延时补偿。

延时补偿量需要根据演出现场的音箱布局，利用 Smaart 软件测试后确定。

图 7-27 为输入通道和输出通道的延时补偿。

图 7-27（c）中的 Units（单位）为延时白色条框内填写数字所用的单位，可用于时间（Millisecond，ms）、距离（Meters，m）、英尺（Feet）及单位量程（Step Size）。

单击图 7-27（c）中 Units 的 Millisecond，在图 7-27（a）、（b）中的延时框（白色条框）内填写数字 1，单击 Step Size 的×1.0，则延时将为 1ms，单击 Step Size 的×0.1，则延时将为 0.1ms，单击 Step Size 的×10.0，则延时将为 10ms。

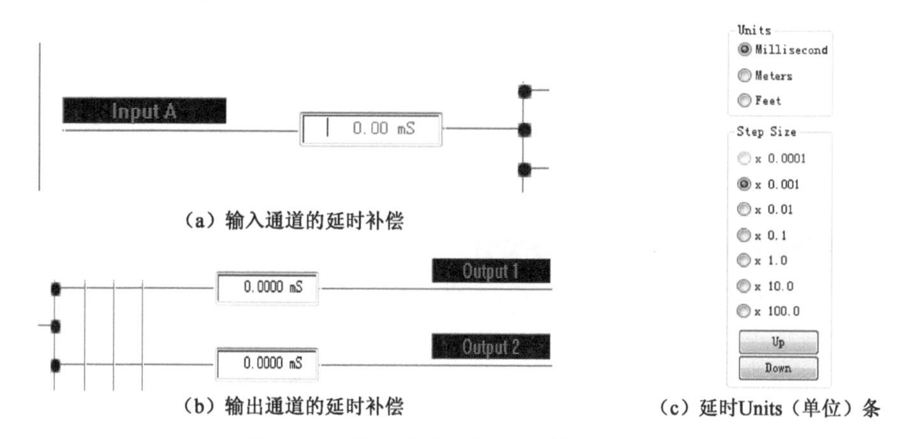

（a）输入通道的延时补偿

（b）输出通道的延时补偿

（c）延时Units（单位）条

图 7-27 输入通道和输出通道的延时补偿

单击 Units 的 Meters，在延时白色条框内填写数字 1，单击 Step Size 的×1.0，则距离将为 1m，单击 Step Size 的×0.1，则距离将为 0.1m，单击 Step Size 的×10.0，则距离将为 10m。这里的距离是摆放在两个不同位置的音箱之间的距离（可换算为延时量）。

7.4 输出通道信号处理

7.4.1 输出通道 X-Over 的操作界面

单击图 7-9 右侧 Output 1 的 X-Over 图标，弹出如图 7-28 所示的 Out 1 选项卡。

Out 1 选项卡与 In A 选项卡相似，在 X 轴上设有 7 个点（不同颜色的空心方块）。

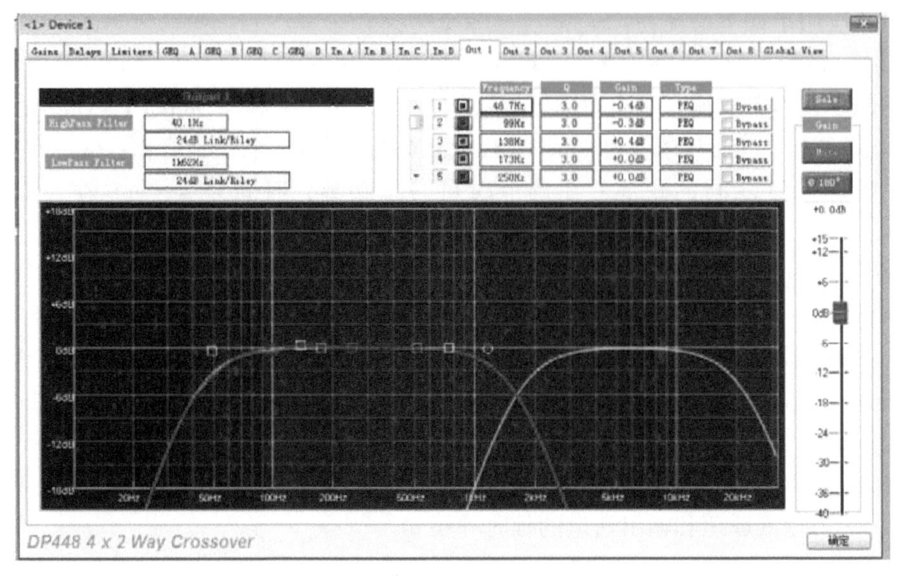

图 7-28 Out 1 选项卡

① 在如图 7-29 所示的对话框中设定High Pass Filter (高通滤波器) 和Low Pass Filter (低通滤波器) 参数。

双击High Pass Filter 的条框，弹出 Set Highpass Filter 对话框，如图 7-30 所示。

图中，拉动方块①，改变低端频率响应曲线的下降点频率 (High Pass 为蓝色，表示对高通滤波器进行调节)，在 Frequency 的条框内显示频率值。

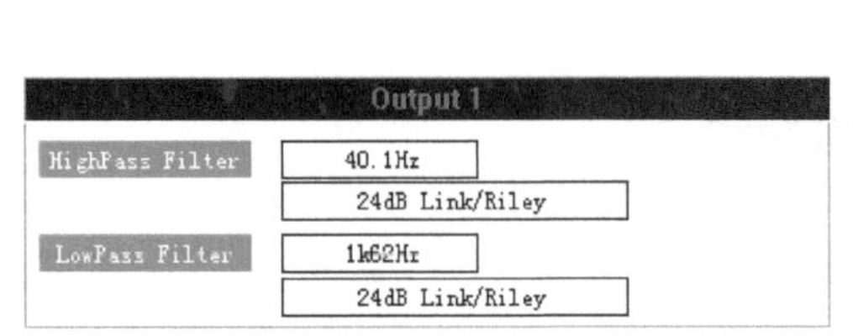

图 7-29 高通滤波器和低通滤波器对话框

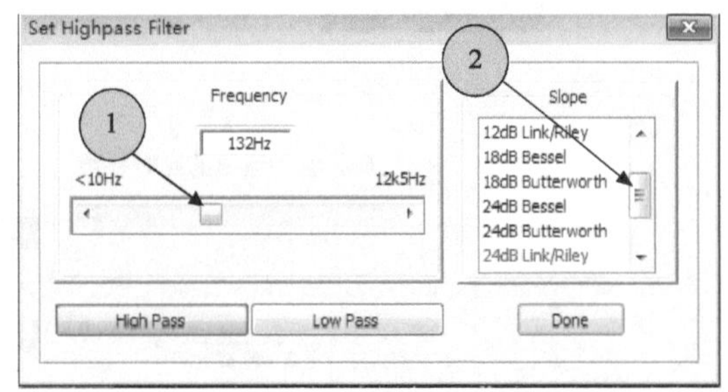

图 7-30 Set Highpass Filter 对话框

拉动 Slope 侧面的方块②，改变频率响应曲线的下降陡度，单位为×dB/oct (每倍频衰减的 dB 值)，数值越大，陡度越大。

单击 Low Pass，弹出 Set Lowpass Filter 对话框，如图 7-31 所示。其调节操作方法与图 7-30 相同。

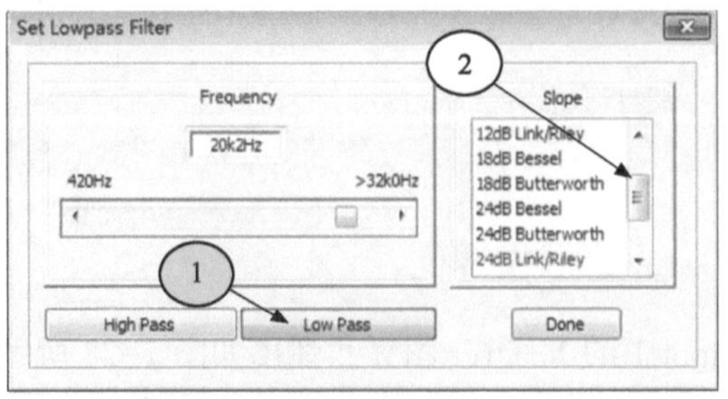

图 7-31 Set Lowpass Filter 对话框

② Out 1 分频低端 LF 输出参数的调节如图 7-32 所示。High Pass Filter 调节参数选为 20. 9Hz、18dB Bessel；Low Pass Filter 调节参数选为 420Hz、24 dB Link/Riley；红色曲线为 Out 1 分频低端 20. 9～420Hz 输出。注：图中蓝色曲线仅表示低通和高通滤波器曲线。

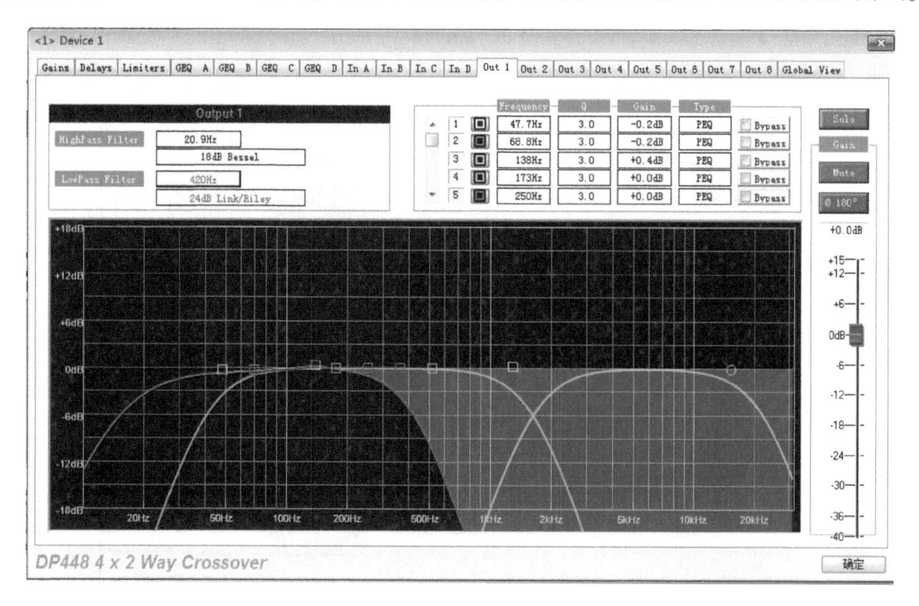

图 7-32 Out 1 分频低端 LF 输出参数的调节

③ Out 1 分频高端 HF 输出参数的调节如图 7-33 所示。High Pass Filter 调节参数选为 420Hz、18dB Bessel；Low Pass Filter 调节参数选为 20k2Hz、24dB Link/Riley；红色曲线为 Out 1 分频高端 420Hz～20kHz 输出。

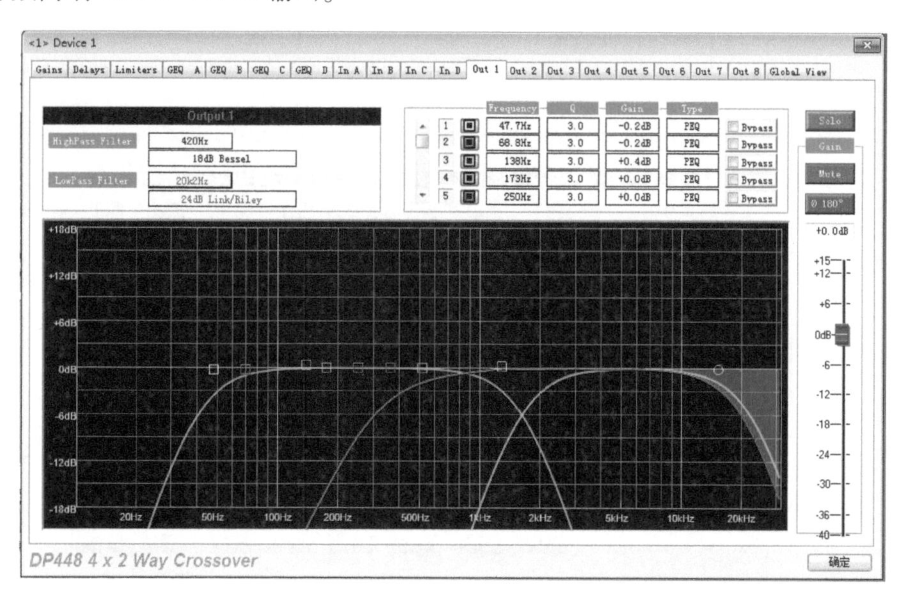

图 7-33 Out 1 分频高端 HF 输出参数的调节

图 7-32 与图 7-33 中的两条红色曲线在 420Hz 处交叉，即得出二分频的交叉点为 420Hz。

7.4.2 输出 Delay 延时

单击图 7-9 右侧 Output 1 中的 Delay 图标，弹出输出 Delay 延时操作界面，如图 7-34 所示。其操作方法与图 7-27 类似，可用于补偿输入/输出通道的延时，也可在一个界面上同时进行输入/输出的全局调节。

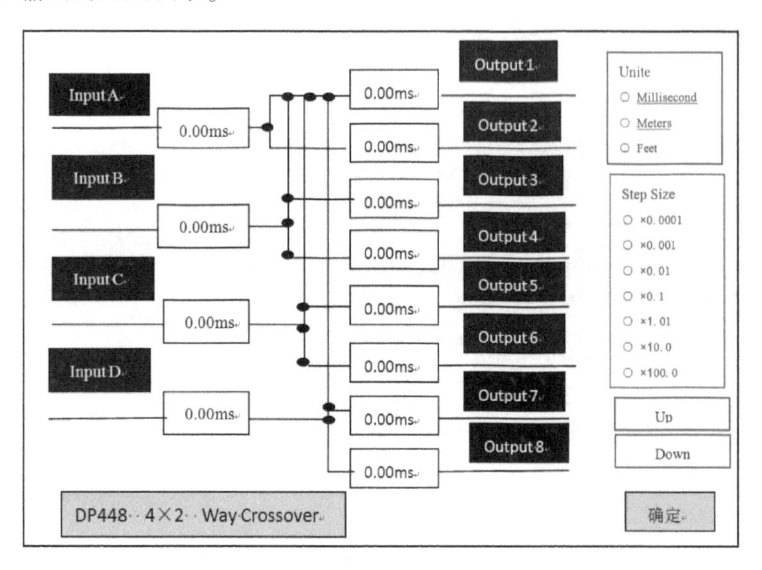

图 7-34 输出 Delay 延时操作界面

7.4.3 Output Mute 操作界面

单击图 7-9 右侧 Output 1 的 Mute 图标，弹出<1>Device 1 操作界面（1），如图 7-35 所示。

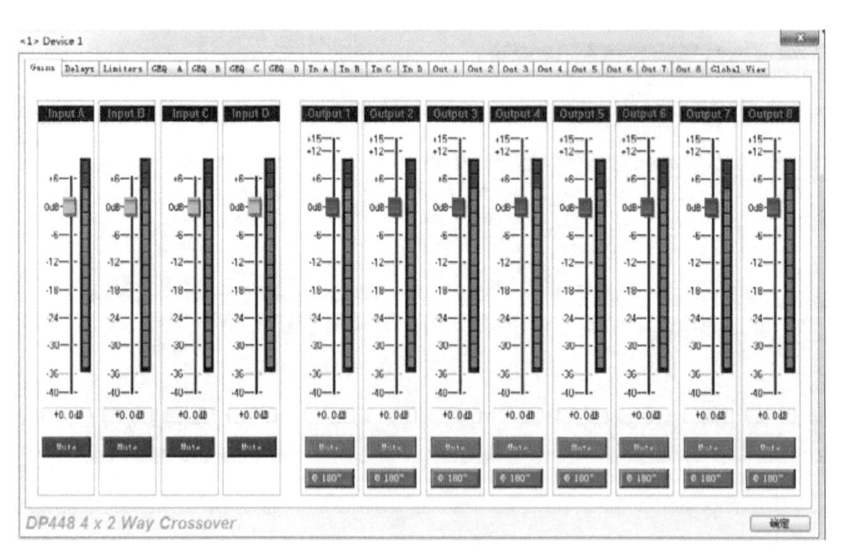

图 7-35 <1>Device 1 操作界面（1）

Mute 在输入通道 Input Gain、Input PEQ 及输出通道 Output X-Over 等信号处理模块中进行设置：在输入通道中针对输入声音信号进行设置，启用 Mute 后，输出信号均哑音；在输出通道针对本通道的输出声音信号进行设置，启用 Mute 后，仅本通道的输出信号哑音；在输出通道的 X-Over 模块中设置 Mute 功能的原因是方便、快捷。

7.4.4 Output Limiters 操作界面

单击图 7-9 右侧 Output 1 的 Limiters 图标，弹出<1>Device 1 操作界面（2），如图 7-36 所示。xtaDP448 的 Output Limiters 操作界面的操作功能仅为限幅，当信号幅度高到一定值（可调）时启动限幅。

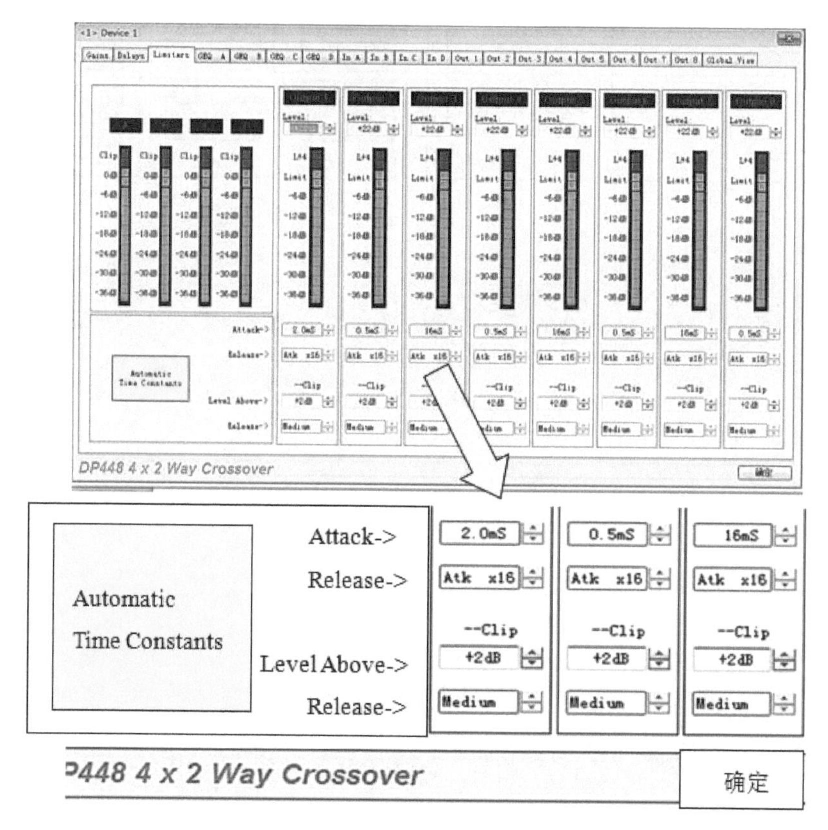

图 7-36 <1>Device 1 操作界面（2）

1. 电平显示

① 采用发光电平柱显示输入/输出通道的电平。

输入通道发光电平柱的顶部 Clip（削波）红色亮表示幅度高到将要被削波。

输出通道发光电平柱的顶部 Limit（限幅）黄色亮表示限幅前奏；L+4 红色亮表示过载，处于削波状态。

② 调节输出通道电平，伴随发光电平柱的显示。

2. 限幅参数的选取

单击黄色条框 Automatic Time Constants 变为深绿色，如图 7-37 所示，意味着可以选择参数。

图中，Attack：信号电平高于设定的限幅值，启动限幅所用的时间；Release：在限幅状态下，信号电平低于设定的限幅值，脱离限幅状态所用的释放时间；Clip：削波限幅参数，此值可调；Release：脱离限幅状态，输入通道 A、B、C、D 电平柱顶部 Clip（红色）闪亮的速率，设有中速 Medium 和快速 Fast。所有的参数均利用相应的▲、▼进行选取，并在条框内显示数字。

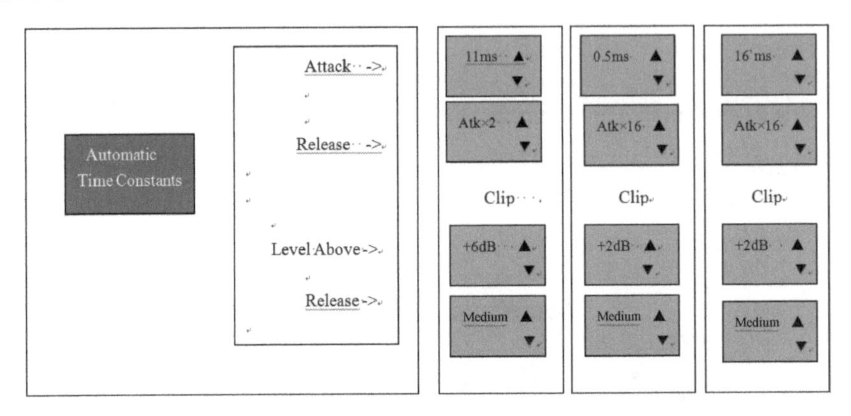

图 7-37　启动 Automatic Time Constants 后的参数调节界面

第 8 章　EASE FOCUS（声场模拟软件）解析

8.1　EASE FOCUS（声场模拟软件）的主界面

EASE FOCUE（声场模拟软件）的主界面如图 8-1 所示。

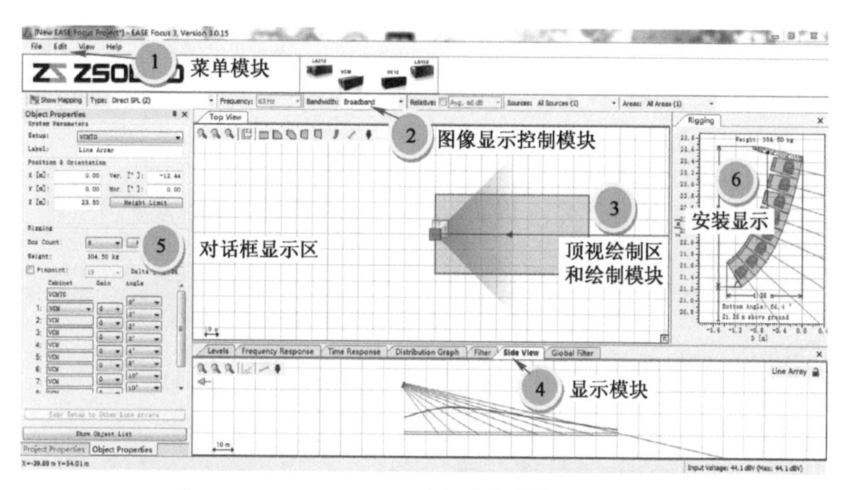

图 8-1　EASE FOCUE（声场模拟软件）的主界面

8.2　模块解析

8.2.1　菜单模块

1. File

单击 File，弹出如图 8-2 所示对话框。

File　Edit　View　Help		
New Project ①	Ctrl+N	①新项目
Open ②	Ctrl+O	②打开项目
Save ③	Ctrl+S	③保存项目
Save　As ④	Ctrl+Shift+S	④另存项目
Project Properties ⑤		⑤项目属性
Export Picture from ⑥		⑥导出图片
Create Report ⑦		⑦导出参数到PDF
Import System Definition File ⑧	Cirl+I	⑧导入音响数据
Manage System Definition ⑨	Ctrl+Alt+I	⑨音响数据管理
Option ⑩	F9	⑩选项
Recent　File ⑪		⑪最近使用的文件
Edit ⑫	Alt+F4	⑫退出

图 8-2　File 对话框及解析

单击 File→Project Properties 项目属性，弹出如图 8-3 所示对话框。

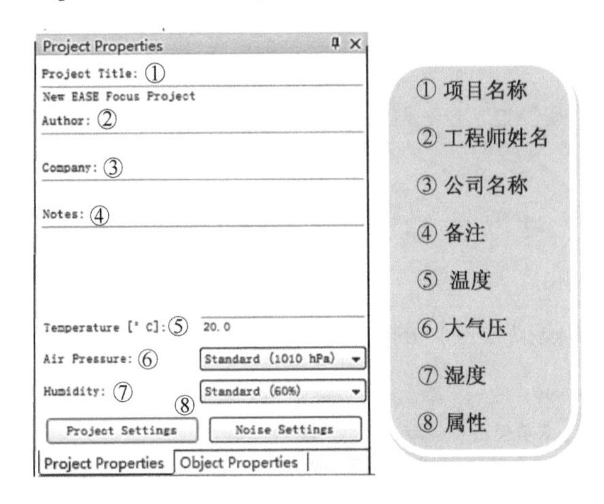

图 8-3 项目属性对话框及解析

单击图 8-3 中的属性设置，弹出 Project Settings 对话框，如图 8-4 所示。

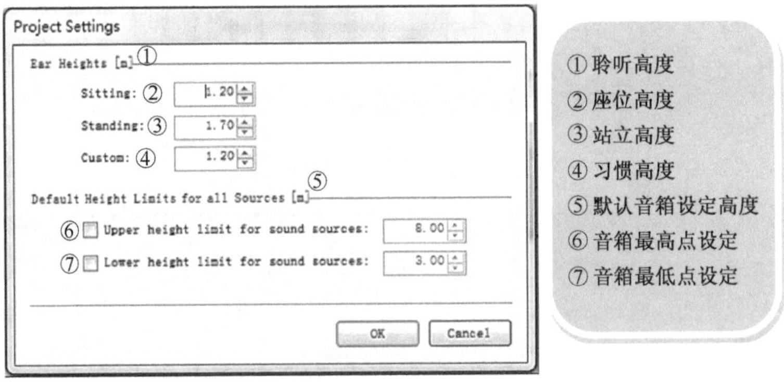

Project Settings
Ear Heights [m] ①
Sitting: ② 1.20
Standing: ③ 1.70
Custom: ④ 1.20
Default Height Limits for all Sources [m] ⑤
⑥ Upper height limit for sound sources: 8.00
⑦ Lower height limit for sound sources: 3.00
OK Cancel

① 聆听高度
② 座位高度
③ 站立高度
④ 习惯高度
⑤ 默认音箱设定高度
⑥ 音箱最高点设定
⑦ 音箱最低点设定

图 8-4 Project Settings 对话框及解析

单击 File→Export Picture from 导出文件，并保存到目的地址，如图 8-5 所示。

图 8-5 导出文件并保存到目的地址

单击 File→Manage System Definition（音箱数据管理），弹出 Manufacturers 产品对话框，如图 8-6 所示。单击 Manufacturers 产品目录中的任意一个音箱名称，即可弹出相应音箱的说明。

单击 File→Option（选项设置），弹出 Options 子菜单对话框，如图 8-7 所示。

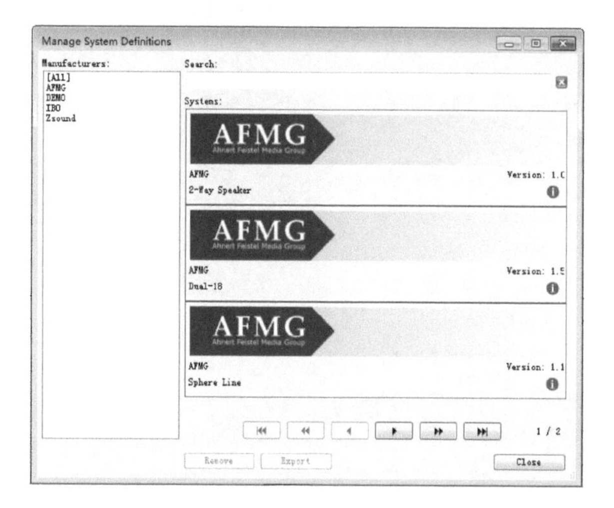

图 8-6　Manufacturers 产品对话框

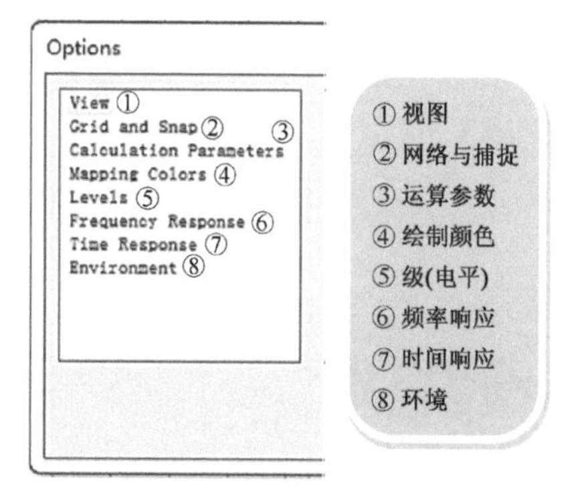

图 8-7　Options 子菜单对话框及解析

单击 File→Option→View（视图选项），弹出 Top View 顶部视图对话框，如图 8-8 所示。

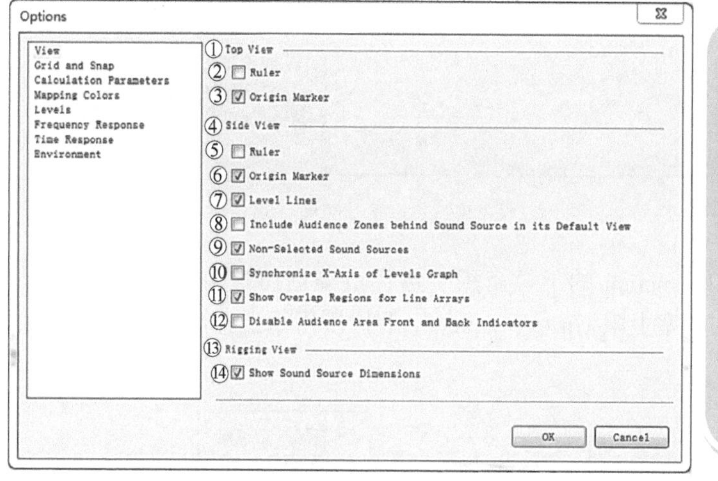

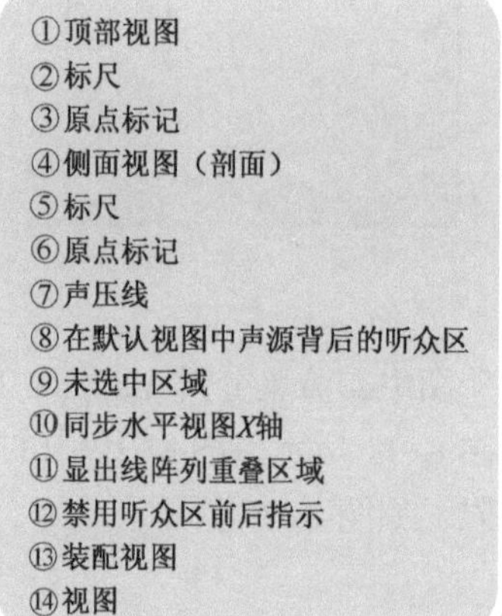

图 8-8　Top View 顶部视图对话框及解析

单击 File→Option→Grid and Snap（网格和捕捉选项），弹出对话框如图 8-9 所示。

单击 File→Option→Calculation Parameters（运算参数选项），弹出对话框如图 8-10 所示。

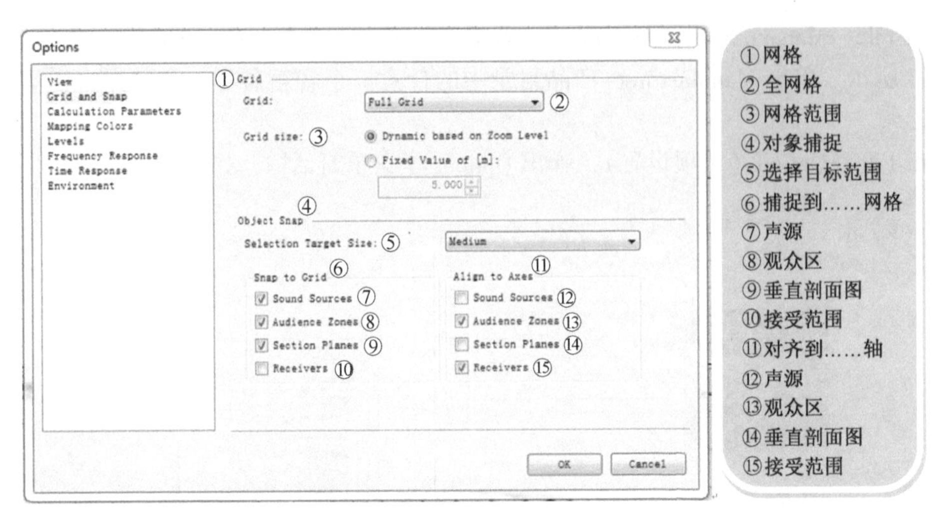

图 8-9 File→Option→Grid and Snap 对话框及解析

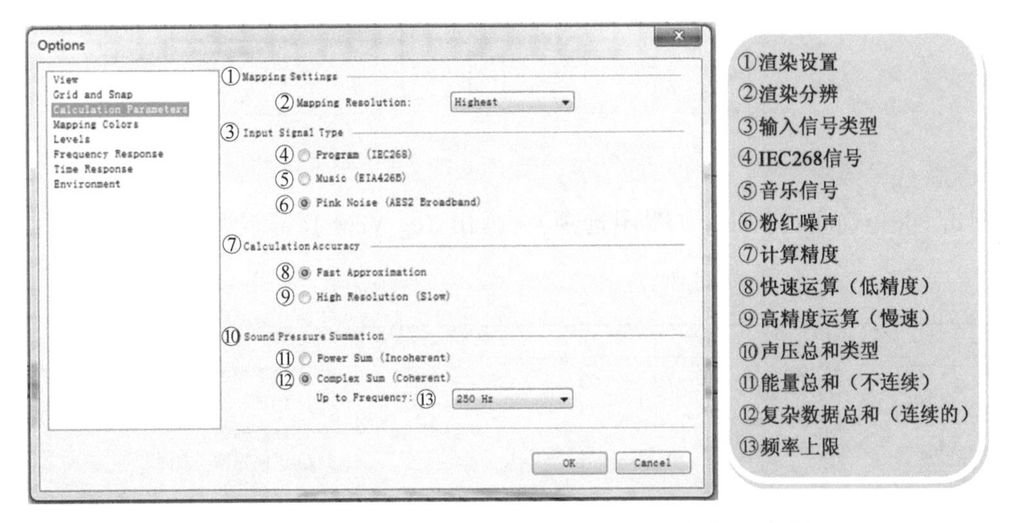

图 8-10 File→Option→Calculation Parameters 对话框及解析

图中，渲染分辨 Mapping Resolution 的下拉条用于选择渲染声压覆盖图速度的快、慢，如图 8-11 所示。图 8-10 中的频率上限 Up to Frequency 下拉条用于选择声压分布图的频率上限，如图 8-12 所示。

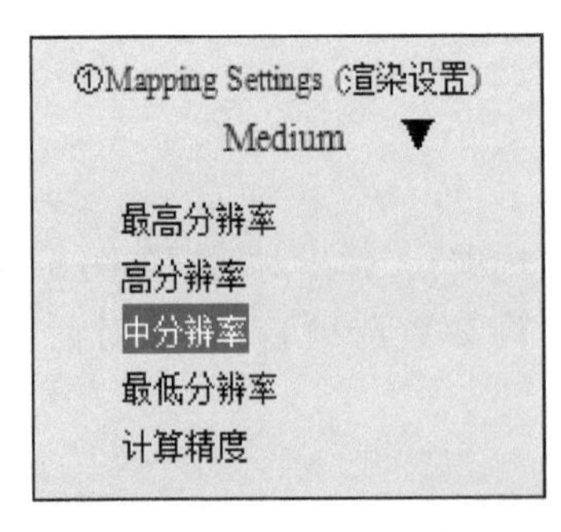

图 8-11 渲染分辨下拉条解析

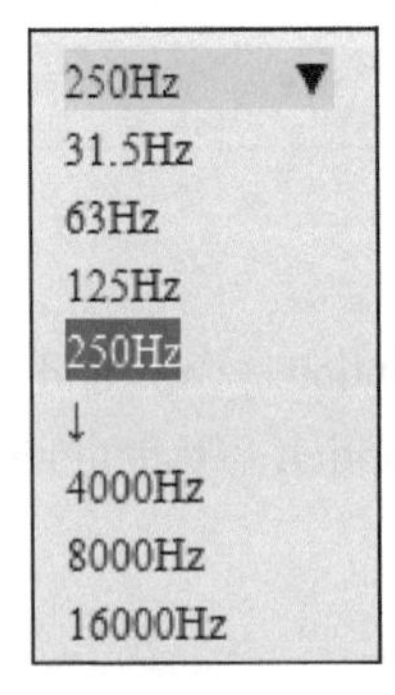

图 8-12 频率上限下拉条解析

单击 File→Option→Mapping Colors（渲染颜色选项），弹出 Mapping Colors 渲染设置对话框，如图 8-13 所示。

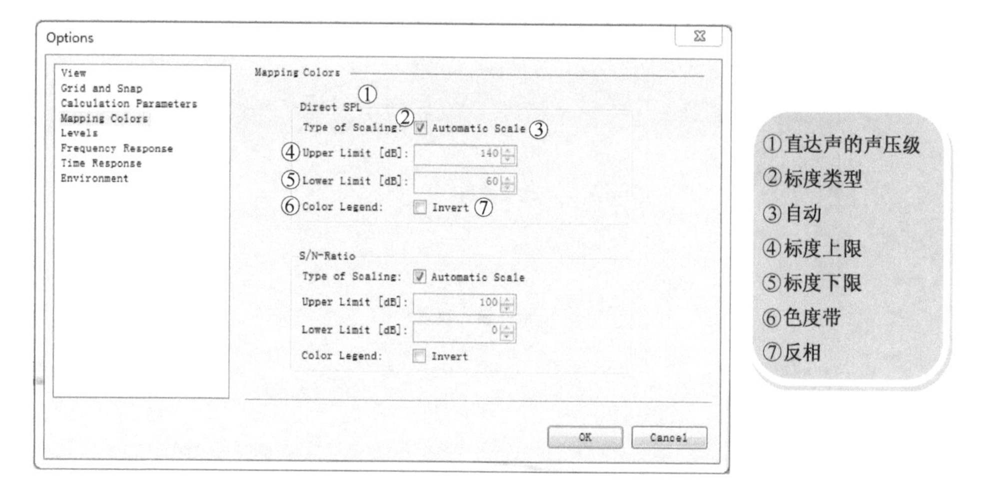

图 8-13 File→Option→Mapping Colors 对话框及解析

单击 File→Option→Levels（声压级选项），弹出 Level View Settings 声压级视图设置对话框，如图 8-14 所示。图中参数影响声压显示尺寸。

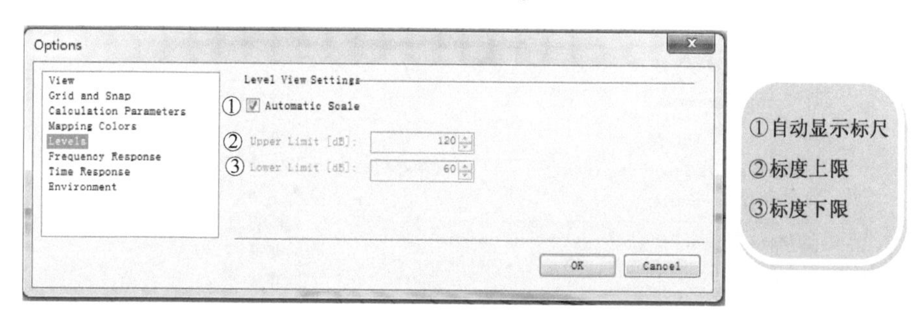

图 8-14 Level View Settings 声压级视图设置对话框及解析

单击 File→Option→Frequency Response（频率响应选项），弹出 Frequency Response Settings 频率响应显示设置对话框，如图 8-15 所示。

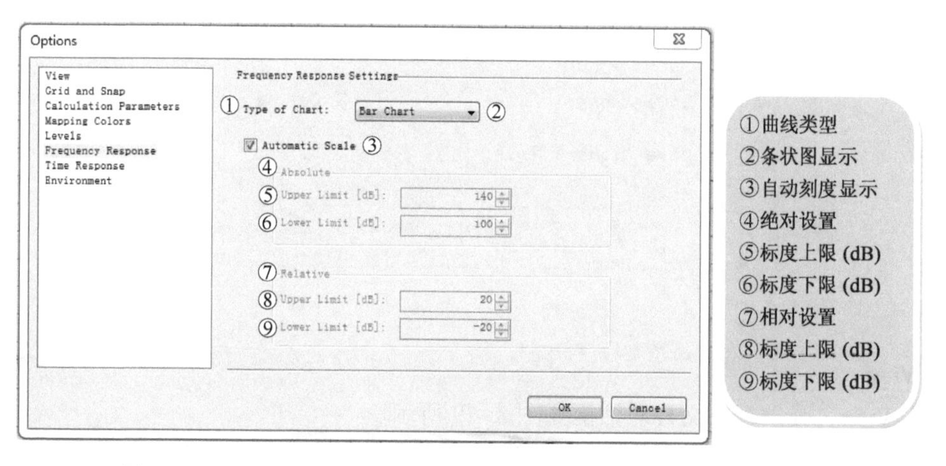

图 8-15 Frequency Response Settings 频率响应显示设置对话框及解析

单击 File→Option→Environment（操作环境选项），弹出 Language and Units 语言与单位对话框，如图 8-16 所示。

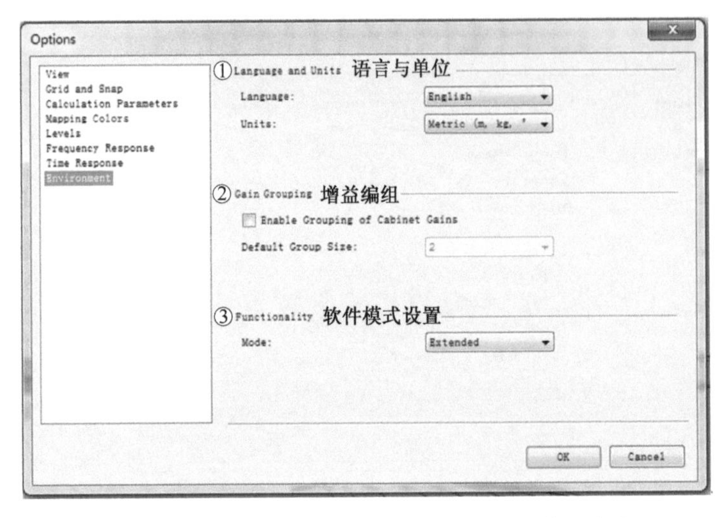

图 8-16 Language and Units 语言与单位对话框及解析

2. Edit

单击 Edit 编辑文件，弹出 Edit 编辑文件对话框，如图 8-17 所示。

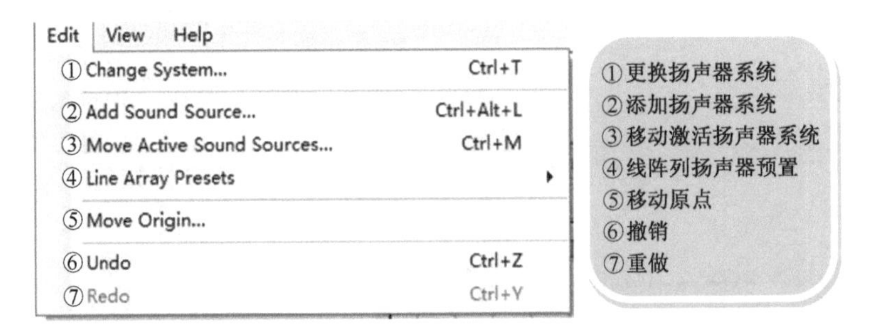

图 8-17 Edit 编辑文件对话框及解析

单击 Edit→Move Origin…（移动原点），弹出 Move Origin 对话框，如图 8-18 所示。

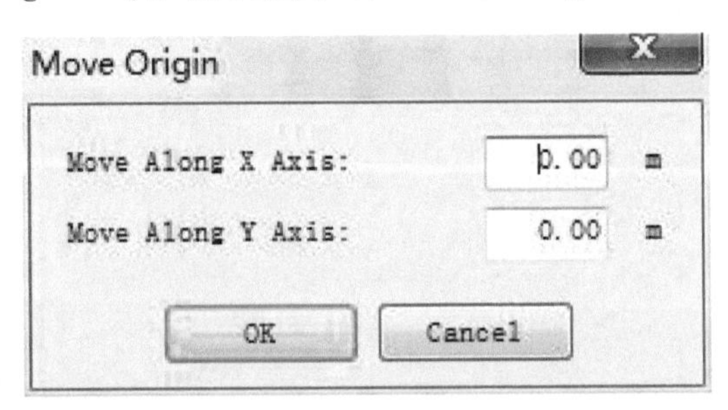

图 8-18 Move Origin 对话框

3. View

单击 View，弹出视图文件对话框如图 8-19 所示。

① 单击 View→Project Properties，弹出项目属性对话框，见图 8-3。

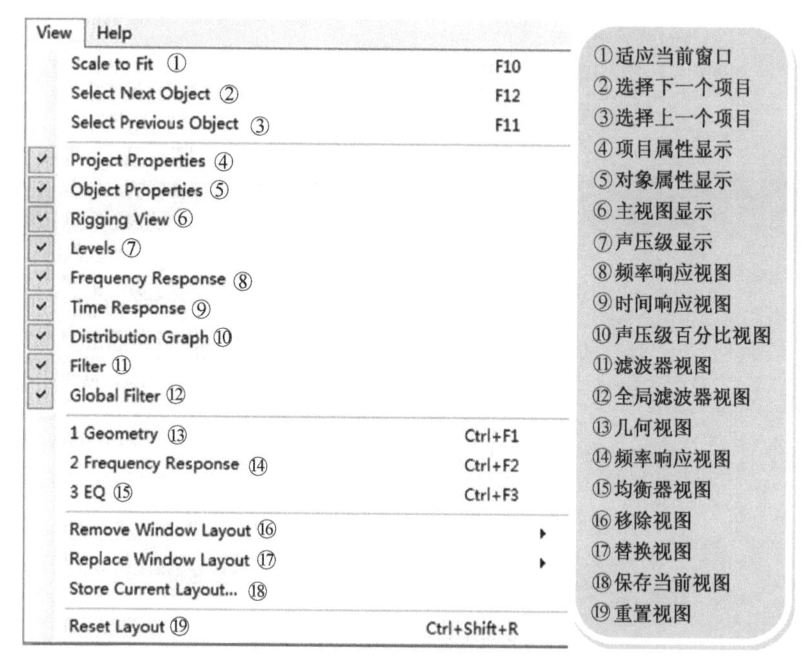

图8-19 视图文件对话框及解析

② 单击View→Object Properties，弹出对象属性对话框，如图8-20所示。

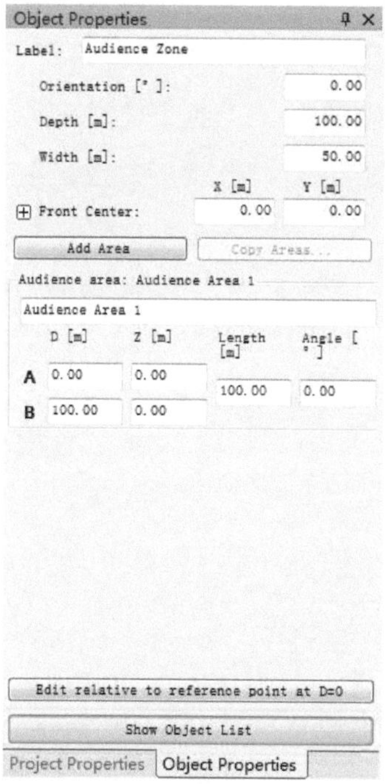

(a) 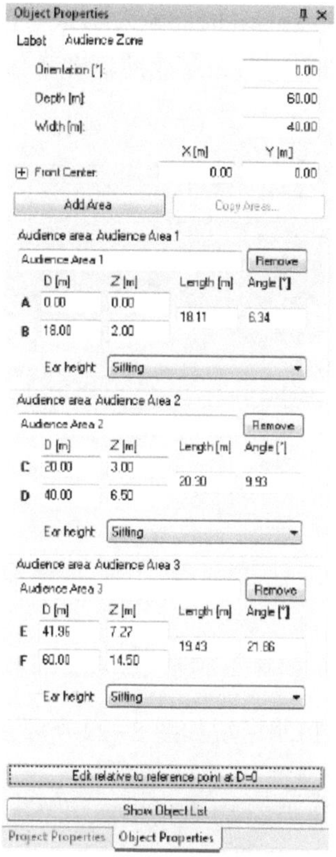 (b)

图8-20 对象属性对话框及解析

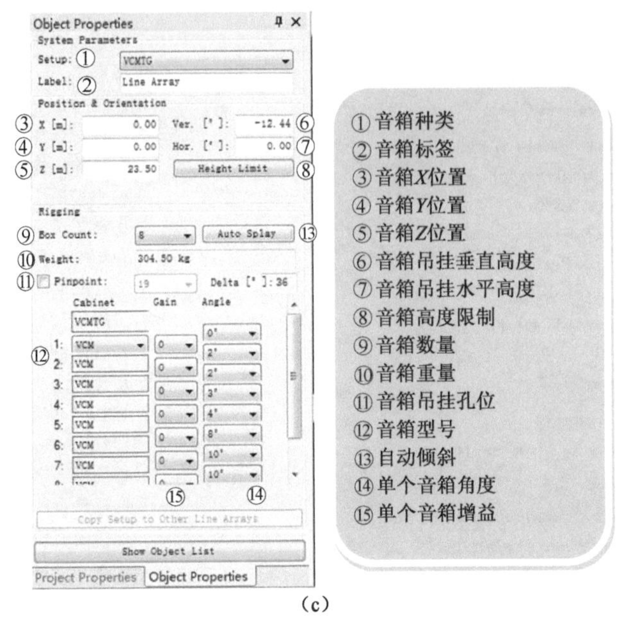

(c)

图 8-20　对象属性对话框及解析（续）

③ Level 声压级显示对话框：待模拟完成，单击后才出现。

④ Frequency Response 频率响应显示对话框：待模拟完成，单击后才出现。

⑤ Time Response 时间响应显示对话框：待模拟完成，单击后才出现。

⑥ Filter/Global Filter 滤波器和整体滤波器显示对话框如图 8-21 所示。

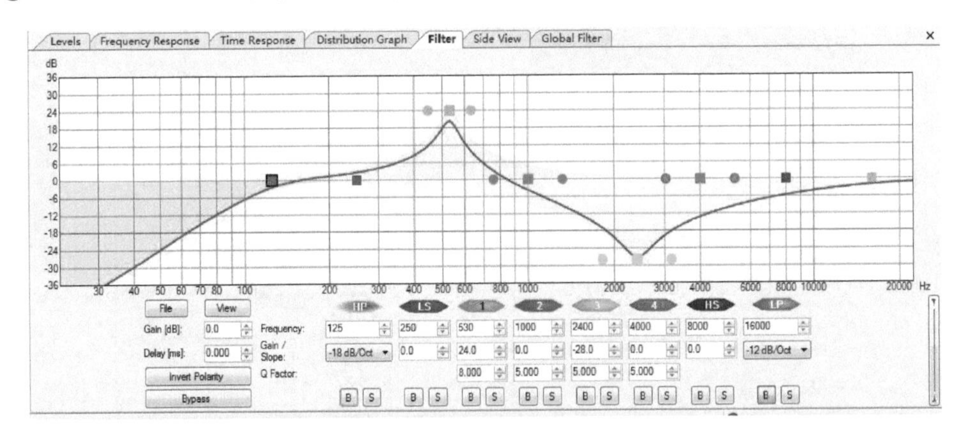

图 8-21　Filter/Global Filter 滤波器和整体滤波器显示对话框

8.2.2　图像显示控制模块

图像显示控制模块如图 8-22 所示。

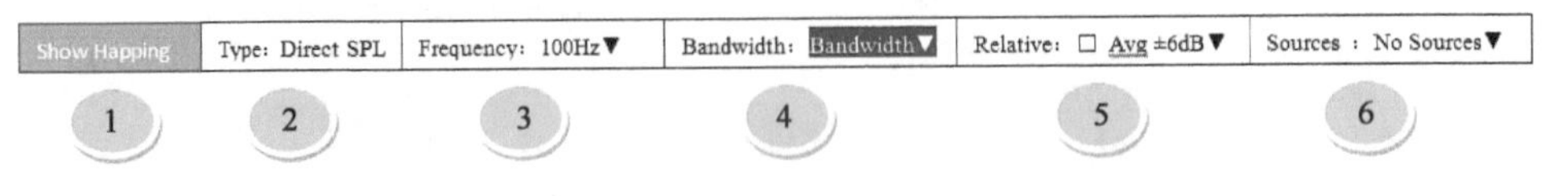

图 8-22　图像显示控制模块

图中，① Show Happing（开启与关闭声压级图像）：顶视图模块，当完成舞台区和观众区的布置、扬声器的型号选择及摆放后，单击即可打开模拟声场声压级分布图像（在主界面区域）。

顶视图模块采用暖色到冷色渐变表示声压级由高到低的变化，需要配合声压级光柱图进行读数，如图 8-23 所示。

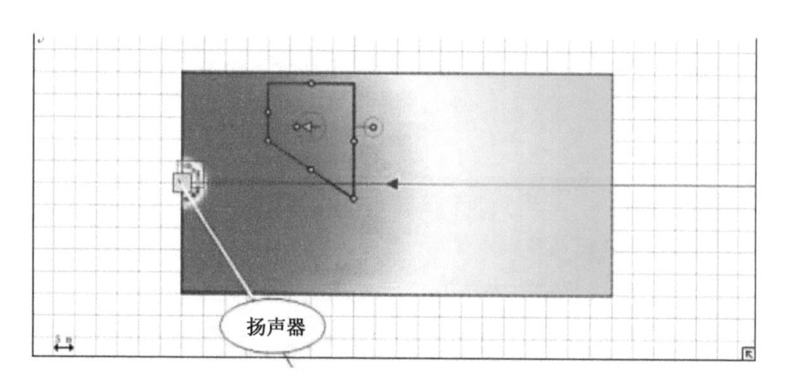

图 8-23　顶视图模块的显示

② Type：Direct SPL：声压级计权方式。

③ Frequency：100Hz ▼：频率选定，显示某个频率声压级，利用下拉条改变频率。

④ Bandwidth：带宽；Bandwidth ▼：包含 1/3Octave（1/3 倍频程）、1 Octave、3 Octave、Broadcast。

⑤ Relative：相对值；Avg ±6dB：平均值。

⑥ Sources：音箱；No Sources：不存在音箱。

8.2.3　绘制模块

绘制模块如图 8-24 所示，用来绘制观众听音区域（简称观众区），从而获得更好的参数值。

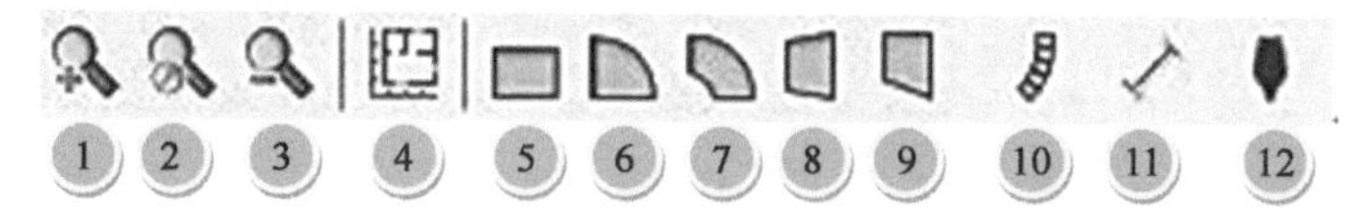

图 8-24　绘制模块

◎图像尺寸大小的调节：单击①可扩大绘制区域的面积，观众听音区域随之扩大；单击②可缩放为合适的窗口，选取大小合适的绘制区域；单击③可缩小绘制区域的面积，观众听音区域随之缩小。

◎保存当前图像：单击④，保存当前显示的图像。

◎绘制观众听音区域：单击⑤⑥⑦⑧⑨，在绘制区域出现如图 8-25 所示各种形状的观众听音区域。观众听音区域并非一块，在绘制多块相同形状的观众听音区域时可采用复制法，简便、准确。

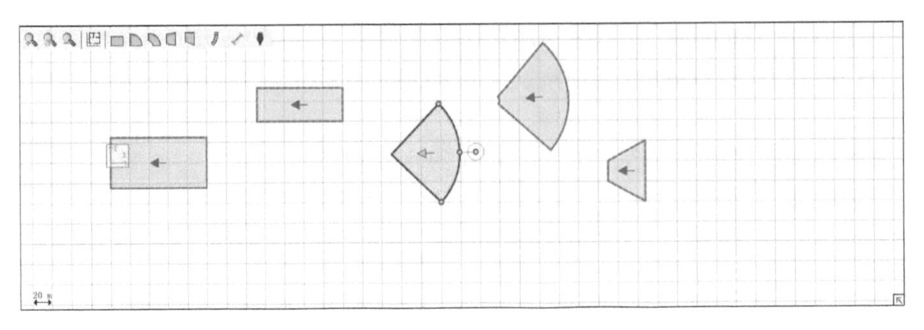

图 8-25　各种形状的观众听音区域

观众听音区域尺寸的调节

① 将鼠标放在复制对象上，单击后变紫色。

② 将鼠标放在图形边框上，拖拉可改变图形的面积。

③ 将鼠标放在图形边框上，出现十字后，拖拉可改变图形的方位。

绘制快捷法，即复制法，适用绘制多个相同的图形

① 将鼠标放在复制对象上，单击后变紫色。

② 在空白处右键单击弹出对话框，单击 Copy。

③ 在空白处右键单击弹出对话框，单击 Paste 生成复制对象。

④ 将复制对象移位。

图形在绘图区域内移动，适用于所有图形（包括线段）的移动

① 将鼠标放在移动对象上，单击后变紫色。

② 将鼠标放在移动对象上出现带有四个箭头的图标，将箭头放至框内可向不同的方向移动，放至框边可整体移动。

③ 将鼠标放在移动对象上，单击后变紫色，用 Del 键可删除图形。

◎绘制听音点：当观众听音区域布满后，再设置听音点。

单击图 8-24 中的⑫，再在绘制区域的空白处右键单击鼠标，即可在绘制区域出现带有数字的彩色图标，将其移动到观众听音区域，如图 8-26 所示。图中，多个彩色图标为设置的听音点。

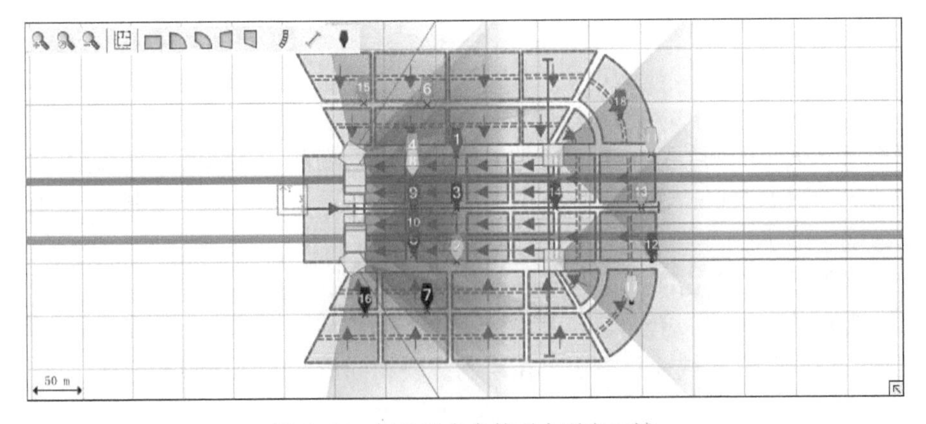

图 8-26　标注听音点的观众听音区域

◎绘制扬声器：右键单击图8-24中的⑩，弹出 Select System Definition 对话框，如图8-27所示。图中左侧给出几个音箱的型号。

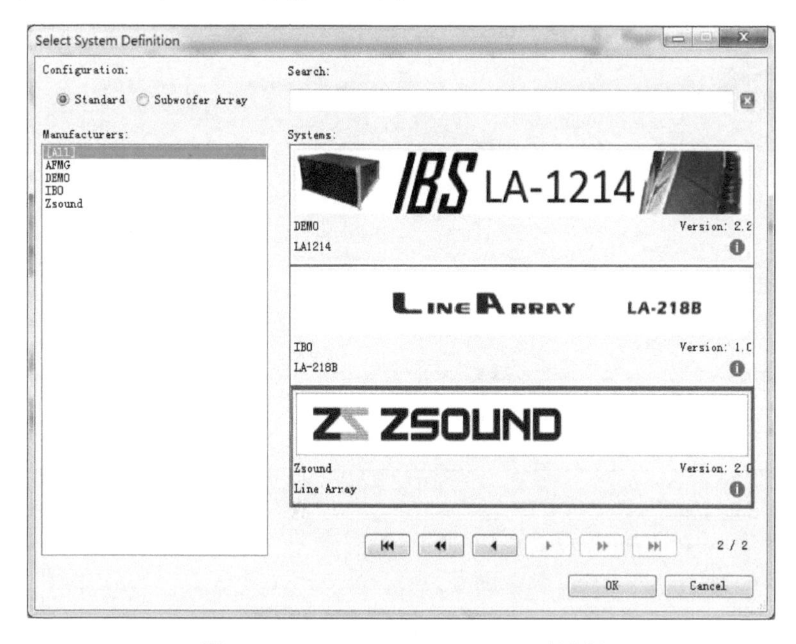

图8-27　Select System Definition 对话框

单击型号 DEMO，弹出 IBS LA-1214 音箱页，如图8-28所示。

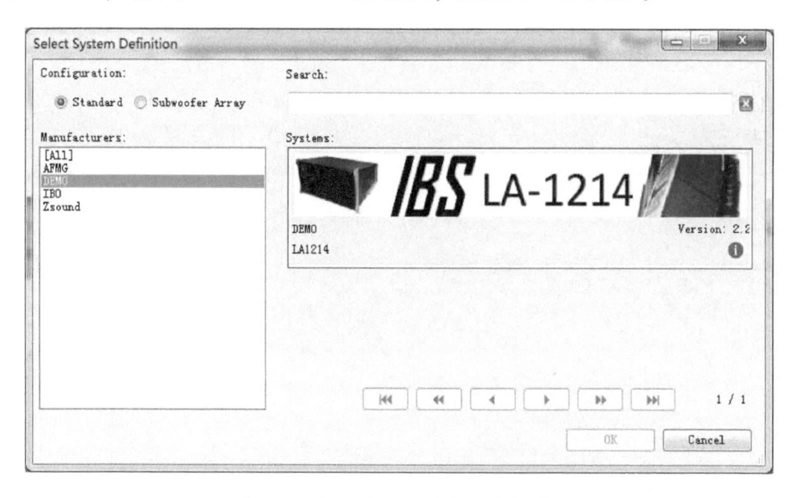

图8-28　IBS LA-1214 音箱页

单击型号 IBO，弹出 LINE ARRAY LA-218B 音箱页，如图8-29所示。

单击型号 Zsound，弹出 ZSOUND 音箱页，如图8-30所示。

◎绘制观众听音区域的倾斜剖面图。右键单击图8-24中的⑪，再单击绘制区域的空白处出现水平线，如图8-31所示，将鼠标放在水平线上后，出现具有四个指向的箭头，拖拉可上、下、左、右移动，将鼠标放在水平线左、右任一端点，出现十字形，拖住可向四周移动并出现需要的倾斜剖面图，采用复制法可生成多个倾斜剖面图。

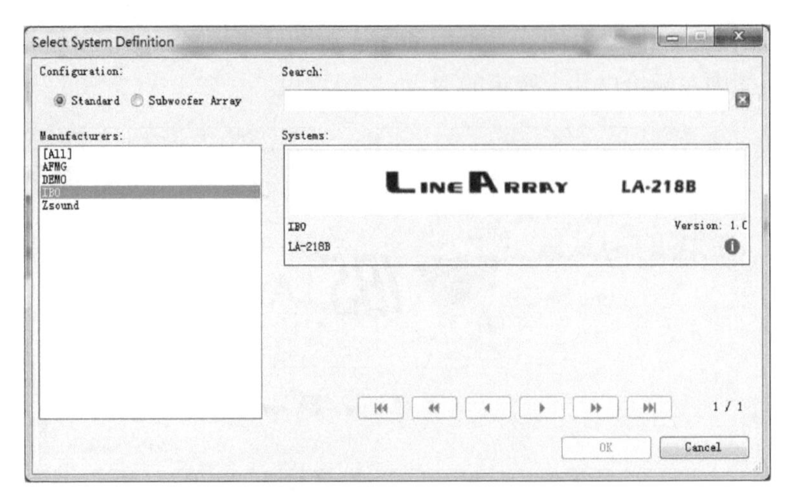

图 8-29　LINE ARRAY LA-218B 音箱页

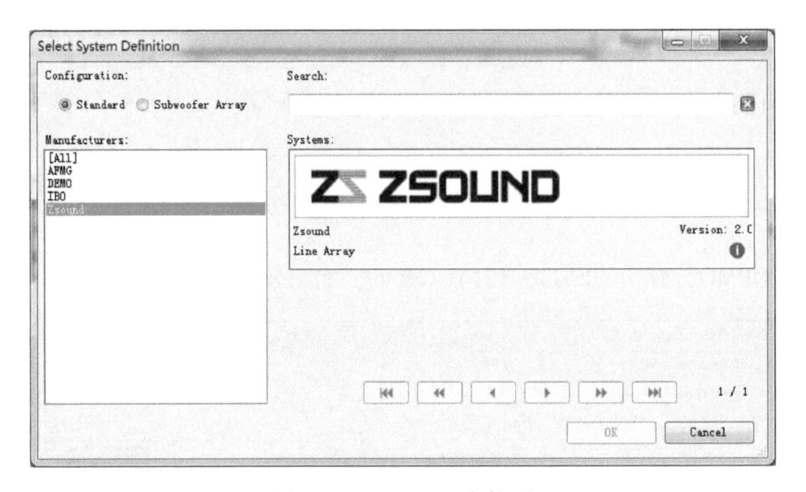

图 8-30　ZSOUND 音箱页

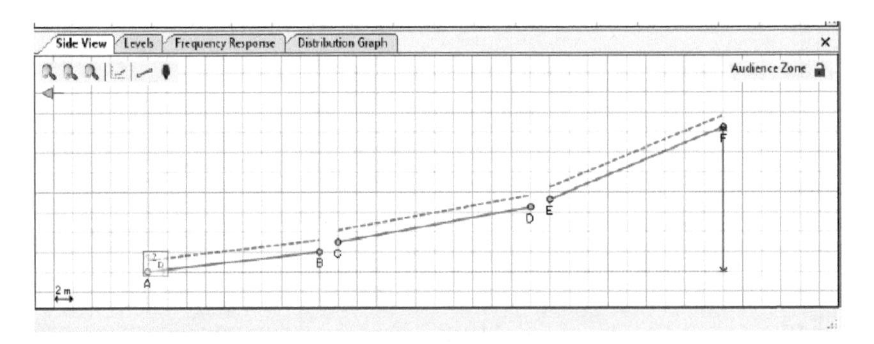

图 8-31　绘制观众听音区域的倾斜剖面图

8.2.4　显示模块

显示模块如图 8-32 所示。

◎ Level：声压级电平显示，单击可以显示当前音箱的声压级，也可以显示当前区域的声压级，如图 8-33 所示。

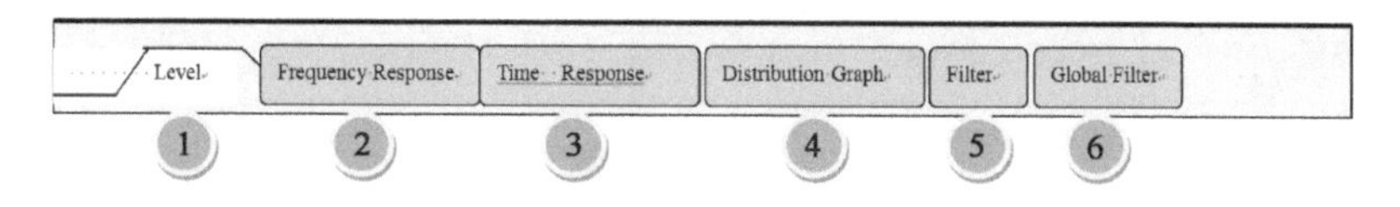

图 8-32 显示模块

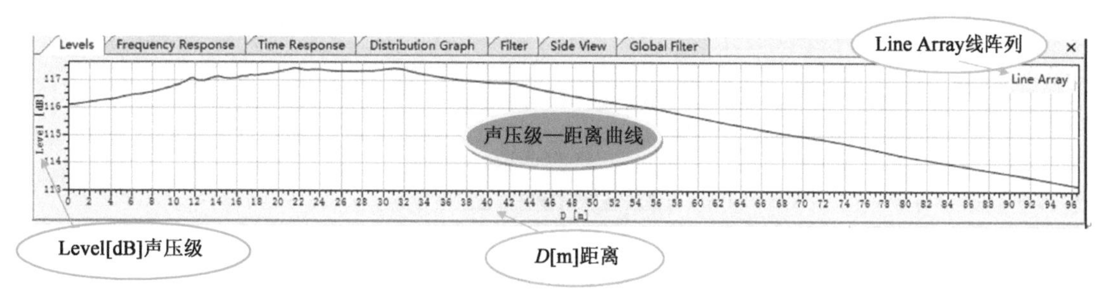

图 8-33 声压级随距离的变化

◎Frequency Response：频率响应，单击后可用于观察频率响应，首先需要建立听音点，然后单击听音点处的频率响应，如图 8-34 所示。

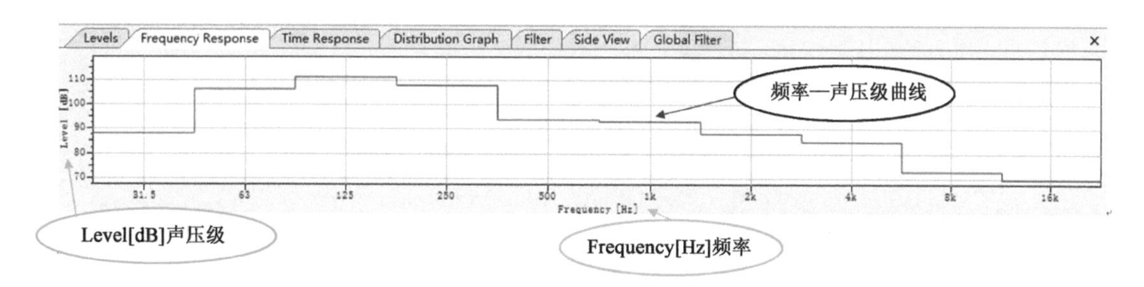

图 8-34 Frequency Response 频率响应

◎Time Response：时间响应，单击后，可以确定现场的距离、延时时间及在软件内的输入时间，如图 8-35 所示。

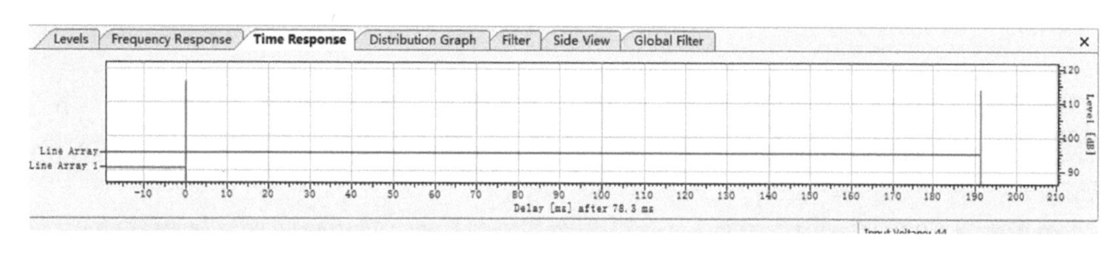

图 8-35 Time Response 时间响应

◎Distribution Graph：声压分布百分比显示，单击后弹出声压分布百分比显示界面，如图 8-36 所示。

单击分布信息对话框内的参数（蓝色条），可使声压分布百分比水平轴的宽度变化，如图 8-37 所示。

◎单击显示模块⑤Filter（滤波器模块），弹出音箱均衡曲线，如图 8-38 所示。

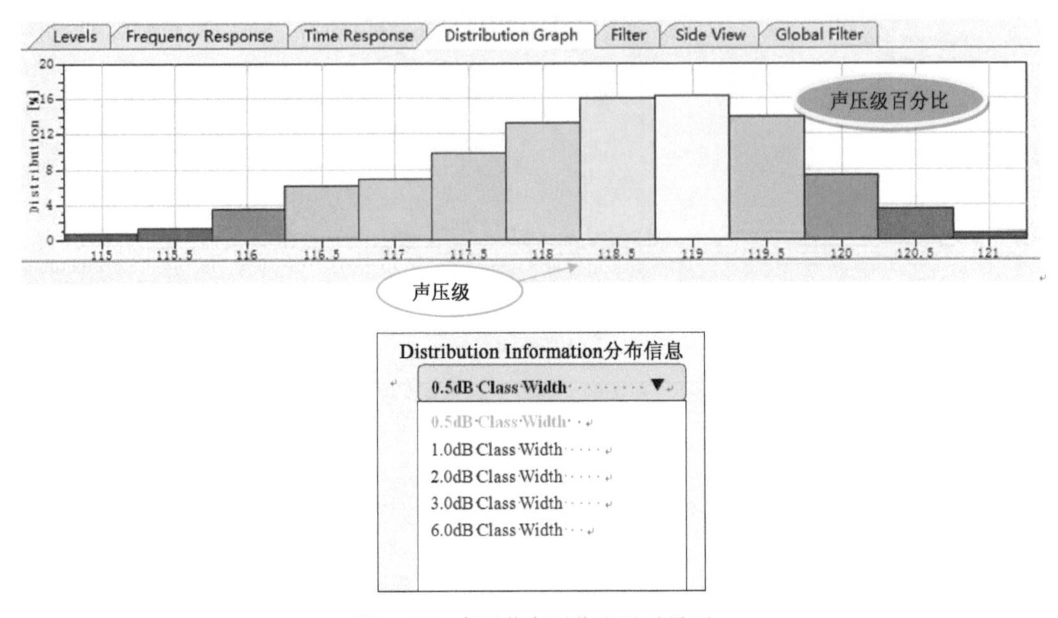

图 8-36　声压分布百分比显示界面

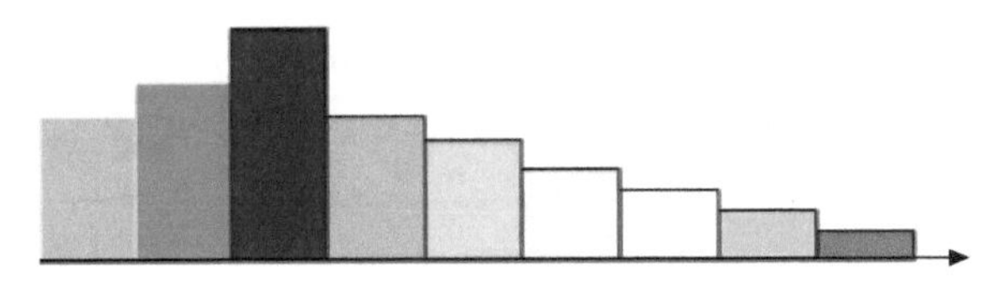

图 8-37　0.5dB 阶梯变化的声压分布百分比

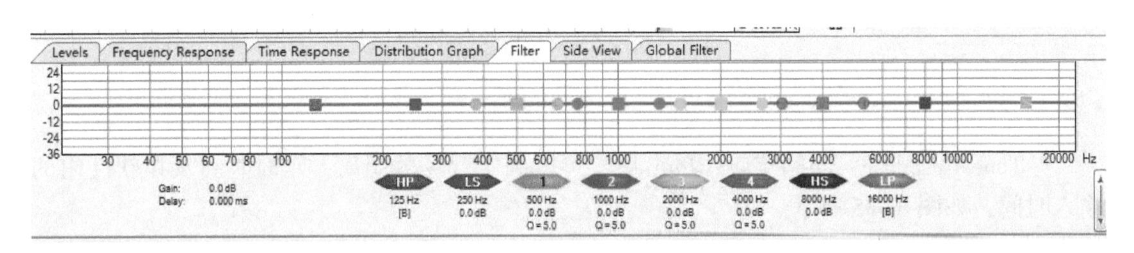

图 8-38　音箱均衡曲线

调节音箱均衡曲线上各点的参数，如调节第二个蓝色方块均衡点对应的频率、增益、带宽，则可在下面显示相对应的各项数值，可通过编辑按钮调节，也可通过均衡点的移动调节。

◎单击显示模块⑥Global Filter（全局滤波器），弹出房间传输频率特性均衡曲线，如图 8-39 所示。

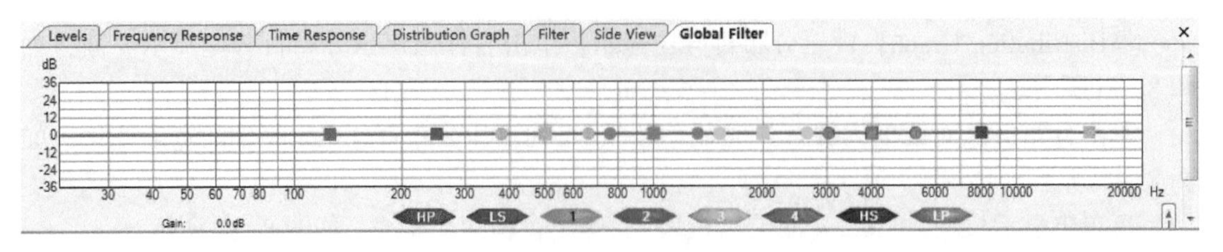

图 8-39　房间传输频率特性均衡曲线

所谓全局，是指房间传输频率特性的均衡。其调节方法与滤波器模块相同。

8.2.5 侧视图模块 Side View

单击侧视图模块 Side View，如图 8-40 所示，用于显示垂直面声压级随距离的变化。

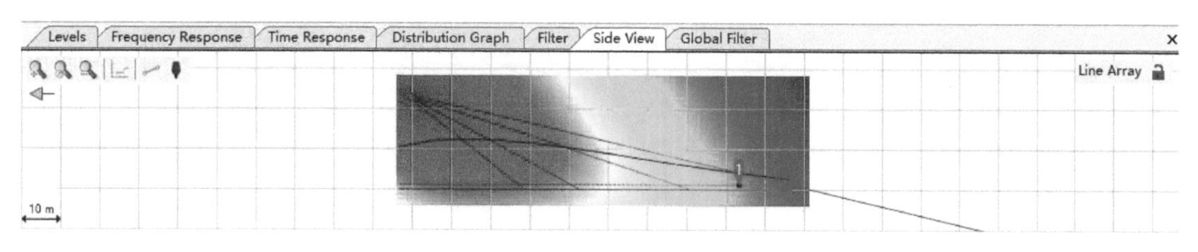

图 8-40　垂直面声压级随距离的变化

8.2.6 声压级光柱图模块

声压级光柱图模块用不同颜色表示声压级，如图 8-41 所示，可作为主视图和侧视图的参考。

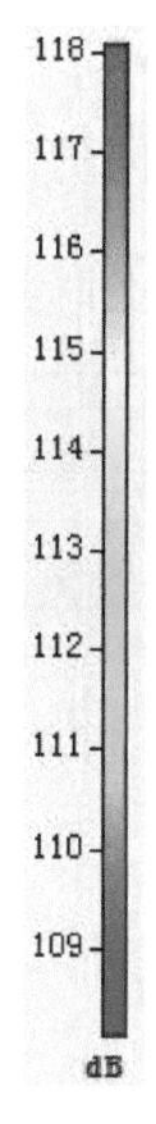

图 8-41　声压级光柱图模块用不同颜色表示声压级

8.2.7 音响箱体尺寸模块

音响箱体尺寸模块如图 8-42 所示。当摆放角度不同时，显示的尺寸是不一样的。

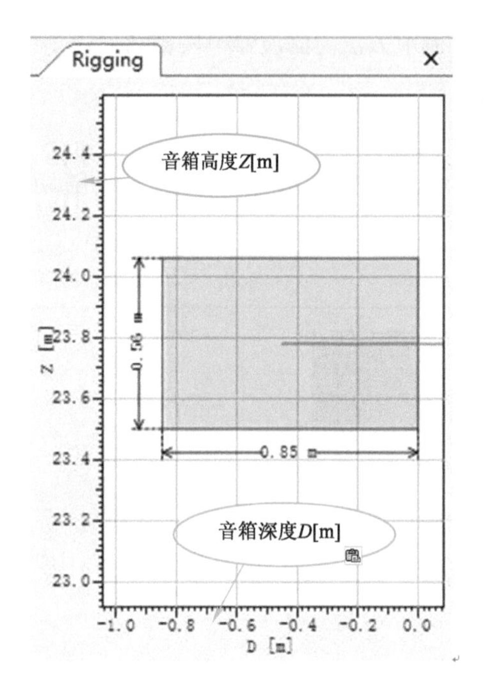

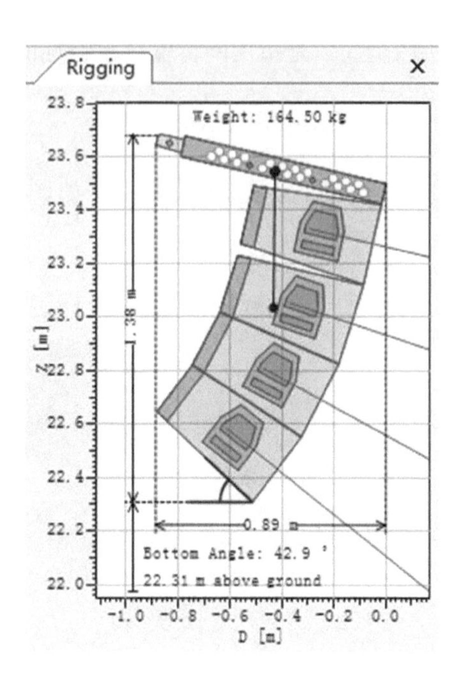

图 8-42　音响箱体尺寸模块

8.2.8　状态栏模块

状态栏模块如图 8-43 所示，可显示不同的信息。

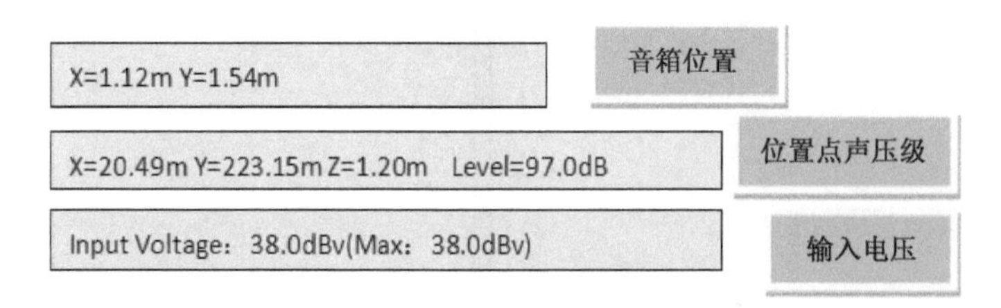

图 8-43　状态栏模块

第 9 章　Smaart 电声测量软件解析

9.1　Smaart 电声测量软件概述

9.1.1　Smaart 电声测量软件的功能

Smaart 电声测量软件有两种不同的操作模式，即实时模式（Real-Time）和脉冲响应模式（Impulse Response，IR）。其中，实时模式包含频谱（Spectrum）和传输功能函数（Transfer）两种模式。

① 频谱模式功能：实时频谱分析、窄带宽和分数倍频程显示、刻度实际声压级 SPL、实现声压级对数刻度、完成摄谱，可用于监视现场声音频谱和现场声压级 SPL、分析噪声级及检测反馈啸叫频率。

② 传输功能函数模式功能：实时传输功能函数分析、结构幅度和相位显示、窄频率带宽分析、每倍频程的定点分析及实时相干显示，可用于扬声器、均衡器、音响系统传输功能函数的分析和音响系统的实时优化（包括均衡器、电子分频器、延时等）。

③ 脉冲响应模式功能：脉冲响应测量、线性刻度、对数刻度、能量时间曲线显示及传输延时自动估算，可用于测量音响系统和房间脉冲响应、构建扬声器延时等。

9.1.2　用于基本测量的部件

用于基本测量的部件有测量传声器、传声器预放器、声卡、计算机及连接电缆。

1. 测量传声器

测量传声器可以获取测量所需要的电信号，必须具有全向性、平坦的频响特性，为了能够精确地完成声压级 SPL 的测量，应配置 1 个刻度器。测量传声器是驻极体式电容传声器，由内部电池或预放器幻象电源供电。

2. 传声器预放器

传声器预放器用于调节测量传声器的输出电平，类似调音台输入通道中的前置放大器，本底噪声低，可满足正常使用的增益调节。

3. 声卡

声卡具有 A/D 和 D/A 的变换作用。

Smaart 电声测量软件要求声卡至少有两个独立的线路电平输入通道（一对立体声输入形式）和 1 个线路电平输出通道。笔记本电脑的内置声卡仅有单声道输入，由于 Smaart 电声测量软件在利用传输功能函数模式和脉冲响应模式进行各种测量时需要双声道输入，因此在使用笔记本电脑进行测量时要外置声卡。

在采用外置声卡时，高精度的 A/D、D/A 转换器是与内置传声器预放器结合在一起的，具有火线接口、USB 和 PCMIC 接口，是极其方便的配置。

4. 计算机

计算机的最低要求是满足运行 Smaart 软件所需的配置，通常标配即可。

5. 连接电缆

测量系统与被测量设备之间通常采用专业级电缆连接。如果计算机的声卡接口是 3 触点 1/8in 的立体声耳机接口，则可购置分接口电缆，并将其转换为 1/4in 的耳机接口或卡侬 XLR 插座。

9.1.3　模式测量系统

1. 频谱模式测量

① 频谱模式测量的实质就是充当实时频谱分析器，可完成现场声音的频谱监视、测量模拟均衡器及测量扬声器。

② 频谱模式测量的连接图如图 9-1 所示。

2. 传输功能函数模式测量

传输功能函数模式测量的连接图如图 9-2 所示。

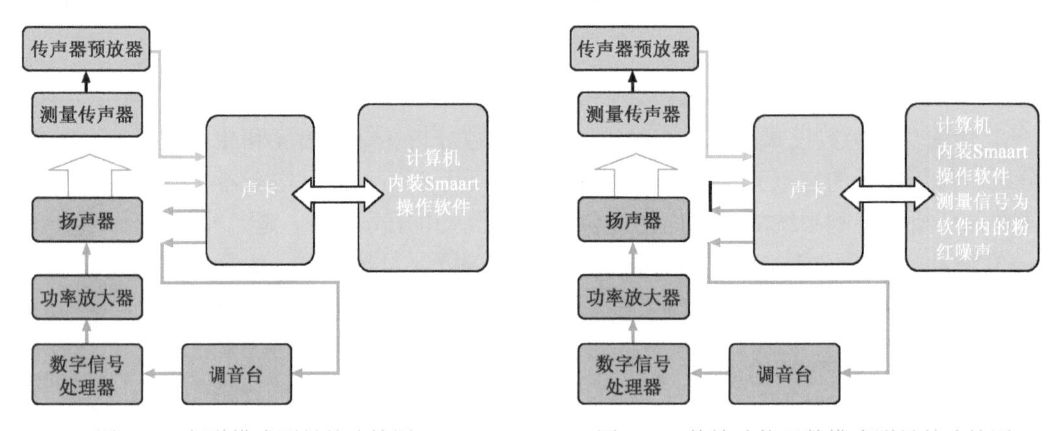

图 9-1　频谱模式测量的连接图　　图 9-2　传输功能函数模式测量的连接图

3. 冲激响应模式的测量

冲激响应模式测量的连接图如图 9-3 所示。

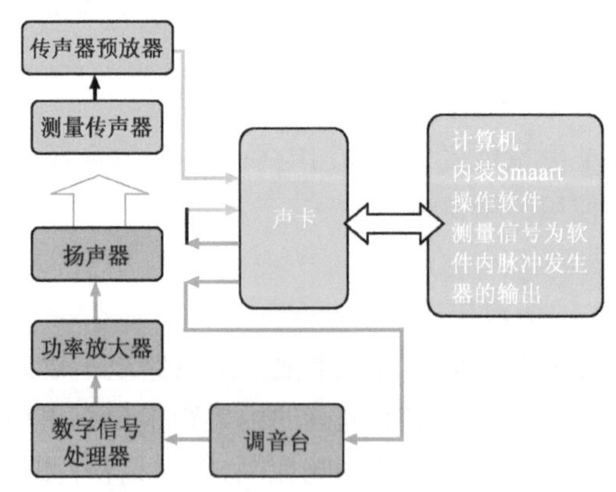

图 9-3　冲激响应模式测量的连接图

9.2 Smaart 电声测量软件操作界面

9.2.1 Smaart 电声测量软件的主界面

Smaart 电声测量软件的主界面及解析如图 9-4 所示。

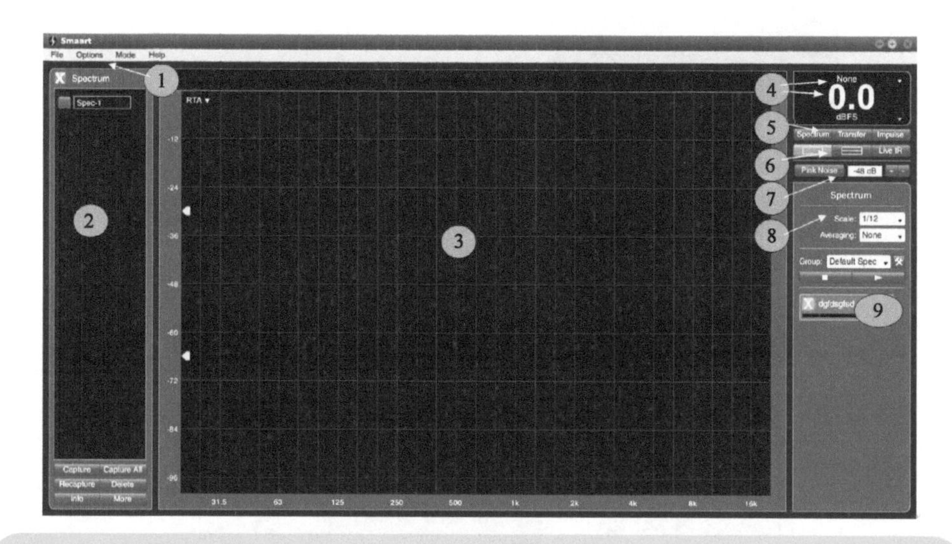

①菜单栏模块；②数据保存模块；③图像显示模块；④声压级和数字信号电平显示模块；⑤测量模式模块；⑥视图控制模块；⑦信号发生器模块；⑧全局参数设置模块；⑨测量组管理模块。

图 9-4 Smaart 电声测量软件的主界面及解析

9.2.2 测量模式模块

1. Spectrum 的测量

单击图 9-4 中的⑤Spectrum，弹出如图 9-5 所示的 Spectrum 操作界面。

① 单击图 9-5 中的①出现绿色三角形箭头，如图 9-6 所示，启动第一测量通道。图中，绿色条电平柱用于显示输入信号的电平大小。

② 单击图 9-7（a）中的 Spectrum，打开图 9.7（b）Options 对话框设置参数，可以调节 RTA（实时分析仪）图像的参数。

③ 单击图 9-8（a）中的 Scale（精度），弹出图 9-8（b）中的显示内容①，单击图 9-8（a）中的 Averaging（平均方式），弹出图 9-8（b）中的显示内容②（频谱的平均次数或平均时间或随机变化）。

④ 单击图 9-9（a）中的①（小锤子图标），打开图 9-9（b）的 Measurement Config 对话框，可对各种测量参数进行调节。

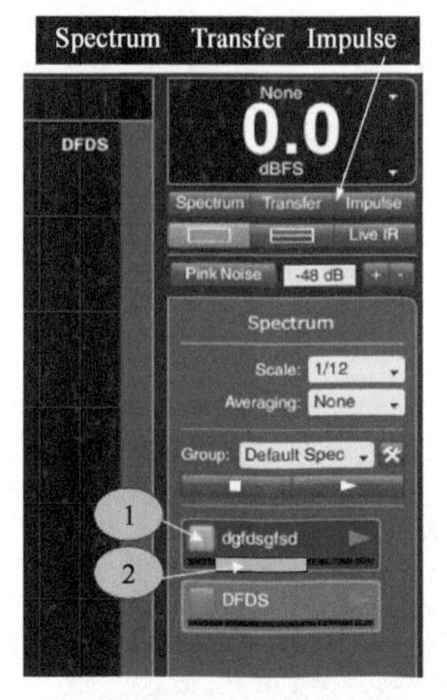

图 9-5　Spectrum 操作界面　　　　图 9-6　绿色三角形箭头

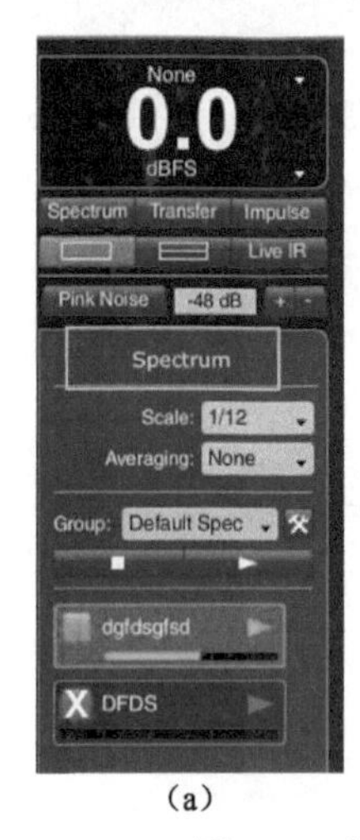

(a)

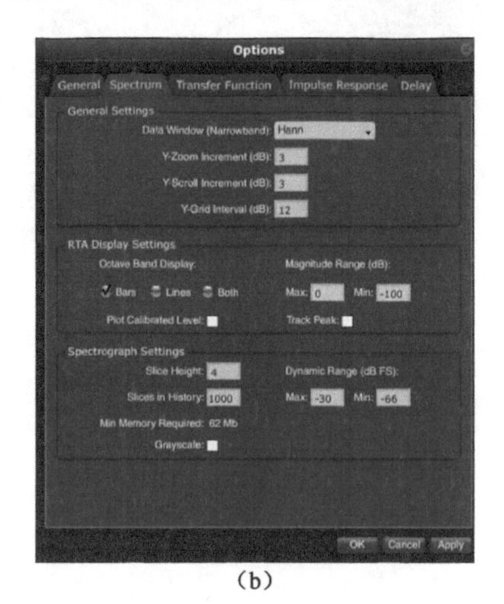

(b)

图 9-7　单击 Spectrum 打开 Options 对话框

(a)

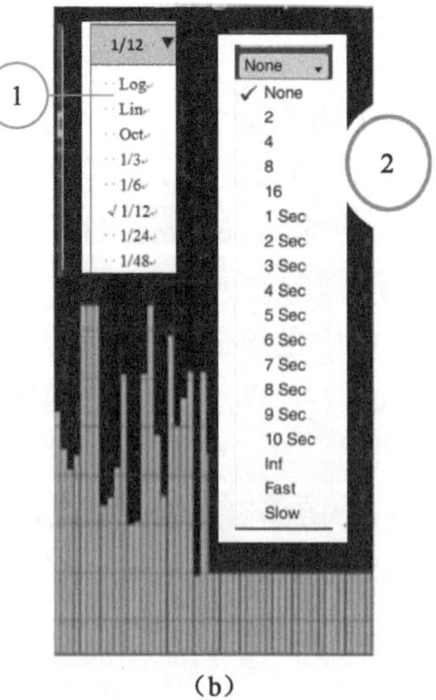

(b)

图 9-8　单击 Scale 弹出相关的显示内容

⑤ 单击图 9-10 中的①，启动第二测量通道。绿色电平柱②可显示输入信号电平的大小。

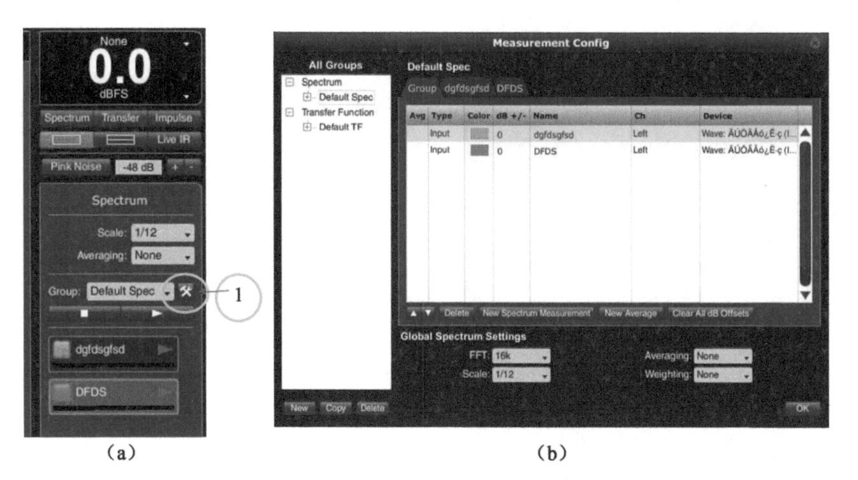

(a) (b)

图 9-9 小锤子图标和 Measurement Config 对话框

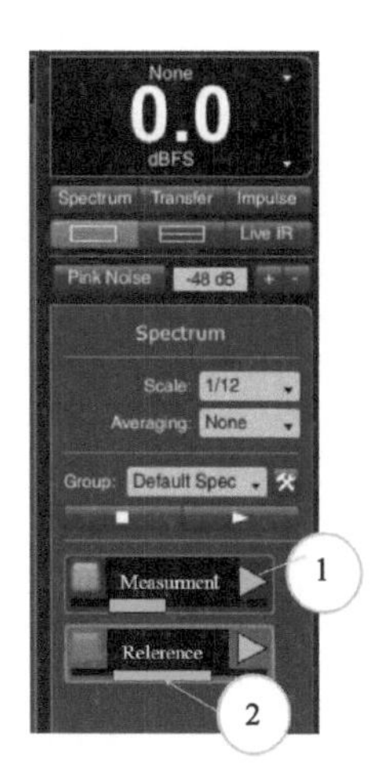

图 9-10 启动第二测量通道

⑥ 单击图 9-11 中的①，激活该通道，其图像显示在其他通道图像的前面。

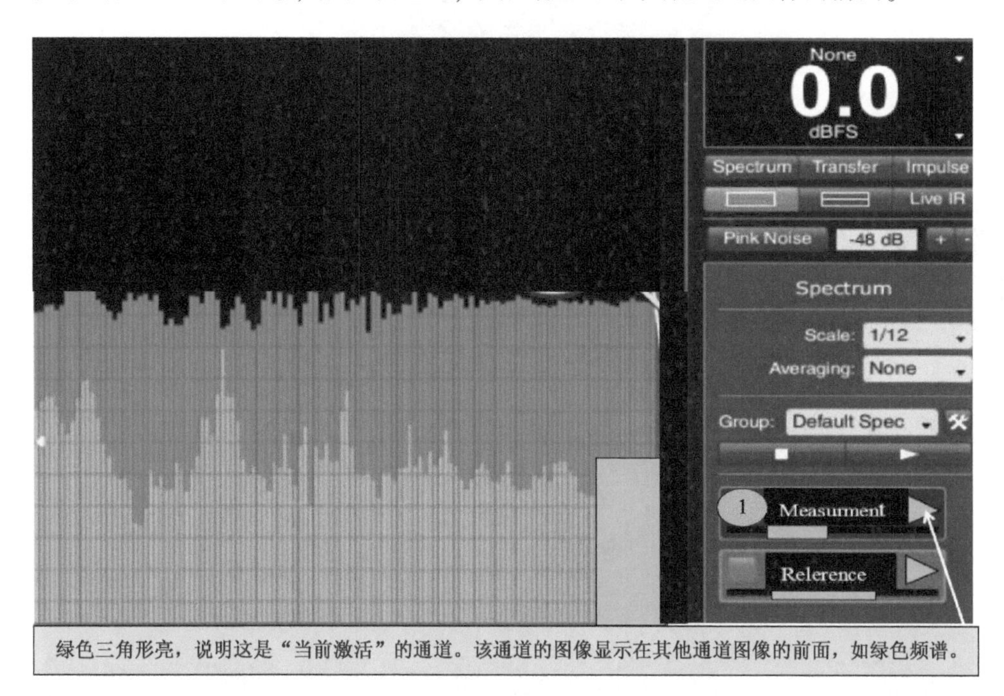

图 9-11 激活的通道图像显示在图像区的最前方

图中，蓝色频谱是软件信号源发出的粉红噪声频谱；绿色频谱是经过系统后得到的频谱。此处不利用两者的差值进行调平，只是将绿色频谱调平。

⑦ 单击图 9-12 中的①，出现一个×标志，即可将图 9-11 中的蓝色频谱隐藏。

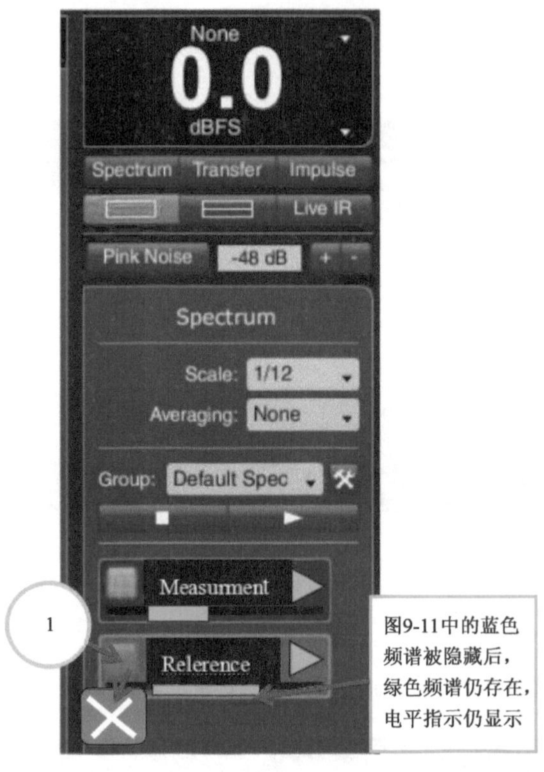

图 9-12　隐藏频谱

⑧ 按下键盘的空格键或单击图 9-13 中的①，将当前激活的测量频谱保存在存储框内(红色方块②)。图中的红色频谱为保存的测量频谱。

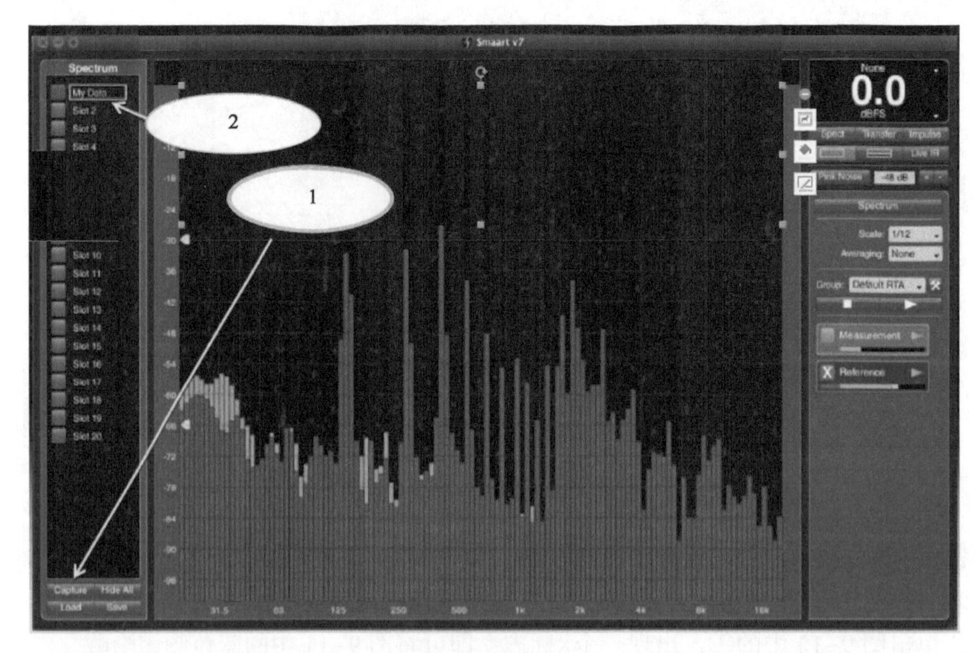

图 9-13　保存频谱

⑨ 单击图 9-14 中的①双窗口按钮，频谱变成上、下两部分。上部分是 RTA 频谱；下部分是 Spectrograph 摄谱图。

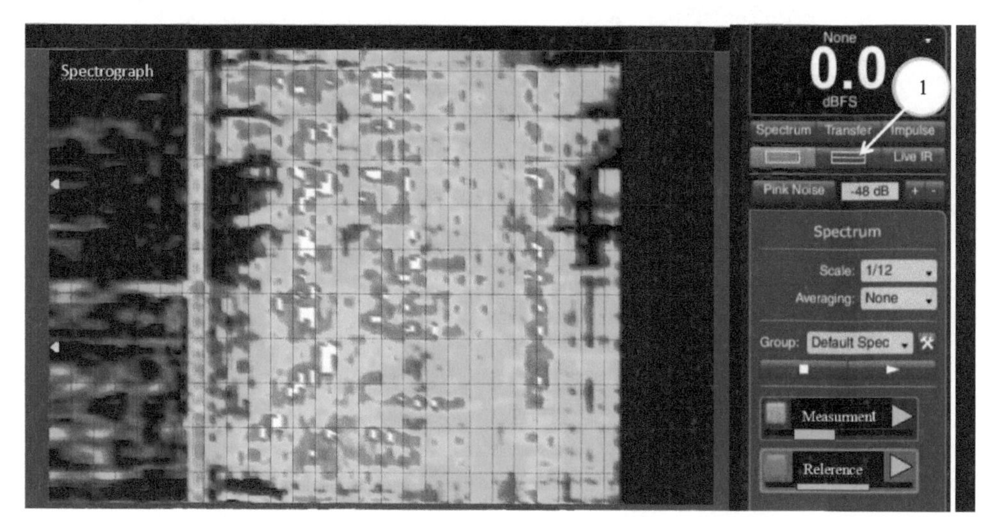

图 9-14 RTA 频谱和 Spectrograph 摄谱图

⑩ 单击图 9-15 中的①回到单个窗口界面，在频谱区②中将频谱设为 Spectrograph 摄谱图。

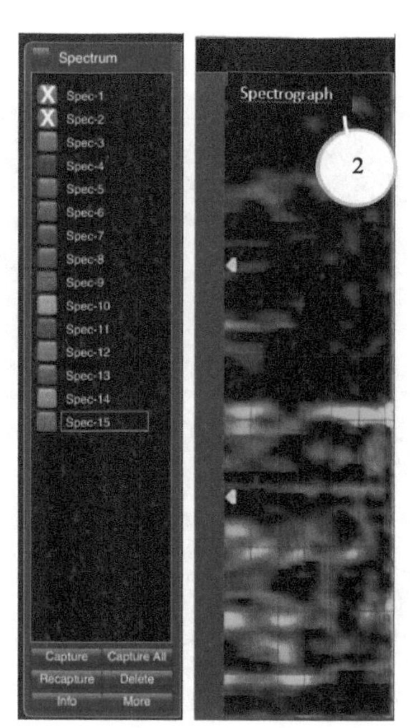

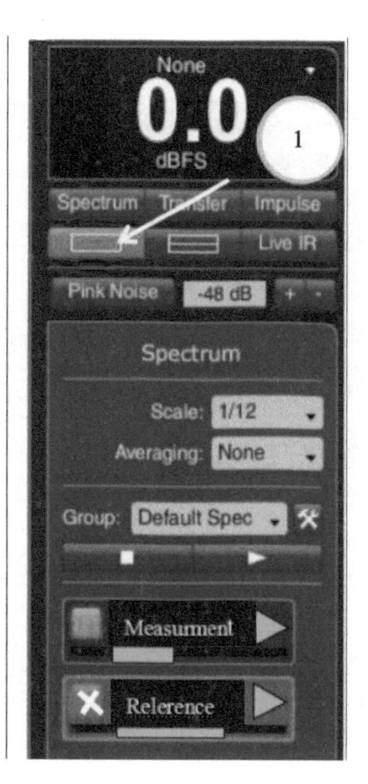

图 9-15 回到单个窗口界面

⑪ 摄谱图是由一系列的频谱片段纵向叠加起来的。Smaart 电声测量软件可以存储一定数量频谱片段的历史记录，在摄谱图中，可通过键盘的上、下箭头察看已经滚出屏幕范围的频谱。保存频谱片段的数量可以通过单击图 9-16 中的①，在弹出的对话框②中进行设置。另外，在对话框②中还可以设置每个频谱片段对应的屏幕垂直像素数，用来调节频谱片段的翻滚速度。

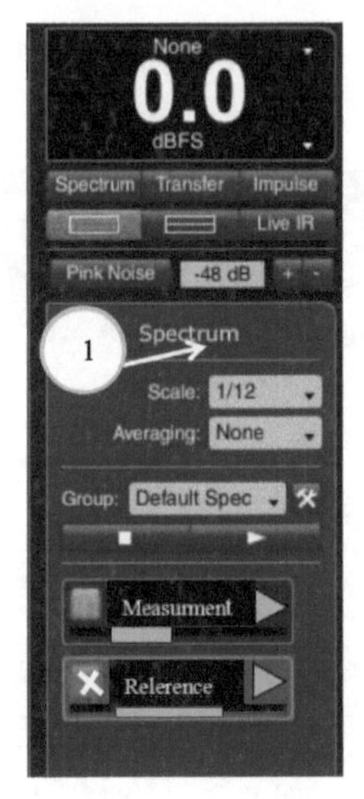

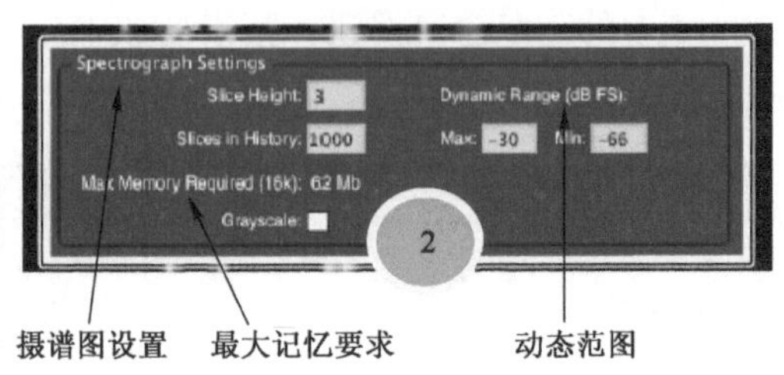

图 9-16　摄谱图的设置

2. Transfer 的测量

① 单击图 9-17 中的①，打开默认的传递函数 Transfer 界面，包括两个默认的窗口：上方为传递函数相位（Phase），单位为度数/频率；下方为传递函数幅度（Magnitude），单位为 dB/频率。

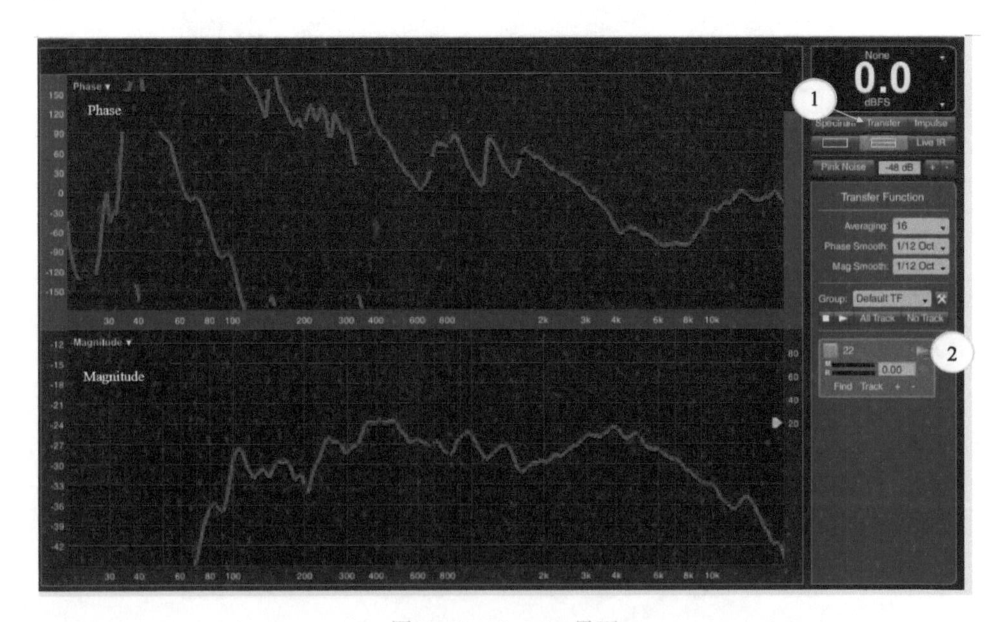

图 9-17　Transfer 界面

启动 Smarrt 内置信号发生器的粉红噪声后，单击传递函数测量通道②Find Track（发现跟踪）中的箭头，弹出传递函数测量界面，如图 9-18 所示。

② 使用 Smarrt 内置信号发生器产生测量所用的粉红噪声 Pink Noise。测量传递函数（幅度特性）的第一步是调节测量通道输入电平①和延时②。

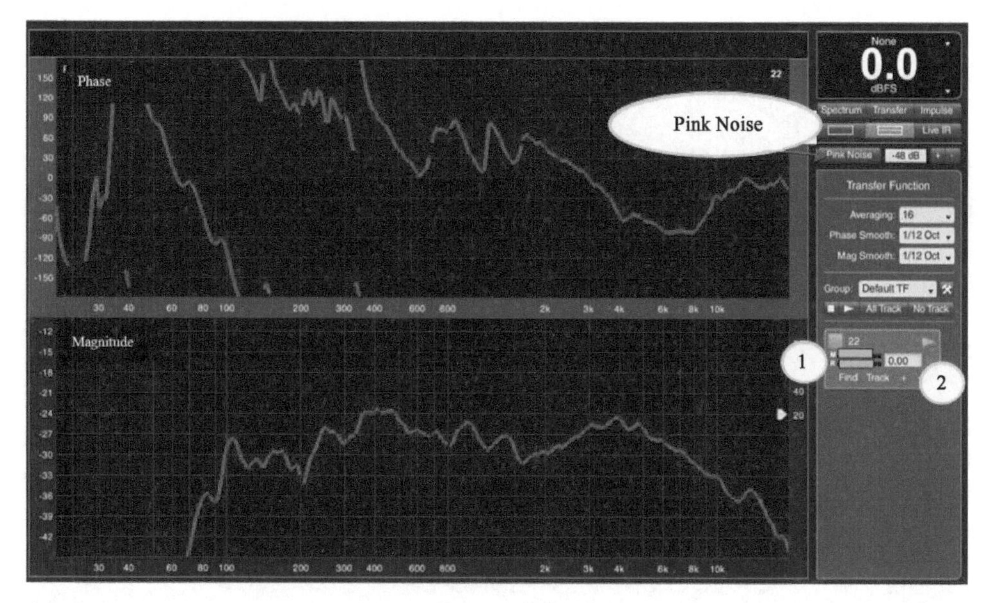

图 9-18　传递函数测量界面

③ 单击图 9-19 中的①，弹出 Delay Finder 菜单②。单击 Delay Finder 菜单中的 Insert，将自动查找延时插入测量通道。

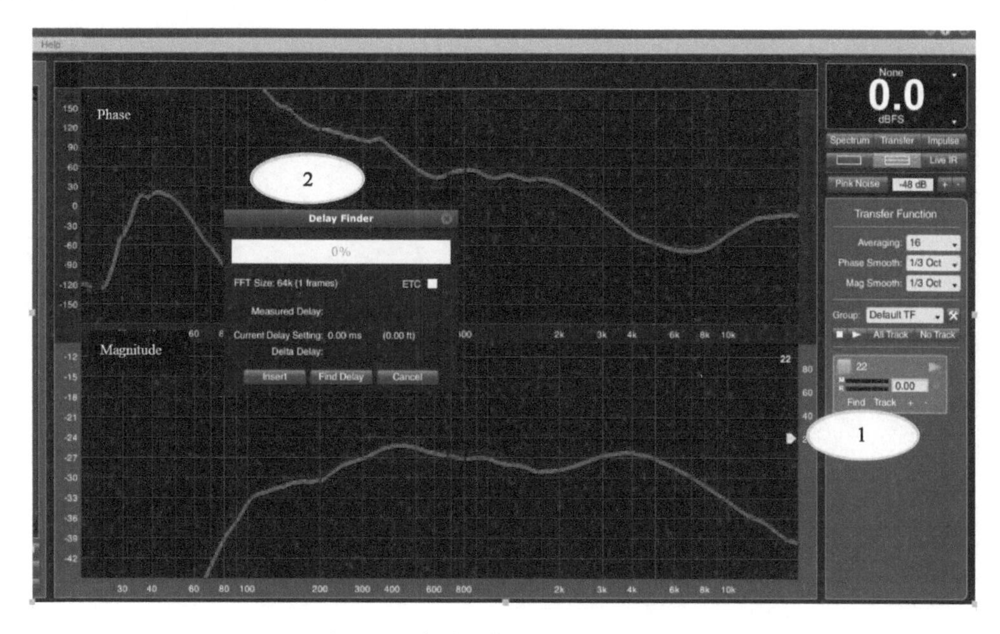

图 9-19　自动查找延时插入测量通道

④ 在图 9-20 中，选择① Averaging 最大平均值，可使测量结果更加稳定，调节② Phase Smooth（相位平滑）和 Mag Smooth（幅度平滑），可使相位和幅度频率特性曲线更加直观。

图 9-20 中的③：告诉操作者可将鼠标直接放在频率特性曲线上，按住鼠标后上、下拖曳，达到增益补偿的目的。

图 9-20 中的④：告诉操作者相干性频率特性曲线只在设置平均参数后才能显示。

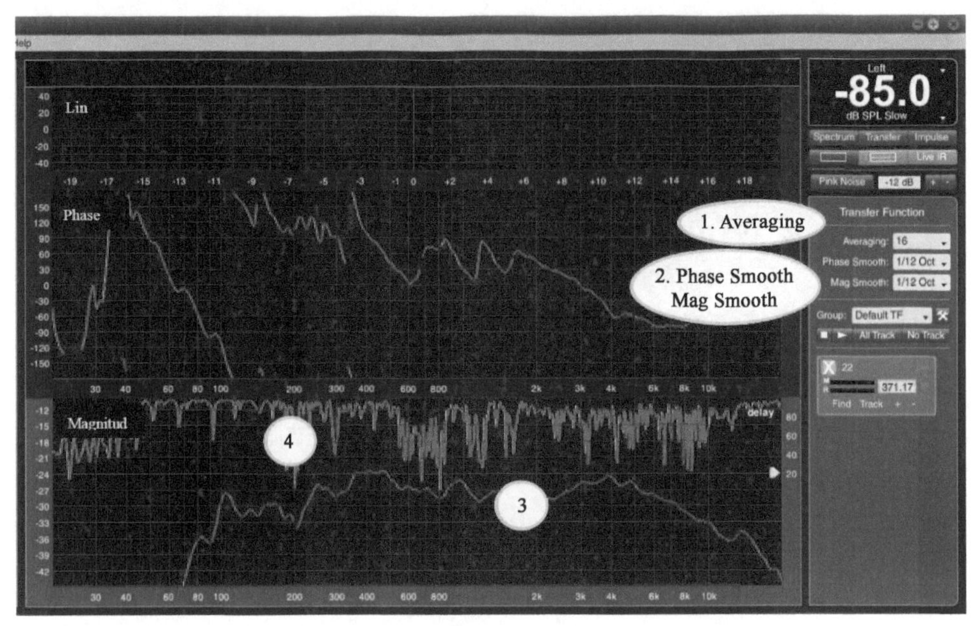

图 9-20　相位和幅度频率特性的改善

⑤ 按下图 9-21 中的实时冲激响应按钮① Live IR，可显示当前传递函数的线性冲激响应。图中的②：告诉操作者需要注意传递函数和当前测量延时是中心对齐的。

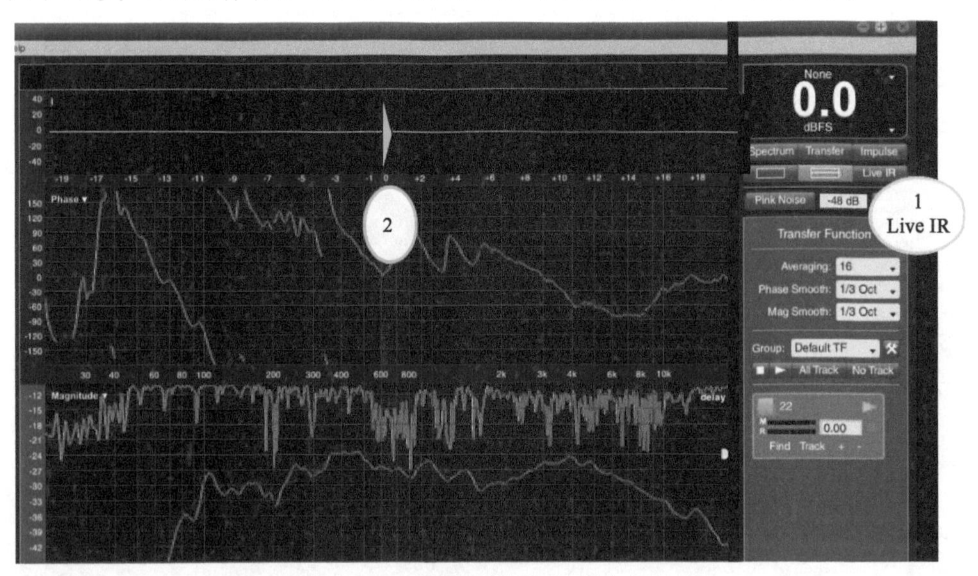

图 9-21　传递函数的线性冲激响应

⑥ 图 9-22 中的① Find Track 自动跟踪条框可根据实时冲激响应，自动、连续地测量延时；②所指的脉冲为实时冲激响应脉冲；单击③或 Track 按钮，开启自动跟踪功能，黄圆点亮表示自动跟踪功能已启用。

⑦ 单击图 9-23 中的小锤子图标①，弹出 Group Manager 对话框②，可在对话框中调节全局（房间）传递函数的测量参数。

⑧ 单击图 9-24 中的黄色条框 Transfer Function 按钮弹出 Options 对话框，可在对话框中设置传递函数的各种参数。

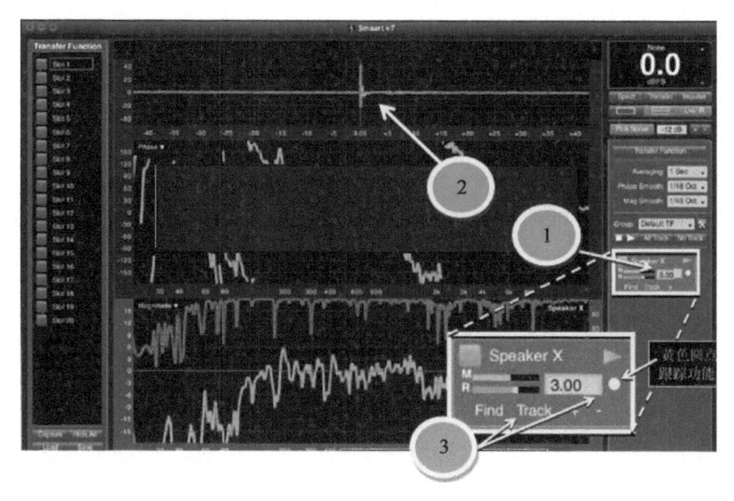

图 9-22　根据实时冲激响应自动、连续地测量延时

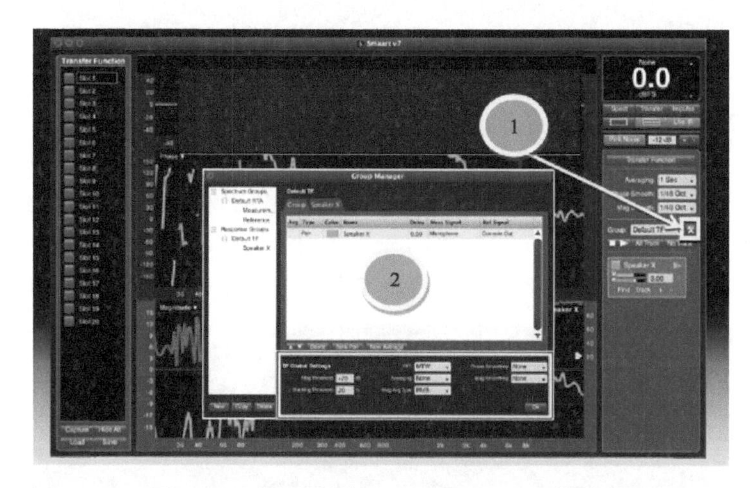

图 9-23　小锤子图标和 Group Manager 对话框

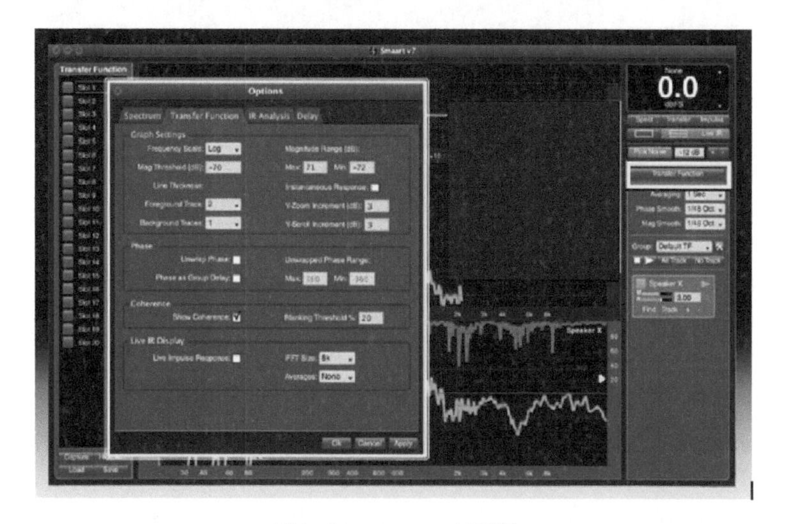

图 9-24　Options 对话框

3. Impulse 脉冲响应的测量

单击图 9-4 主界面中的 Impulse 按钮，弹出如图 9-25 所示的操作界面，主要用于测量和分析相域和频域的冲激响应，还可以分析已保存为 .wav 格式的音频文件冲激响应的测量结果。

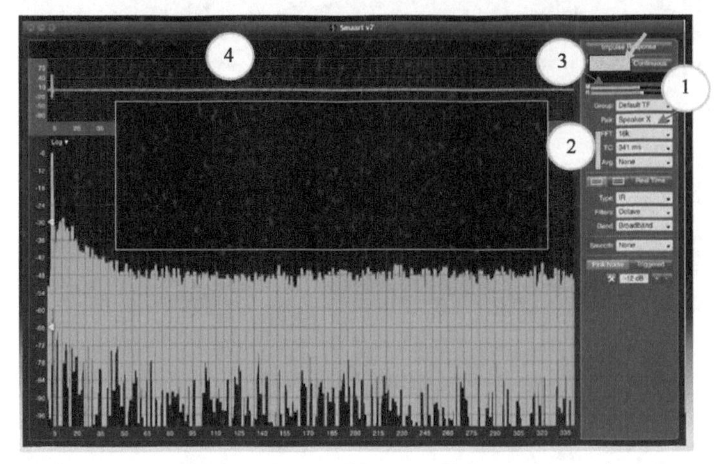

图 9-25　Impulse 脉冲响应测量界面

① 在图 9-25 中的 Pair 白色条框①中选择一个测量通道，在②的 FFT、TC、Avg 白色条框中设置 FFT 尺寸、时间常数及平均值，使用绿色条③调节信号电平，完成后，单击橘黄色箭头指向的橘黄色按钮 Start 启动测量。坐标窗口④显示的是整体冲激响应线性视图，用于预览和缩放控制。

② 图 9-26 中黄色箭头指向的窗口为缩放观察区，可以观察测量结果的整体或局部。

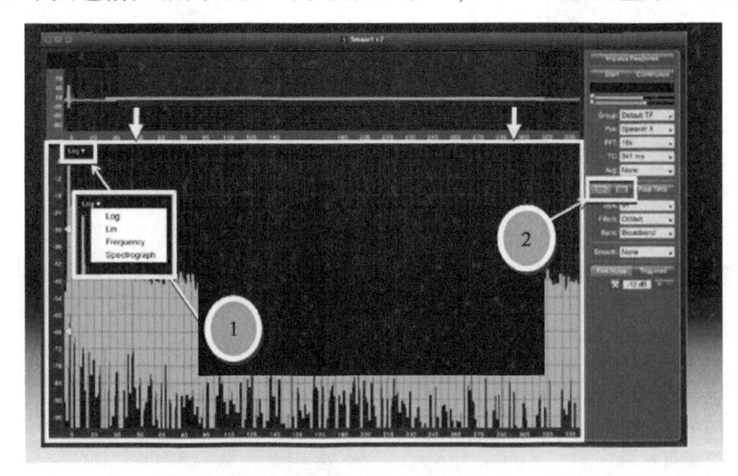

图 9-26　缩放观察区

方式一：单击观察区左上角的黄色框，弹出下拉黄色框①，用于选择每一个图像的显示类型。

方式二：单击单/双窗口的黄色框②可以改变窗口的数量。

图 9-27 为 Log 形式下的冲激响应。

图 9-28 为 Line 形式下的冲激响应（局部放大）。

③ 单击图 9-29 中的 File 可弹出对话框①，可下载冲激响应（Load Impulse Response）、存储冲激响应（Save Impulse Response）、退出冲激响应（Quit）。

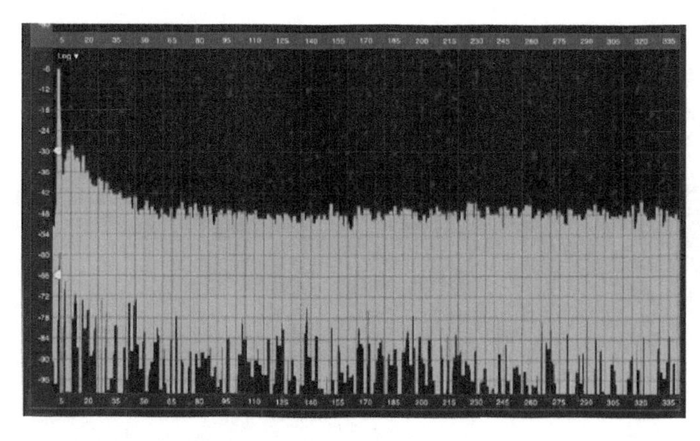

图 9-27　Log 形式下的冲激响应

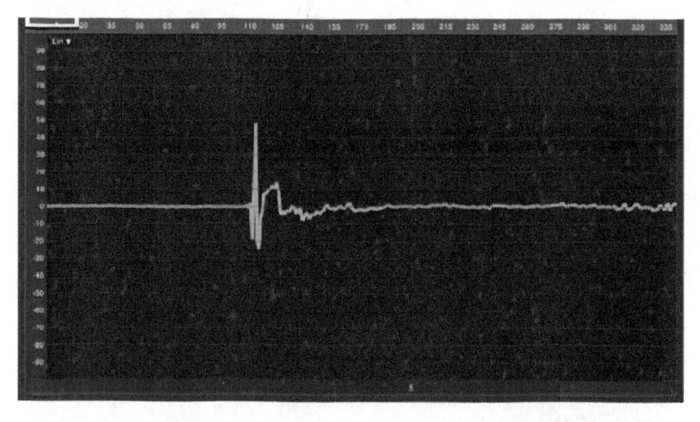

图 9-28　Line 形式下的冲激响应（局部放大）

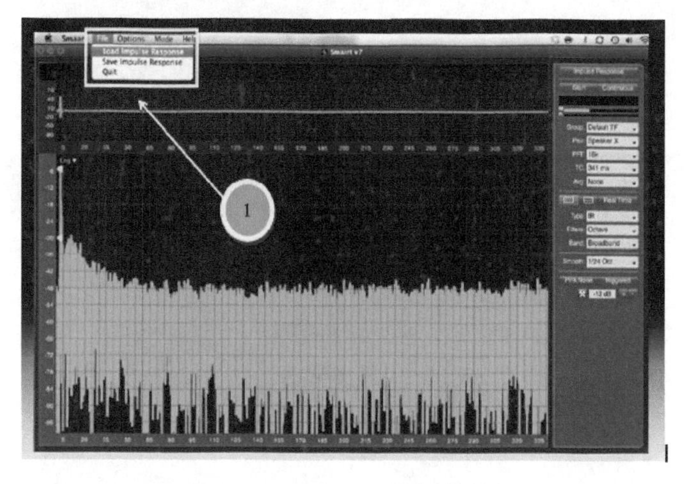

图 9-29　单击 File 弹出对话框

④ 在图 9-30 中，可通过滤波器 Filters 的下拉菜单①和带宽 Band 下拉菜单②对音频信号进行滤波。

⑤ 单击图 9-31 中的①进入双窗口视图：利用②设置频域视图，利用③设置 1/24 Oct。

⑥ 利用图 9-32 中的①设置 Spectrograph 摄谱图。

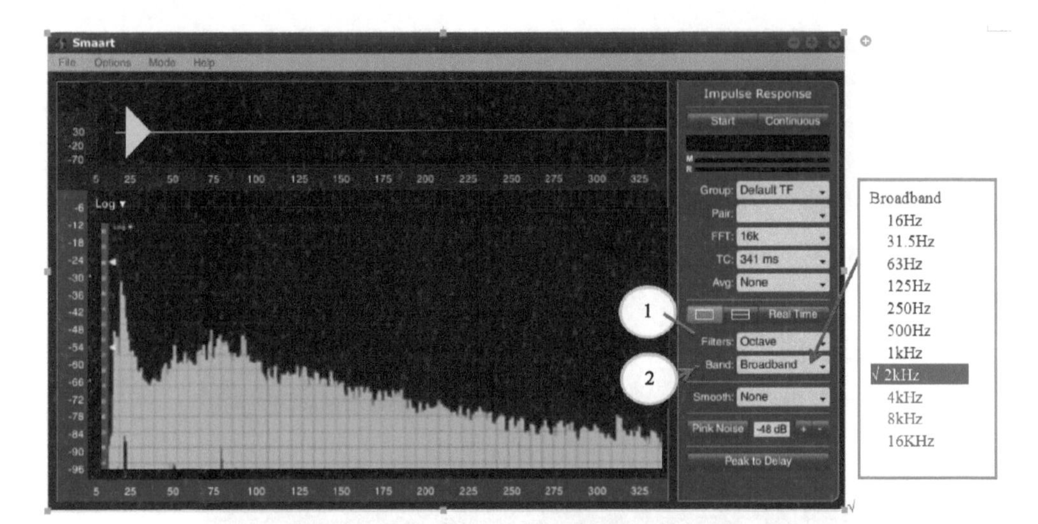

图 9-30 滤波器的设置

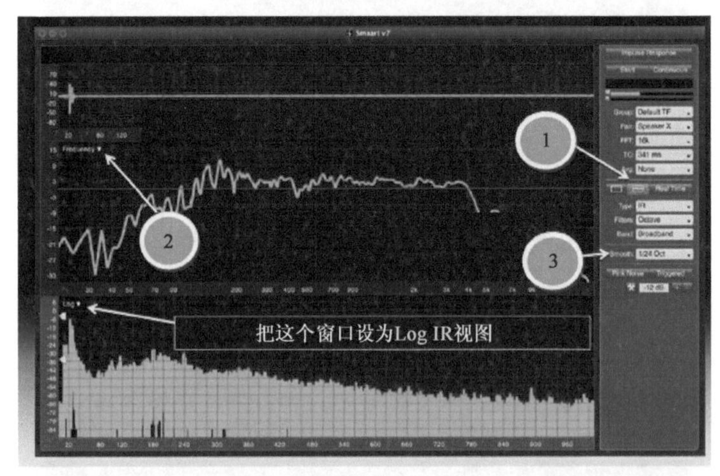

图 9-31 双窗口视图

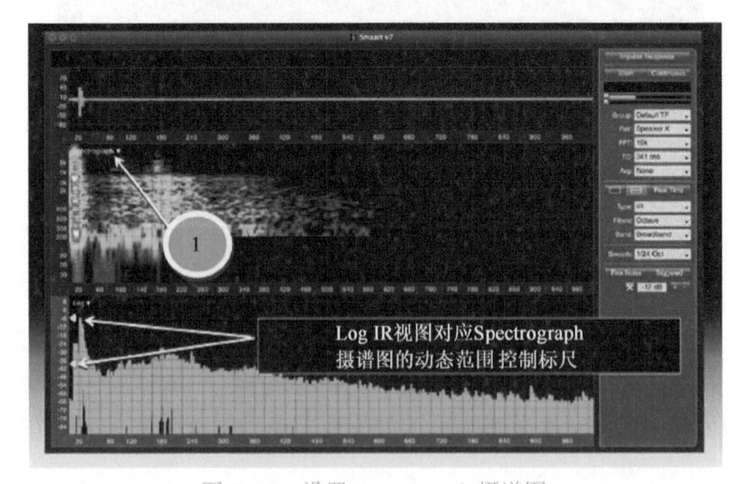

图 9-32 设置 Spectrograph 摄谱图

⑦ 单击图 9-33 中的黄色箭头所指黄色条框 Impulse Response，弹出 Options 对话框①可设置参数。

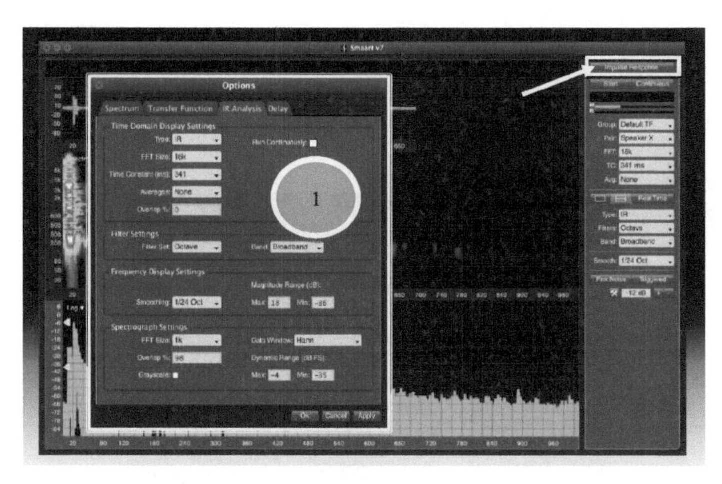

图 9-33　单击 Impulse Response 后弹出 Options 对话框

9.3　Smaart 电声测量软件子模块

9.3.1　菜单栏模块

菜单栏模块对话框及解析如图 9-34 所示。

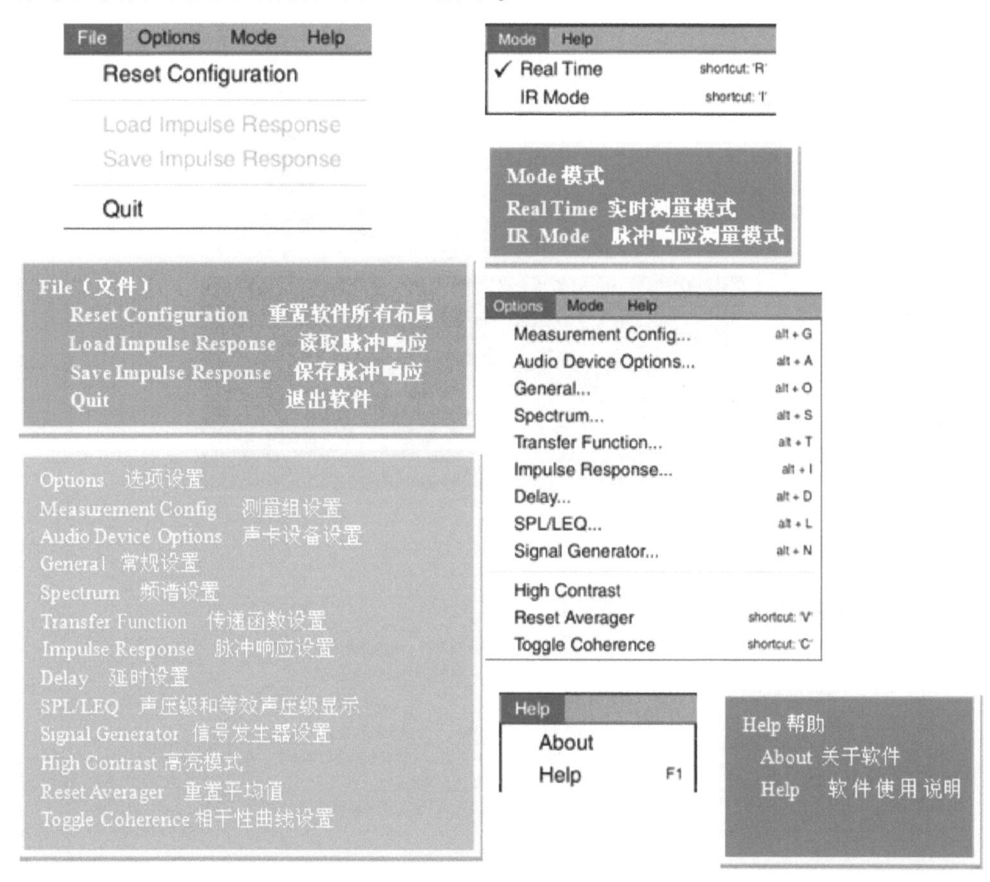

图 9-34　菜单栏模块对话框及解析

9.3.2 数据保存模块

数据保存模块操作界面及解析如图 9-35 所示。

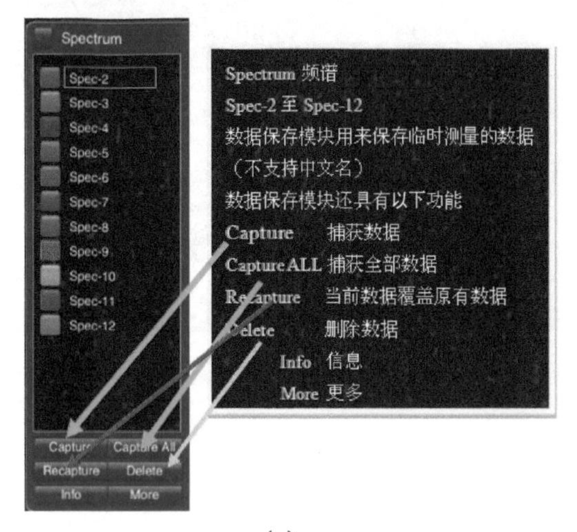

（a）

Trace Info跟踪数据

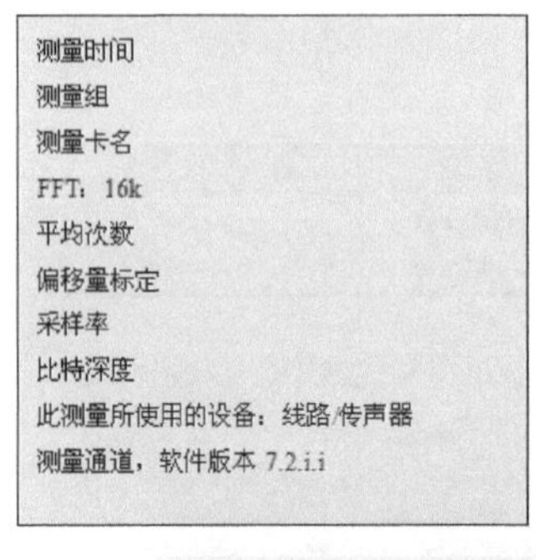

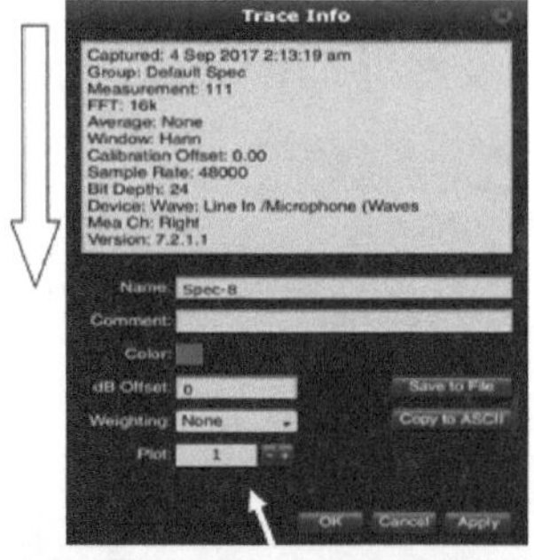

（b）

More

More	31.5	63	125
Load			ctrl + L
Save			ctrl + S
Copy To ASCII			ctrl + C
Average			
New Folder			
Hide All			ctrl + shift + H
Delete All			ctrl + shift + delete

More 更多

Load 读取前一张测试卡的所有数值

Save 保存当前测试卡的所有数值

Copy To ASCII 复制所有代码（用于校准话筒）

Average 平均保存的数据

New Folder 在数据保存窗口里新建文件夹

Hide ALL 所有模式

Delete ALL 删除所有数据

（c）

图 9-35 数据保存模块操作界面及解析

9.3.3 频率显示模块及相应的对话框

① 频率显示模块如图 9-36 所示。

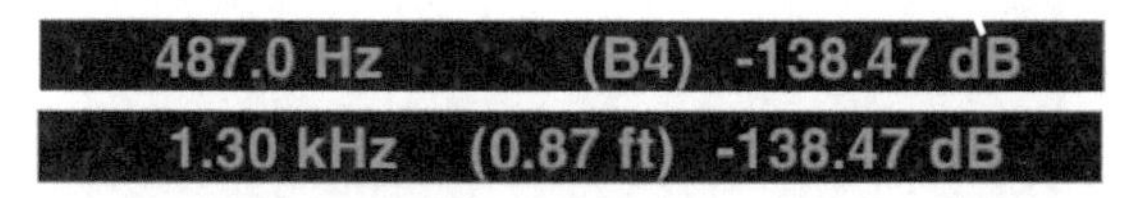

图 9-36 频率显示模块

图中，487.0Hz：曲线图上游标所定位置的频率；(B4)：钢琴的音名；-138.47dB：曲线图上游标所定位置频率信号的强度；1.30kHz：曲线图下游标所定位置的频率；(0.87ft)：频率的波长（英寸）；-138.47dB ：曲线图下游标所定位置频率信号的强度。

② Options（选项设置）对话框如图 9-37 所示。

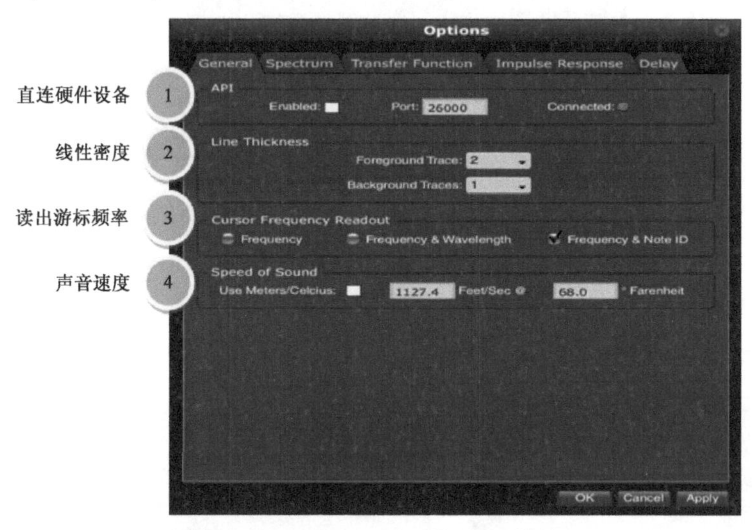

图 9-37 Options（选项设置）对话框

③ 频谱测量参数 Options（选项设置）对话框如图 9-38 所示。

④ 传递函数测量参数 Options（选项设置）对话框如图 9-39 所示。

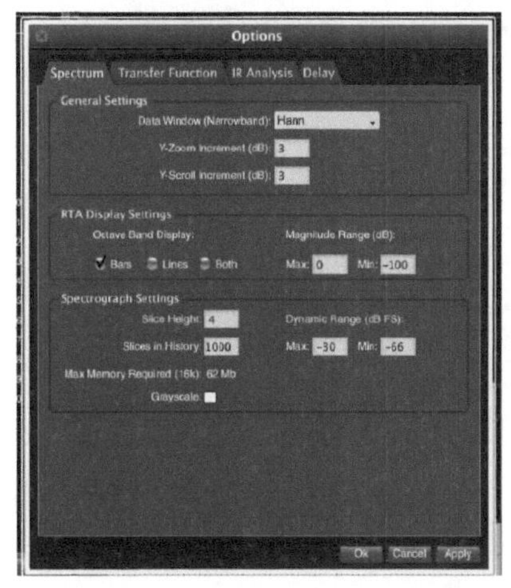

图 9-38 频谱测量参数 Options（选项设置）对话框

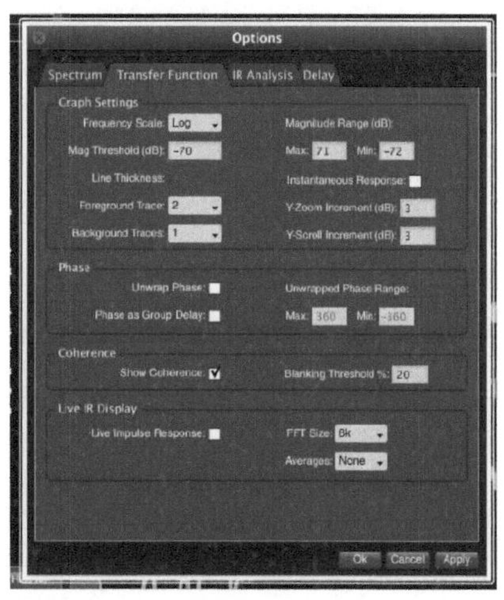

图 9-39 传递函数测量参数 Options（选项设置）对话框

⑤ 冲激响应测量参数 Options（选项设置）对话框如图 9-40 所示。

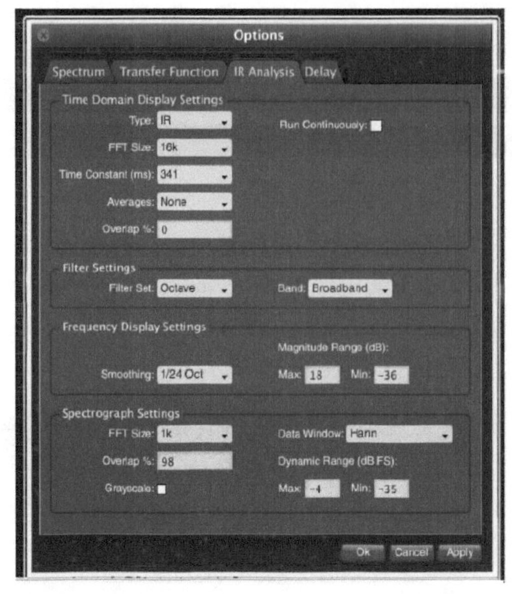

图 9-40　冲激响应测量参数 Options（选项设置）对话框

9.3.4　图像显示模块

图像显示模块及其种类如图 9-41 所示。

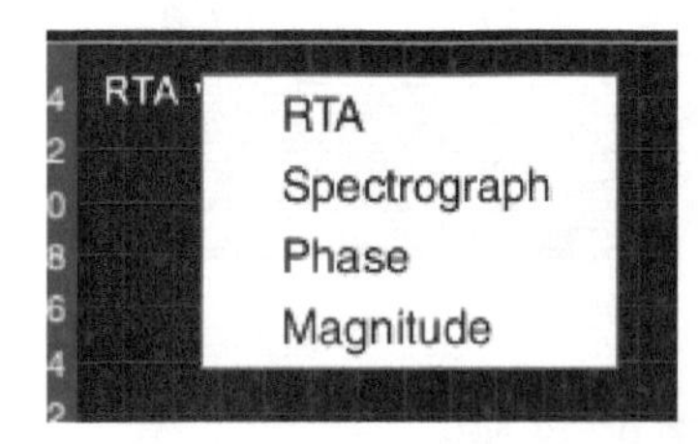

在任何模式下都可以有4种模式显示：
RTA（Real Time Analyzer）：实时分析仪
Spectrograph：光谱显示
Phase：相位显示
Magnitude：频响曲线显示

(a) 图像显示模块

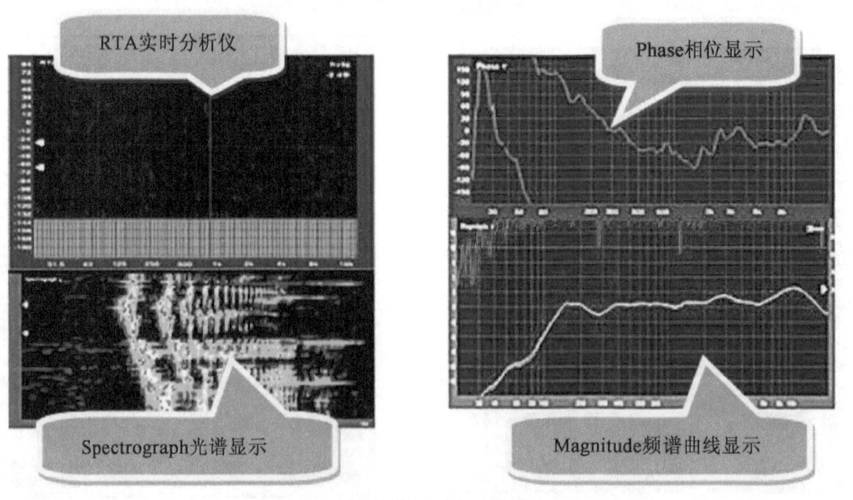

(b) 图像显示模块种类

图 9-41　图像显示模块及其种类

9.3.5 声压级和数字信号电平显示模块

① 声压级显示模块有三种显示方式，如图 9-42 所示。

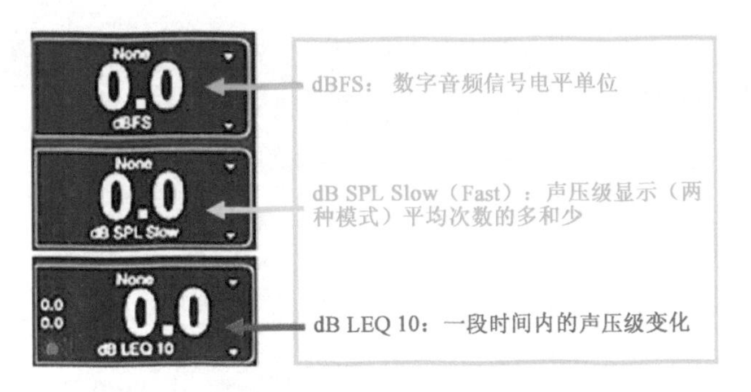

图 9-42　声压级显示模块有三种显示方式

② 测量声压级首先需要选择设备和测量通道，单击 dB 声压级显示，如图 9-43 所示，弹出 Amplitude Calibration 校准声压级选项对话框如图 9-44 所示，设定各项目后，单击 OK，弹出 Sound Level Options 声音电平选用对话框如图 9-45 所示。

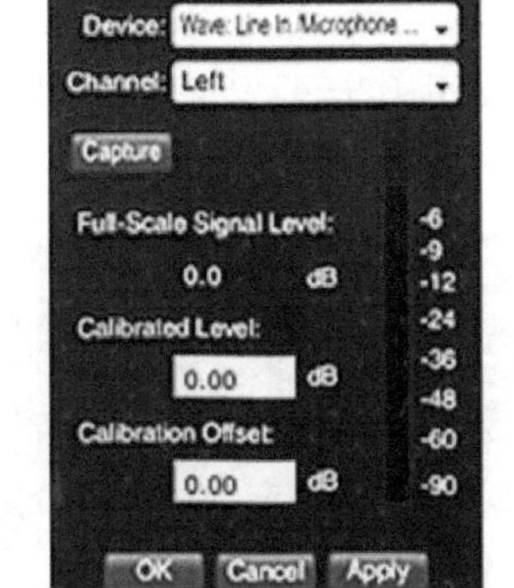

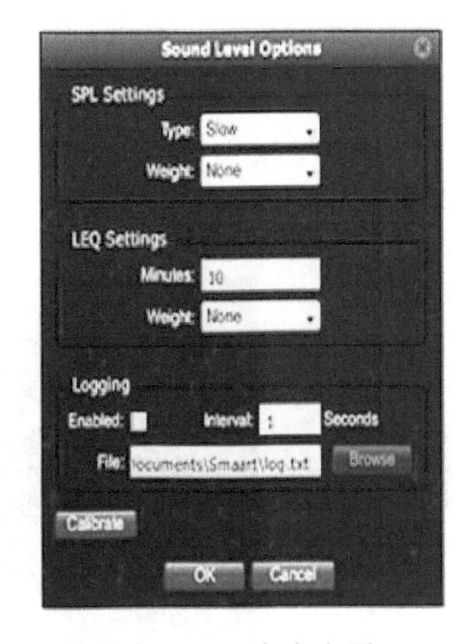

图 9-43　dB 声压级显示　　图 9-44　校准声压级选项对话框　　图 9-45　声音电平选用对话框

在图 9-44 中，Amplitude Calibration：校准声压级；Device：声卡设备；Channel：测量通道；Capture：捕捉当前声压级；Full-Scale Signal Level：全量程信号电平（当前电平）；Calibrated Level：校准电平（当前正确电平）写入；Calibrated Offset：校准偏移电平写入。

在图 9-45 中，Type：类型，表示平均次数的多和少；Slow：声压级变化慢；Fast：声压级变化快；Weight：计权方式；LEQ Settings：等效声压级设置（解释等效声压级概念和用法）；Minutes：运算时间；Logging：记录设置（可以将声压级的变化记录到一个文本文档中）；Enabled：打开与关闭（√为打开记录）；Interval：间隔多长时间保存一次；File……Browse：保存到什么文件。

9.3.6 视图控制模块

① 视图控制模块如图 9-46 所示。图中，黄色框上排的按钮可以选择测量类型（频谱、

传输函数及冲激响应)；黄色框下排的按钮可以选择图像窗口的测量数量；黄色条框按钮为单窗口；有一条横线的白色条框按钮为双窗口。

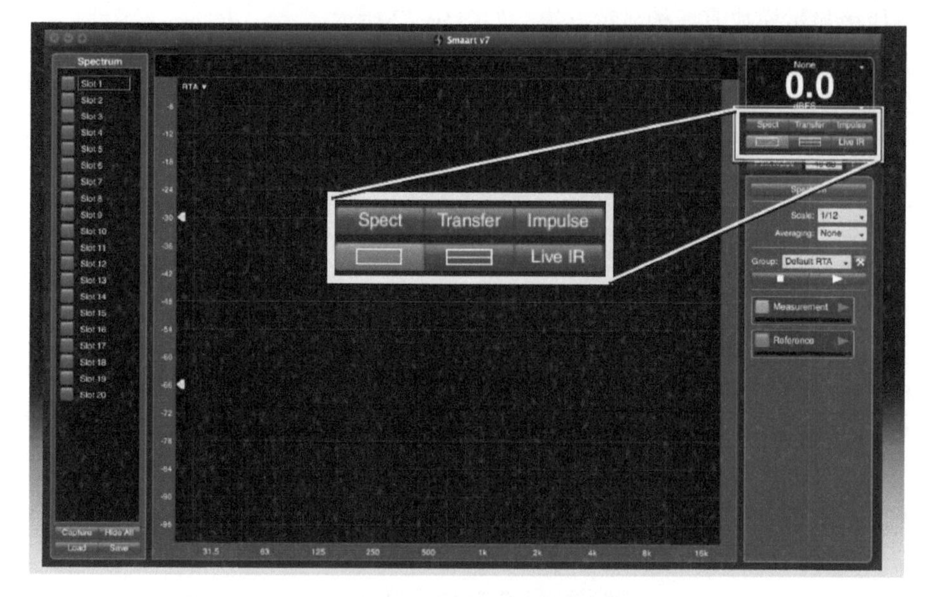

图 9-46　视图控制模块

② 频谱测量窗口数量的设置。单击图 9-47 中的①弹出频谱测量模式显示窗口；②指向 RTA 实时分析仪显示；单击③显示 RTA 单窗口，在单窗口的左上角给出 RTA 字样。

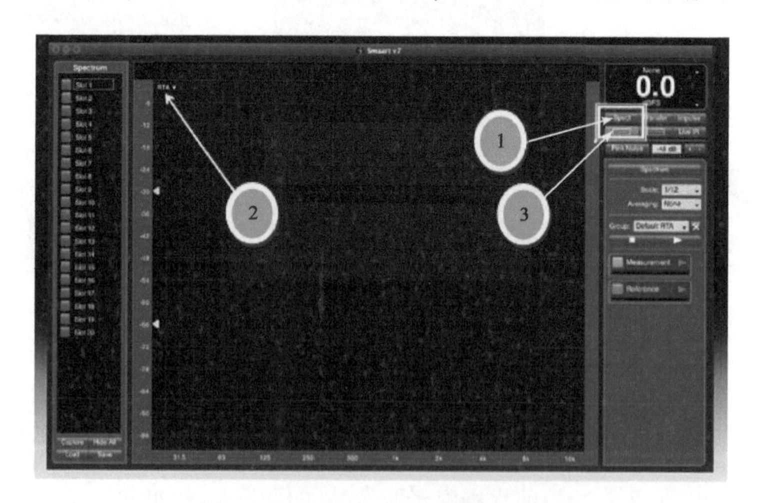

图 9-47　频谱测量窗口数量的设置

按下图 9-48 中黄色框内的按钮后出现双窗口，上窗口为 RTA，下窗口为 Spectrograph，分别在窗口左上角给出 RTA、Spectrograph 字样。

③ 传输函数测量窗口数量的控制。单击图 9-49 中黄色框内的按钮切换为测量传输函数，双窗口显示，上窗口为传输函数相位，下窗口为传输函数幅度，分别在窗口左上角给出 Phase、Magnitude 字样。

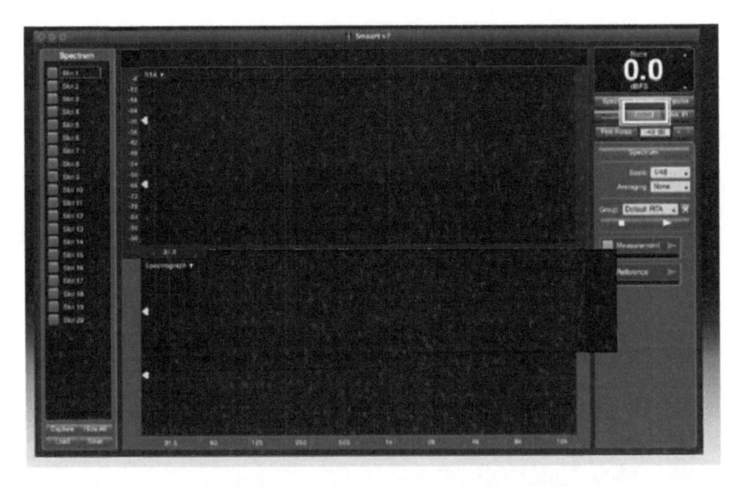

图 9-48　频谱测量双窗口

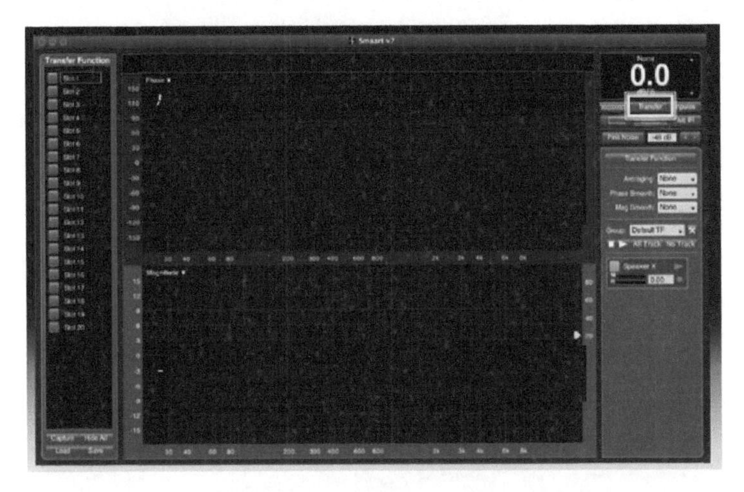

图 9-49　传输函数测量双窗口

单击图 9-50 中黄色框内的 Live IR，激活 Impulse Response，显示传输函数相位、幅度双窗口，并在双窗口的上方开启一个冲激响应 IR 窗口（黄虚线所围区域）。

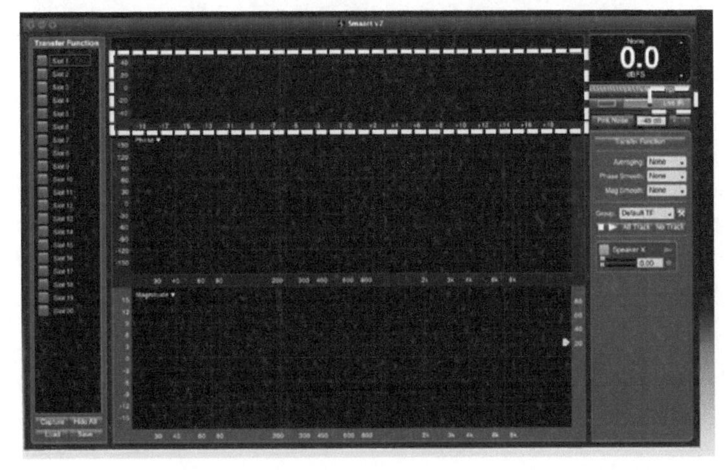

图 9-50　传输函数相位、幅度双窗口和 IR 窗口

④ 冲激响应测量窗口的切换。单击图 9-51 中的①切换为冲激响应 IR 测量，单击图 9-51 中的②从显示的 IR 测量模式切换到频谱或传递函数模式下的 RTA 窗口。频谱或传递函数模式可通过界面底部的 Mode 对话框③进行切换。

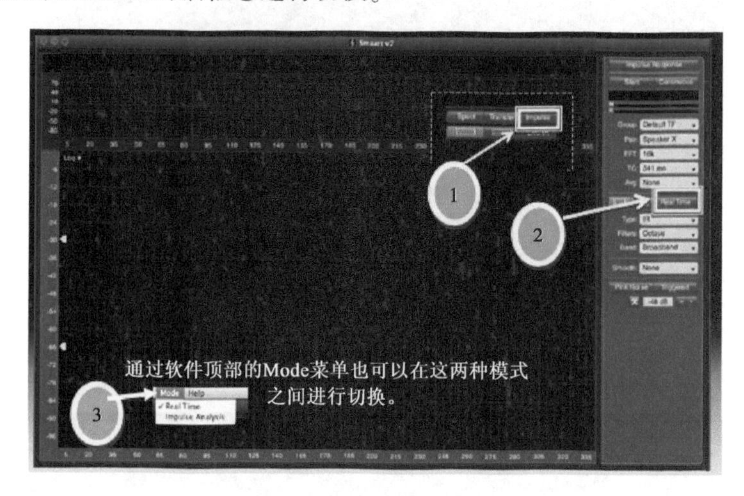

图 9-51　冲激响应测量窗口的切换

9.3.7　信号发生器模块

① 信号发生器（Signal Generator）的类型及参数选用对话框如图 9-52 所示。

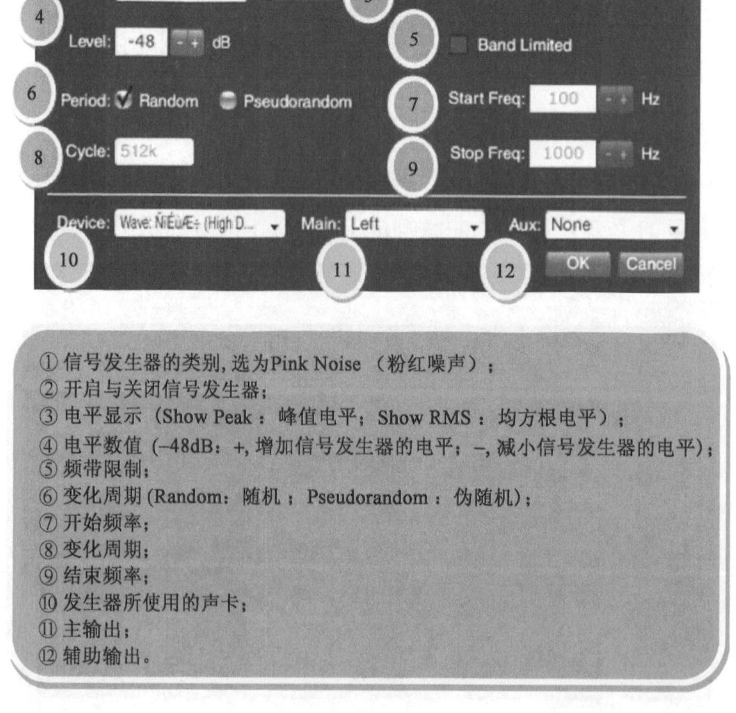

图 9-52　信号发生器（Signal Generator）的类型及参数选用对话框

② Dual Sine（双重正弦波）参数选用对话框如图 9-53 所示。

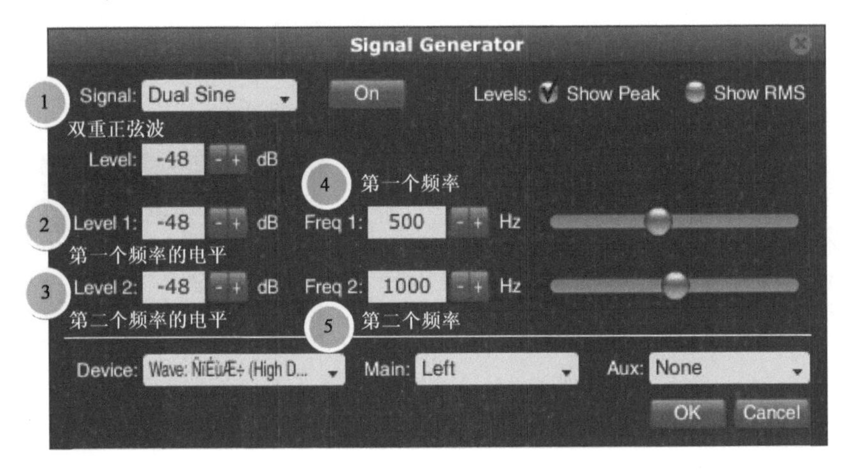

图 9-53 Dual Sine（双重正弦波）参数选用对话框

③ Sine（正弦波）参数选用对话框如图 9-54 所示。

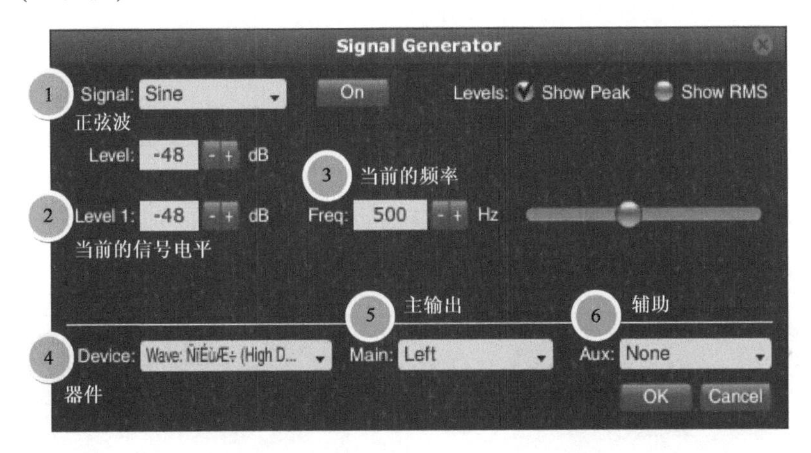

图 9-54 Sine（正弦波）参数选用对话框

④ Signal Generator 参数选用对话框如图 9-55 所示。

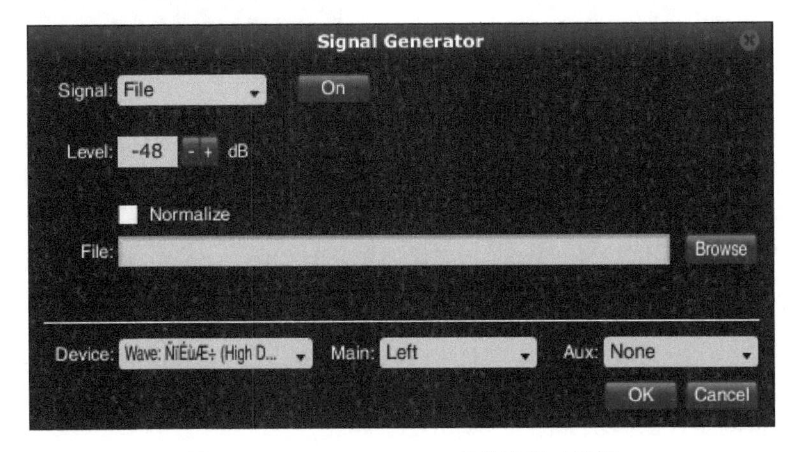

图 9-55 Signal Generator 参数选用对话框

9.3.8 全局参数设置模块

① 在频谱模式下的全局参数控制对话框如图 9-56 所示。

② 在传输函数模式下的全局参数控制对话框如图 9-57 所示。

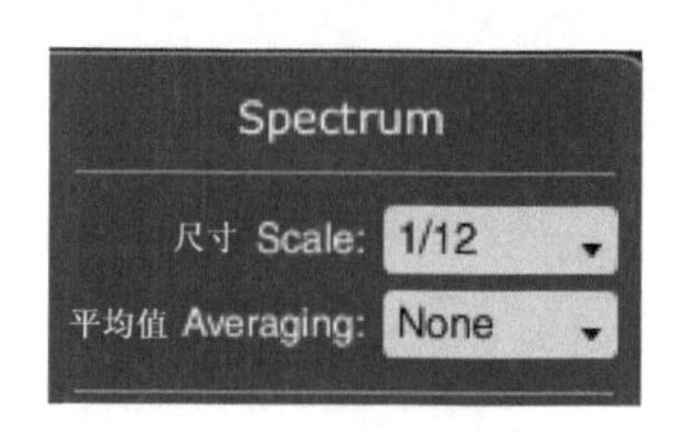

图 9-56 在频谱模式下的全局参数控制对话框

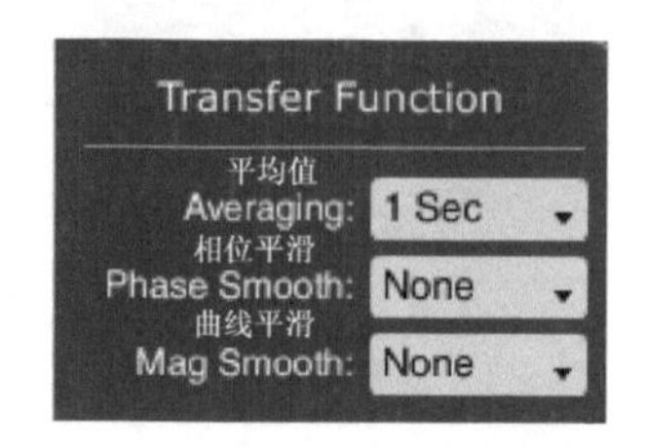

图 9-57 在传输函数模式下的全局参数控制对话框

9.3.9 测量控制模块和在传输函数 TF 模式下的测量控制对话框

① 测量控制模块对话框如图 9-58 所示。

图中，Group：测量组；Default Spec：定义频谱用于改变选项定义；在下拉条▼内有 Spectrum（频谱测量组）、Transfer Function（传输函数测量模块）、New（新建测量组）、Copy（拷贝测量组）、Delete（删除测量组）；□：全局停止测试；▷：全局开始测试；hvbj：项目名称。

② 在传输函数 TF 模式下的测量控制对话框如图 9-59 所示。

图 9-58 测量控制模块对话框

图 9-59 在传输函数 TF 模式下的测量控制对话框

图中，Group：测量组；Default TF：定义传输函数；□：全局停止测试；▷：全局开始测试；All Track：测量组内所有测量卡自动跟踪延时；No Track：测量组内所有测量卡不自动跟踪延时（借助 Find 寻找延时）；dsfsfs：项目名称；□（绿色）：关闭当前测试；▷（绿色）：开始当前测试；M（Mea）：测量通道；R（Ref）：参考通道；Find Track：寻找延时（寻找音箱与话筒之间的延时）；+：增加延时；-：减小延时。

9.3.10 传输函数和在频谱模式下的测量控制模块

① 传输函数测量控制模块如图 9-60 所示。

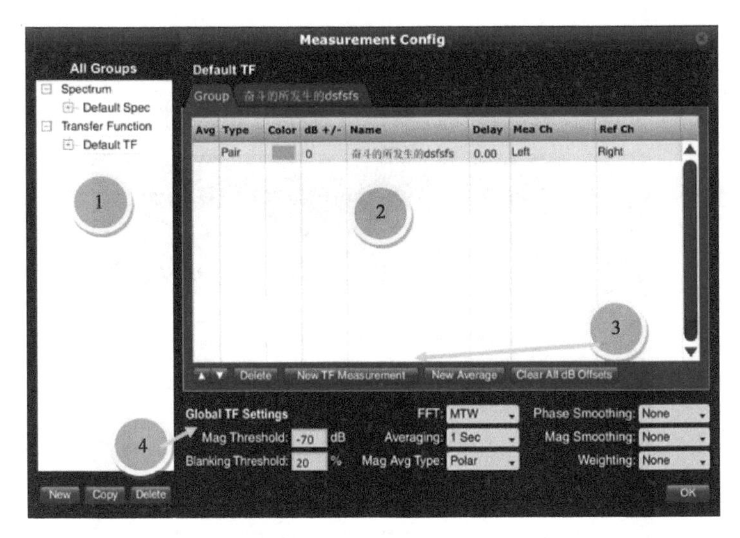

图 9-60　传输函数测量控制模块

图中，①All Groups：所有编项（Spectrum、Transfer Function）；②Default TF：定义传输函数类型；③△▽、Delete（删除测量卡）、New TF Measurement（新建传输函数测量卡）、New Average（新建传输函数平均值测量卡）、Clear All dB Offsets（清除所有 dB 的偏移量）；④Global TF Settings：全局传输函数设立；FFT：快速傅里叶变换；Phase Smoothing：相位平滑；Mag Threshold：频响曲线设置（低于此阈值的不显示）；Averaging：平均时间；Mag Smoothing：频响曲线平滑；Blanking Threshold：相干性曲线设置（低于此阈值的不显示）；Mag Avg Type：频响曲线平均类型；Weighting：计权方式。

② 在频谱模式下的测量控制模块如图 9-61 所示。

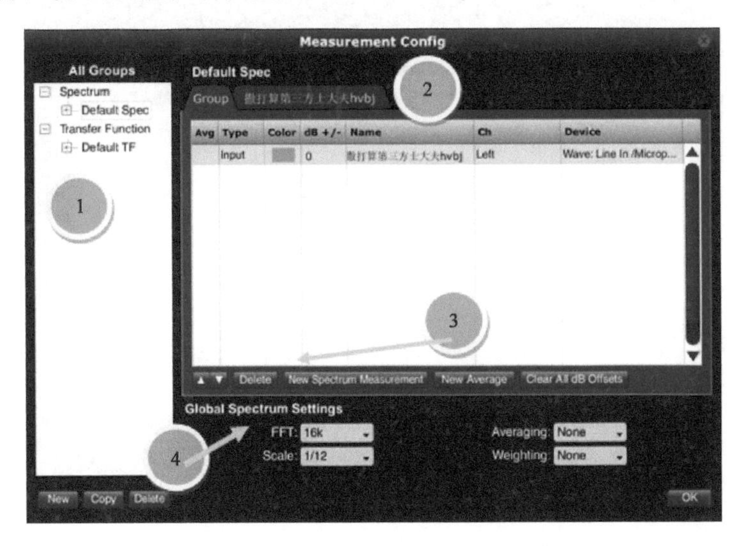

图 9-61　在频谱模式下的测量控制模块

图中，①All Groups：所有编组；②Default Spec：新建频谱；Group：编组；③Delete（删除测量卡）、New Spectrum Measurement（新建频谱测量卡）、New Average（新建频谱平均值测量卡）、Clear All dB Offsets（清除所有 dB 的偏移量）；④Global Spectrum Settings：全体频谱设立；FFT：尺寸；Scale：比例；Averaging：平均次数；Weighting：计权方式。

9.3.11 设置模块

① Audio Device Options（音频器件选项）设置模块 1 对话框如图 9-62 所示。

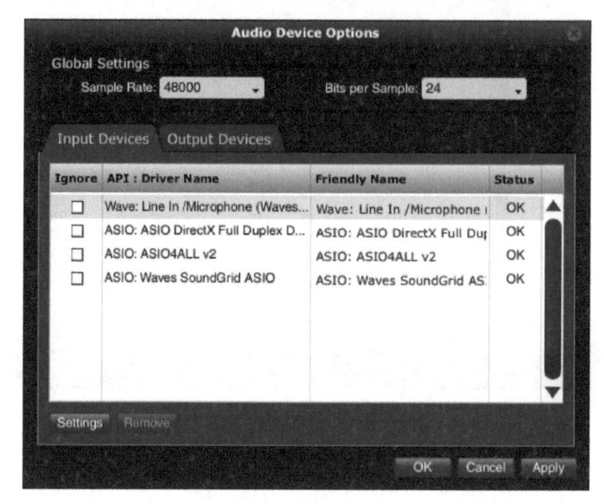

图 9-62 Audio Device Options（音频器件选项）设置模块 1 对话框

图中，Global Settings：全体设立；Sample Rate：采样率；Bits per Sample：采样位数（比特深度）；Input Devices：输入器件；Output Devices：输出器件；Ignore—API：Driver Name—Frlendly Name—Status：声卡设备名—通道名—校正话筒增益—校准话筒的参数。

② Audio Device Options（音频器件选项）设置模块 2 对话框如图 9-63 所示。

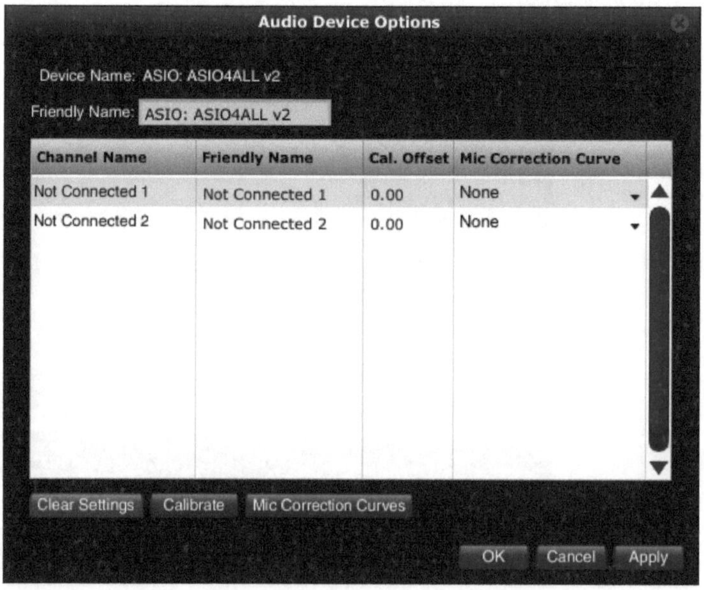

图 9-63 Audio Device Options（音频器件选项）设置模块 2 对话框

图中，Device Name：器件名称；Friendly Name：名称；Channel Name：通道名称；Friendly Name：名称；Cal. Offset：校正话筒增益；Mic Correction Curve：话筒校准曲线；Clear Settings：清理设置；Calibrate：校准；Mic Correction Curves：话筒校准曲线。

下篇　现场实践

第 10 章　现场演出前的工作

10.1　现场演出工作流程

无论在室内或在室外，在正式演出前，调音人员均应按照如图 10-1 所示的现场演出工作流程做好各项工作，确保安全、高质量地完成演出任务。

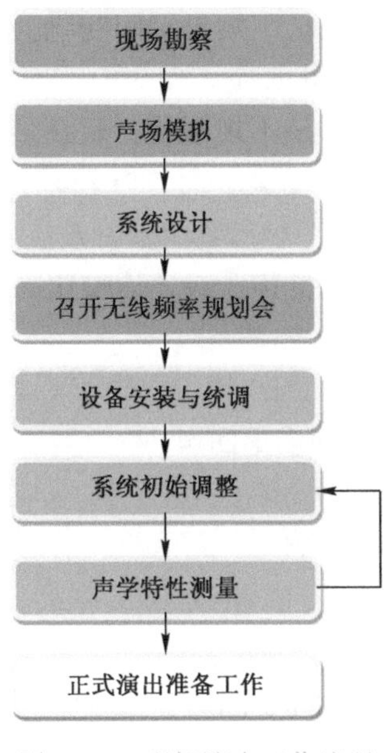

图 10-1　现场演出工作流程

现场勘察：对一个陌生演出场所的环境进行实地调查，为系统设计做好准备工作，测试现场的无线发射频率，为无线传声器的使用频率提供参考。

声场模拟：演出场所的声场是否符合要求是完成演出的必备条件，如声压级和声场的均匀性；扬声器的布局应满足声压级所需功率放大器的输出功率。此项工作可在演出场所使用 EASE FOCUS 声场模拟软件来完成。

系统设计：依据 EASE FOCUS 声场模拟软件的结果设计系统，给出系统图并进行设备选型。

设备安装与统调：在演出场所安装扬声器和无线传声器，按照系统图连接设备。

系统初始调整：连接系统并经检查无误后，按照正确的开机加电顺序给设备供电（由时序器完成）、接入声音信号、适当调节电平，包括主扩各个扬声器系统的音箱和舞台返送监听音箱的声音再现，即“打通系统”。

声学特性测量：对演出场所进行声场测试，并对存在的缺陷进行补偿，调节系统内各个扬声器发送声音到达听点的延时，实现声波相位叠加。

正式演出准备工作：在彩排时做好系统的电平调节、混音及效果的加入等，为正式演出做好各项准备。

10.2 演出场所的特点

1. 室外扩声的特点

① 声场的建立依靠直达声。在露天的自然环境，地域较为宽广，周围建筑物不多，导致建立的声场与室内不同。室内厅堂声场存有的大量反射波对远区域声场的建立贡献很大。室外只能依靠直达声建立声场。这是室外扩声与室内厅堂扩声的最大区别。在面积相同的演出场所，由于室外产生的声波反射弱，混响作用弱于室内，观众区的声场以声源的直达声为主，其声压级与声源距离的平方成反比，因此室外声音的总电功率比室内声音的总电功率大3~5倍。风向变化有时会造成扩声效果瞬间变化，有时还会因声音正反馈而产生啸叫，雪、雨等恶劣天气会带来声音掩蔽效应。

② 人文环境不同。舞台大；有时呈不规则状；观众多，一般有数千乃至上万人；演出现场布局不够集中，所需电功率不仅要大，而且音箱辐射声波的声压级要高，射程要远，当需要多布置几个音箱时，还要充分考虑声音的延时效应。

③ 噪声级较高。观众区的有效最低声压级比信噪比高15~20dB，拾取观众的效果声有一定的困难。

④ 扬声器采用分布式，可带来多重回声。在同一区域可听到多个扬声器发出的同一个声音，当延时差超过50ms时，将出现多重回声。

⑤ 存在传声器与扬声器之间的声反馈。

⑥ 反射声小，受高、低温度的影响。

⑦ 要远离办公楼和住宅，应与高压线有足够的距离，在演出现场附近没有架空电缆，演出现场要平整，满足供电条件。

⑧ 配套设施有舞台、化妆间、电源、照明、卫生间、排水、供水、公共交通及通信。

2. 厅堂扩声的特点

厅堂扩声受厅堂声学环境的影响很大。如果一个厅堂的声学环境处于理想状态，则给扩声系统的负面效应小，调音遇到的问题也少。所以，如果在厅堂演出，则对厅堂声学环境存在的缺陷要引起足够的重视。

（1）建筑声学缺陷的表现。

① 多重回声：多重回声为一串同一声源可分辨的声音。在厅堂内，经反射面到达“听声者”的声音路途长于直达声的波长，当差值大于17m时，相当于产生大于50ms的时间差，此时延时的反射声形成回声。

② 声聚焦：当厅堂的某一表面为凹面时，不同方向的声波投射到凹面而产生的反射波类似凹面镜聚光，在某点产生声波聚焦，声压级明显提高，使厅堂内的声压级不均匀。

③ 颤动回声：这种回声发生在一对相对平行的墙面之间，并伴有颤动。

④ 混响时间：依据厅堂用途、容积大小而确定的混响时间不是一个统一值，各种不同用途的厅堂应有相匹配的混响时间，称其为最佳混响时间。如果混响时间太短，则声音沉闷、干、短；如果混响时间过长，则声音清晰度差，前后叠加，有含混不清的感觉。

⑤ 声影区：如果厅堂有障碍物，声波不能直接到达，则厅堂会有听不到声音的区域。

（2）厅堂频率传输特性。厅堂频率传输特性对音色的影响不可忽视。当扬声器辐射的声波为全音域，即频率为20Hz～20kHz时，声压级等同，但在观众席聆听时会出现“梳状滤波器”效应，从而带来音色的变化。其原因除了与厅堂的形状有关，还与厅堂的吸声材料有关。

（3）声音回授引起啸叫导致传声增益低。

10.3 建筑声学缺陷的处理

1. 厅堂天花板的形状

在厅堂天花板平均高度基本确定的情况下，天花板的形状应有利于将天花板反射的声波均匀分布在远区域。如果是较高的平直天花板，则达不到这一目的。长条形和各种块状的天花板可以达到所要求的声波反射分布，因此经常将天花板设计成弧形面，使声波有一定的反射效果。

2. 侧墙应避免平行

老剧场多为长方形，声波反射分布不均匀，两侧平行的墙面很容易形成颤动回声，应将侧墙改为锯齿状或弧线状。

3. 后墙应避免因声波反射到观众席而产生不良的回声感

后墙一定要避免因声波反射而产生不良的回声感，根据混响时间要求，需要将后墙进行吸声处理，使其具有高的吸声系数才能使声波的反射显著降低。如果后墙不进行吸声处理，则后墙和天花板后部可将反射声波投射到后部观众席，成为不良的回声。

另外，后墙不应为大的凹形。凹形的声波反射很可能形成声聚焦，此时可采取强吸声处理，或者采用若干个圆弧凸面，避免声聚焦现象。

10.4 扩声场地的勘察内容及方法

根据室外扩声的特点，可以通过到现场观察、了解、耳听、目测或用仪表测量完成对室外扩声场地的勘察。

1. 勘察的内容

① 场地面积、舞台位置、舞台到最后观众区域的距离、舞台的宽度（是否需要安装中置扬声器）、架设线阵列扬声器的可能性。

② 现场感受（最好用声压计测量）环境噪声的大小。

③ 了解当地气候的变化。

④ 考查配电条件和地线。配电对露天大型室外扩声系统特别重要，尤其是配有灯光效果的大型演出。大型演出扩声系统的供电条件包括供电电源容量、用电安全、配电箱的设置位置及临时电力线的铺设等。地线配置也很重要。

⑤ 现场射频频率对于无线传声器的干扰至关重要。

2. 勘察的方法

（1）现场观察。进入现场后，要仔细观察周围的声学环境，如果在现场周围有高大的建筑物和较大的声波反射体，则需要格外注意，应充分考虑各种反射，尽量避免因声波反射产生的不良后果。

（2）耳听。

① 回声的判定方法。回声最有效的判定方法是用人耳感受。用手拍一个清脆的掌声，会听到一两个声音。

② 混响的判定方法。如果声源停止发声后还有声音，则为混响。判定混响需要有一定的经验，准确度欠佳，仅作为参考。

③ 声聚焦。播放乐曲或喊话，若在观众席不同位置聆听的声音有明显的变化，则说明存在声聚焦。

（3）测量。

① 混响时间的测量。混响时间为声源停止发生后，声压级减少60dB时所需要的时间。

② 房间传输频率特性的测量。房间传输频率特性采用相对声压级与频率之间的关系曲线进行测量。

3. 扬声器系统安装位置的调查

室内固定演出场所的扬声器系统均已安装好。在室外演出场所，尤其是临时性的中、大型演出场所，需要安装很多扬声器系统。虽然扬声器系统的安装位置由声场模拟决定，但在模拟前需要对扬声器系统的安装位置进行实地调查，判定是否具备安装条件，否则，一旦经声场模拟确定了位置，就有可能出现不能安装的问题。

10.5 配电状态

1. 总用电量的估算

室外演出的供电不同于室内演出，多为临时供电，搭建系统时要遵守供电规范，包括舞台灯光和舞台机械供电、扩声系统设备供电。舞台灯光和舞台机械供电量大，尤其在使用传统的大功率聚光灯时。扩声系统的供电设备主要为功率放大器，可根据选定功率放大器的技术说明书估算用电量。

由220V交流电压提供功率的估算方法如下。

第1步：功率放大器的末级功率有源器件将直流功率 P_d 转换为音频功率 P_a 的转换效率为

$$\eta_2=(P_a/P_d)\times100\%$$

第2步：220V交流电压转换为直流功率 P_d 的转换效率为

$$\eta_1=(P_d/P_{220})\times100\%$$

$$\eta_2\times\eta_1=(P_a/P_d)\times(P_d/P_{220})=P_a/P_{220}$$

$$P_{220}=P_a/(\eta_2\times\eta_1)$$

η_2 与功率放大器末级功率有源器件的工作方式有关：AB类为75%（理想值），D类为90%（理想值），目前多采用开关电源供电，η_1 通常为85%（保守些）。

若功率放大器的输出音频功率 $P_a=1000W$，则可得出由220V交流电压提供的功率为 $1000W\div(0.75\times0.85)=1568.62W$，电流为 $1568.62\div220=7.13(A)$。

采用同样的方法可以估算出所有功率放大器的功率，通过功率总和可估算出全部功率放大器的总用电量。

数字调音台和数字信号处理器的用电量较少，可忽略。

2. 供电要求

① 为防止因电压不稳对扩声系统的使用造成影响，应另外设置一路供电系统。

② 了解供电配电盘的容量和位置。

③ 了解与供电配电盘的距离，可以设置二次配电盘。

④ 系统地线要规范。

第 11 章　声场模拟

11.1　声场模拟的意义

近年来，厅堂音质计算机辅助设计在建立声音、电声设计实践中的应用非常普及，常使用的有声学模拟软件 EASE、EASE FOCUS 声场模拟软件。声学模拟软件 EASE 适合在室内演出场所进行声学模拟；EASE FOCUS 声场模拟软件适合在体育场、广场等演出场所进行声场模拟。

使用 EASE FOCUS 声场模拟软件的目的：模拟演出场所的声场是否可达到观众区要求的声压级、声压级均匀性及频率特性，确立扬声器的型号、工作参数、安装位置及对功率放大器的要求。

① 建立工程文件，将工程文件导出并保存。

② 模拟操作主要在软件的主界面中进行。

③ 利用复制工具可将同一类的观众区、音箱等复制到软件界面的其他位置。

④ 用英文命名观众区、音箱。

⑤ 可调节观众区的尺寸、音箱的参数。

⑥ 在完成观众区的绘制、布置好音箱后，在多个听点测试声压级、频率响应是否达到要求。

⑦ 如果没有达到要求，则需要反复调节音箱的位置、参数，通常采用改变音箱的轴向角度和增益的方法，直到声压级满足要求。

⑧ 导出施工文件。

11.2　演出现场的声场参数

① 演出的节目类型。本书案例是以人声演唱、乐队演奏乐曲为主要内容的中型演唱音乐会，配备 30 个左右的无线和有线传声器。

② 演出场地的容积。本书案例的演出场地是一个场馆，面积为 120m×190m，跨度为 300m×420m。

③ 本书案例的声学特性根据国家标准 GB/T 28049—2011《厅堂、体育场馆扩声系统设计规范》进行声场模拟，见表 11-1。

表 11-1　GB/T 28049-2011《厅堂、体育场馆扩声系统设计规范》

等级	最大声压级（峰值）	传输频率特性	传声增益	稳态声场不均匀度	语言传输指数（STIPA）	系统总噪声级	总噪声级
一级	额定通带内：大于或等于 105dB	以 125～4000Hz 的平均声压级 0dB 为例，在此频带内的声压级为 -4dB～+4dB	125～4000Hz 的平均值大于或等于-10dB	1000Hz、4000Hz 的大部分区域小于或等于 8dB	≥0.5	NR-25	NR-30

续表

等级	最大声压级（峰值）	传输频率特性	传声增益	稳态声场不均匀度	语言传输指数（STIPA）	系统总噪声级	总噪声级
二级	额定通带内：大于或等于101dB	以125～4000Hz的平均声压级0dB为例，在此频带内的声压级为-6dB～+4dB	125～4000Hz的平均值大于或等于-12dB	1000Hz、4000Hz的大部分区域小于或等于10dB	≥0.5	NR-25	NR-35
三级	额定通带内：大于或等于0.5dB	以250～6300Hz的平均声压级0dB为例，在此频带内的声压级为-10dB～+4dB	250～6300Hz的平均值大于或等于-12dB	1000Hz、4000Hz的大部分区域小于或等于10dB	≥0.45	NR-30	NR-35

注：① 最大声压级决定重放声动态范围的上限，系统总噪声级决定下限。扩声系统规定的最大声压级是以国内一些厅堂的实测值和使用效果作为依据的。

最大声压级的另一个含义：扩声系统功率放大器的输出功率逐渐增大，当刚处于产生自然啸叫的状态时，调低系统增益6dB时观众席的平均声压级，可依据观众席要求的平均声压级，结合场地确定功率放大器的电功率（在选用扬声器的灵敏度下）。

② 根据一些厅堂传输频率特性的实测值和扩声系统的使用效果，提出对传输频率特性的要求值。

③ 稳态声场不均匀度是各处观众区在不同频带时的声压级差，可以依据要求的声场不均匀度选择扬声器的指向性和布局，额定通带为20Hz~20kHz，基本上可反映扬声器系统的覆盖是否合理。

④ 国内、外的实践证明，扩声系统在啸叫点以下6dB时运行基本稳定，即系统的稳定度至少为6dB。扩声系统在使用传声器时，传声器拾取声音的放大量是反映扩声系统反馈的重要指标。传声增益越高，扩声系统的声音放大量越大。

⑤ 系统总噪声级是扩声系统在最大可用增益、无有用声信号输入时，厅堂内各观众区处的噪声。该指标的目的在于限制交流电的噪声。扬声器系统或设备安装不当会引起二次噪声。

11.3 演出场所声场模拟

下面以表11-1中给出的演出场所声场参数，利用EASE FOCUS声场模拟软件进行模拟：准备工作→导入音箱性能数据→舞台、观众区的绘制→全频音箱位置的模拟→超低音音箱位置的模拟→测试整场声压级分布→调节音箱吊挂参数→测试整场声压级分布→导出施工文件。

11.3.1 准备工作

EASE FOCUS声场模拟软件的工作模式有两种：标准模式和扩展模式。扩展模式比标准模式增加时间响应、滤波器及全局滤波器等内容。当启用EASE FOCUS声场模拟软件时，开机默认为标准模式。

当建立项目名称、场地温/湿度及高度等信息后，可在后期导出的施工文件中显示出来。注：项目名称只支持英文，不支持中文，要将系统语言改为英语，否则会出现乱码。

单击开机主界面的 File→Options→Environment 后，如图 11-1 所示，在 Functionality 的 Mode 下拉条中选择 Extended（英文）。

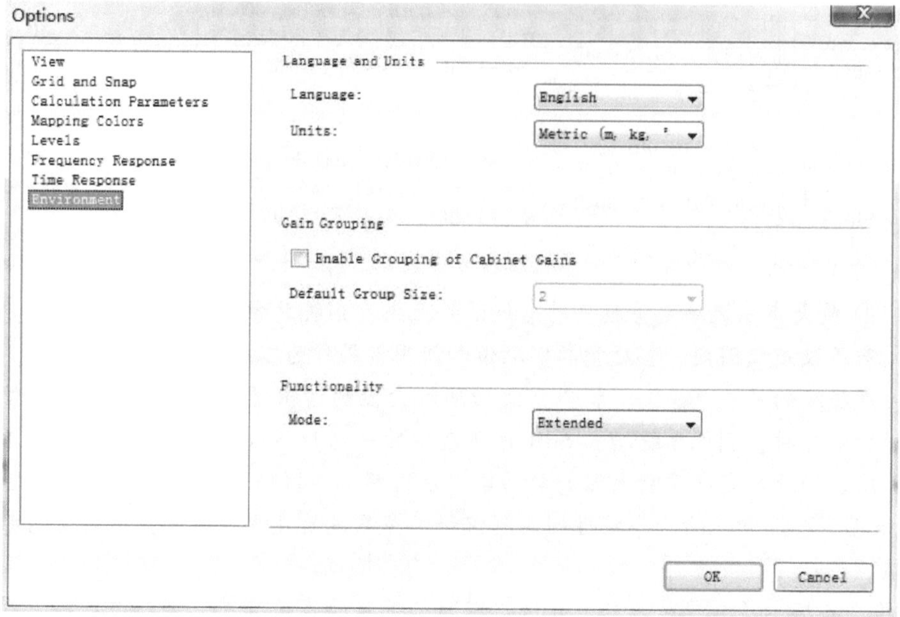

Options

View
Grid and Snap
Calculation Parameters
Mapping Colors
Levels
Frequency Response
Time Response
Environment

Language and Units
Language: English
Units: Metric (m, kg, °
Gain Grouping
Enable Grouping of Cabinet Gains
Default Group Size: 2
Functionality
Mode: Extended
OK Cancel

图 11-1　单击 File→Options→Environment 后的界面

单击开机主界面的 File→New Project 建立一个新项目，如图 11-2 所示。

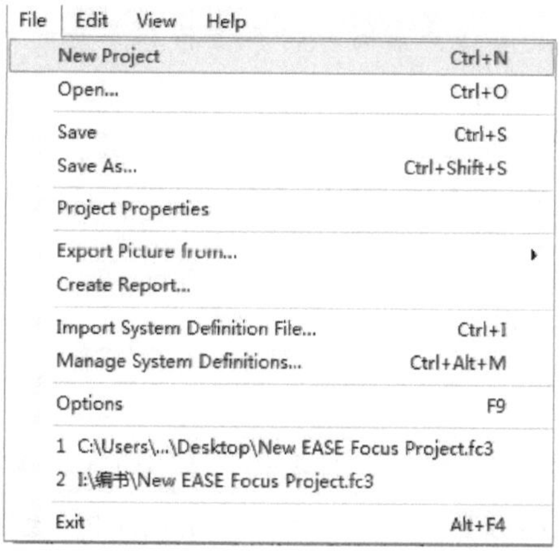

File Edit View Help
New Project Ctrl+N
Open... Ctrl+O
Save Ctrl+S
Save As... Ctrl+Shift+S
Project Properties
Export Picture from...
Create Report...
Import System Definition File... Ctrl+I
Manage System Definitions... Ctrl+Alt+M
Options F9
1 C:\Users\...\Desktop\New EASE Focus Project.fc3
2 I:\编书\New EASE Focus Project.fc3
Exit Alt+F4

图 11-2　File 对话框

单击 Export Picture from...弹出导出图片对话框，包含的项目有：

1. top View（顶视图）；2. Side View（侧视图）；3. Rigging View（音箱视图）；4. Levels（声压级视图）；5. Frequency Response（频率响应视图）；6. Time Response（时间响应视图）；7. Distribution Graph（声压级分布视图）；8. Filter（滤波器视图）；9. Global Filter（全局滤波器视图）。

单击图 11-2 中的 Project Properties 弹出修改项目属性对话框，包含的项目有：

1. Project Title（项目名称）；2. The stadium Project（体育馆项目）；3. Author（设计者）；4. Company（公司）；5. Notes（备注）；6. Attendance（上座率）；7. Environmental（环境噪声）；8. Temperature［℃］（温度）；9. Air Pressure（大气压）；10. Humidity（湿度）；11. Project Settings（项目建立）；12. Noise Settings（噪声建立）。

11.3.2 导入音箱性能数据

① 本书案例选用 Zsound 全频线阵列音箱、AFMG-Dual-18 超低音音箱（音箱数据由音箱厂家提供，包括音箱灵敏度、音箱功率及音箱尺寸等）。

② 导入音箱性能数据的操作步骤：从官网上查找 Zsound 全频线阵列音箱、AFMG-Dual-18 超低音音箱的数据文件下载到计算机中，单击 File→Import System Dfinition File…→在计算机中找到导入的数据文件（导入到 EASE FOCUS 声场模拟软件中）后，单击 OK。

11.3.3 舞台、观众区的绘制

1. 绘制舞台

启动 EASE FOCUS 声场模拟软件，在主界面的绘制区默认一个舞台，如图 11-3 所示的棕色框，将鼠标放至棕色框边，显示十字箭头后，即可将棕色框移动到需要的位置，当出现左、右箭头后，拖动棕色框即可改变水平方向的面积大小，当出现上、下箭头后，拖动棕色框即可改变垂直方向的面积大小。注意：边框为棕色时操作有效，若为蓝色，则可用鼠标单击边框，使其变为棕色。

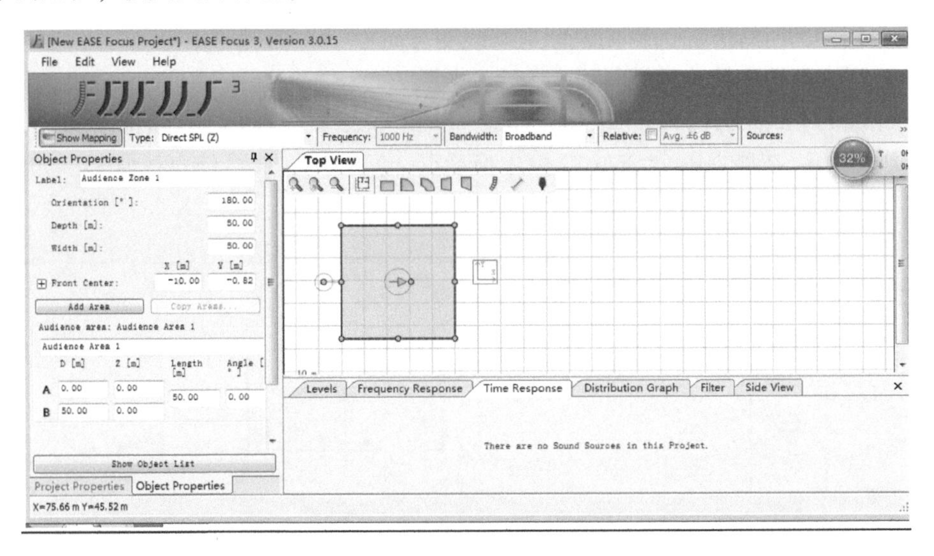

图 11-3 绘制舞台

如果有绘制错误的地方，则可单击错误的对象，按键盘 Delete 键删除即可。

棕色框内的圆环内三角指向听音方向，可用鼠标旋转，改变听音方向。

2. 绘制观众区

利用图 11-3 顶部的绘图工具可在绘制舞台的界面中绘制观众区，方法如下。

首先建立一个观众区的模板，如方形框，然后单击方形框，利用复制的方法或键盘的

Ctrl+C 键在观众区的其他空白处粘贴。由于各个观众区的形状不同，因此应选用不同形状的图形逐个进行复制、粘贴。观众区的整体布局如图 11-4 所示。

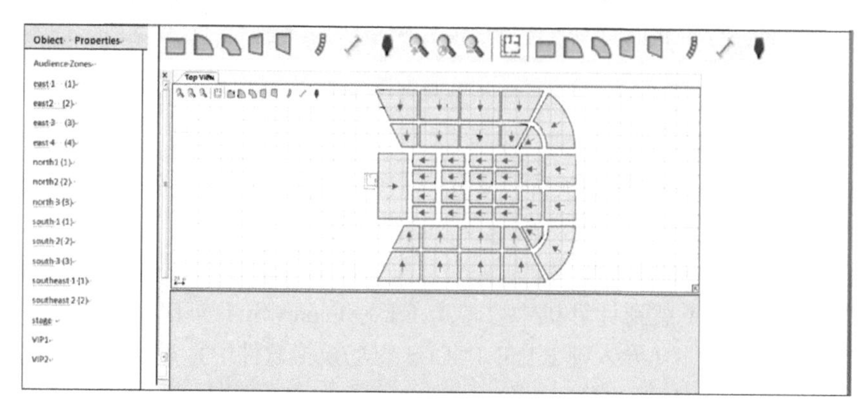

图 11-4　观众区的整体布局

图中，无论建立多少个观众区都要进行命名，可方便以后在修改观众区、察看观众区的声压级时使用。

① 命名：双击需要命名的观众区，弹出图 11-3 左侧的 Object Properties 对话框，在 Label 白条框中写入观众区的名称，如将现有的 Audience Zone 1 改为 Audience Zone Mid。

② 绘制舞台和观众区的尺寸原则：按照场地勘测 1∶1 进行建立，可在 Object Properties 对话框中的 Depth、Width 中填入尺寸参数。

③ 箭头指向为听音方向，可用鼠标拖动改变方向。

3. 绘制观众区的座椅阶梯倾斜面

双击如图 11-5 所示的顶视图 Top View，弹出 Object Properties 对话框。单击① Add Area（添加区域），在侧视图② Side View 中拖动点 A、B、C、D 可使直线倾斜，如图 11-6 所示。

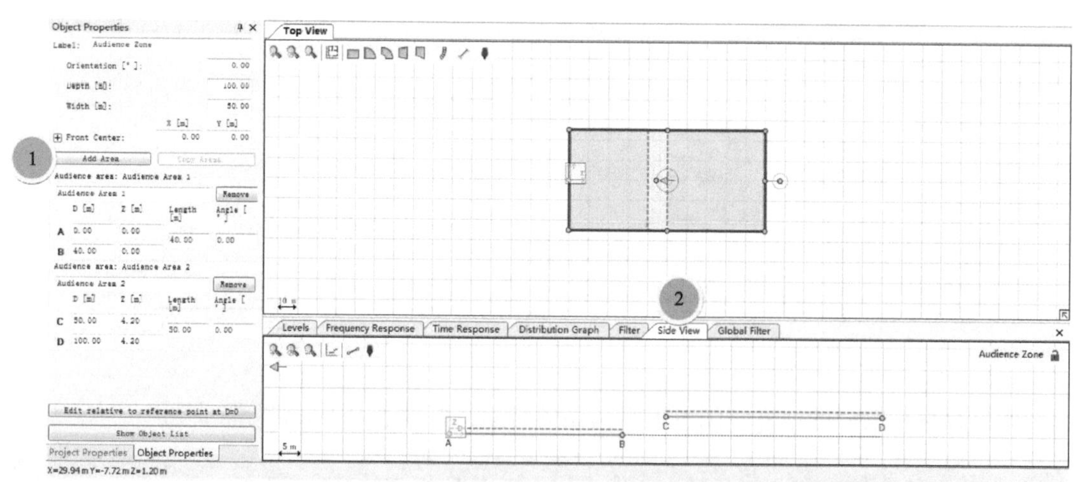

图 11-5　顶视图 Top View 和侧视图 Side View

倾斜直线对接时留出的空白区域为走廊，可通过复制、粘贴倾斜直线绘制观众区的座椅阶梯倾斜面，并可调节座椅阶梯倾斜面的倾斜度。图 11-7 为观众区的座椅阶梯倾斜面。

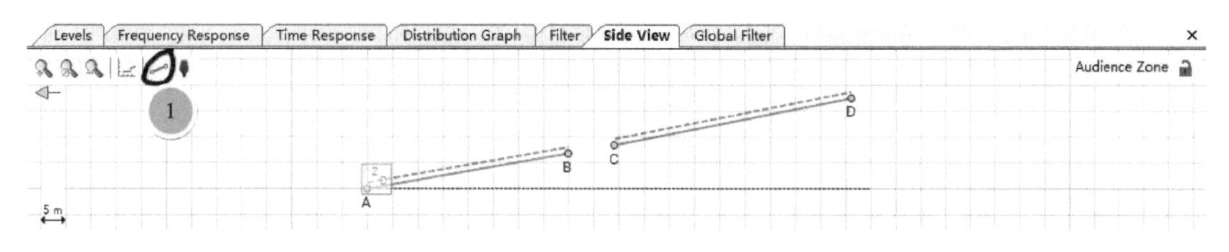

图 11-6　使直线倾斜

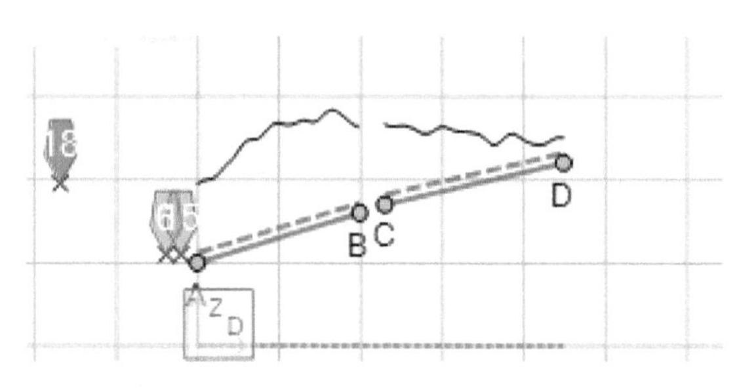

图 11-7　观众区的座椅阶梯倾斜面

也可在侧视图中绘制观众区的剖面图，在绘图工具（见图 11-6 中的①）中找到绘制剖面图的工具，在图 11-5 的平面内单击想要绘制剖面图的观众区，按住鼠标左键，拖动即可完成。

11.3.4　全频音箱位置的模拟和参数的调节

1. 全频音箱位置的模拟方法

单击图 11-4 中的扬声器图标，弹出扬声器系统对话框（不同厂家的对话框不一样），如图 11-8 所示。

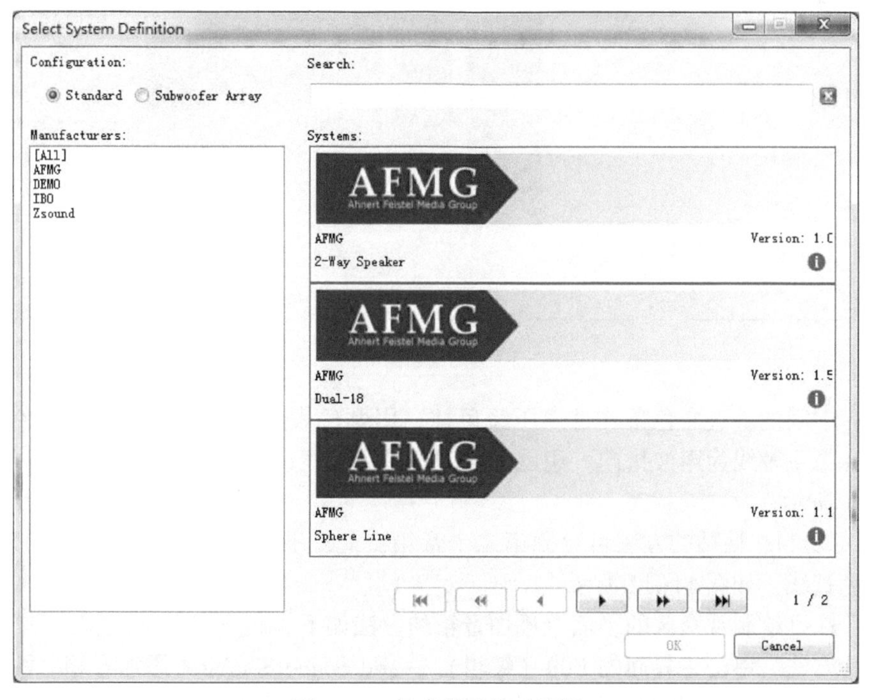

图 11-8　扬声器系统对话框

① 单击图 11-8 中的 Manufacturers 音箱品牌，以 Zsound 为例，弹出 Zsound 音箱界面，如图 11-9 所示。

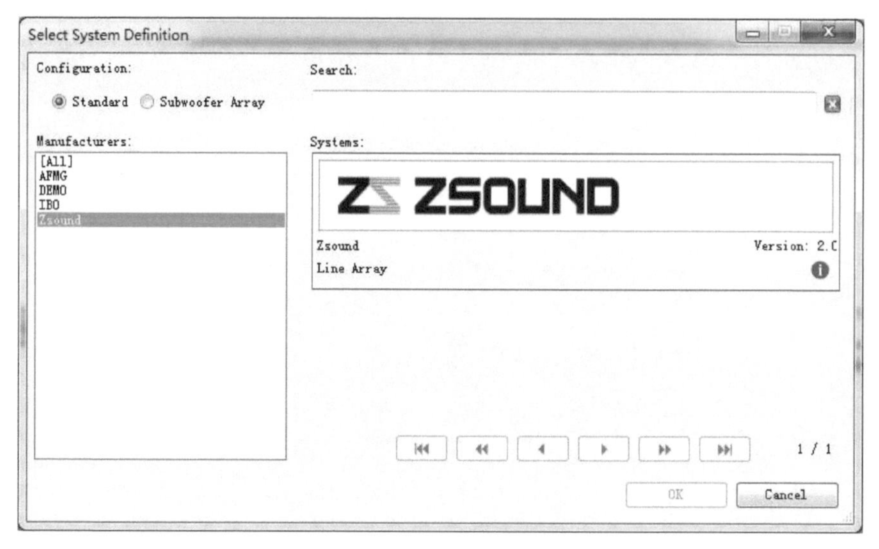

图 11-9　Zsound 音箱界面

② 单击图 11-9 中白色框内的 ZSOUND 使边框变为红色后，单击 OK，对话框消失，将鼠标放在已绘制观众区的平面上将出现十字方框（代表音箱），移动到要求的位置后单击，弹出如图 11-10 所示界面，粉色方框为 Zsound 音箱。

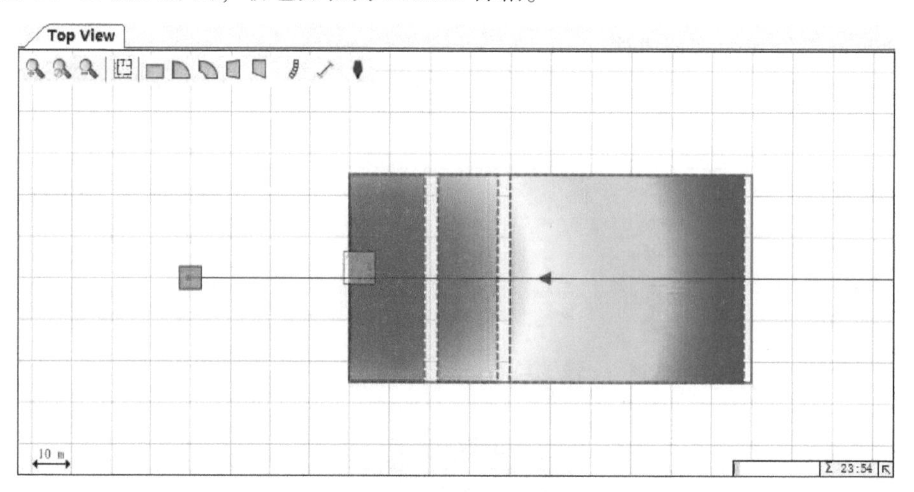

图 11-10　Zsound 音箱的位置

图中，中间的垂直彩色条柱是声压级色柱，用颜色表示声压级的大小：暖色为高；冷色为低。音箱主轴线为声波指向。用鼠标拖动音箱主轴线向四周移动，可改变音箱的朝向，如图 11-11 所示。

③ 采用复制、粘贴的方法可绘制第二个音箱，上、下对称绘制（图中灰色方框），主轴线为灰色直线，如图 11-12 所示。

小结：在已绘制观众区的平面上添加音箱的方法如下。

第一种方法。单击主界面的 Edit（编辑）→Add Sound Source［添加音箱。注：软件的 Sound Source（音源）被译为音箱，即将音箱发出的声音作为音源］。

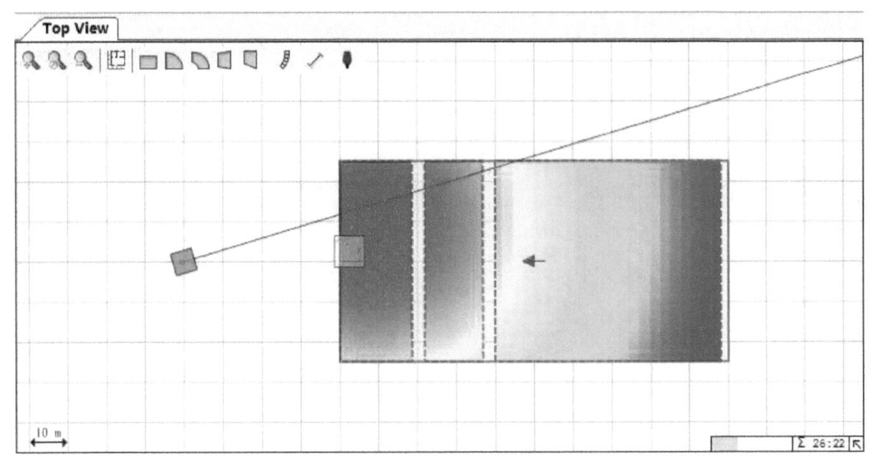

图 11-11　改变 Zsound 音箱的朝向

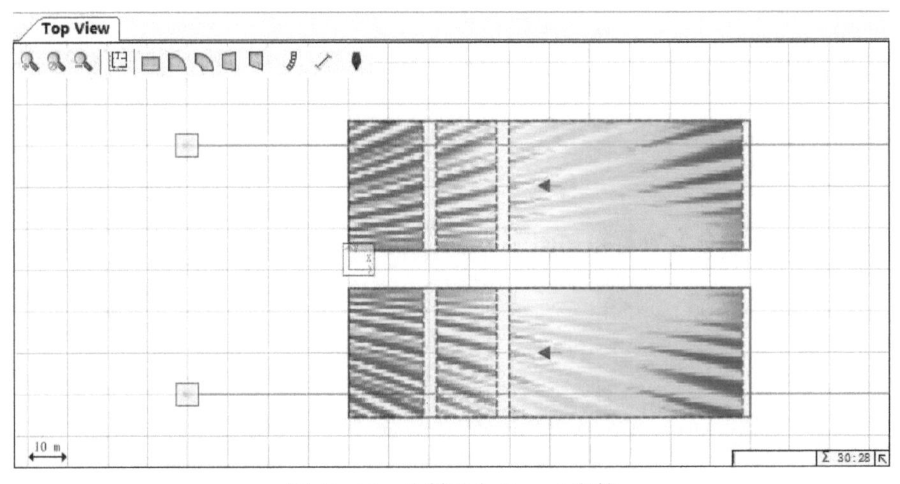

图 11-12　绘制两个 Zsound 音箱

以 *X*-*Y* 坐标原点（0，0）作为参考点进行绘制，如图 11-13 所示。

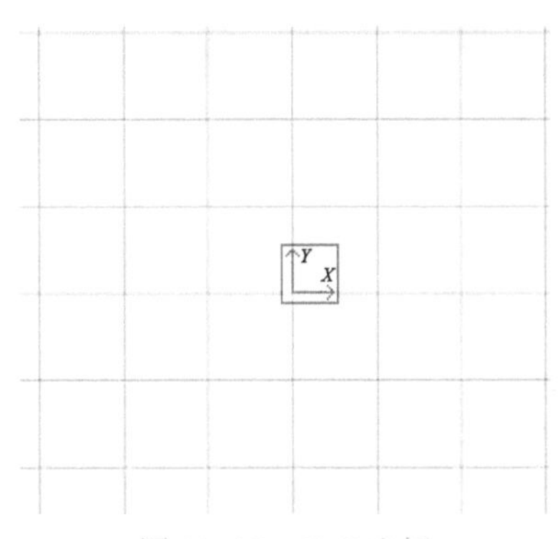

图 11-13　*X*-*Y* 坐标

第二种方法。单击主界面的顶视图后，再单击绘图模块中的绘制音箱图标，弹出扬声器系统对话框，见图 11-8。

双击 Manufacturers 音箱品牌，以 IBO 为例，弹出 IBO 音箱界面，如图 11-14 所示。单击图中的 L_{INE} A_{RRAY} LA-218B，即可在已绘制观众区的平面上绘制音箱。

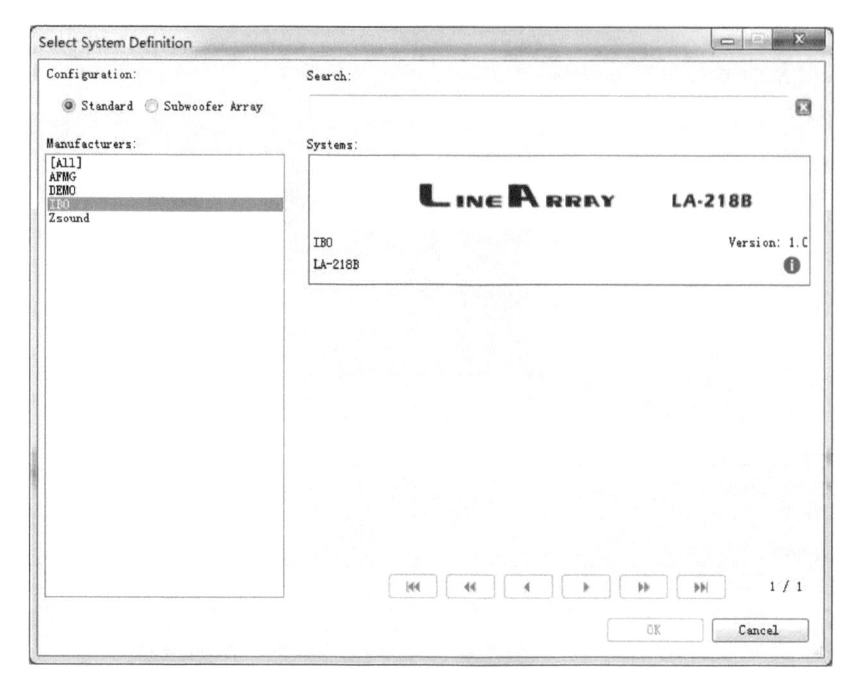

图 11-14　IBO 音箱界面

在**观众区内**绘制的**全音域音箱**如图 11-15 所示。

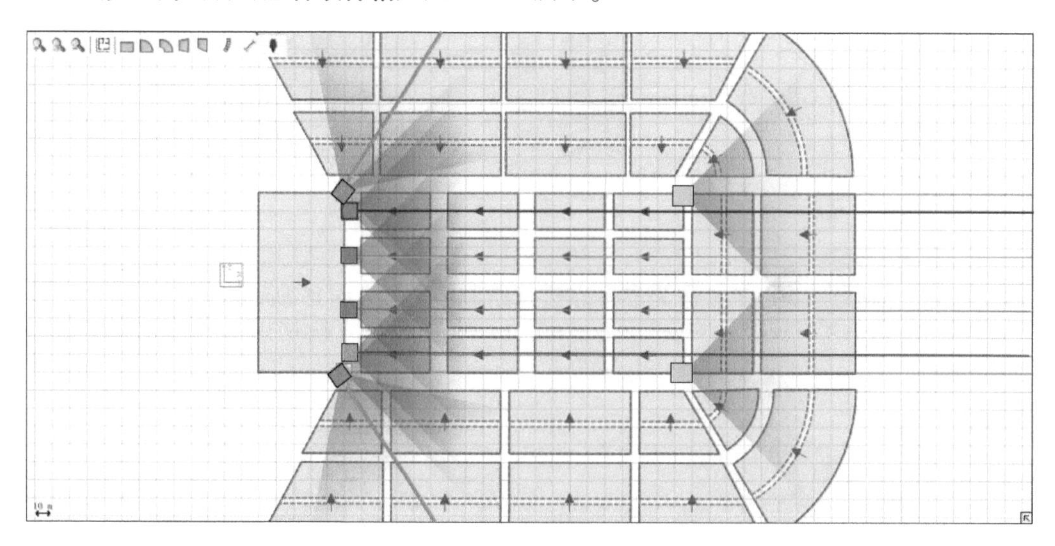

图 11-15　在观众区内绘制的全音域音箱

在图 11-15 中，主扩音箱（粉红色）被命名为 FOH Left，延时音箱（橘黄色）被命名为 Delay Fill，侧补音箱（绿色）被命名为 Side Fill，中置补声音箱（蓝色）被命名为 Center Fill。

命名方法：双击待命名的音箱，弹出如图 11-16 所示 Object Properties 对象属性中的 System Parameters 系统参数对话框及解析，在 Setup 栏内选择音箱型号，图中为 VCMTG；在 Label 栏内写入位置名称，图中为 side fill。

2. 全频音箱参数的调节

在绘制音箱后，可通过图 11-16 调节音箱的高度、方位及角度等参数。

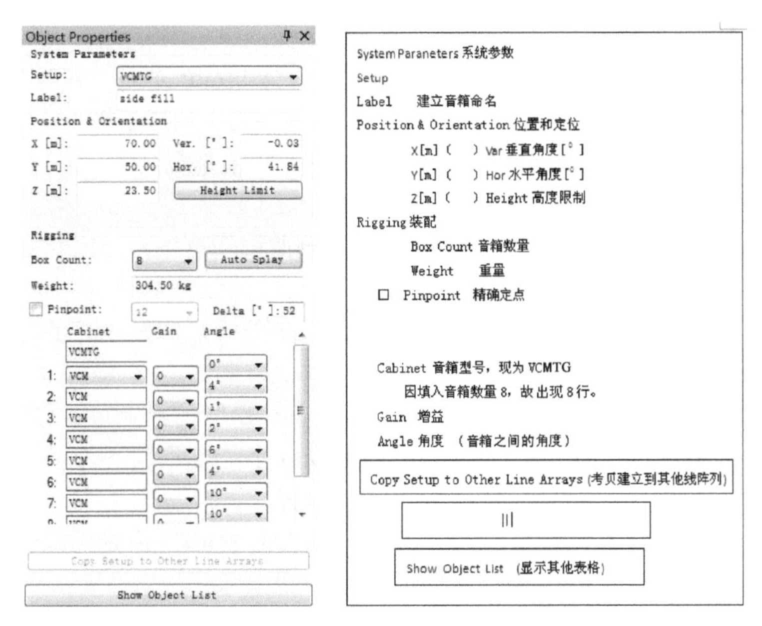

图 11-16 Object Properties 对象属性中的 System Parameters 系统参数对话框及解析

11.3.5 测试整场声压级分布

EASE FOCUS 声场模拟软件主界面的功能菜单如图 11-17 所示。

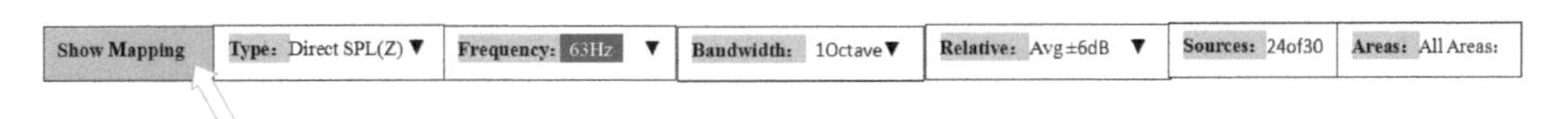

图 11-17 EASE FOCUS 声场模拟软件主界面的功能菜单

单击图 11-17 中的 Show Mapping，出现如图 11-18 所示的整场声压级分布。图中的颜色代表声压级的大小，可对照右侧的条柱，蓝色最小，为 112dB（SPL），红色最大，为 144dB（SPL）。

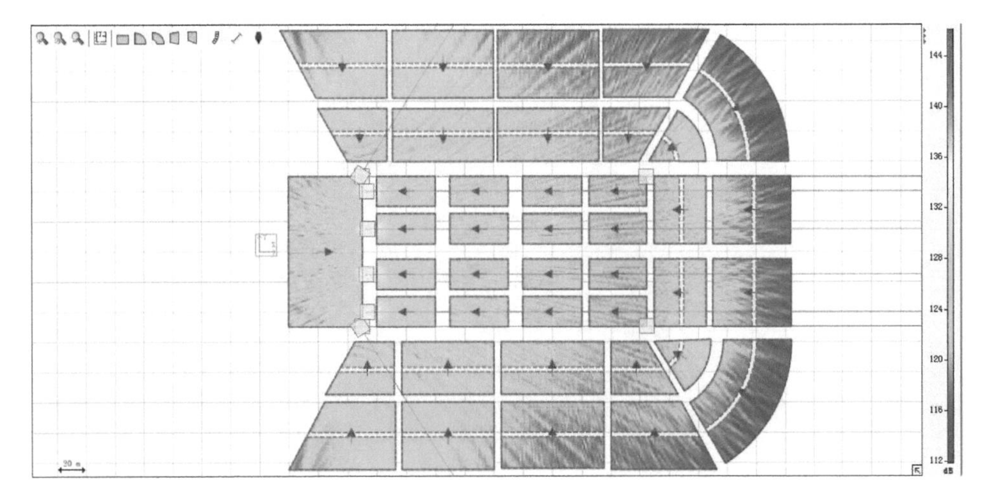

图 11-18 整场声压级分布

通过图 11-18 可以调节每一个音箱的增益，必须做到声场均匀覆盖。

从图 11-18 中可以看出，观众区声压级的最小值为 116dB 左右（后排），中排的声压级为 120dB，前排的声压级可达到 132dB，整体基本满足要求的声压级 120dB。不同观众区的声压级分布不一致，在同一个观众内可有较大起状，如前排观众区。

1. 建立听点

由于不同观众区处在不同的声压级下，全频频响曲线会有偏差，因此要建立多个听点观看全频频响曲线是否达到要求。

首先建立听点。建立听点的原则是将 EASE FOCUS 的听点和 Smaart 的测试点选为同一点，即利用 Smaart 进行测试后再修正，做到重合同步。

单击图 11-19 中的建立听点图标①，并将其放在观众区的选定位置作为声波接收点。在观众区建立多个听点，可用不同的颜色表示在观众区建立的听点。

然后双击听点，在对象属性菜单下修改听点的位置。

在图 11-19 中，观众区平面图上的水平线表示 EASE FOCUS 声场模拟软件的垂直剖面声压级分布，可以任意选取水平线的位置。

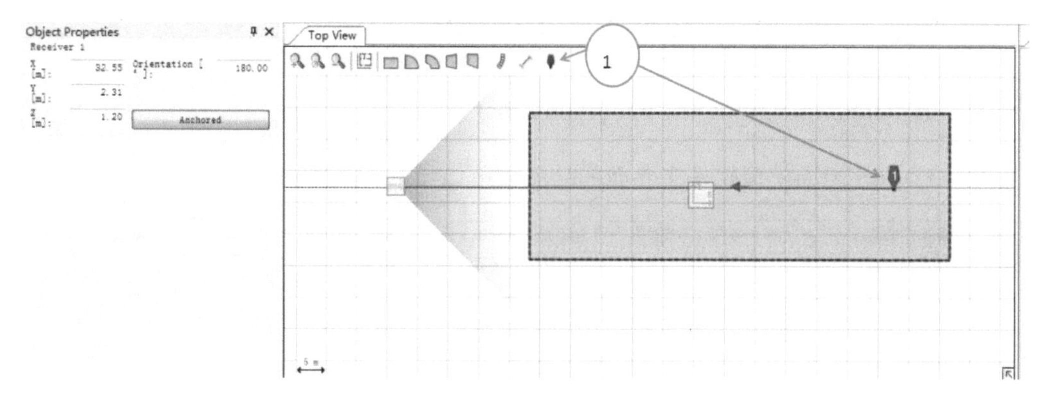

图 11-19　建立听点

建立的听点分布图如图 11-20 所示，采用不同的颜色标注。

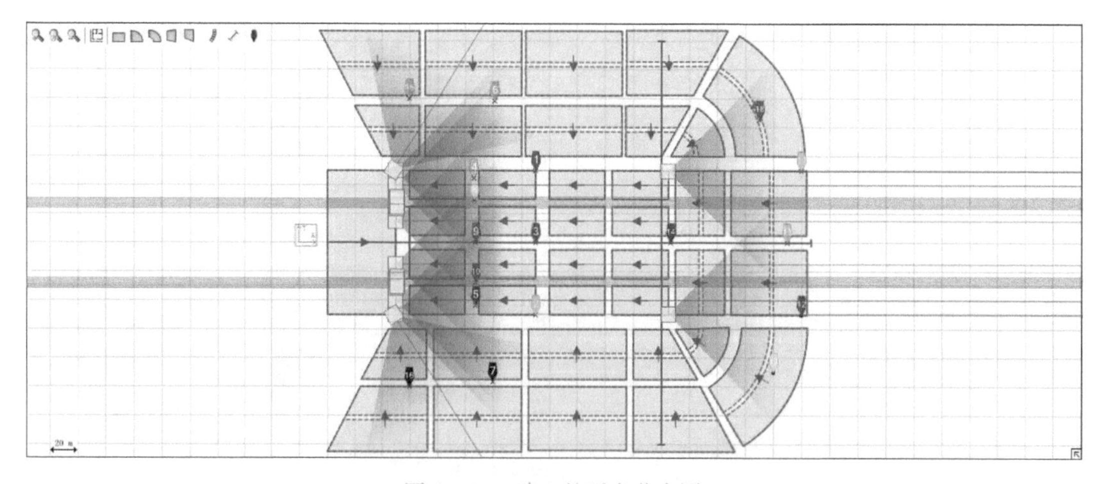

图 11-20　建立的听点分布图

2. 观众区全频频响曲线

单击 EASE FOCUS 主界面中的 Frequency Response，弹出如图 11-21 所示所有听点的频响曲线，右上角列出 18 个不同颜色对应编号的听点。

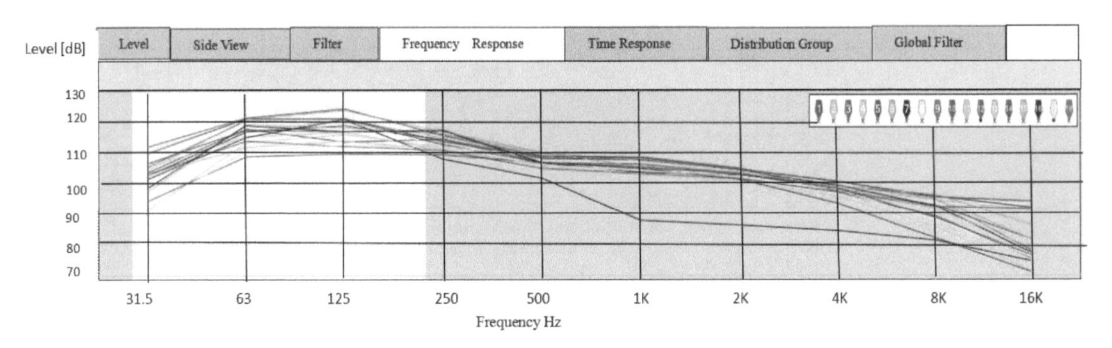

图 11-21 所有听点的频响曲线

在图 11-21 中，水平轴显示的频率为 31.5Hz～16kHz，垂直轴显示以 dB 为单位的声压级。

3. 观众区剖面声压级分布

单击 Side View，弹出如图 11-22 所示的观众区剖面声压级分布，即蓝色框内高度起伏的黑色曲线。

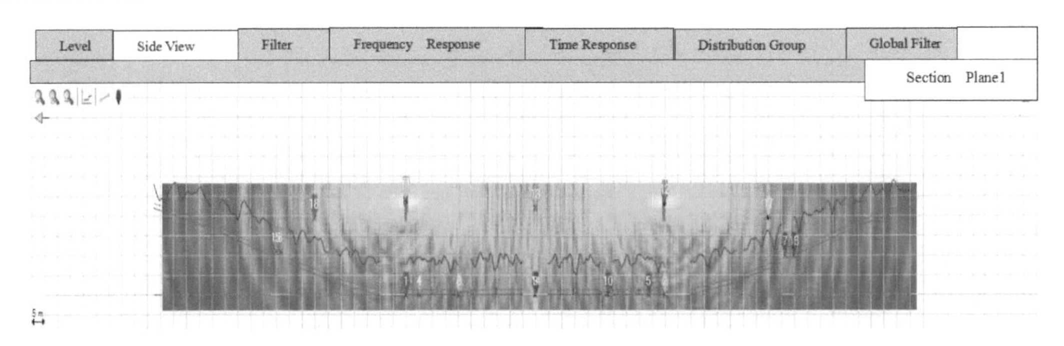

图 11-22 观众区剖面声压级分布

11.3.6 调节音箱吊挂参数

音箱吊挂参数包括角度和增益。音箱的位置被确定后，即可调节角度，可在前期做好的顶视图和侧视图中进行操作，如图 11-23 所示。

① 双击图 11-23 中需要调节的对象，弹出 Object Properties 的 System Parameters 对话框。

② 单击 Object Properties 的 Auto Splay（自动倾斜）（Side View 侧视图中的音箱轴向辐射声波倾斜），弹出如图 11-24 所示的 Start Auto Splay（开始自动倾斜）对话框。

选择需要调节的音箱：Upper Box 指线阵列上部的音箱，Lower Box 指线阵列下部的音箱，在框内填入音箱名称，图中的 1：LA1214 passive 表示从上向下的第 1 个音箱，8：LA1214 passive 表示从上向下的第 8 个音箱。框内的数字可以改变。LA1214 为所用音箱的名称。

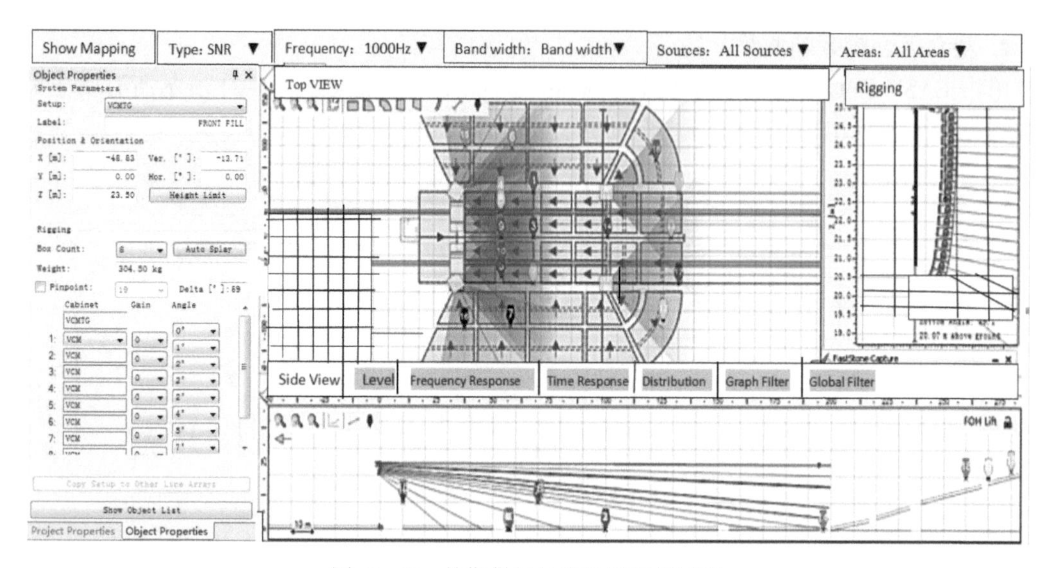

图 11-23　前期做好的顶视图和侧视图

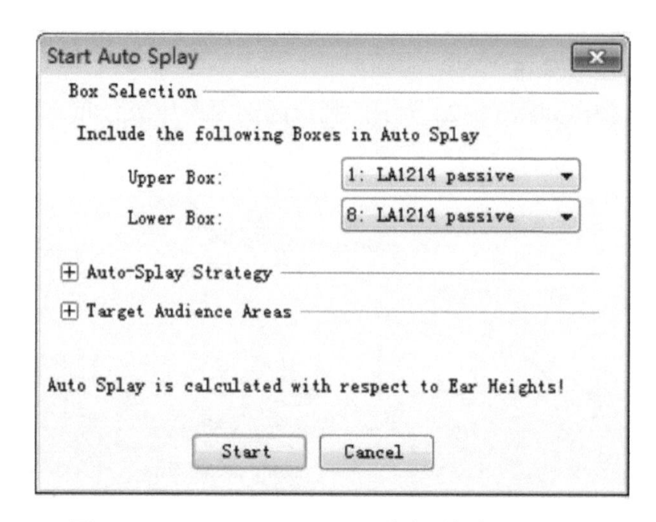

图 11-24　Start Auto Splay（开始自动倾斜）对话框

③ 单击 Start 可自动计算音箱的角度。计算结束后，角度值显示在对象属性对话框中。

也可以用人工方法调节音箱的角度，其方法为：在图 11-23 右侧的音箱尺寸显示模块中共有 16 条轴向辐射线，用鼠标拖拉其中的一条，通过改变轴向辐射线的方向即可改变角度，角度值显示在对象属性对话框中。人工方法调节角度麻烦，采取自动计算角度简单。

④ 单击图 11-23 中的 Show Mapping 观看结果。如果在调节音箱的位置后，声压级（Level）和频率响应（Frequency Response）不达标，则应再次按上述步骤调节音箱的吊挂参数，包括高度、角度、增益及滤波器等，一般很少调节滤波器。

11.3.7　超低音音箱位置的模拟

超低音音箱摆放在舞台台口的两侧，对超低音音箱的要求：尽量抵消一些舞台上的低音；在观众区的覆盖面要宽。

超低音音箱的摆放采用阵列方式，即纵向阵列和超心形阵列。

1. 超低音音箱的摆放

（1）纵向阵列

纵向阵列要求一排摆放 4 个以上的超低音音箱，如图 11-25 所示。

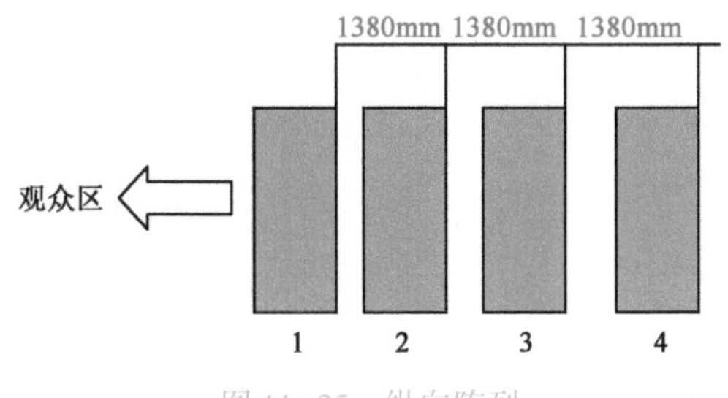

图 11-25　纵向阵列

① 超低音音箱之间的间隔为 1380mm。

② 4 个超低音音箱输入信号的相位依次为 0°、90°、180°、270°，通过延时实现。

③ 纵向阵列超低音音箱声压级分布如图 11-26 所示。

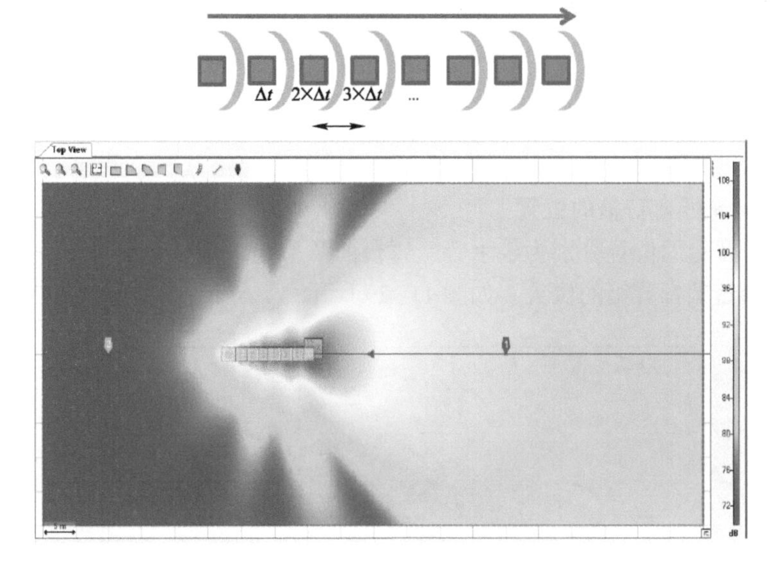

图 11-26　纵向阵列超低音音箱声压级分布

（2）超心形阵列

超心形阵列如图 11-27 所示，箭头指向为音箱轴向辐射方向。

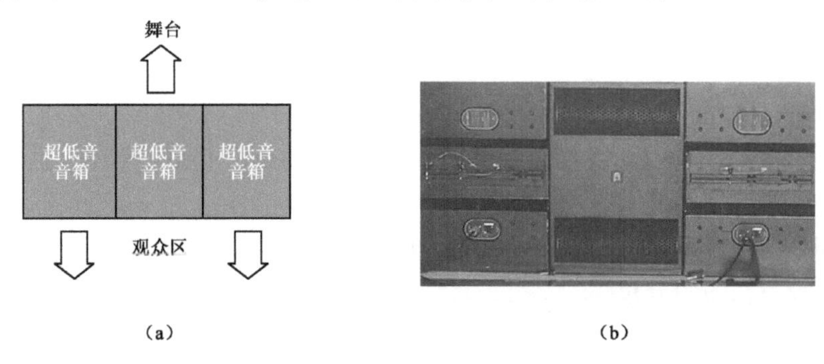

图 11-27　超心形阵列

① 中间超低音音箱的相位与两侧超低音音箱的相位相反。

② 在实际应用时将超低音音箱倒立摆放，如图 11-27（b）所示，因为在舞台上需要摆放多组（每组 3 个）超低音音箱，可缩短长度，节约空间。

③ 超心形阵列超低音音箱声压级分布如图 11-28 所示。

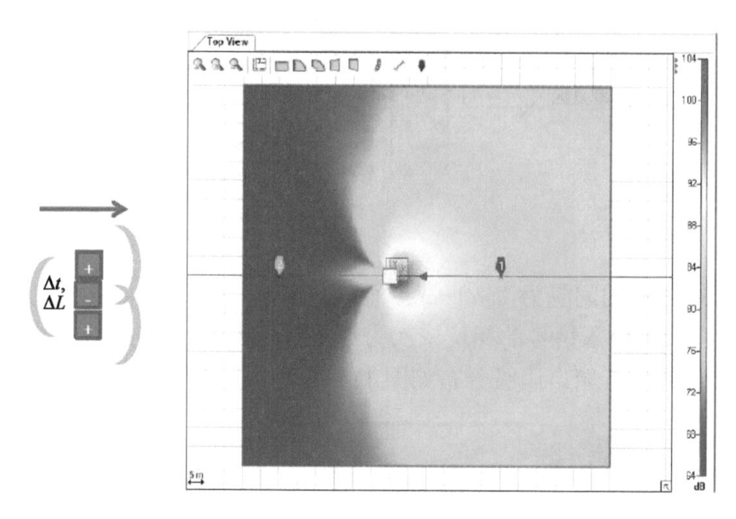

图 11-28　超心形阵列超低音音箱声压级分布

2. 确定整场超低音音箱的位置

整场超低音音箱的位置分别为鼓手旁、舞台前及吊挂。

超心形阵列超低音音箱的位置①如图 11-29 所示。

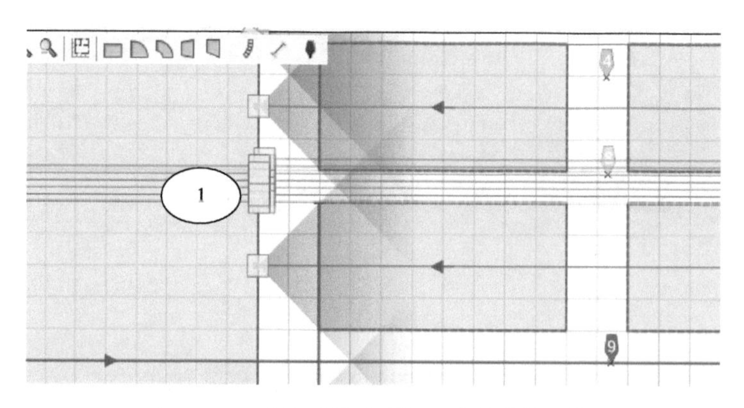

图 11-29　超心形阵列超低音音箱的位置①

3. 观看声压级分布

超低音音箱摆放好后，可以观看 25Hz、31. 5Hz、40Hz、50Hz、63Hz、80Hz、100Hz 的声压级分布。在主界面的图像显示控制模块中选择滤波器类型后，再选择频率 25Hz，即可出现超心形阵列超低音音箱的 25Hz 声压级分布，如图 11-30 所示。图中，黑圈为未打开的音箱，其声压级不在图中分布。

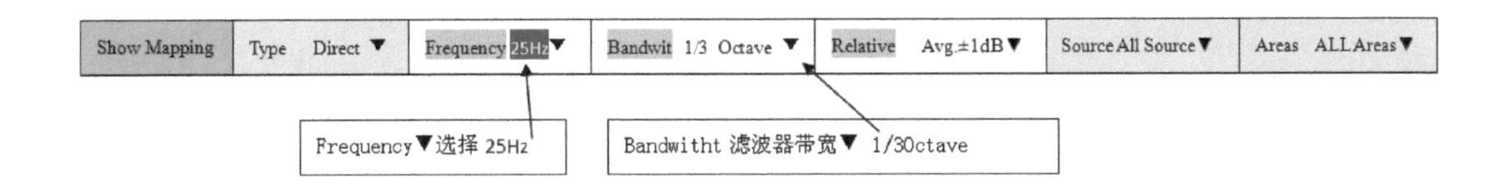

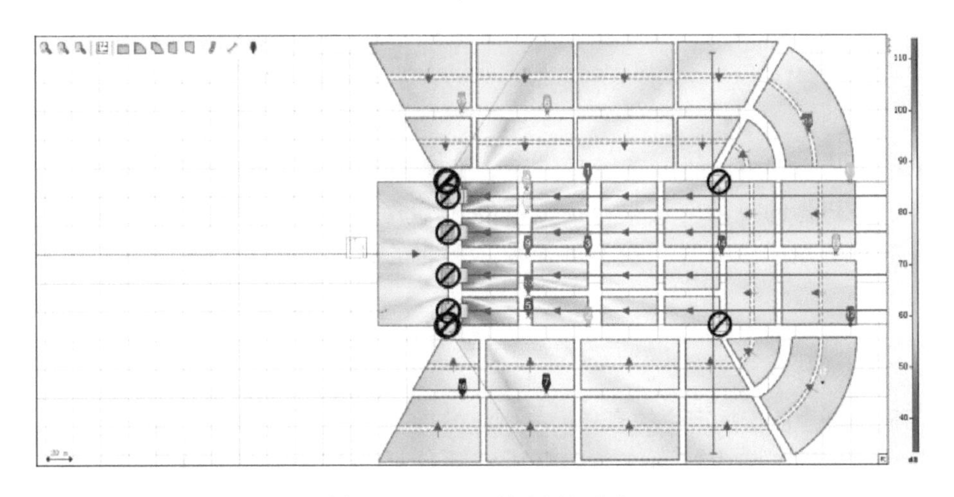

图 11-30　25Hz 的声压级分布

11.3.8　导出施工文件

声压级分布的各项指标达到要求后，就可以导出施工文件。其操作方法：单击主界面中的 File→Create Report→选择要导出的文件→选择导出位置→命名文件→保存。

施工文件包含项目信息（**Project Information**）、音箱类别、音箱品牌、音箱尺寸及音箱的摆放位置等。

第 12 章　扩声系统的设计

12.1　确定功率放大器的功率

演出场所某听点声波的声压级受声波在传播过程中产生的衰减、听点与发声扬声器的距离、扬声器的灵敏度及驱动扬声器的功率放大器等因素的影响。在封闭的演出场所，混响对听点声压级的影响不可忽视。下面的讨论均忽略混响，仅考虑到达听点的直达声。

12.1.1　基本概念

1. 不同类型声波传播产生的衰减

点声源辐射的声波为球面波。其声压级随传播距离 r 的加倍而衰减 6dB，遵循公式 $SPLr=20\lg 1/r$(dB)。

线声源辐射的声波为柱面波。其声压级随传播距离 r 的加倍而衰减 3dB，遵循公式 $SPLr=10\lg 1/r$(dB)。在远距离下，柱面波趋向球面波，声压级随距离 r 的加倍而衰减 6dB。

2. 供给扬声器的电功率与产生声压级的关系

扬声器的灵敏度是当供给扬声器 1W 的电功率时，在轴向 1m 处产生的声压级。当供给扬声器的电功率增加一倍时，灵敏度提升 3dB。例如，扬声器 A 的灵敏度为 90dB，若电功率增加到 2W，则灵敏度为 93dB，增加到 4W，灵敏度为 96dB。由此看来，若选用灵敏度为 96dB 的扬声器 B，则供给扬声器 B 1W 的电功率，即可在轴向 1m 处得到 96dB 的声压级，可降低供给电功率，节省电源消耗。

3. 扩声系统音箱的输入电功率与声压级的关系

将音箱作为点声源，在不考虑音箱的指向性（音箱覆盖角）及厅堂的混响时间和声波反射等因素影响的理想条件下，厅堂某点的声压级与音箱输入电功率、音箱灵敏度、声波传播距离之间的关系为

$$SPLr=SPLs+10\lg P_e-20\lg r \tag{12-1}$$

式中，P_e为音箱输入电功率，单位为 W；SPLr 为某点的直达声压级，单位为 dB；r 为某点到音箱轴向 1m 处的距离，单位为 m，若与音箱的直线距离为 d，则 $r=d-1$（m）；SPLs 为音箱灵敏度，通常由音箱生产厂家提供。

一般专业音箱的灵敏度为 85～100dB/W/m。在设计时，如尚未确定音箱的型号，则建议先选取较低值（如 85～95dB/W/m）进行初步估算。

式（12-1）还可写为

$$10\lg P_e=SPLr+20\lg r-SPLs \tag{12-2}$$

式（12-1）与式（12-2）的不同点：已知量和待求量。式（12-1）的待求量为与音箱直线距离为 d 处的声压级；式（12-2）的待求量为供给音箱的电功率。

得出的结论：音箱灵敏度越高，在同一听点获得的声压级越高；驱动音箱的电功率 P_e 越大，在同一听点获得的声压级越高。

利用式（12-1）可以证明，在驱动音箱的电功率增加一倍时，在同一听点获得的声压级增加 3dB。推导：音箱电功率由 P_e 增至 2 P_e，代入式（12-1）后，声压级为

$$\mathrm{SPL}r = \mathrm{SPL}s + 10\lg(2P_e) - 20\lg r = \mathrm{SPL}s + (10\lg 2 + 10\lg P_e) - 20\lg r$$

$$= (\mathrm{SPL}s + 10\lg P_e - 20\lg r) + 3$$

式中，10lg2 = 3，即声压级增加 3dB。

利用式（12-1）可以证明，在听点与音箱的距离增加一倍时，声压级减小 6dB。推导：听音距离由 r 增至 2 r，代入式（12-1）后，声压级为

$$\mathrm{SPL}r = \mathrm{SPL}s + 10\lg P_e - 20\lg 2r$$

$$= \mathrm{SPL}s + 10\lg P_e - (20\lg r + 20\lg 2)$$

$$= (\mathrm{SPL}s + 10\lg P_e - 20\lg r) - 6$$

式中，20lg2 = 6，即声压级减小 6dB。

12.1.2 估算主扩音箱功率放大器的输出功率

此节内容同样适用于驱动补声音箱、辅助音箱及舞台返送音箱功率放大器输出功率的估算。

1. 确定功率放大器的输出功率

确定功率放大器的输出功率是设计扩声系统的首要任务，涉及多个方面，大致如下：

① 演出场所要达到的声压级；

② 主扩音箱数目；

③ 扬声器灵敏度；

④ 功率储备量。

2. 估算

利用式（12-2）求出主扩音箱功率放大器的输出功率。例如，距离主扩音箱为 31m 的后排观众区获取 100dB 的声压级，选用灵敏度为 95dB 的音箱，代入式（12-2）为

$$10\lg P_e = 100 + 20\lg(31-1) - 95 = 100 + 20\lg 30 - 95 = 100 + 20\times 1.477 - 95 = 34.54$$

$$\lg P_e = 3.454 \qquad P_e \approx 2900\mathrm{W}$$

3. 利用 EASE FOCUS 声场模拟软件测试功率放大器的输出功率

根据 EASE FOCUS 声场模拟软件可知驱动音箱的电功率，从而确定功率放大器的输出功率。这种方法符合演出场所的实际情况，准确度比利用式（12-1）估算高。

12.1.3 功率储备

功率储备是在满足声压级要求的电功率基础上，适当增大一定倍数的不失真电功率，可满足大动态声音信号不被削波，从而保护扬声器。

倍数选 1.2~2 为宜，如利用估算或 EASE FOCUS 声场模拟软件得出演出现场所用功率放大器的输出功率为 1000W，则应选用 1500~2000W 输出功率等级的功率放大器。

实现**功率储备**的方法为：将功率放大器的输入电平调节旋钮从最右端向左端退约 3dB，使功率放大器的输出功率为功率储备的功率。切记：在功率放大器的运行中，任何人不可

将旋钮调至最右端。

12.1.4 多个声压级叠加的计算公式

多个声压级叠加，如 SPL_1、SPL_2、SPL_3叠加，则总声压级为

$$SPL = 10\lg(10^{SPL_1/10}+10^{SPL_2/10}+10^{SPL_3/10}) \tag{12-3}$$

可以推出，当两个相同的声压级叠加时，总声压级增加 3dB。推导：将 $SPL_1 = SPL_2$代入式（12-3）后为

$$SPL = 10\lg(10^{SPL_1/10}+10^{SPL_1/10}) = 10\lg10^{SPL_1/10}+3$$

12.1.5 小结

上面列出的基本公式和得出的相关结论适用于一般扩声系统的基础分析和估算。

基本公式是只考虑直达声的结果，忽略了声波反射、混响、音箱指向性及声波干涉等因素的影响，因此必然存在一定的误差。当全部音箱都投入工作时，声压级肯定超过每个音箱分别计算所得出的结果，再加上反射声波和混响的影响，声压级还会增加 2~4dB，所以采用基本公式计算的结果基本可以达标，存在的问题就是有些浪费。

在与声源距离不变的情况下，提高声压级通常有以下三种途径：

① 增加音箱的功率。音箱的功率过大，会不易购买或造价过高。

② 增加音箱的数目。这种方式最常用，一般在剧场、会议厅、歌舞厅通常都设置多个主音箱，以保证达到足够的声压级和声场，但要避免多个音箱之间的声波干涉问题。

③ 更换灵敏度较高的音箱。

12.2 扩声系统的构成

扩声系统的构成重点为供声系统，即扬声器系统和驱动扬声器的功率放大器。调音台承担声源的混音及输入、输出通道路由的设定等。

扩声系统的信号传输方式也是构成要素之一，关系到传输损耗、噪声引入及安全可靠等因素。

扩声系统采用线缆或光缆传输信号，采用哪种传输要根据演出场所的具体条件决定。对于非固定的室外演出场所，在传输距离不超过 100m 时，可使用线缆传输模拟音频信号(数字音频信号传输距离更远)，方法简便，节省成本。

数字扩声系统的构成设备有传声器、音频分配器、舞台接口箱、数字调音台、数字信号处理器、专业功率放大器及音箱等。

12.3 扩声系统调音台热备份

为了提高系统的安全可靠性，扩声系统采取主、备调音台之间进行热备份。主、备调音台声源共享，通过自动音频切换器实现切换。

① 模拟调音台备份于数字调音台（主）如图 12-1 所示。

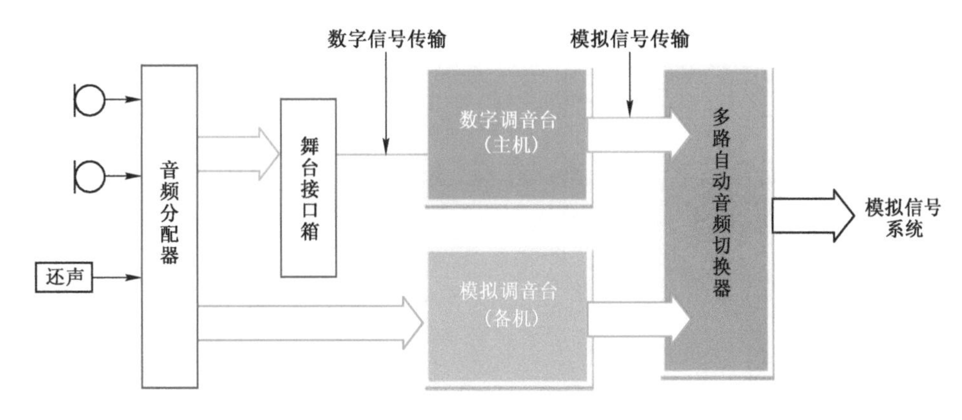

图 12-1　模拟调音台备份于数字调音台（主）

主、备调音台完全独立工作，相互形成热备份，一旦主机数字调音台出现故障，则可立即切入备机模拟调音台投入工作。

② 数字调音台备份于数字调音台（主）如图 12-2 所示。

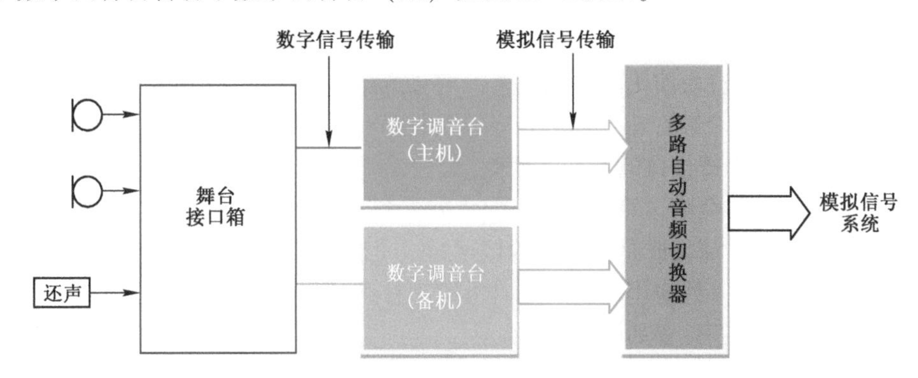

图 12-2　数字调音台备份于数字调音台（主）

主机、备机数字调音台联动，调主机，备机联动，一旦主机数字调音台出现故障，则可立即切入备机数字调音台投入工作。

无论采用哪种方案，备机调音台均处于运行状态，即工作状态与主机相同。备机调音台采用 MUTE 方式，处于无输出状态，一旦主机数字调音台出现故障，则可解除备机调音台的 MUTE 方式，替代主机数字调音台投入工作。

第 13 章　设备的安装和系统的连接

13.1　设备安装位置的确定

13.1.1　确定设备安装位置的原则

① 有利于调音，可以聆听反映演出场所的真实声音，主要针对调音台。

② 减小声音信号在传输中的损耗，主要针对功率放大器。

③ 设备的安全性，主要针对音箱，尤其大型、沉重的音箱。

13.1.2　主扩音箱位置的确定

主扩音箱的具体位置由演出场所的声场（依据演出场所的面积、纵深及需要达到的声压级要求）确定，包括全频音箱、超低音音箱及补声（延时）音箱等。

① 全频音箱安装在舞台口的左、右两侧。

② 超低音音箱应与全频音箱安装在一起，确保到达观众区各音域声波的相位叠加。

③ 当演出场所的纵深长或是有挑台的楼层时，全频音箱的响度在这些区域会减弱，此处可安装补声音箱，如室外演出场所的延时塔即为补声音箱的安装位置。

室外演出场所的音箱位置如图 13-1 所示。

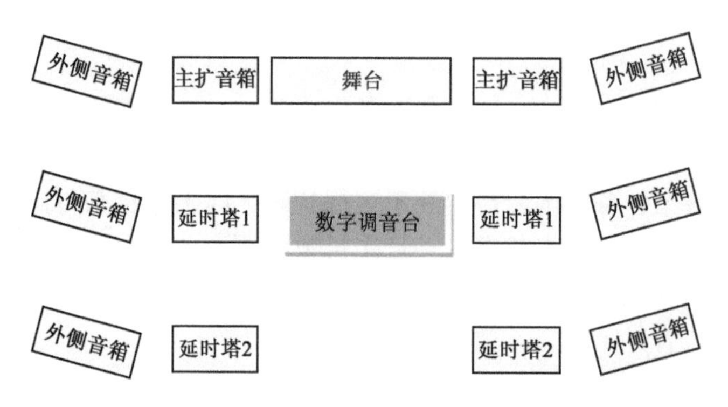

图 13-1　室外演出场所的音箱位置

数字调音台距离舞台为 50m 左右最好。延时塔与主扩音箱的距离为 80m 左右最好。轴向延时塔的数目和间距由演出场所观众区的纵深决定。外侧音箱和方位由演出场所观众区的宽度决定。

延时塔可在主扩音箱辐射的声波能量开始衰退前补充能量，使主扩音箱与延时塔 1、延时塔 2 与延时塔 1 之间达到相同的声压级。采用这种接力的方法后，就可以不用刻意增加主扩音箱的正常演出声压级。例如，现场正常演出的声压级需要 95～105dB（由主扩音箱输出），如果有两组延时塔，则正常演出的声压级就可以下降到 85～95dB，有利于功率放大系统的瞬间动态能力，使区域衔接不完全发生重叠。

当声场不均匀时，观众很容易聆听出来，使用声压计可以找到主扩音箱声压级的衰退位置。其方法为：由主扩音箱发出粉红噪声信号，在主扩音箱投射的远区由左至右水平移动声压计，观察声压级的变化。

衔接自然意味着从主扩音箱声场的位置走到延时塔声场的衔接位置时，聆听的主观辨别是顺畅的。若不在主扩音箱的轴心线上安装延时塔，则聆听时的主观辨别为靠近某区域，并且在某些位置的响度分布不均匀。

辅助音箱的加入会产生多重回声，此时应根据距离进行准确延时。一般来说，当辅助音箱与主扩音箱之间的距离、两个辅助音箱的前后距离大于16m时，应该安装延时塔，不然产生的哈斯效应将严重影响观众区的声音可懂度和听音效果。延时量的调节由数字信号处理器承担。

13.1.3 监听音箱的摆放模式

舞台上的大量监听音箱分散摆放在各位乐手附近。以10人组的乐队编制为例，需要20个以上的监听音箱。在大型演出场所的舞台上，每位乐手面前需要更多的监听音箱，当监听主唱歌手的音箱数量不够时，不仅可以借助耳机监听，还可以借助舞台口的一对侧补音箱进行监听。

目前，监听音箱的摆放模式大多采用在表演区的前沿由左至右一字排开。大型演出需要20多个监听音箱，若为全面开放的四面台（中央舞台），则需要更多的监听音箱。监听音箱的摆放模式如图13-2所示。

(a) 水平一字排列

(b) 顺着舞台四圆弧等距排开

(c) 半圆弧等距排开

图13-2 监听音箱的摆放模式

在图13-2中，监听音箱的摆放模式可导致返送音箱与舞台上的传声器之间发生回授，当幅度条件和相位条件同时满足时，会发生啸叫。

避免发生回授的措施：使用强指向性的传声器；不要捂住咪头改变指向性；使用动态均衡抑制。

13.1.4 传声器的布线及安装

1. 有线传声器的布线

有线传声器的输出电压仅为几毫伏，易受到外界干扰，除了使用平衡线缆连接，在布线时不要与电源线平行，可防止电源干扰。

2. 无线传声器接收器的安装

对于小型演出，（真）分集式无线传声器接收器的数量少，可与其他播放器叠放在桌面上，为增强接收场强，可卸下随机天线，改用同轴电缆的BNC插座连接原天线，并将天线移到理想位置。

对于大、中型演出，（真）分集式无线传声器接收器的数量多，如10个以上，则应安装在多个航空箱的机架内，将连接（真）分集式无线传声器接收器的外接天线从天线插座（ANT或RF）上拔出，改接到功率分配器的输出端，用于给（真）分集式无线传声器接收器提供需要的射频信号。8个（真）分集式无线传声器接收器接收射频信号的原理（采用指向性天线A、B）及SHURE 845外置天线如图13-3所示。

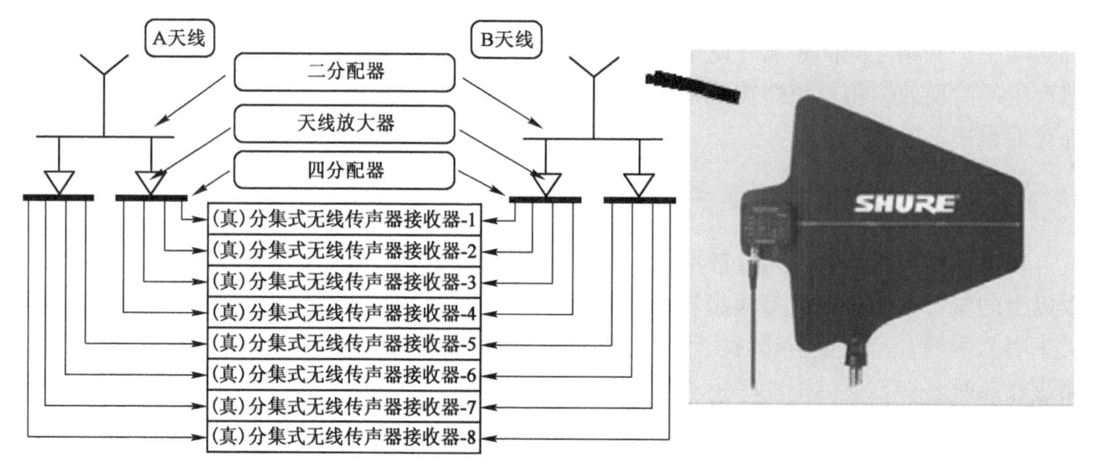

图13-3　8个（真）分集式无线传声器接收器接收射频信号的原理及SHURE 845外置天线

在图13-3中，三角形为天线放大器，又称天放。目前，天放都包含在分配器内。

3. 接收天线

（1）术语

同一副天线，其发射或接收信号是可逆的。

① 天线增益：在输入功率相等的条件下，实际天线与理想辐射单元在空间同一点产生信号的功率密度之比。

天线增益显然与天线方向图有密切的关系。天线方向图的主瓣越窄，副瓣越小，增益越高。天线增益是用来衡量天线朝一个特定方向接收或发射信号的能力。一般来说，天线增益的提高主要依靠减小垂直面向辐射的波瓣宽度，而在水平面上保持全向的辐射性能。天线增益对无线接收器接收无线话筒发射信号的质量极为重要，决定接收信号的电平。

天线增益的参数有dBi和dBd。dBi是相对于点源天线的增益，在各方向的辐射都是均匀的；dBd是相对于对称阵子天线的增益，dBi = dBd+2.15。在相同的条件下，增益越高，接收天线接收信号的距离越远。

② 接收天线的方向性［辐射（接收）模式］。接收天线的作用是将在自由空间传播的电磁波功率有效地转换为接收输入端的功率。

天线的辐射（接收）模式也被称为方向图。最简单的方向图是以天线为中心的球体。天线在所有方向上辐射（接收）相同的功率，则该天线被称为全向天线。

最简单的天线是半波长偶极天线，由同一直线的两个直导体构成，两个直导体之间有一个小的馈电间隙，当在与天线垂直平面内所有方向上的辐射（接收）功率相同时，为全向天线；当在与天线平行的平面内，在不同的方向上有不同的辐射（接收）功率时，为有方向性天线。由多个半波长偶极天线组成的阵列天线可改变方向性。

（2）SHURE 845 外置天线

SHURE 845 外置天线的结构采用对数周期偶极子阵列，性能参数如下。

接收频率：470~698MHz 和 470~900MHz。

天线增益：轴向 7.5dB。

信号增益：±1dB，可切换，主动（内置放大器）为+12dB、+6dB，被动（自身）为 0dB、-6dB。

接收模式：3dB 波束宽度，70°接收指向性。

阻抗：50Ω。

接收覆盖范围的涉及因素很多，如发射功率、发射天线增益、接收距离、接收天线方向性、增益、接收器的接收灵敏度及传输空间状况等，很难给出确切的计算，仅能给出原则的建议：如果发射设备和接收设备已经确定，则尽量采用方向性宽的高增益放大器。

使用全向接收天线可增大接收覆盖范围，但引入的噪声随之增加，因此应选用有方向、增益较高的天线，并将主瓣对准无线话筒集中的区域。

4. 同轴电缆的频率特性

同轴电缆的频率特性是同轴电缆的衰减与频率的平方根成正比的曲线。由于同轴电缆传输信号的频带非常宽，作为同轴电缆内部的集中参数和分布参数，对于频率相差悬殊的各种信号成分的表现和响应不相同，因此会对不同频率的信号产生不同的衰减量。表 13-1 为 100m 同轴电缆的衰减量。

表 13-1　100m 同轴电缆的衰减量

型号（阻抗—直径）	频率（MHz）/衰减量（dB）					
75-5	50/4.8	200/9.7	300/11.9	450/14.5	550/16.3	750/19.7
75-7	50/3.2	200/6.4	300/7.9	450/9.7	550/10.7	750/12.9
75-9	50/2.4	200/5	300/6.2	450/8.5	550/8.5	750/10.1
75-12	50/1.9	200/3.9	300/4.8	450/6.7	550/6.7	750/7.9

从表中数值可以看出，同轴电缆的衰减量与直径、频率、阻抗及生产厂家有关。

5. 天线放大器和射频信号分配器

天线放大器用于补偿由长距离同轴电缆引起的衰减和功率分配器引入的插入损耗。不可取的做法：加大天线放大器的增益来提高接收质量，接收场强增强不代表有用的信号增强，噪声也会增强，信噪比降低，对提高接收质量无济于事。

射频信号分配器为射频信号分配无源器件，可将一路输入的射频信号分配为多路输出，有一分二、一分四、一分八等规格。早期的天线放大器、射频信号分配器等为独立器件，目前有些厂家将两者合二为一。在短距离应用时，可关闭天线放大器的电源，否则会因射频信号过强，导致无线传声器接收器输出的噪声加大。四分配器面板图（两个一分四分配器放在一个盒内）如图 13-4 所示，设有外接天线 A、B 和四路输出端口，均采用 BNC 插座。

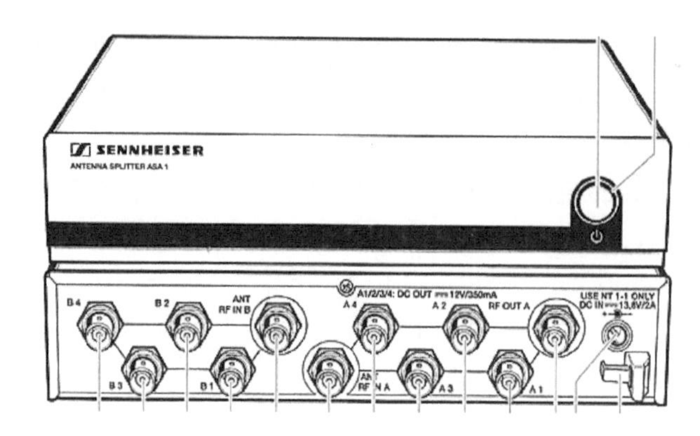

图 13-4　四分配器面板图

接收器和分配器放在流动的航空箱中，在接收射频信号后，经同轴电缆输出。

13.1.5　调音台位置的确定

主扩调音台：摆放在朝向舞台中心的观众区，与舞台中心的距离由演出场所的面积和舞台大小决定，以满足听音条件为原则。

舞台返送调音台：摆放在舞台一侧。

舞台接口箱在大、中型演出场所是必要的，摆放在舞台附近。众多的传声器使用多芯电缆就近与舞台接口箱连接。舞台接口箱仅用单芯电缆将数字信号传输给远距离的调音台。调音台又通过该电缆将多路输出数字信号返送舞台接口箱，经数/模转换给舞台附近的功率放大器提供信号。舞台接口箱是不可缺少的中转站。

对于中、小型的室外演出，如果声源数量不多，则可省去舞台接口箱，使用两头有多个 XLR 插头的多芯电缆连接传声器和调音台的本地输入端口。

13.1.6　功率放大器位置的确定

功率放大器的摆放位置要从减小传输给音箱信号的损耗方面考虑。小型演出场所的音箱距离近，可将功率放大器摆放在周边的设备附近。大型演出场所的音箱距离远，采用功率放大器跟随音箱摆放的原则。室外演出采取的方法是将功率放大器摆放在航空箱中，并将航空箱摆放在音箱附近。

13.2　扬声器系统的安装

13.2.1　安装注意事项

① 大、中型流动扩声系统按照设计图纸进行现场安装，包括扬声器系统的安装、管线工程及设备的安装等。

② 大、中型流动扩声系统的现场安装要保证扬声器系统的可靠性，要做好安全保障措施，避免出现安全事故，并绝对避免出现扬声器系统掉落和倒塌事故。

③ 线性阵列扬声器系统的安装方法应按照线性阵列扬声器系统的安装规范，做好安装工程的安全措施，保证安装可靠、到位，绝对保证承重。

13.2.2 线性阵列扬声器系统的安装

① 线性阵列扬声器系统安装的安全性。在吊装音箱和敷设线路时，安全是第一位，特别是在吊装音箱时，无论钢丝绳或铁链都要高质量，保险装置一定要挂好。音箱的吊装角度要按照覆盖范围要求，否则不但无法实现预期效果，还会破坏整个声场，给后期调试带来不必要的麻烦。

② 音箱一般成串（通常4个音箱为一串）吊装或成串落地安装，互相之间有必要的安装结构件，非常安全，安装、拆卸方便，不需要大量的人力、物力，隐患较少。

③ 吊挂安全系数的选择。安全系数越大越安全。安全系数加大，经费正比增加。在安全系数与经费之间进行合理折中，可以依据各国标准给出一个合适的安全系数，如10:1~5:1就是一个相对合理的安全系数。如果在巡演场所、租赁场所、体育场安装时，建议使用10:1或12:1的安全系数。对于不确定的环境因素，如强风冲击，会显著增加吊挂承重的隐患。TRUSS支架的摇摆振动能在瞬间给设备一个额外的附加重力。高安全系数可以更安全地应对突发情况。相对稳定的固定安装项目没有过多来自外界环境的冲击干扰，使用5:1的安全系数就可以获得稳定的安全性。

除了关注音箱本身的安全性，还要关注配套吊装附件和悬吊点的安全性，如吊装缆绳的安全性。大型音箱的吊装一般采用两种材料：钢丝绳和吊带。

④ 钢丝绳的使用。钢丝绳广泛应用于起重机和重型设备的悬吊，很多大型音箱也使用钢丝绳作为悬吊工具。钢丝绳一般分为单股钢丝绳和多股钢丝绳。单股钢丝绳的承重能力强，硬度高，弯折半径大，扭转次数受到限制。多股钢丝绳承重能力稍差，柔韧性好，弯折半径小，扭转次数相对更多。多股钢丝绳相对纤维钢丝的负重能力高8%。钢丝绳的选型应立足实际吊装设备的重量。1吨以下的设备建议使用多股钢丝绳，如需吊装更重的设备，建议使用单股钢丝绳。连接钢丝绳应遵照GB/T 20118—2006《钢丝绳使用规范》和GB 8706—88《钢丝绳术语》。

⑤ 吊带的使用。吊带主要分为尼龙、聚酯、丙纶及涤纶等材料的吊带。由于音箱相对庞大的工业生产吊运承重相对较轻，因此一般采用尼龙或聚酯材料的吊带就可以满足使用要求。尼龙吊带柔软、光滑，可以在100℃以下工作，弹性形变小，具有耐酸、耐碱腐蚀能力，适合在室内吊装使用；聚酯吊带拥有更好的性能，可以耐200℃的高温，具有阻燃特性及极强的耐酸、耐碱腐蚀能力，弹性形变极小，适合在恶劣的环境下使用。

⑥ 吊装配件。吊装音箱常用的吊装配件有锻造钢U形环、条形轨及M10型锻造螺栓，如图13-5所示。吊装配件应选择不锈钢或带有镀锌涂层的产品。游泳馆处在含有氯气的潮湿环境下，吊装配件应选择ABS塑料材质的。在使用时，应仔细观看所用吊装配件的承重量，再结合安全合理的承重量确定安全系数。

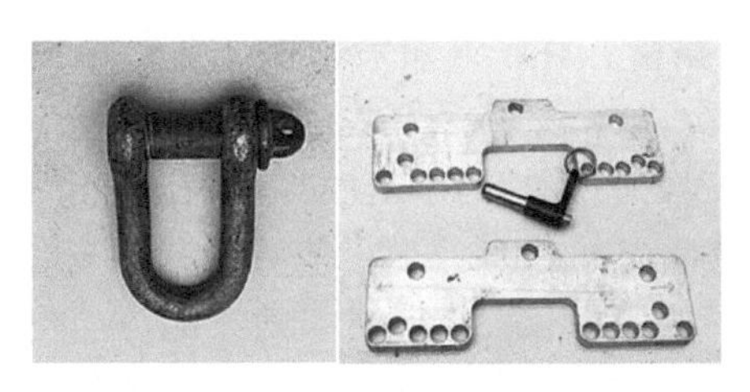

图13-5 吊装配件

⑦ 底盘的使用。底盘是用来吊装音箱的连接件，如图 13-6 所示。

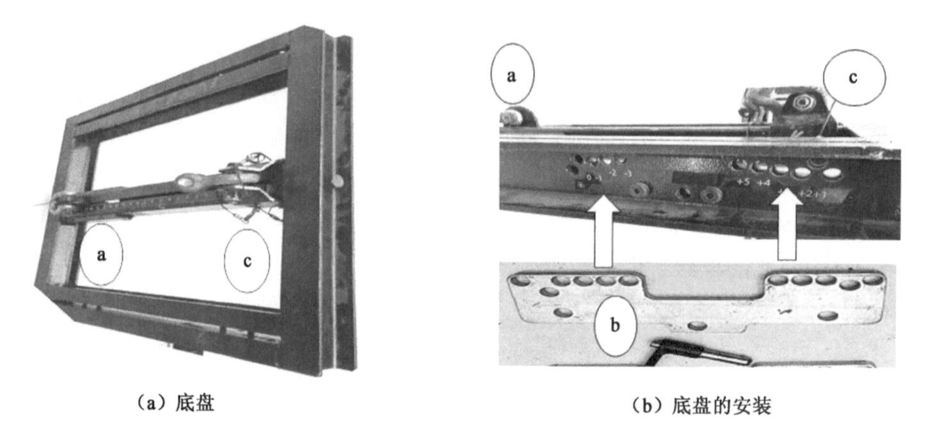

（a）底盘　　（b）底盘的安装

图 13-6　底盘及其安装

⑧ 总装图。总装图如图 13-7 所示。

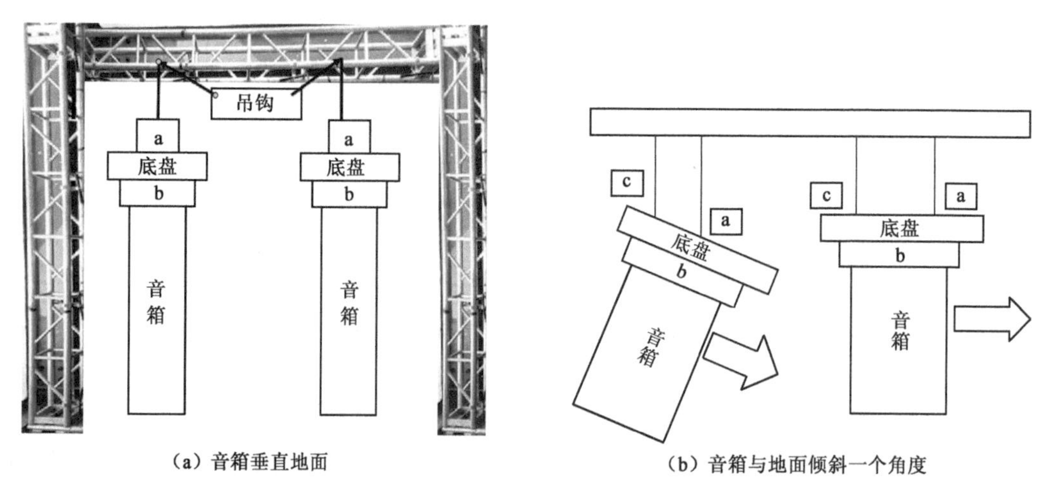

（a）音箱垂直地面　　（b）音箱与地面倾斜一个角度

图 13-7　总装图

13.2.3　安全措施

① 使用钢丝绳的安全性。镀锌等级越高，钢丝绳自重越大，会降低有效载荷，在配置时，一定要注意结合国家相应镀锌标准计算承重；在使用时，应仔细检查钢丝绳的捻制工艺，表面应均匀、紧密、不松散。在展开钢丝绳后，在没有负载的条件下，不应呈波浪起伏或卷起状态。多股钢丝绳的内部应有一定比例的防腐蚀纤维芯或细钢芯，检查时，扳开钢丝绳顶部的截面，检查每股钢丝绳的排列是否紧密、有序，如果有任何交错、股距不匀、弯折或断丝，都不应该使用。

② 使用线卡的安全性。允许因线卡被挤压变扁的现象存在，注意线卡在使用时的碾压质量，良好的线卡节点可以达到钢丝绳标称承重能力的 80%；尽可能减少钢丝绳的转接节点数量；在固定钢丝绳时，固定端的线卡一般不少于 3 个；U 形线卡的收缩方向也需要注意。U 形线卡的正确收缩方向如图 13-8 所示。图中的箭头指向为收缩方向，推荐使用三个

箭头均向下。

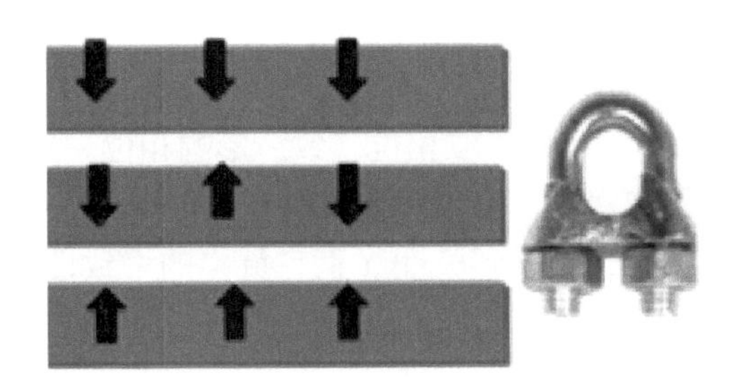

图 13-8　U形线卡的正确收缩方向

③ 使用吊带的安全性。若使用吊带捆扎，则增大了吊带间的摩擦力，易使尼龙纤维受损，不可取；可使用金属环作为接力，宽大的金属环可增加吊带的受力面，使受力更加均匀，大幅降低吊带的摩擦损伤，延长吊带的使用寿命。

④ 使用吊钩的安全性。吊钩在配合吊带使用时，要注意检查吊钩是否平滑，如有铸造时形成的毛刺，则需要使用钢锉修整。检查吊钩保护弹片的弹力是否有效。吊带与吊钩的使用技巧如图13-9所示。图中，（a）和（b）是正确的使用方法；（c）出现吊带层叠现象，会增大摩擦阻力，使吊带两端受力不均；（d）由于吊带上、下层叠，导致摩擦力加大。

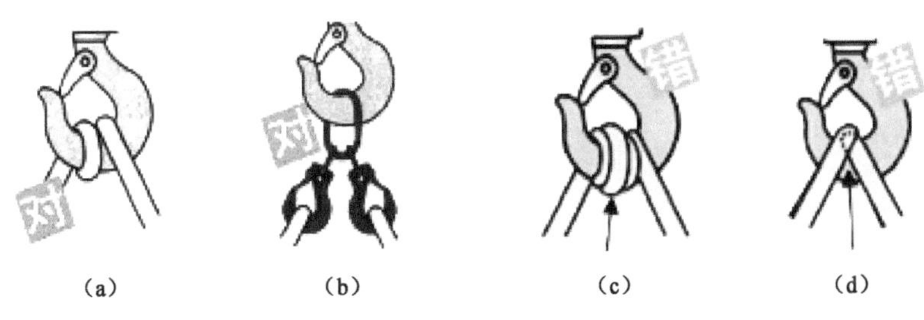

图 13-9　吊钩与吊带的使用技巧

⑤ 吊装点的选择。音箱的吊装点一般选择建筑物上方的金属承重梁、舞台支架或钢筋混凝土结构，在吊装前，应仔细询问结构设计师，确认安全承重范围，仔细检查支架焊接或结构是否完整。

13.3　电源供电规范

扩声系统的配电应严格遵守《民用建筑电气设计规范》《施工现场临时用电规范》等。

根据《建筑施工安全检查标准》（JGJ59—99）和《施工现场临时用电安全技术规范》（JGJ46—2005）的规定和要求，施工现场临时用电必须遵守如下基本原则：

① TN—S接零保护系统原则；

② 三级配电二级保护原则；

③ 一机、一闸、一漏、一箱原则。

13.4　扩声系统的连接要点

扩声系统的连接是将扩声系统中的设备按施工文件用电缆连接好，并打通系统，在连接过程中要注意几个要点。

13.4.1　扩声系统的信号相位应一致

扩声系统需要确保扬声器发出的声波相位一致。影响相位一致性的环节如下。

1. 功率放大器与扬声器连接不正确破坏相位的一致性

① 当扬声器串接或并接时，应做到极性（正、负）的一致性，如图 13-10 所示。

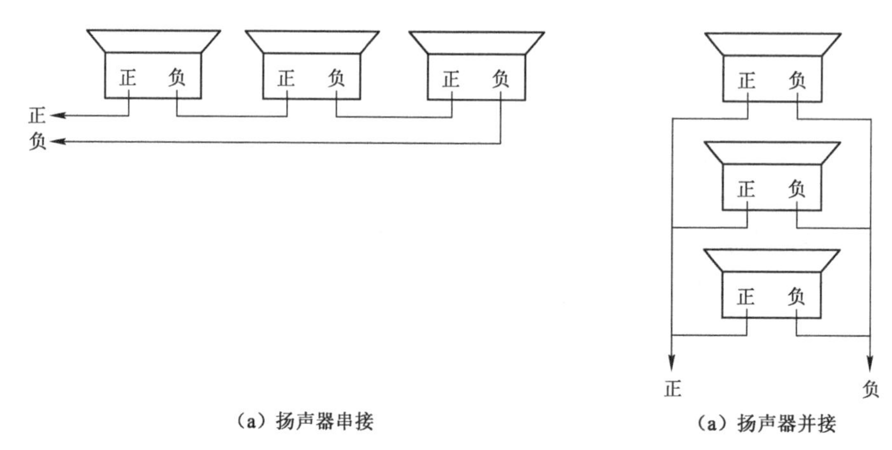

图 13-10　当扬声器串接、并接时，应做到极性（正、负）的一致性

② 左、右声道扬声器与功率放大器连接极性（正、负）的一致性，如图 13-11 所示。

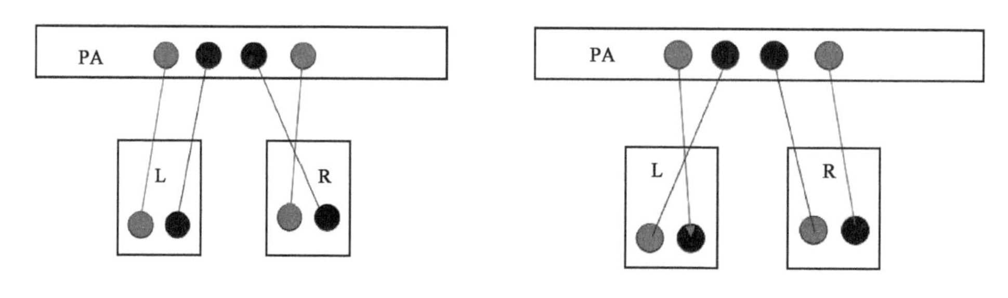

图 13-11　左、右声道扬声器与功率放大器连接极性（正、负）的一致性

2. 传输信号时破坏相位的一致性

在功率放大器与扬声器连接满足相位的一致性后，还需要功率放大器左、右声道输入信号相位的一致性。考虑到左、右声道输入信号是从调音台输出的，经两条传输路径到达功率放大器左、右声道的输入端口，中途确保两路信号的相位一致性也是关键点。

左、右声道传输路径中的插座、插头应遵守热（+）、冷（-）相连，相位一致性的设备相连。至于 2 针、3 针插头是热（+）还是冷（-），要看设备状况。3 针规定：1 为传输电缆外屏蔽网（等腰三角形的顶点）；2 为热；3 为冷。对于 2、3 的定义，美国与欧洲的标准相反，使用时应察看设备说明书。

若均为 2 热、3 冷，则 2-2、3-3 相连。若遇到后级设备的输入插座为 2 冷、3 热，前级设备的输出插座为 2 热、3 冷，则可利用传输线进行反相，如图 13-12 所示。

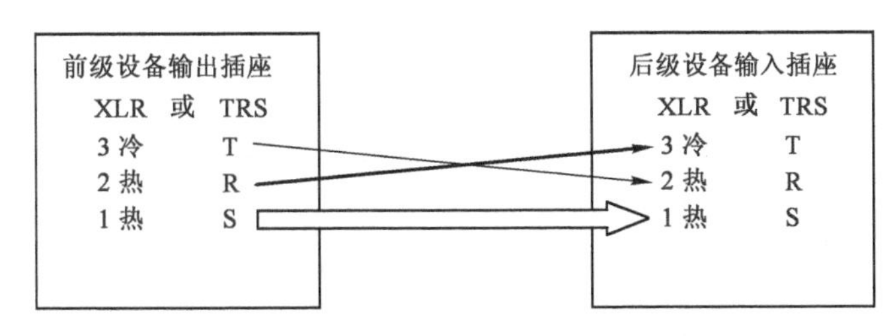

图 13-12 热（+）、冷（-）反相接法

3. 多个传声器在拾取同一声源时因拾音距离不等破坏相位的一致性

在拾取同一声源时，有时安装多个传声器，如拾取钢琴发出的声音。多个传声器与钢琴的距离不一致，导致声波到达各个传声器的延时不一致，即到达各个传声器的相位不一致，从而产生叠加，使声波相互抵消。此时，可按下 m32 某一传声器的极性开关 ϕ，使声波叠加。

4. 监测

① 可用指针万用表监测连接扬声器时产生的相位不一致，但这种方法有局限性。

② 利用极性测试仪或相位仪监测。

③ 通过听觉进行判断，对初、中级音响师来说有些难度，但经过实践很容易掌握。

通过低音域声音进行判断：播放低音音乐，从左、右音箱中的一侧向中心移动，响度逐渐降低，到中心最弱，会感觉声音跳出身外，此时相位不一致；反之，中心最强，此时相位一致。

通过中、高音域声音进行判断：播放中、高音音乐，从左、右音箱中的一侧向中心移动，在中心处感觉声音不实，有“空”的感觉，即声音向上，此时相位不一致。

13.4.2 扩声系统同一点相接

1. 同一点相接

扩声系统有电源保护地、音频信号地及屏蔽地。电源三芯插座的顶插孔为电源保护地。音频信号地是设备内由信号构成回路的公共点。屏蔽地为传输电缆屏蔽网。这 3 个“地”要接在同一点。否则，不同的“地”会因存在电位差而引入噪声。若电位差的频率为 220V 供电系统的 50Hz，将出现交流“哼哼”。最理想的同一点“地”是大地，应按规范做一条地线，地电阻≤4Ω。扩声系统相接如图 13-13 所示。详细内容见《演艺科技》（2018 年第 9 期第 40-42 页）。

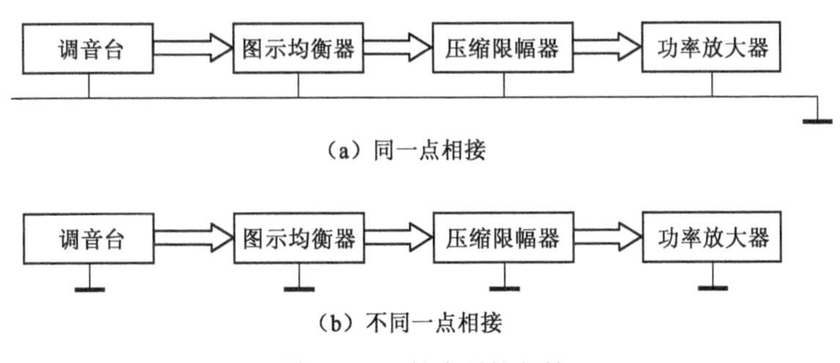

图 13-13 扩声系统相接

2. 悬浮接地

所谓**悬浮接地，即扩声系统的**信号地**与机壳断开。**

功率放大器设置浮地开关意味着在机内信号地与机壳之间设置开关。当开关断开时，机内信号地不与机壳相连，被称为悬浮；当开关闭合时，机内信号地与机壳相连，如图 13-14 所示。

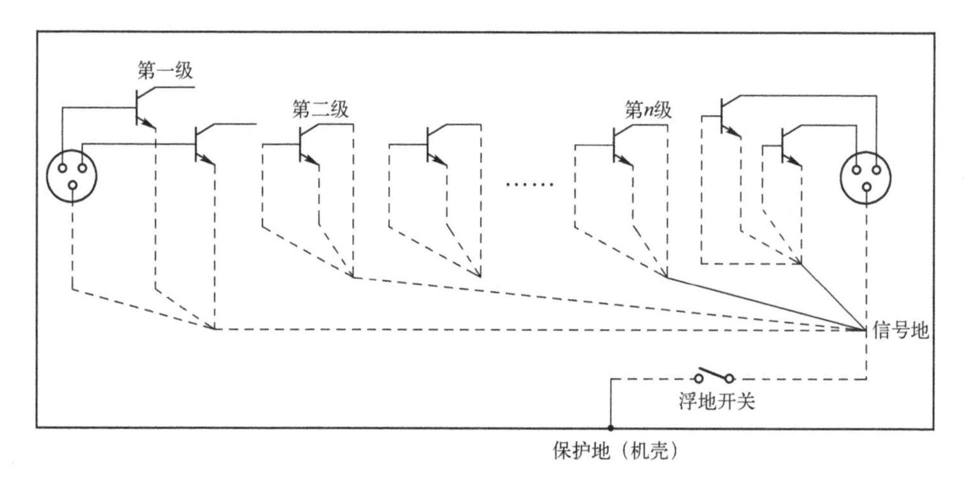

图 13-14 悬浮接地

浮地开关可将设备之间三芯平衡线的屏蔽网切断，导致设备与机壳悬浮。这种处理方法可在不影响信号传输的情况下，消除扩声系统在不同一点相接时出现的 50Hz 交流声，但不适用二芯线（非平衡）连接系统。此时，屏蔽网是信号线，可使用 DI 盒转换为三芯平衡连接。

13. 4. 3 平衡传输方式

在扩声系统中，声音信号的传输采用平衡传输和非平衡传输。平衡传输可消除电磁干扰、静电干扰及交流声等噪声。非平衡传输不具备这种优势，尤其在不同一点相接时，50Hz 的交流声很容易出现，应避免使用，但有时必须使用，如播放机的输出采用 RCA 插座时；用笔记本电脑作为播放机时，输出为 3. 55mm 的三芯插头转两声道 RS 插头（非平衡）；当电吉他为非平衡输出时，将出现噪声，可采用隔离变压器或 DI 盒将非平衡转为平衡。

左、右声道应分别采用不同颜色的电缆连接，有利于检查连接的正确性和处理故障。

13. 4. 4 LINK 连接方式

给多台设备输入信号时可采用 LINK 连接方式。每台设备的输入端口都设有输入插座和 LINK 插座（在内部两者并接）。多台设备通过 LINK 插座并联，当输入信号输入到第一台设备的输入插座后，其余各台设备都可获取相同的输入信号。

多台功率放大器的 LINK 连接方式如图 13-15 所示。实践证明，当功率放大器连接的数量超过三台时，会发生输入信号电压降低的现象。

模拟信号的 LINK 连接方式见图 13-15（a）。图中，功率放大器为四通道功率放大器，

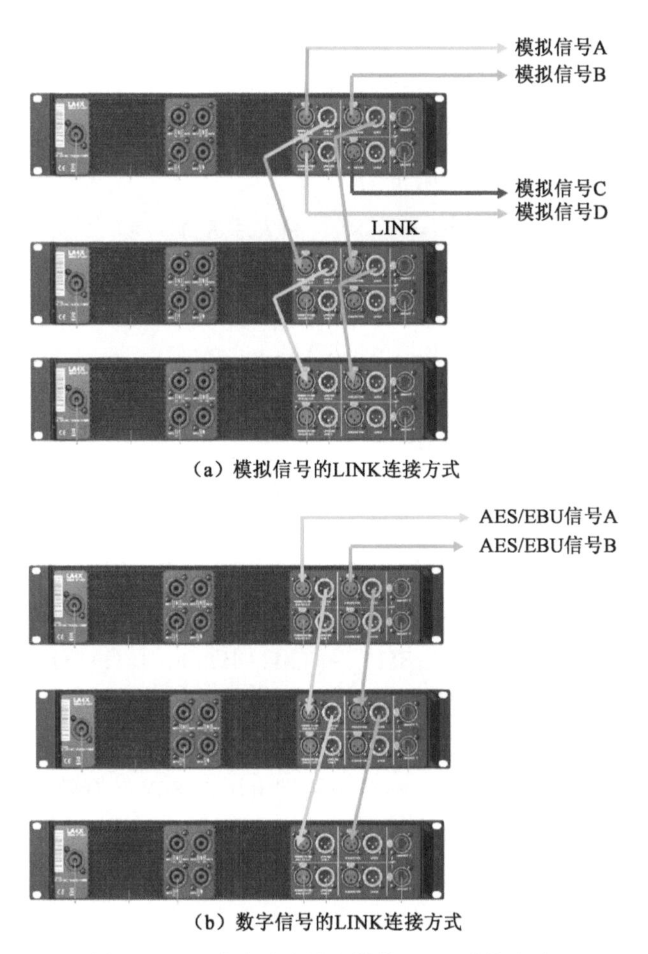

（a）模拟信号的LINK连接方式

（b）数字信号的LINK连接方式

图 13-15　多台功率放大器的 LINK 连接方式

背板插座面板上的 8 个 3 芯卡侬接口根据 IEC 268 进行连接：Pin 1＝屏蔽，Pin 2＝正极，Pin 3＝负极；4 个 3 芯卡侬母头最多可接收 4 路模拟信号（在前面板可以进行模拟/数字切换）。为了降低交流信号的噪声和无线电干扰，建议使用平衡接法的信号线。非平衡接法会产生噪声信号，特别是在长距离传输的情况下。

数字信号的 LINK 连接方式见图 13-15（b）。图中，背板插座面板上的 4 个 3 芯 AES/EBU 卡侬接口经过变压平衡处理后符合 IEC 268 标准。

LINK 插座在经过电子缓冲处理后，允许连接任意数量的功率放大器。功率放大器中的故障保护继电器可确保功率放大器在关闭状态下仍处于连接状态。信号线的性能取决于信号线的长度和信号的采样率。例如，一条 50m 的标准平衡传声器信号线可用于传输信号的采样率最大为 48kHz。若采样率提高，就要缩短信号线的长度。

① 在传输距离较长或信号采样率较高的情况下，使用 AES/EBU 信号线。

② 在使用单根 AES/EBU 信号线时，不要多段连接 AES/EBU 信号线，会使性能下降。

③ 在一般情况下，不使用超过 96 kHz 采样率的信号源。

13.4.5 多个音箱连接后输入阻抗的计算

1. 多个音箱并联后输入阻抗的计算

两个音箱 R_1、R_2 并联后的输入阻抗为

$$R_{12}=(R_1\times R_2)\div(R_1+R_2)$$

若 $R_1=R_2$，则 $R_{12}=R_1/2$。

三个音箱 R_1、R_2、R_3 并联后的输入阻抗为

$$R_{12}=(R_1\times R_2)\div(R_1+R_2)$$

$$R_{123}=(R_{12}\times R_3)\div(R_{12}+R_3)$$

N 个 R_1 音箱并联后的输入阻抗为

$$R_N=R_1/N。$$

2. 多个音箱串、并联输入阻抗的计算

4 个音箱，$R_1=8\Omega$ 和 $R_2=4\Omega$ 串联，$R_3=16\Omega$ 和 $R_4=8\Omega$ 串联，R_1、R_2 串联与 R_3、R_4 串联后再并联，总输入阻抗 R 为

$$R=[(8\Omega+4\Omega)\times(16\Omega+8\Omega)]\div[(8\Omega+4\Omega)+(16\Omega+8\Omega)]=8\Omega$$

3. 音箱两端电压 *U*、功率 *P* 及阻抗 *R* 之间的关系

$$P=U^2/R$$

若 8Ω 的音箱承受 800W 的功率，则音箱两端电压为 80V（有效值）。

这种计算在判断音箱阻抗时很有现实意义。

13.4.6 音箱功率的分配

1. 音箱并接时的功率分配

音箱 A、B 并联，$P_A=U_A{}^2/R_A, P_B=U_B{}^2/R_B$，$U_A{}^2=P_AR_A, U_B{}^2=P_BR_B, U_A=U_B, P_AR_A=P_BR_B$，得出 $P_A=P_B(R_B/R_A)$。

当两个音箱的输入阻抗相同时，每个音箱可获取相同的功率，等于总输入功率的 1/2，可推广为 N 个输入阻抗相同的音箱，分别获取的功率为 $P_{总}/N$。

当两个音箱的输入阻抗不相同时，若 $R_A=2R_B$，则 $P_A=P_B\times(1/2)$，$P_B=2P_A$，$P_{总}=P_A+P_B=P_A+2P_A=3P_A$，$P_A=(1/3)\times P_{总}$，$P_B=(2/3)\times P_{总}$。

若总功率为 1000W，则 P_A 为 1000W/3≈333W，P_B 为 1000W×2/3≈667W。

输入阻抗小的音箱获取的功率大。

2. 音箱串联时的功率分配

音箱 A、B 串联，$P_A=I_A{}^2R_A$，$P_B=I_B{}^2R_B$，$I_A{}^2=P_A/R_A$，$I_B{}^2=P_B/R_B$，$I_A=I_B$，$P_A/R_A=P_B/R_B$，得出 $P_A=(P_BR_A)/R_B=P_B(R_A/R_B)$。当 $R_A=2R_B$ 时，$P_A=2P_B$，$P_{总}=2P_B+P_B=3P_B$，$P_B=(1/3)\times P_{总}$，$P_A=(2/3)\times P_{总}$。

若总功率为 1000W，则 P_B 为 1000W/3≈333W，P_A 为 1000W×2/3≈667W。

输入阻抗高的音箱获取的功率大。

如果4个音箱A、B、C、D混联，则先计算串联，再计算并联。由读者完成，在此不再详述。

3. 多个音箱与功率放大器连接

当多个音箱并联后，依据总的输入阻抗连接功率放大器相应阻值的端口。例如，4个8Ω/200W的音箱并联，总输入阻抗为2Ω，总功率需求为800W，应与功率放大器的2Ω/800W端口连接，不宜与仅具备一组8Ω/200W（或400W）端口的功率放大器连接，对功率放大器末级输出不利。生产厂家在技术说明书中有明确说明。

功率放大器仅具备一组标配值8Ω/100W端口：当8Ω的音箱接至该端口时可获取小于100W的输出功率；当高于8Ω的音箱接至该端口时可获取大于100W的功率。功率的提升取决于生产厂家。

功率放大器具有多组标配值端口：2Ω/4Ω/8Ω；输出功率：$P_{2\Omega} > P_{4\Omega} > P_{8\Omega}$。

13.5 扩声系统的连接

13.5.1 调音台声源输入系统

（1）声源为主扩调音台和舞台返送调音台共用，采用音频分配器分配模拟信号或用AES50互传数字信号。

（2）舞台接口箱的使用

① 当所用调音台的本地输入端口数大于声源数时，可不用舞台接口箱传送声源，将声源直送本地输入端口即可，可以节省设备，当声源与调音台较近时可以这样处理，但当声源与调音台较远时，还是需要舞台接口箱传送声源。

② 当所用调音台的本地输入端口数少于声源数时，就要使用舞台接口箱。这时要分析调音台可容纳几路声源。声源数由输入物理推子数和分页层数综合决定。若调音台的本地输入端口数为16，输入物理推子数为16，分页层数为3，则可容纳48路声源。如果声源数也为48路，则可将32路声源输入本地输入端口，另16路声源使用DL16舞台接口箱连接，操作灵活，可放置的舞台传声器多，也可选用DL32舞台接口箱连接，可少分配几路声源给本地输入端口。

③ 舞台传声器可利用多芯电缆将声源送往调音台的本地输入端口或舞台接口箱。

④ 舞台接口箱将声源送往调音台时采用的接口格式不统一，有的采用MADI格式，有的采用AES50格式，还有的采用光传输，因此要了解舞台接口箱的接口格式。AES50可采用网线连接数字调音台的AES50A端口。

调音台与舞台接口箱配套使用，如x32、m32可与S16、DL16或DL32（具有32个MIC端口）舞台接口箱配套使用，DiGiCo系列调音台可与SD系列舞台接口箱（SD-NANO-Rack、SD-NANO-PSU等）配套使用。如果不能配套使用，则需要使用转换卡，如DL16或DL32舞台接口箱与YAMAHA模拟调音台连接时，需要使用ADAT光缆口和ADA8000进行数/模转换。

⑤ 使用舞台接口箱的另一个优点：可减少主扩调音台与后续设备连接时产生的输出损耗，当利用AES50将声源传送给舞台接口箱后，可输出模拟信号送入靠近舞台的装有功率放大器的航空箱中。

13.5.2 主扩系统

1. 全频线阵列扬声器与功率放大器的连接

全频线阵列扬声器与功率放大器的连接方式有并联和混联（串、并联）。

（1）1串（4个音箱）并联式

1串（4个音箱）并联式是将4个音箱通过LINK插座并接。每个音箱中的LF、MF及HF扬声器组合为8Ω的阻抗。4个音箱并接后的总阻抗为2Ω。输入信号经数字信号处理器分频后，由LF、MF及HF扬声器输出，送至Lab FP10000Q 4通道功率放大器的2Ω输出端口。该端口经跳线盘组合为8芯钮垂克插座，通过钮垂克插头连接1个音箱的IN插座，再经LINK插座连接其他3个音箱，如图13-16所示。

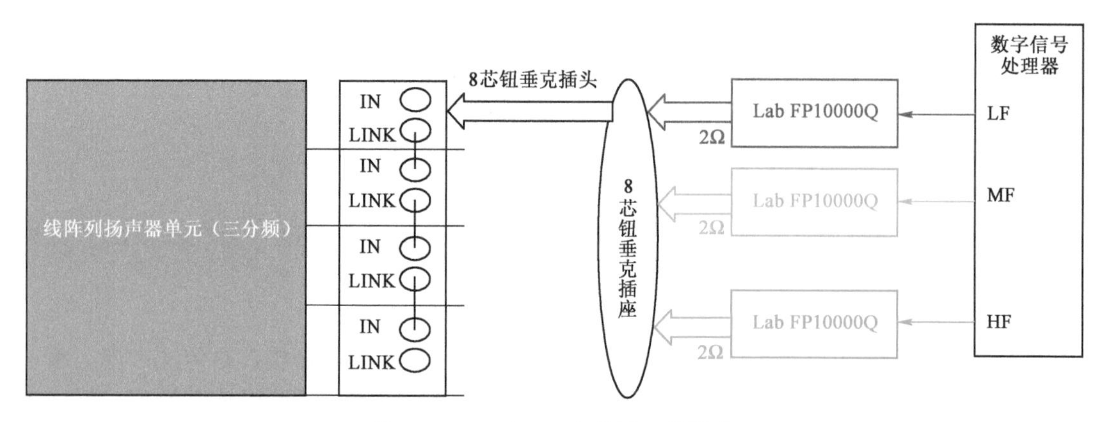

图13-16 1串（4个音箱）并联式

（2）1串（4个音箱）LF、MF及HF扬声器各自混联（串、并联）方式

将4个音箱的LF扬声器混联，若4个LF扬声器的阻抗均为8Ω，则先将两个LF扬声器串联后再并联，总阻抗仍为8Ω，由1个通道的功率放大器驱动，被称为LF功率放大器。MF功率放大器、HF功率放大器的做法相同，如图13-17所示。

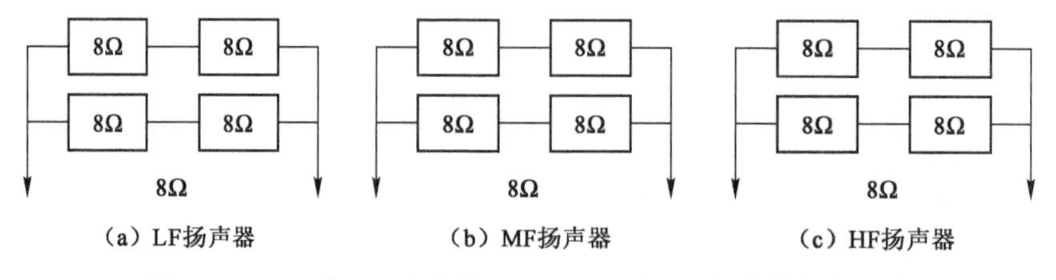

图13-17 1串（4个音箱）LF、MF及HF扬声器各自混联

① 音箱并联可看作一个整体，音箱内的LF、MF及HF扬声器各自混联可视为个体。

② 扬声器的阻抗有4Ω、8Ω及16Ω，音箱（内有多个扬声器）阻抗也有4Ω、8Ω及16Ω，采用并联或混联时应使总阻抗尽量避开2Ω或16Ω。2Ω数值低，功率放大器会达不到所给的功率，不利于工作；16Ω数值大，不能发挥功率放大器潜在的功率输出。

③ 具体采用哪种方式由供声系统决定：一看阻抗；二看需要的驱动功率。对于多串，

可以对比所用功率放大器的数量决定采取哪种方式。

④ 音箱的 LF、MF 及 HF 扬声器在各自混联时需采用专用的连接线。

⑤ 以一台 Lab FP10000Q 4 通道功率放大器为例，说明在两种方式下，Lab FP10000Q 4 通道功率放大器的不同工作状况。

1 串（4 个音箱）并联式占用一台 Lab FP10000Q 4 通道功率放大器中的 3 个通道，分别驱动 LF、MF 及 HF 扬声器。

1 串（4 个音箱）的 LF、MF 及 HF 扬声器各自混联仍占用一台 Lab FP10000Q 4 通道功率放大器中的 3 个通道，分别驱动 LF、MF 及 HF 扬声器。

⑥ 多串会出现 1 个通道达不到需要的功率，多发生在 LF 扬声器上，这时需占用其他通道，采取桥接方式加大功率输出，使一台 Lab FP10000Q 4 通道功率放大器专门服务于 LF 扬声器。

2. 超低音音箱与功率放大器的连接

① 超低音音箱与功率放大器的连接方式之一：4 个超低音音箱排列为水平与垂直阵列并组合为一个整体，每个超低音音箱的阻抗为 8Ω。

超低音音箱可作为单声道摆放在舞台中心，也可作为 L/R 声道摆放在舞台两侧。图 13-18 为超低音音箱与功率放大器的连接方式之一。图中，两个超低音音箱并联后，经 8 芯钮垂克插座与功率放大器连接，以 Lab FP10000Q 4 通道功率放大器为例，各占 1 个通道。

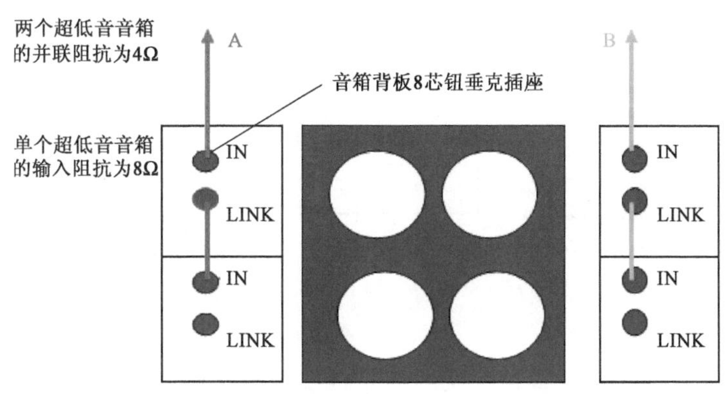

图 13-18 超低音音箱与功率放大器的连接方式之一

② 超低音音箱与功率放大器的连接方式之二：每个超低音音箱单独占用 Lab FP10000Q 4 通道功率放大器中的 1 个通道（注意阻抗匹配）。

采用哪种方式由超低音音箱的数量、阻抗、所需驱动功率及系统工程师的设计思维决定。

13.5.3 航空箱解析

航空箱运输方便，可省去现场连线，在扩声系统中大量使用。

1. 航空箱的结构

图 13-19 为用于现场供声系统的航空箱。在标配航空箱内装有数字信号发生器①、多台功率放大器（NO1～NO3）及跳线板②和 220V 供电板③。图 13-20 为功率放大器的一种

输出配给。

图 13-19　用于现场供声系统的航空箱

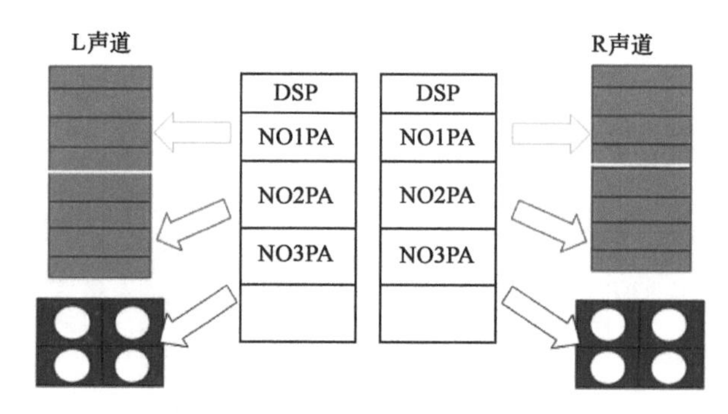

图 13-20　功率放大器的一种输出配给

跳线板用于转接：①将调音台送来的信号跳线到数字信号处理器中，并设有 LINK 插座，可将调音台送来的信号转送到另一个航空箱中；②将功率放大器输出的双线转换到多接点钮垂克插座，用于连接设置钮垂克插座的音箱。因此，跳线板有接收调音台信号的输入 XLR 插座、转接 LINK 插座及连接音箱的钮垂克插座。220V 供电板备置环行输出，可为下一个航空箱供电。

2. 中、小型现场演出供声系统航空箱的内部连线

供声系统为 4 串，左、右声道各两串。中、小型现场演出供声系统航空箱的内部连线如图 13-21 所示。

① 数字信号处理器可采用多种型号，输入信号来自调音台 L 声道及超低音信号，经分频后，送入功率放大器。

② 多通道功率放大器采用 Lab FP10000Q 4 通道功率放大器。NO1、NO2 分别给两串 8 个音箱提供驱动功率。NO1 输入端（IN1～4）中的 1～3 分别接收由 xtaDP448 输出的 LF、MF 及 HF 信号，并利用 LINK 转接到 NO2 输入端（IN1～4）中的 1～3。

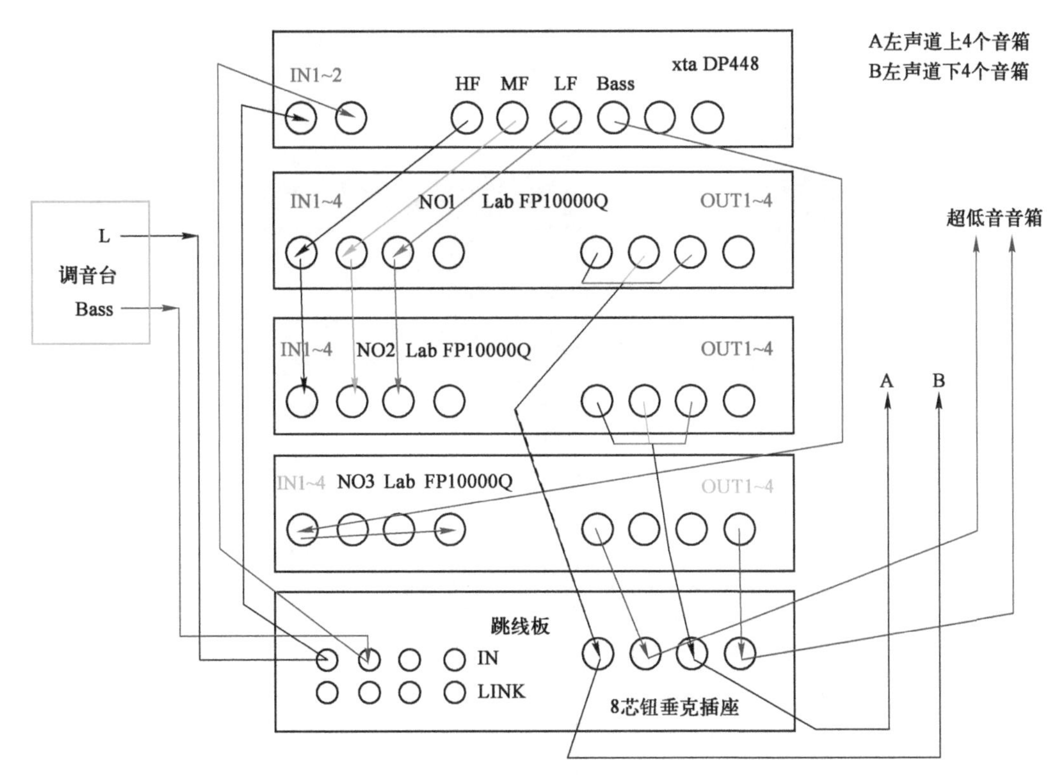

图 13-21 中、小型现场演出供声系统航空箱的内部连线

NO1、NO2 输出端（OUT1~4）中 1~3 的输出信号经跳线板上的 8 芯钮垂克插座送入各自的音箱。

NO3 的 IN1~4 接收 xtaDP448 的 Bass 信号，其输出 OUT1~4 送入 8 芯钮垂克插座，并转送入 4 个超低音音箱。

上述讲述的内容是针对 L 声道而言的。R 声道需要另设相同结构的航空箱。

3. 通过跳线板可完成功率放大器与音箱的连接

跳线板转换示意图如图 13-22 所示。

跳线板的前面板设置 4 个钮垂克插座用于与音箱连接，图 13-22 中仅画出其中一个钮垂克插座与后面板两个钮垂克插座的连线。

后面板的钮垂克插座有很多，图 13-22 中仅画出两个。后面板钮垂克插座接至功率放大器的输出端。其连线方式与音箱内扬声器的输入功率有关。

当 NO1 给 4 个音箱（采用并联）输出功率时，与前面板钮垂克插座的 8 芯线连接，在+1、-1，+2、-2，+3、-3 分别接至音箱 8 芯钮垂克插座的相应端后，再与音箱内的 LF、MF 及 HF 扬声器连接。

若 LF、MF 及 HF 扬声器的驱动功率由 1 台 4 通道 Lab FP10000Q 功率放大器中的 CHA、CHB、CHC 通道供给，则需要 3 个后面板钮垂克插座。每个钮垂克插座仅使用+1、-1 与前面板钮垂克插座的+1、-1，+2、-2，+3、-3 连接。

3 个后面板钮垂克插座分别与 Lab FP10000Q 功率放大器中的 CHA（低频扬声器驱动）、CHB（中频扬声器驱动）及 CHC（高频扬声器驱动）输出端连接。

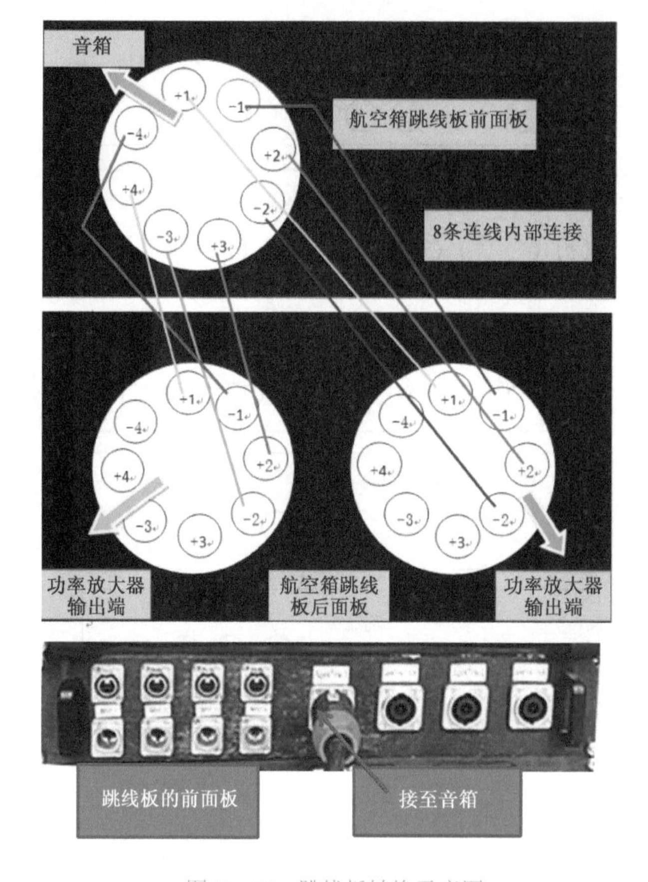

图 13-22　跳线板转换示意图

13.5.4　舞台个人耳式监听系统

1. 个人监听系统

个人监听系统是一种通过网络协议传输和分配信号的音频矩阵，通过返送调音师输送经过制作调节的若干信号组，每一位表演者都配有一个基站，可以自己调节信号的比例。

2. 舞台返送监听信号的获取

① 主输出。

② 矩阵送出法。

③ 辅助送出法。

辅助送出法是最常用的方法之一。其特点是辅助信号的提取点灵活，各输出之间的输入比例互不干扰，既可以使用单声道模式，又可以使用立体声模式。

3. 个人耳式监听系统（In Ear Monitoring，IEM）

个人耳式监听系统包含无线和有线。目前，大多数采用无线个人耳式监听系统。个人耳式监听系统可以以低声压级清楚地聆听乐器的音色，降低舞台的整体声压级。

① 与使用监听扬声器相比，回授啸叫概率较低。在使用耳式监听系统时，声音直接在

耳内提供。

② 在流行音乐演出中，个人耳式监听系统可让表演者拥有更大的舞台移动灵活性，使表演者能够听得更加真切，取得最大的反馈增益，获取更好的混音效果。有时，个人耳式监听系统会结合舞台返送音箱一起使用，在调试无线个人耳式监听系统时，一般要串接一台均衡器，用于调节音色。

4. 有线 IEM 的安装

首先安装主机，然后与返送调音台连接，一定要注意检查乐手基站是由 POE 供电的还是由 220V 电源供电的。目前，有线 IEM 支持由 POE 供电。当由 POE 供电时，一定要检查 POE 供电交换机的功率。

根据经验，如果舞台不大，则采用有线 IEM；如果舞台很大，则采用无线 IEM。

5. IEM 的模式

IEM 有立体声（ST）模式和单声道（MONO）模式。

立体声（ST）模式需要双耳全部戴上耳机，形成立体声声像，并将现场环境中的声音混合在耳机里。这种做法可以营造歌与歌之间的语音串场或现场表演者与观众之间的互动。

单声道（MONO）模式用于表演者一耳聆听现场的声音，不用刻意将现场环境中的声音混合在耳机里。

① 立体声模式如图 13-23 所示。立体声模式发射双通道信号。

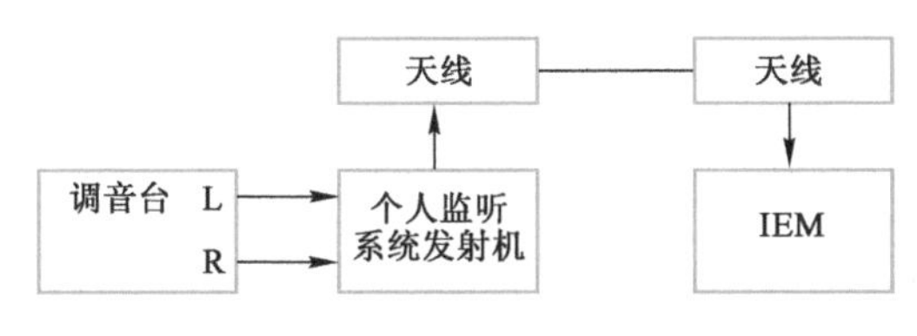

图 13-23 立体声模式

② 多通道监听立体声模式如图 13-24 所示。在表演者收听来自两个频道不同声音的同时，可以平衡两耳的音量。与立体声模式的不同：设置个人监听系统发射机的输出模式为单声道模式。

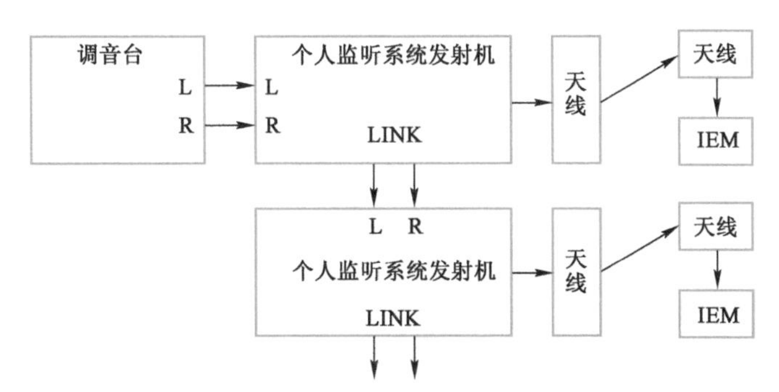

图 13-24 多通道监听立体声模式

③ 单声道模式：发射单声道信号到腰包接收机；连接调音台辅助输出 AUX 到发射机；设置发射机输出模式为单声道模式。

④ 多通道监听混合模式如图 13-25 所示，可满足在现场演出环境中不同表演者对监听的复杂需求。

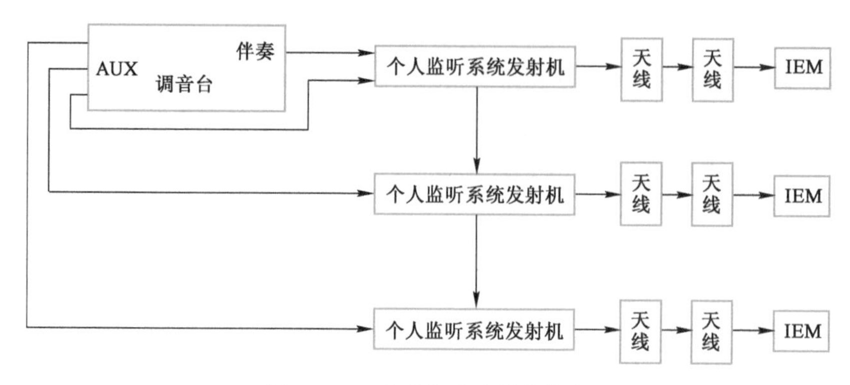

图 13-25　多通道监听混合模式

⑤ LINK 监听音箱应用模式如图 13-26 所示，可满足在现场演出环境中无法布线到舞台的监听需求。

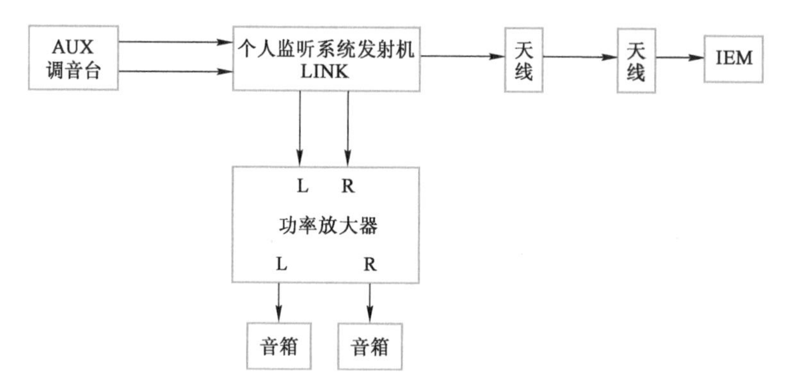

图 13-26　LINK 监听音箱应用模式

13.6　本书案例（体育场馆中型演唱会）系统的连接

13.6.1　设备清单

本书案例设备清单见表 13-2。

表 13-2　本书案例设备清单

传声器			
型　号	拾音对象	型　号	拾音对象
AKG　391B	OH L 左吊镲	SHURE SM57	E. GTR1　电吉他 1
AKG　391B	OH R 右吊镲	SHURE SM57	E. GTR2　电吉他 2
AKG　391B	RID 踩踏	RADIALJDI	A. GTR1　木吉他 1
SENNHEISER E904	TOM 通通鼓	RADIALJDI	A. GTR2　木吉他 2
SENNHEISER E904	RACK TOM 2 通通鼓 2	RADIALJDI	KB1 L　键盘 1 左
SENNHEISER E904	RACK TOM 1 通通鼓 1	RADIALJDI	KB1 R　键盘 1 右
AKG　391B	HIHAT 高音镲	RADIALJDI	KB2 L　键盘 2 左

续表

传声器			
型　号	拾音对象	型　号	拾音对象
SHURE SM57	SN TOP 军鼓上	RADIALJDI	KB2 R　键盘 2 右
SHURE BETA57A	SN BOTTOM 军鼓下	SHURE SM57/E904	CONGA LOW 康加低音鼓
SHURE SM91	KICK HI 底鼓高音	SHURE SM57/E904	CONGA HI　康加高音鼓
SHURE BETA52	KICK LOW 底鼓低音	SHURE SM57/E904	BONGO　小手鼓
AKG　391B	TOYS 小打	SHURE SM57/E904	DJEMBE　非洲鼓
RADIAL J48	E. DRUM L 电子鼓左	SHURE UR4D+BETA 58	WLS　人声
RADIAL	E. DRUM R 电子鼓右	iConnecttivity Play Audio12	PGM L　采样器左
RADIAL	BASS DI 贝斯直插	iConnecttivity Play Audio12	PGM R　采样器右
SHURE BETA57A	BASS MIC 贝斯箱传声器	iConnecttivity Play Audio12	CLICK　节拍器

舞台接口箱/数字调音台/数字信号处理器		
舞台接口箱型号	数字调音台型号	数字信号处理器型号
DL16	m32	xta DP448

功率放大器	
型　号	用　途
Lab FP10000Q	FOH L/ FOH R：主扩全音域左/主扩全音域右
Lab FP10000Q	front fill L /front fill R：前补全音域左/前补全音域右
Lab FP10000Q	side L/ side R：侧补全音域左/侧补全音域右
Lab FP10000Q	delay L/delay R：时延全音域左/时延全音域右
Lab FP10000Q	Bass L/ Bass R ：超低声左/ 超低声右

音箱		
型　号	数　量	用　途
Zsound vcm	20×2	FOH L/ FOH R
Zsound vcm	15×2	Bass L/ Bass R
Zsound vcm	8×2	front fill L/front fill R
Zsound vcm	12×2	side L/ side R
Zsound vcm	16×2	delay L/delay R

其他设备			
对讲音箱	SPL Phonitor2 耳返	IEM 两个同频率接收腰包	4 个真力 8351

13.6.2　声源输入系统

本书案例的声源为 32 个，提供给 1 台主扩 m32 数字调音台（FOH m32 Digital Mixer，简称 FOH m32）、两台返送监听 m32 数字调音台（Monitor m32 Digital Mixer，简称 Monitor m32）。声源 1～16（CH1～CH16）经 8 路多芯电缆传送到舞台接口箱 DL16 MIC 1～16 后，再经 AES50A 传送到 FOH m32。声源 17～32（CH17～CH32）经 8 路多芯电缆传送到 FOH m32 的本地输入端口 17~32 后，再经 AES50B 将 CH1~CH32 数字信号传送到 Monitor-1 m32 的 AES50A，依次类推，再传送到 Monitor-2 m32 的 AES50A，实现声源 1~32 共享，如图 13-27 所示。

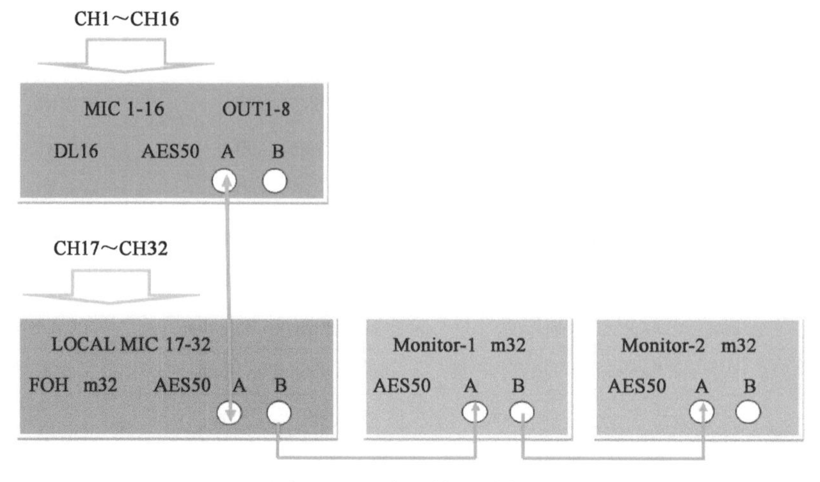

图 13-27　声源输入系统

① 声源输入系统有两种方案，除了图 13-27 采用的方案，还有另一种声源输入系统方案：Monitor-1 m32→Monitor-2 m32→FOH m32。

第一种方案是考虑 FOH m32 的输出信号可采用数字信号返送舞台接口箱以减小输出信号的损失。第二种方案是考虑 Monitor-1 m32、Monitor-2 m32 在舞台附近，FOH m32 的输出信号为模拟信号，在利用电缆传送给后续设备时，一旦电缆过长，输出信号的损耗将加大。

② Monitor m32 可用一台，也可用两台，视现场监听需要确定。本书案例使用一台 Monitor m32 满足不了要求，故使用两台 Monitor m32。

13.6.3 主扩输出系统

1. 性能参数指标

音箱 Zsound vcm 的外形如图 13-28 所示。其性能参数指标见表 13-3。

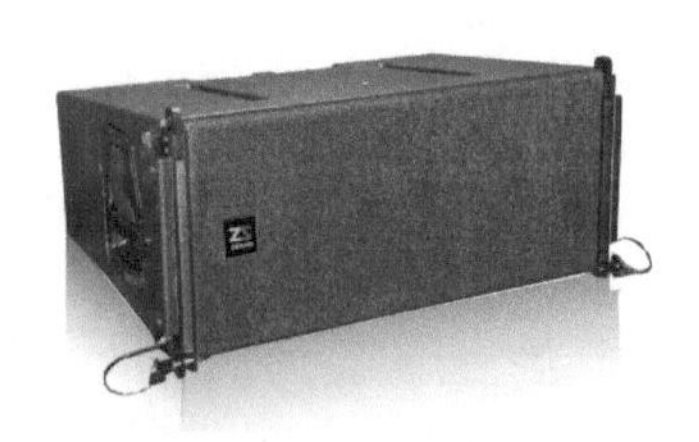

图 13-28　音箱 Zsound vcm 的外形

表 13-3　音箱 Zsound vcm 的性能参数指标

性 能 参 数	指　　标
幅频特性	50Hz~16kHz（±3dB）；40Hz~18kHz（-10dB）
标称指向性（-6dB）	90°（H）×10°（V）

续表

性能参数	指　标
灵敏度（1W/1m）	HF：112dBSPL；MF：106dBSPL；LF：96dBSPL
扬声器功率	HF/MF/LF：120W/130W/800W
阻抗	HF/MF/LF：16Ω/16Ω/16Ω
最大声压级	HF：132/138dBSPL PEAK MF：127/133dBSPL PEAK LF：125/131dBSPL PEAK
扬声器单元	2 英寸×10 英寸钕磁橡胶边低音（75mm 音圈）
	1 英寸×6 英寸钕磁橡胶边中音（38mm 音圈）
	2 英寸×1.75 英寸钕磁橡胶边高音（44mm 音圈）

超低音音箱 Zsound s218 的性能参数指标见表 13-4。

表 13-4　超低音音箱 Zsound s218 的性能参数指标

性能参数	指　标
幅频特性	32~180Hz（±3dB）；30~250Hz（-10dB）
标称指向性（-6dB）	无指向
灵敏度（1W/1m）	102dBSPL
扬声器功率	2400W
阻抗	4Ω
最大声压级	135dB SPL PEAK（连续）/141dB SPL PEAK（峰值）
扬声器单元	2 英寸×18 英寸低音（100mm 音圈）

Lab FP10000Q 功率放大器的性能参数见表 2-3。

从表中可以看出，Lab FP10000Q 有 2Ω、4Ω、8Ω、16Ω 端口，考虑到可靠性并充分发挥能力，本书案例使用 4Ω 或 8Ω 端口，当一个通道的输出功率不能满足要求时，可采用两个通道桥接的工作方式，输出功率可加倍（与所接阻抗有关）。

本书案例采用 8 个或 4 个 Zsound vcm 音箱。其具体做法是将 Zsound vcm 音箱中的低频扬声器单元 LF、中频扬声器单元 MF 及高频扬声器单元 HF 进行串、并联，分别由低频、中频及高频功率放大器驱动。

2. 主扩（L／R）线阵列

图 13-29 为主扩（L 声道）线阵列低频扬声器与 Lab FP10000Q 的连接图。主扩（R 声道）线阵列低频扬声器与此等同。

图中，8 个 Zsound vcm 音箱（阻抗为 16Ω）经串、并联后的总阻抗为 8Ω；单个 Zsound vcm 音箱的 LF 扬声器需要 800W 的功率；8 个 Zsound vcm 音箱的总功率为 6400W；采用 Lab FP10000Q A+B 桥接（8Ω）可获取 4970W 的功率。

4 个 Zsound vcm 音箱（阻抗为 16Ω）并联后的总阻抗为 4Ω。单个 Zsound vcm 音箱的 LF 扬声器需要 800W 的功率。4 个 Zsound vcm 音箱的总功率为 3200W，使用 Lab FP10000Q 1 个端口（4Ω）可获取 2486W 的功率，若采用 A+B 桥接（4Ω）方式，则可获取 3480W 的功率。

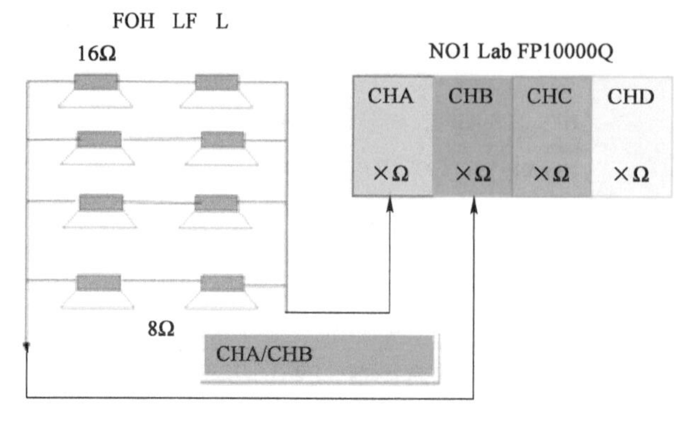

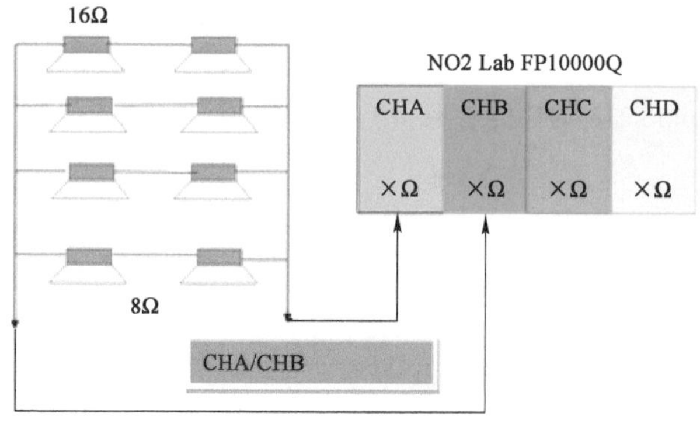

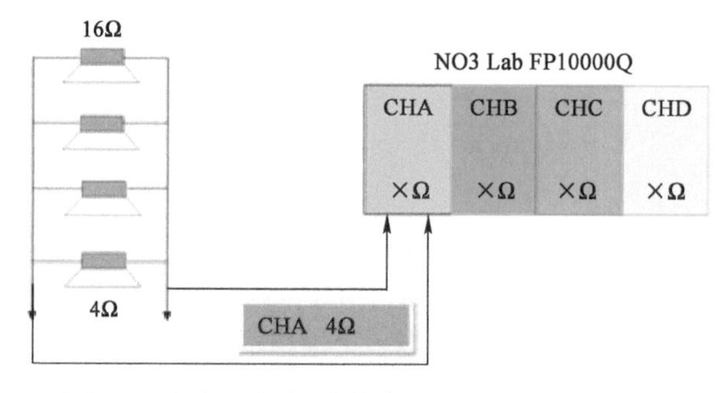

图 13-29　主扩（L 声道）线阵列低频扬声器与 Lab FP10000Q 的连接图

主扩（L 声道）线阵列中频扬声器与 Lab FP10000Q 的连接图如图 13-30 所示。

图中，8 个 16Ω 的 Zsound vcm 音箱经串、并联后，总阻抗为 8Ω；单个 Zsound vcm 音箱的 MF 扬声器需要 130W 的功率；8 个 Zsound vcm 音箱的总功率为 1040W，接至 Lab FP10000Q 1 个端口（8Ω），输出功率选为 1240W。

4 个 16Ω 的 Zsound vcm 音箱并联后，总阻抗为 4Ω；单个 Zsound vcm 音箱的 MF 扬声器需要 130W 的功率；4 个 Zsound vcm 音箱的总功率为 520W，接至 Lab FP10000Q 1 个端口（4Ω），输出功率选为 630W。

高频扬声器的连接与中频扬声器的连接相同：8 个 16Ω 的 Zsound vcm 音箱经串、并联后，总阻抗为 8Ω；单个 Zsound vcm 音箱的 HF 扬声器需要 120W 的功率；8 个 Zsound vcm 音箱的总功率为 960W；单通道 Lab FP10000Q 8Ω 的功率为 1240W。

4 个 16Ω 的 Zsound vcm 音箱并联后，总阻抗为 4Ω；单个 Zsound vcm 音箱的 HF 扬声器需要 130W 的功率；4 个 Zsound vcm 音箱的总功率为 520W，接至 Lab FP10000Q 1 个端口

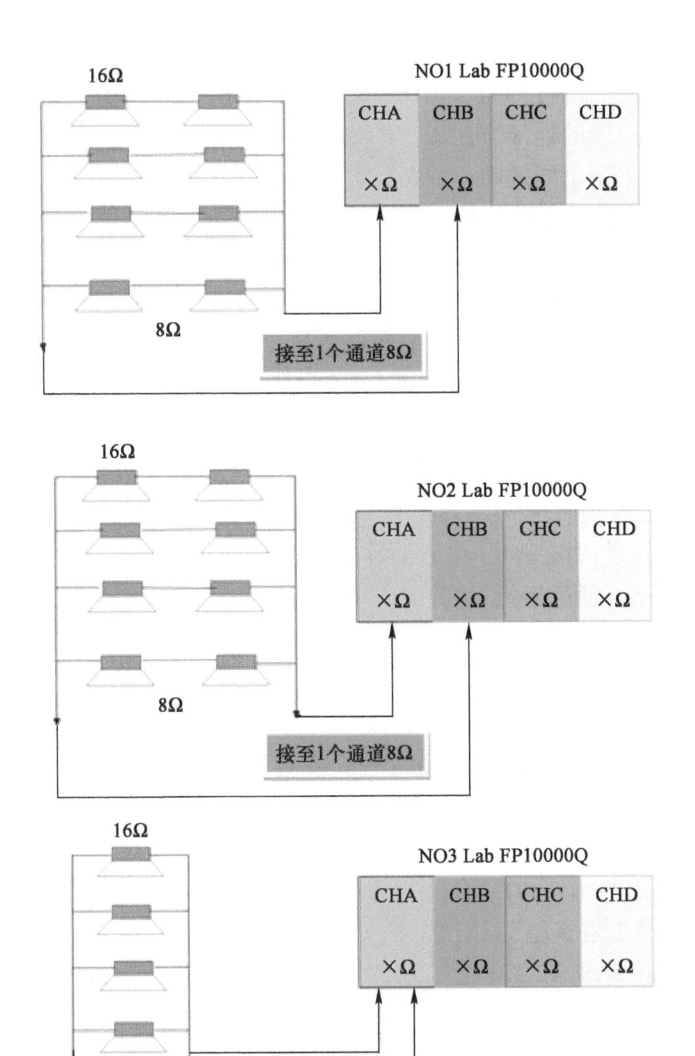

图 13-30 主扩（L 声道）线阵列中频扬声器与 Lab FP10000Q 的连接图

(4Ω)，输出功率为 630W。

高频扬声器与中频扬声器连接的不同：NO1～NO3 Lab FP10000Q 均使用 1 个通道。

从图 13-30 中可以看出，4 通道 Lab FP10000Q 没有被充分利用，不利于节省使用功率放大器，采用这种做法的原因是避免通道之间的电磁串扰。

在电子学中，串扰是两条信号线之间的耦合现象。因为在空间距离很近的信号线之间会出现不希望的电感性和电容性耦合，从而产生相互干扰。在设计印制电路板和集成电路时，串扰是一个比较棘手的问题。

当两条信号线分别用于左、右立体声时，如果两个声道之间的串扰较大，那么重放声音的立体感将减弱。因此，功率放大器的技术指标除了功率、幅度频率特性、信噪比、动态范围、失真度及瞬态响应，还应设立立体声分离度、立体声平衡度，可反映串扰的大小。

综上所述：

Δ 主扩（L 声道）线阵列扬声器使用 9 台 Lab FP10000Q。

△主扩（R 声道）线阵列扬声器的连接等同上述方法，也需要 9 台 Lab FP10000Q。合计 18 个。每个航空箱配置 3 台 Lab FP10000Q，共需要 6 个航空箱（左、右各 3 个）。

△其他线阵列扬声器的连接方法以上述为基础，依据单元扬声器数目和功率放大器具备的阻抗输出种类而采用不同的串、并联方式。

3. front fill（L/R）前补线阵列

front fill（L）前补线阵列有 8 个 Zsound vcm 音箱（两串）。其中，低频扬声器用 1 台 Lab FP10000Q 通过两个通道桥接；中频扬声器用 1 台 Lab FP10000Q 通过 1 个通道桥接；高频扬声器用 1 台 Lab FP10000Q 通过 1 个通道桥接。共需要 3 台 Lab FP10000Q。R 声道等同 L 声道，也需要 3 台 Lab FP10000Q。合计 6 台 Lab FP10000Q，2 个航空箱（左、右各 1 个）。

4. side（L/ R）侧补线阵列

side（L）侧补线阵列有 12 个 Zsound vcm 音箱（3 串）。其中，低频扬声器用 1 台 Lab FP10000Q 通过两个通道桥接另 1 台 Lab FP10000Q 中的 1 个通道；中频扬声器用两台 Lab FP10000Q 通过各自两个通道桥接；高频扬声器用两台 Lab FP10000Q 通过各自两个通道桥接。共需要 6 台 Lab FP10000Q。R 声道等同 L 声道，也需要 6 台 Lab FP10000Q。合计 12 台 Lab FP10000Q，4 个航空箱（左、右各 2 个）。

5. delay（L/R）延时线阵列

delay（L）延时线阵列有 16 个 Zsound vcm 音箱（4 串）。其中，低频扬声器用两台 Lab FP10000Q 通过两个通道桥接；中频扬声器用两台 Lab FP10000Q 通过两个通道桥接；高频扬声器用两台 Lab FP10000Q 通过两个通道桥接。共需要 6 台 Lab FP10000Q。R 声道等同 L 声道，也需要 6 台 Lab FP10000Q。合计 12 台 Lab FP10000Q，4 个航空箱（左、右各 2 个）。

6. Bass 单声道超低音音箱

Bass 单声道超低音音箱有 15 个 Zsound s218 音箱，与 Lab FP10000Q 的连接图如图 13-31 所示。

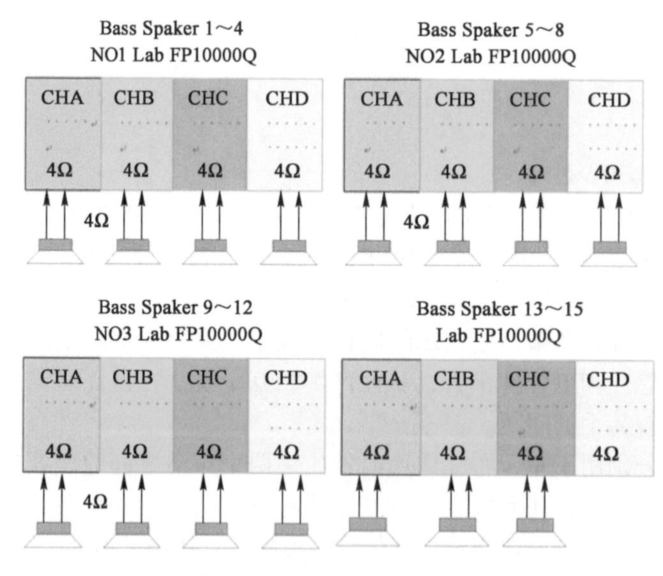

图 13-31　Bass 单声道超低音音箱与 Lab FP10000Q 的连接图

每个 Zsound s218 音箱需要 2400W 的功率，阻抗为 4Ω。Lab FP10000Q 中 1 个通道的阻抗为 4Ω，最大输出功率为 2486W。因此，1 个 Zsound s218 音箱由 1 个通道、阻抗为 4Ω、最大输出功率 2486W 的 Lab FP10000Q 驱动即可。因此，合计需求 4 台 Lab FP10000Q（4×4=16，空闲 1 个通道，航空箱两个）。

7. 供声系统设备的需求量（见表 13-5）

表 13-5　供声系统设备的需求量

Lab FP10000Q 的需求量（台）	航空箱的需求量（个）
主扩（L/R）线阵列：9×2=18	6
front fill（L/ R）前补线阵列：3×2=6	2
side（L/R）侧补线阵列：6×2=12	4
delay（L/R）延时线阵列：6×2=12	4
Bass 单声道超低音音箱：4	2
合计：52	合计：18

8. 外置分频系统

外置分频系统由数字信号处理器 xtaDP448 承担，放在标配航空箱内。

（1）主扩航空箱的连接

主扩调音台→舞台接口箱 FOH L 的输出信号经音频分配器后，输入 3 个航空箱中的 xtaDP448。每台 xtaDP448 有 1 路输入和 3 路输出，分别输出给 3 台 Lab FP10000Q，如图 13-32（a）所示。NO1～NO3 Lab FP10000Q 各通道可利用 LINK 获取所需要的信号，如图 13-32（b）所示。

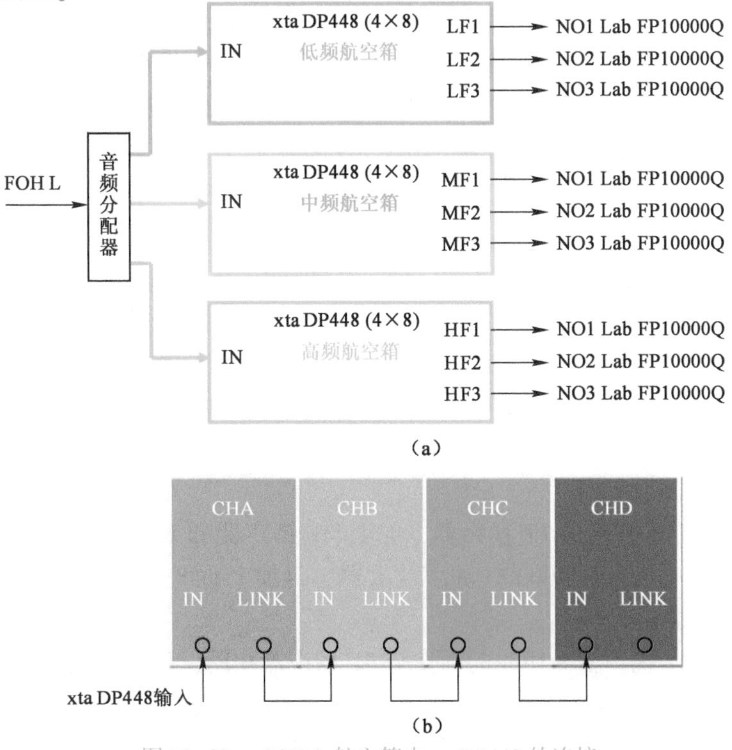

图 13-32　FOH L 航空箱内 xtaDP448 的连接

FOH R 等同 FOH L 航空箱内的 xtaDP448 连接。

（2）front fill（L/R）前补线阵列和 side（L/ R）侧补线阵列航空箱内 xtaDP448 的连接

front fill（L/R）前补和 side（L/ R）侧补航空箱内 xtaDP448 的连接与图 13-32 相同。其不同点：xtaDP448 输入的 L、R 声道信号来自主扩调音台→舞台接口箱 front fill（L/R）前补和 side（L/R）侧补的输出端。

（3）Bass 航空箱内 xtaDP448 的连接

xtaDP448 既可以输入 Bass 单声道信号，也可以输入 L、R 声道信号。本书案例输入单声道信号，来自主扩调音台→舞台接口箱的 Bass 输出端，如图 13-33 所示。Lab FP10000Q 的 4 个通道利用 LINK 可将 Bass 单声道信号送至各个通道，见图 13-32（b）。

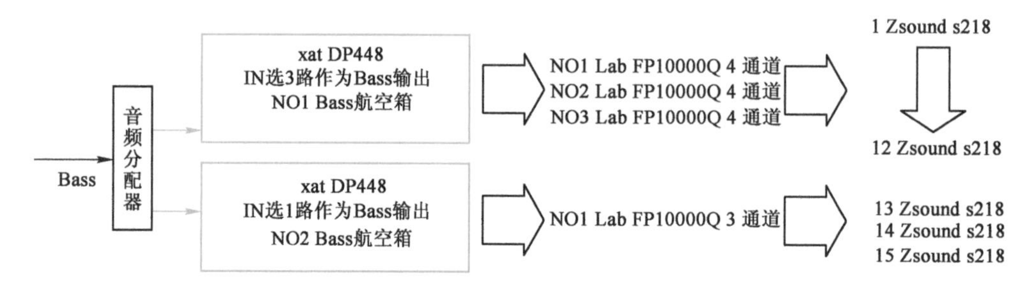

图 13-33　Bass 航空箱内 xtaDP448 的连接

（4）delay（L/R）延时线阵列航空箱内 xtaDP448 的连接

delay（L/R）延时线阵列航空箱内 xtaDP448 的连接与图 13-32 相同。其不同点：xta DP448 输入的 L、R 声道信号来自主扩调音台的本地输出 OUTPUT 11、12 端。

9. 主扩音箱与功率放大器连接所用专用线的制作（针对串、并联）

连接主扩音箱与功率放大器需要制作专用线。以 LF 扬声器为例介绍制作过程。

将图 13-29 中的 20 个 Zsound vcm 音箱分为两组 8 个、一组 4 个。在 8 个 Zsound vcm 音箱中：1 和 2 串联、3 和 4 串联，每个音箱中的 LF 扬声器阻抗为 16Ω，串联后的阻抗为 32Ω，再并联后的阻抗为 16Ω，由 A 端引出；5 和 6 串联、7 和 8 串联，每个音箱中的 LF 扬声器阻抗为 16Ω，串联后的阻抗为 32Ω，再并联后的阻抗为 16Ω，由 B 端引出。A、B 两路再经跳线盘并联后，总阻抗为 8Ω，接至功率放大器，如图 13-34 所示。

图中，使用 8 芯钮垂克插头，利用 LINK 端口进行并联，IN 与 LINK 端口已经在机内对应连接，用虚线表示；8 个 LF 扬声器的 A、B 经跳线板并联后的阻抗为 8Ω，送至第 1 台 4 通道 Lab FP10000Q 功率放大器，鉴于功率要求，使用双通道桥接工作方式；另外 8 个 LF 扬声器串、并联专用线的制作方法与图 13-34 相同，送至第 2 台 4 通道 Lab FP10000Q 功率放大器；剩余的 4 个 LF 扬声器利用 LINK-IN 端口并联，总阻抗为 4Ω，送至第 3 台 4 通道 Lab FP10000Q 功率放大器。

以上介绍的仅是左声道的 LF 扬声器，加上 MF 扬声器和 HF 扬声器，主扩音箱（左声道）需要 9 台 4 通道 Lab FP10000Q 功率放大器，再加上右声道，共需要 18 台 4 通道 Lab FP10000Q 功率放大器。

MF 扬声器和 HF 扬声器专用线的制作与 LF 扬声器相同，但需要说明几点：

① 8 芯钮垂克插座，MF 扬声器用+2、-2，HF 扬声器用+3、-3。

② 8 芯钮垂克插头，MF 扬声器用+2、-2，HF 扬声器用+3、-3。

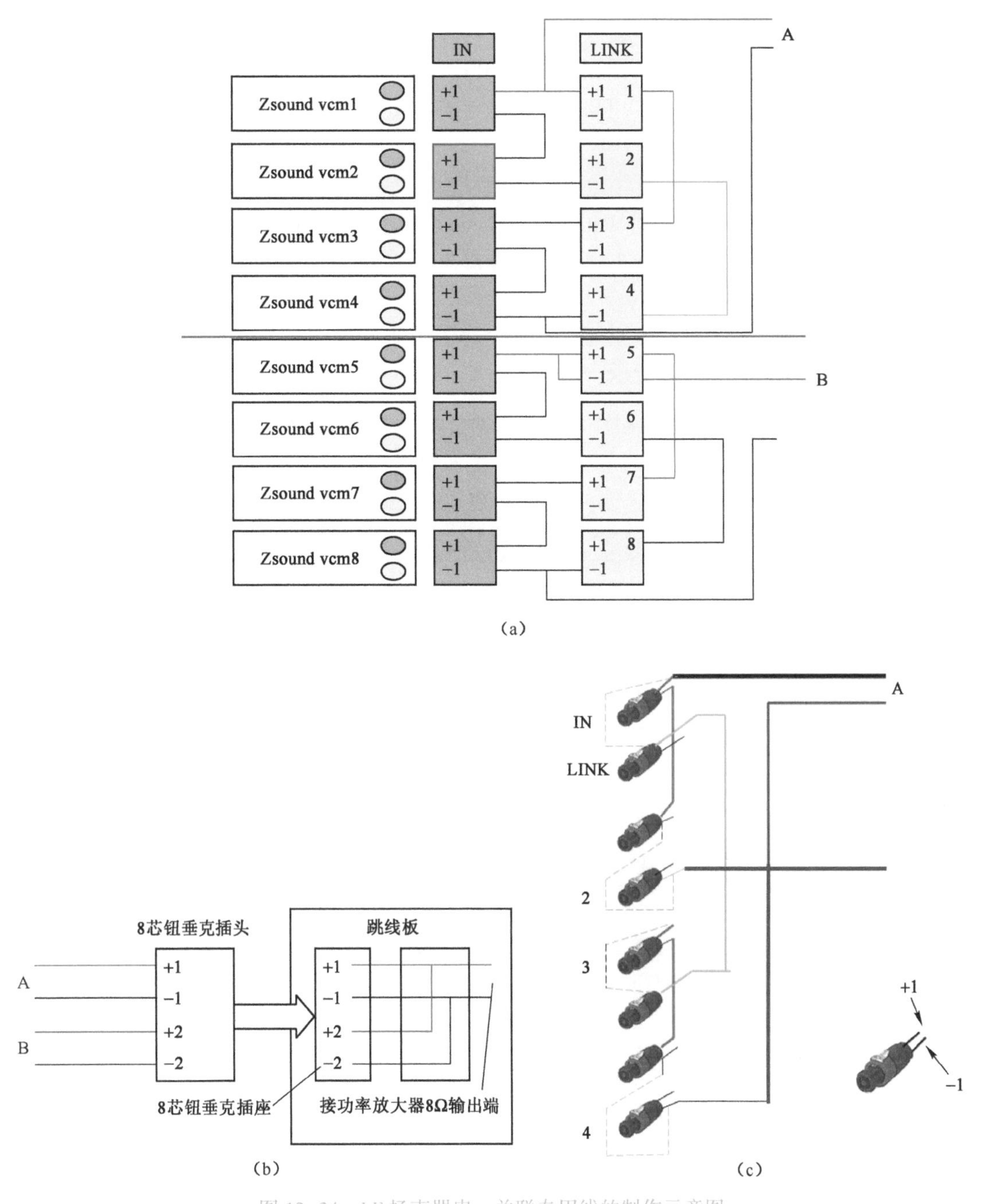

图 13-34　LF 扬声器串、并联专用线的制作示意图

③ 最重要的一点：先搞清线阵列所用单元音箱的 8 芯钮垂克插座 +1、-1，+2、-2，+3、-3 连接的是哪个扬声器。

10. 其他扬声器与功率放大器输出端的连接

① 扬声器线阵列中的单元音箱数量不等，采用串、并联，总阻抗最好为 8Ω 或 4Ω 后，再与功率放大器连接。

② 4 通道 Lab FP10000Q 功率放大器采用单声道还是桥接以需要达到的功率为准。

11. 周边设备的连接

舞台接口箱及 FOH（L/R）、front fill（L/R）、side（L/R）、Bass、delay（L/R）的航空箱靠近主扩 m32 的本地输出端，可采用三芯数字音频电缆连接。

13.6.4 舞台监听系统

本书案例的舞台监听系统由 Monitor 1、Monitor 2 组成。Monitor 1 本地输出给有源监听音箱，供部分乐手监听；Monitor 2 用于个人耳机监听系统。

1. 有源监听音箱

Monitor 1 的本地 OUT 1～16 送至 1～16 个有源监听音箱（依照 Monitor 1 输出通道表）供部分乐手监听，如图 13-35 所示。

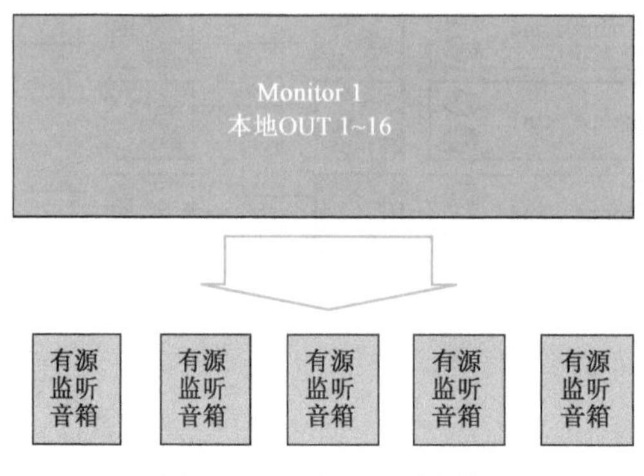

图 13-35　有源监听音箱

2. 个人耳机监听系统

个人耳机监听系统可采用有线或无线传送。本书案例选用有线传送，供表演者和乐手监听，如图 13-36 所示。

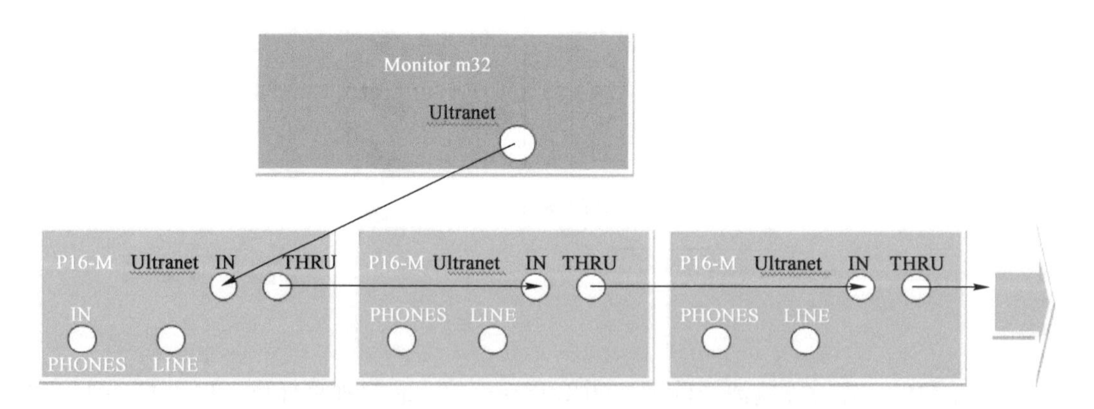

图 13-36　个人耳机监听系统

P16-M 是一款与 m32 配套使用的小型数字调音台，如图 13-37 所示。

P16-M 输入的 P16 信号经 FOH m32 的 Ultranet 端口通过超五类网线送至 P16-M 的 Ultranet IN 端口。若环连下一台 P16-M，则可从 THRU 端口送至下一台 P16-M 的 Ultranet IN 端口。照此方式可环连多台 P16-M。环连的数目由现场监听人员的数量确定。

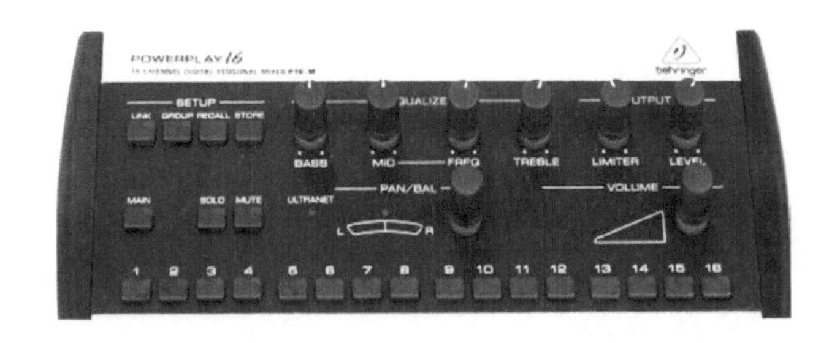

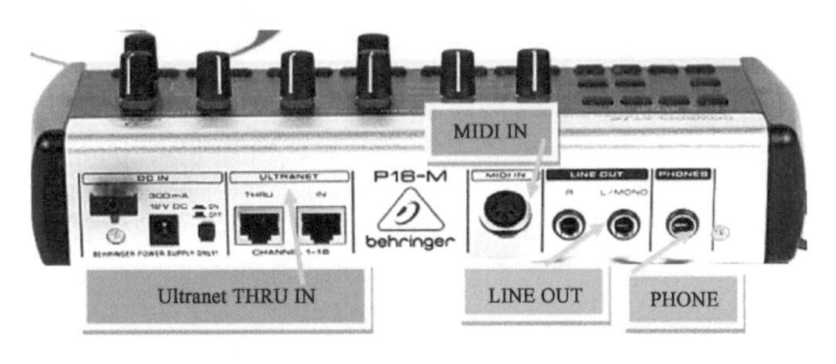

图 13-37 P16-M

本书案例采用 PHONES 端口输出 P16 信号，用于表演者和部分乐手监听。

P16-M 放置在乐手前面，通过操作面板底部的 1~16 按钮选择需要监听的声源。

第 14 章　系统的初始调整

14.1　无线传声器的调整

在演出前，召开现场所有使用无线设备人员的频率规划会，其主要内容是协调现场所有的无线频率。

14.1.1　无线传声器调整前述

1. 现实性和必要性

无线传声器是演出现场用于拾音的主要手段，由于手机、对讲机、无线电波及自身系统会造成串音，因此在演出现场需要进行频率规划和系统方案的设计、天线的选用和设置、干扰问题的排除等工作。

串音的起因很复杂，涉及电波传输、无线电频率的使用现状、接收环节等一系列问题。音响系统工程师或现场音响师更关心的是如何避开演出现场存在的无线电频率，并合理设置现场使用的众多无线传声器的发射频率，增大接收机的接收强度。

2. 无线传声器系统的建立

① 使用定向性外置天线，主轴指向舞台，使接收强度处于最大，同时抑制干扰源。

② 探测演出现场存在的无线电频率，以便进行频率规划和系统方案的设计。

3. 探测工具

① 使用接收机内置的扫频软件对现场环境进行测试，如舒尔（Wireless WorkBench）和森海塞尔（Sennheiser）软件。

② 手持扫频工具如图 14-1 所示，是简易频谱仪或实时分析仪，可以测试空中的无线射频信号。

图 14-1　手持扫频工具

14.1.2　Wireless WorkBench 6（WWB6）软件的使用

Wireless WorkBench 6（WWB6）是一款适用于 Mac 和 Windows 的桌面应用软件，可通过计算机对联网的舒尔无线系统进行全面监控，实时更改设备和通道的参数。此外，WWB6 还包含一套功能强大的频率协调和可视化工具，可用于计算所有无线系统（包括第三方无线系统）的兼容频率，能够轻松快速地配置、操作和监视无线系统。

1. 软件的使用

（1）网络连接。WWB6 使用以太网控制联网组件并进行通信。每个联网组件都必须有一个唯一且有效的 IP 地址，以确保进行正常通信。IP 地址可由具有 DHCP 寻址功能的计算机、交换机或路由器自动分配。为了充分利用 DHCP 寻址功能，舒尔组件具有设置便捷自动 IP 的寻址模式。

① 使用 CAT5 或更优质的以太网电缆连接计算机和无线传声器接收机组件，对于多无

线传声器接收机组件系统，建议增设路由器或交换机（见图14-2），使用星形连接，而不要使用菊花链连接。

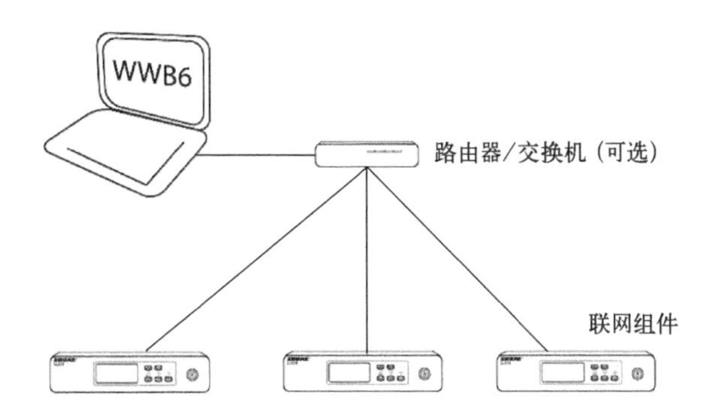

图14-2 多无线传声器接收机组件系统与计算机的星形连接

② 打开已经安装WWB6的计算机和所有联网的无线传声器接收机组件。

③ 在网络菜单中，将每个无线传声器接收机组件的IP地址模式设为“自动”，启用自动IP寻址功能。

如需分配特定的IP地址，则可将IP寻址模式设为“手动”。

④ 为每个无线传声器接收机组件分配唯一的IP地址和相同的子网掩码。

(2) 防火墙的配置。如果使用的计算机已经安装了防火墙，则需要通过防火墙设置访问WWB6的权限，以管理员的身份登录计算机，获取设置防火墙的所有权限，或者联系IT管理员获取帮助。

(3) 选择网络接口（此处接口不是物理接口，是ID地址）。在首次开启WWB6时，系统会提示选择计算机与联网无线传声器接收机组件通信时使用的网络接口。计算机与联网无线传声器接收机组件之间的IP地址必须在同一网络上，以确保能够进行正常通信。

① 开启WWB6。如果未显示提示，请使用以下路径访问网络设置：

◎Windows：工具→首选项→网络选项卡。

◎Mac：WWB6→工具→首选项→网络选项卡。

② 网络选项卡窗口将提示选择网络，请在任意联网组件上打开IP地址菜单，记下所分配的IP地址，以便选择正确的接口。在本例中，组件的IP地址为192.168.1.10，如图14-3所示。

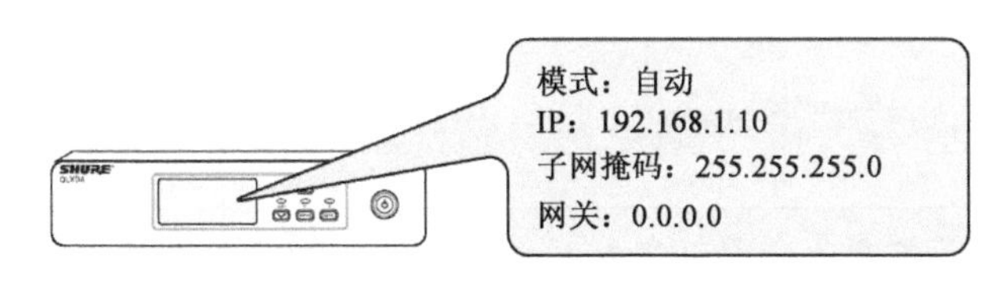

图14-3 组件的IP地址

③ 比较分配给该无线传声器接收机组件的IP地址和网络选项卡窗口中列出的可用IP地址，选择与无线传声器接收机组件IP地址匹配的编号顺序和格式近似匹配的网络，本例为192.168.1.187，如图14-4所示。注：最后几个数字不会完全匹配。

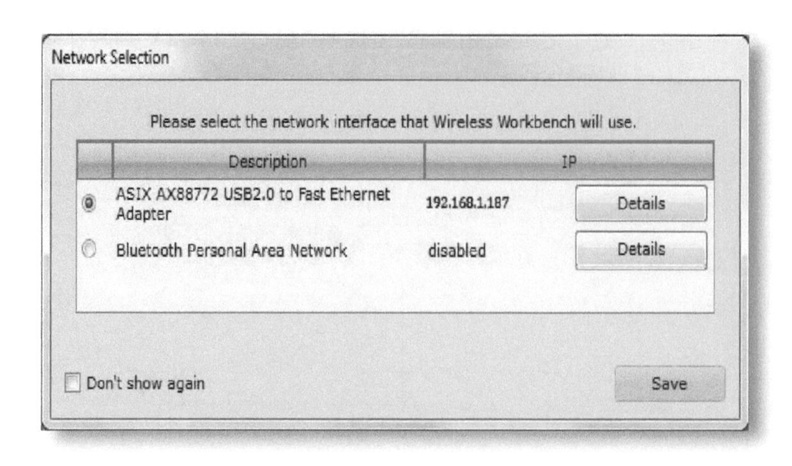

图 14-4　网络选项卡窗口

④ 单击 Save，完成网络接口的选择。

连接选择的网络接口后，检查显示屏或每个组件前面板上的网络图标确认连接。联网无线传声器接收机组件将自动显示在目录选项卡中。打开目录选项卡并执行以下检查确认连接：查看组件名称、通道名称及其他设备参数。单击无线传声器接收机组件图标，设备的前面板指示灯闪烁，进行远程识别，设备联机指示灯显示绿色，所列设备数应与联网组件数相符，如图 14-5 所示。

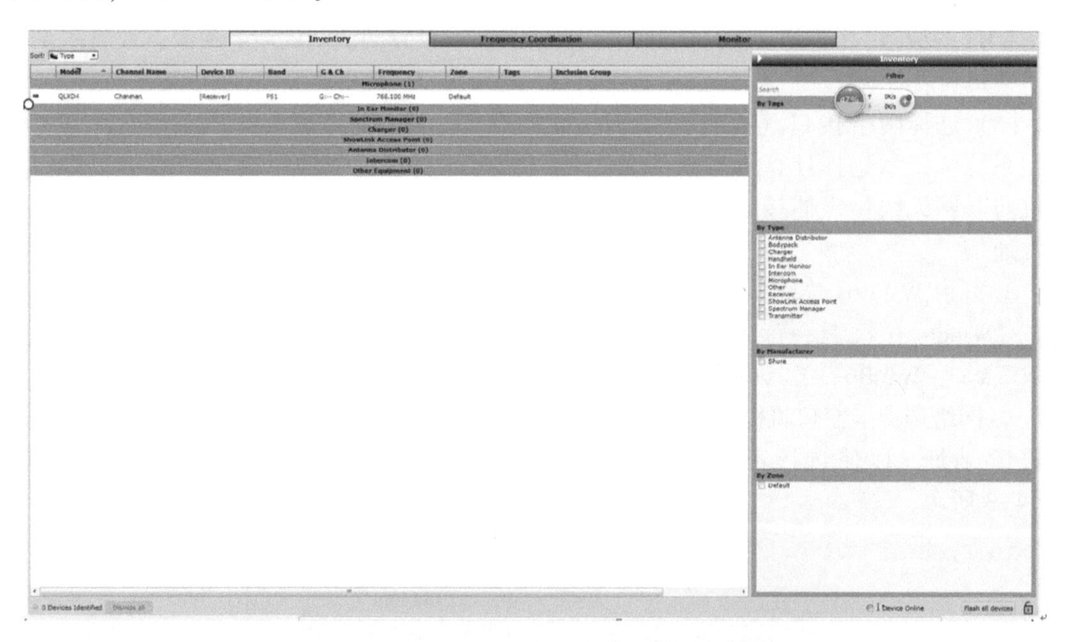

症状	解决方案
组件显示区未出现网络图标	检查所有电缆和连接
组件未出现在目录选项卡中	检查IP地址，确认组件与计算机在同一网络上
联机设备指示灯显示灰色	检查WWB6的网络首选项，确保所选网络接口的地址与联网组件的IP地址一致

图 14-5　目录选项卡

（4）扫描查找最佳可用频率。联网至 WWB6 的接收机或频谱管理器扫描射频频谱，查找适合无线系统的最佳可用频率。扫描结果以图形方式显示该射频频谱内的所有活动，如图 14-6、图 14-7 所示。

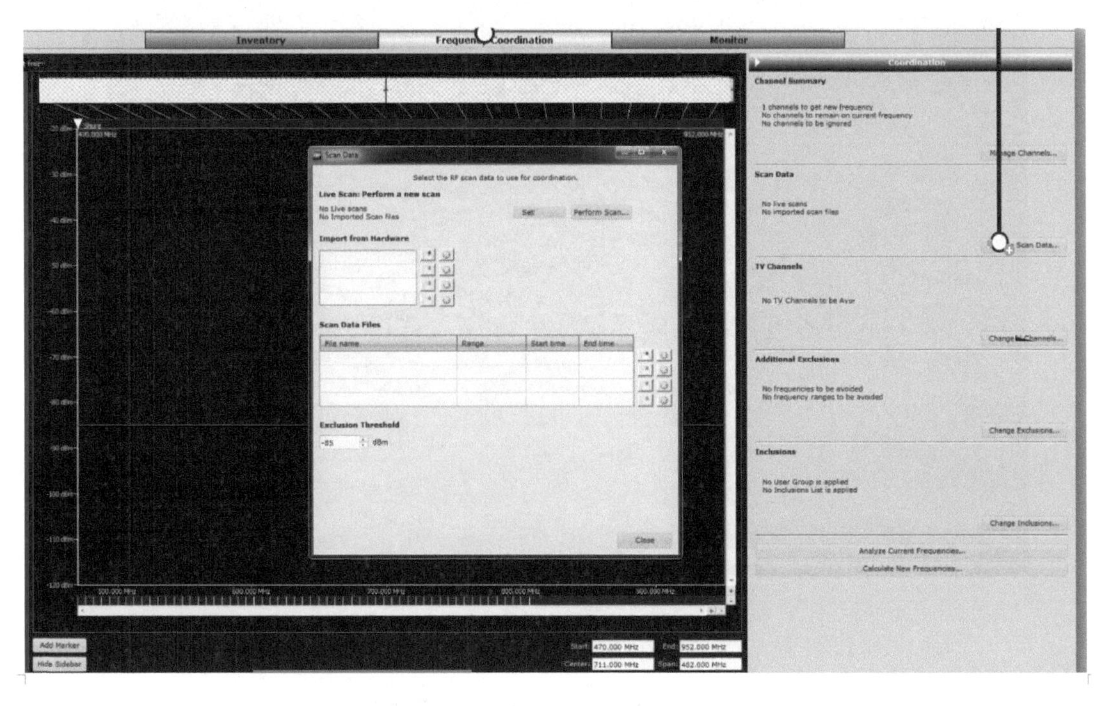

图 14-6　扫描结果（1）

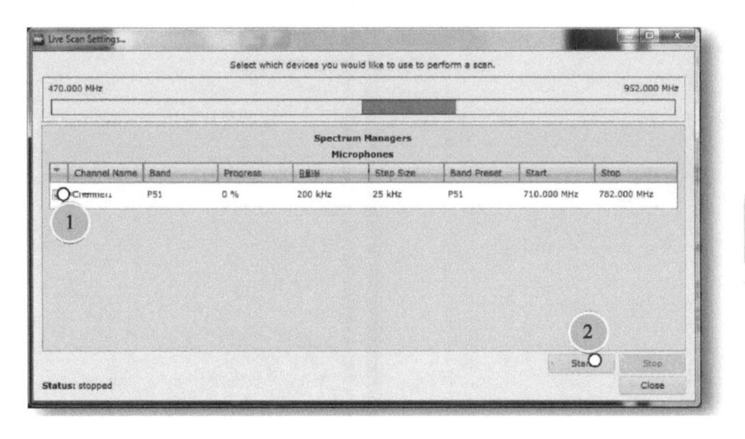

①勾选用作扫描仪的复选框

②按下进行扫描，等待扫描完成

图 14-7　扫描结果（2）

WWB6 可扫描整个射频频谱。图 14-8 为扫描数据图，表示无线传声器接收机组件附近存在的射频能量。

（5）计算频率并将其部署至联网组件。采用 WWB6 分析扫描数据并计算最佳可用频率，确保无线系统的无干扰运行，计算完成后，可以将最终频率部署至联网的无线传声器接收机组件中，如图 14-9 所示。

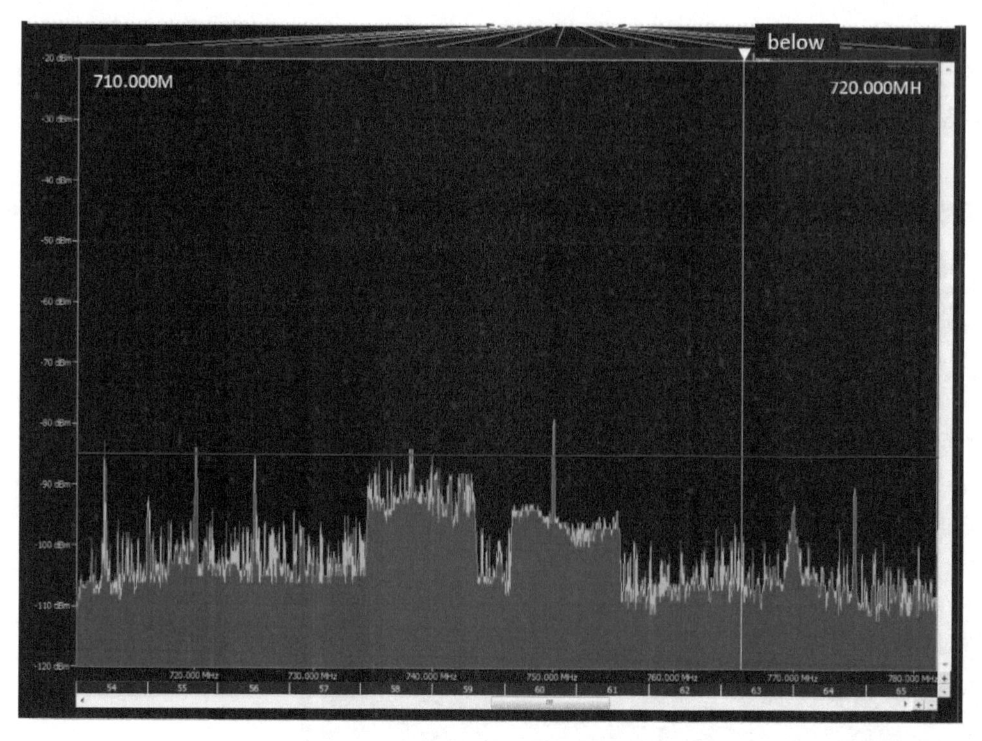

图 14-8　扫描数据图

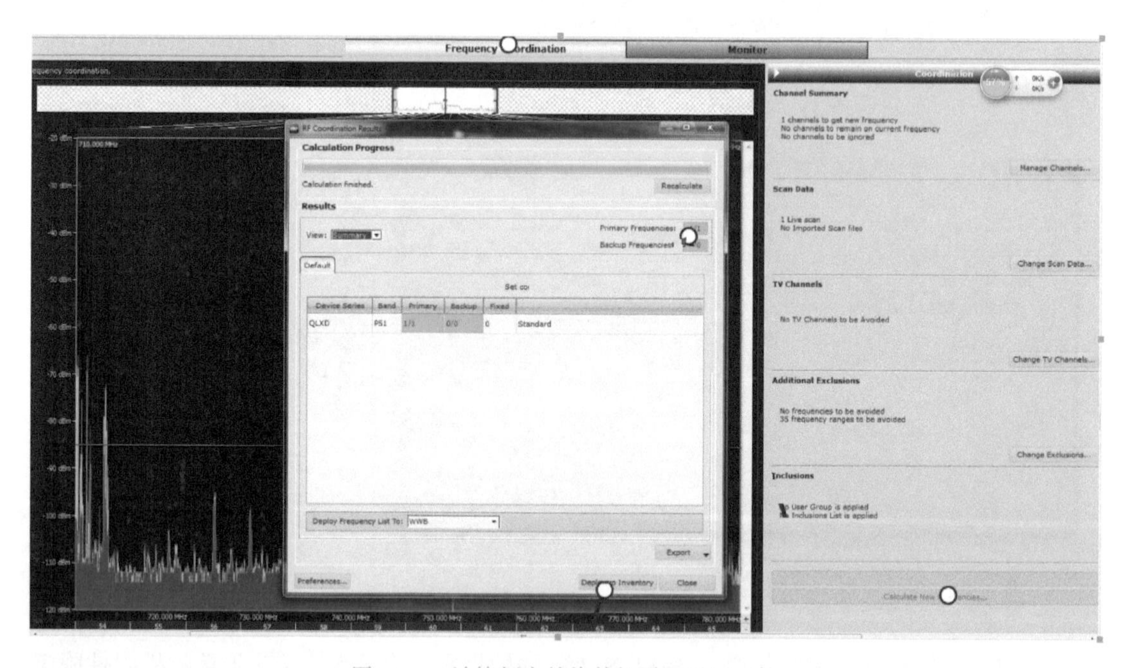

图 14-9　计算频率并将其部署至联网组件

（6）使用红外同步设置发射机频率。执行红外同步可自动调节发射机的频率，与部署至接收机组件的频率相同，如图 14-10 所示。红外同步设置完成后，接收机与发射机之间形成一个匹配的无线音频通道。发射机将显示在 WWB6 目录中。将发射机与接收机的红外同步窗口对准后，按同步按钮或使用同步菜单确认。更多有关发射机、接收机型号的红外同步信息，请读者参阅组件用户指南。

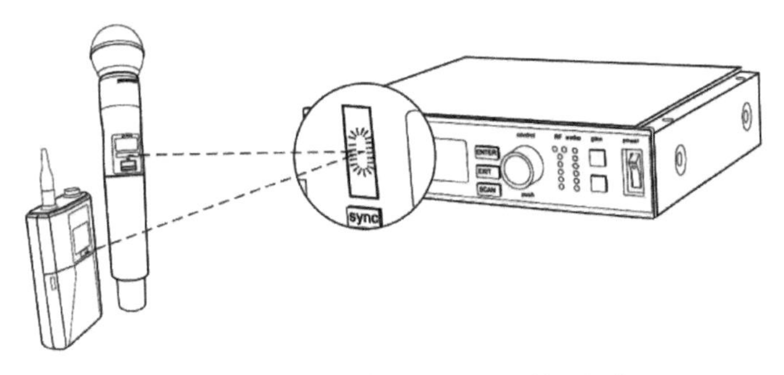

图 14-10　使用红外同步设置发射机频率

2. 系统监控

组件联网后，WWB6 将提供多种设备监控图（见图 14-11）。单击①通道条框，使用下拉条▼选中监控图的通道位置，当前位于 Ch:01。【Receiver】用于显示基本组件无线传声器接收机的参数。当需要修改参数时，单击②，打开③（舒尔重新修改表）修改参数，如射频功率、天线类型等。

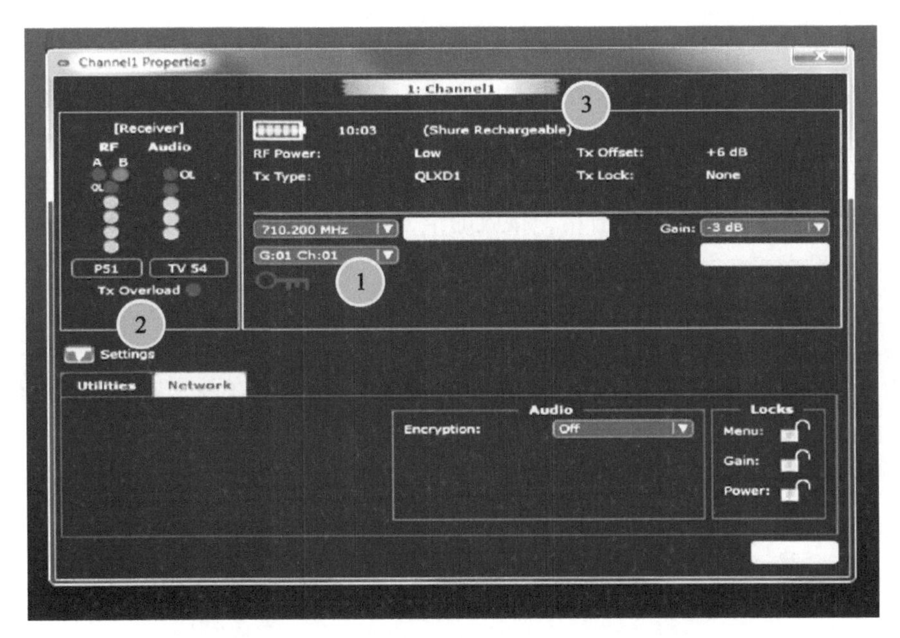

图 14-11　设备监控图

14.1.3　森海塞尔软件的使用

森海塞尔软件为森海塞尔互调和无线电频率管理（SIFM）软件。

1. SIFM 软件简介

SIFM 软件可用于无线传声器系统的互调和无线电频率的计算。

当计算频率配置时，从默认值作为起始，可使互调干扰达到最小，能够得到在一大批不同运作条件下的频率配置。

互调干扰的来源：接收天线同时接收至少两个发射机发射的信号。这两个信号将构成非线性互调产物。互调产物也会在多个发射机同时在很近的距离内工作时产生。在这种情况下，任意一台接收机不但接收了所需要的信号，同时还接收了其他发射机发射的信号，混合信号将在接收机内部产生互调产物。

以 $f_1=800\text{MHz}$、$f_2=801\text{MHz}$ 两个发射机的载波为例，谐波分别为

$$2f_1=800\text{MHz}\times2=1600\text{MHz} \qquad 2f_2=801\text{MHz}\times2=1602\text{MHz}$$

$$3f_1=800\text{MHz}\times3=2400\text{MHz} \qquad 3f_2=801\text{MHz}\times3=2403\text{MHz}$$

混合后的和、差频率分别为

$$f_1+f_2=800\text{MHz}+801\text{MHz}=1601\text{MHz} \qquad f_2-f_1=801\text{MHz}-800\text{MHz}=1\text{MHz}$$

$$2f_1-f_2=1600\text{MHz}-801\text{MHz}=799\text{MHz} \qquad 2f_2-f_1=1602\text{MHz}-800\text{MHz}=802\text{MHz}$$

被称为三阶互调分量，即 IM3。

$$3f_1-2f_2=2400\text{MHz}-1602\text{MHz}=798\text{MHz} \qquad 3f_2-2f_1=2403\text{MHz}-1600\text{MHz}=803\text{MHz}$$

被称为五阶互调分量，即 IM5。

$$4f_1-3f_2=3200\text{MHz}-2403\text{MHz}=797\text{MHz} \qquad 4f_2-3f_1=3204\text{MHz}-2400\text{MHz}=804\text{MHz}$$

被称为七阶互调分量，即 IM7。

可以看出，IM3 与 $f_1=800\text{MHz}$、$f_2=801\text{MHz}$ 很近。

多个发射机产生的三阶互调分量会与某个发射机的载波相同，从而产生干扰，被称为互调干扰。

进入接收机输入放大器的信号是由多个发射机的载波叠加的，使放大器工作在非线性区域，从而产生各次谐波。可以看出，接收的信号越强、发射机越多，产生各次谐波的概率越大。

森海塞尔指出：

① 发射机的工作距离应远大于接收天线 4m。

② 互调信号的强度随两个发射机之间距离的减小而增强，在两个或多个发射机同时工作时，建议之间的距离大于 30cm。

③ 频道与带宽的关系如图 14-12 所示。

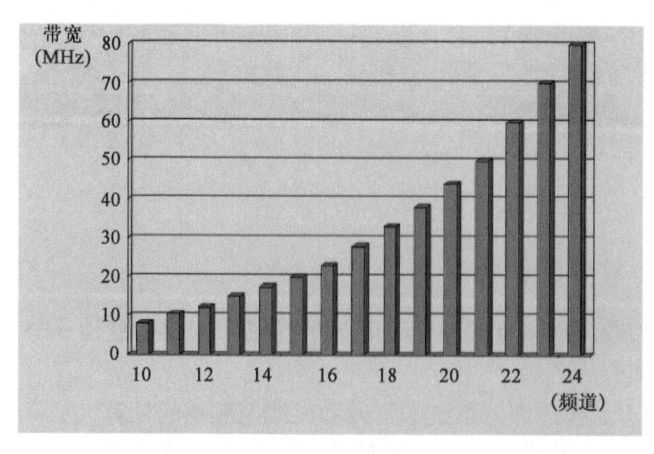

图 14-12　频道与带宽的关系

在图 14-12 中，横坐标为频道，纵坐标为带宽，如频道为 11，则带宽为 10MHz；如频道为 24，则带宽为 80MHz。

在 24~36MHz 带宽内不能取多于 16 个频道。一个 UHF 无线电发射系统限制开关的带宽为 36MHz。限制开关带宽的数值取决于接收机的输入滤波器。

2. SIFM 软件的使用

① 初始界面。单击如图 14-13 所示的 View，出现系统设置对话框如图 14-14 所示。单击图 14-14 中的 Next，弹出如图 14-15 所示界面。

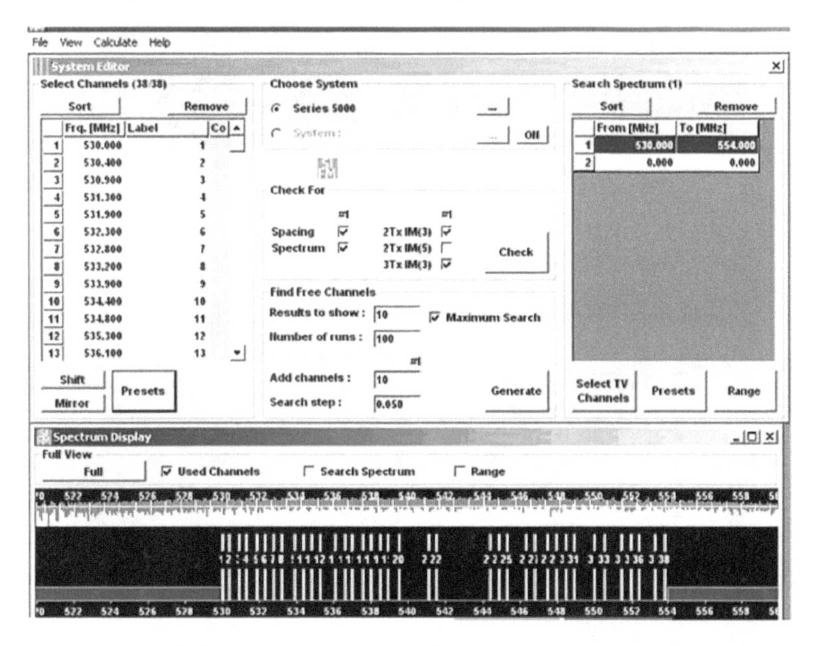

图 14-13 单击 View

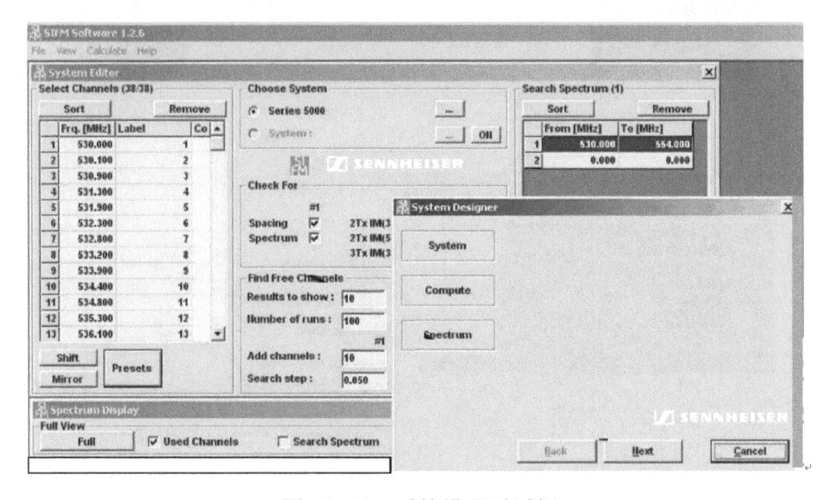

图 14-14 系统设置对话框

② 单击图 14-15 中的 Change，打开选择接受系统窗口，如图 14-16 所示。选择图 14-16 中的蓝色条框①，在②的对话框中调节参数，单击③转换或确认转换系统，弹出如图 14-17 所示界面。

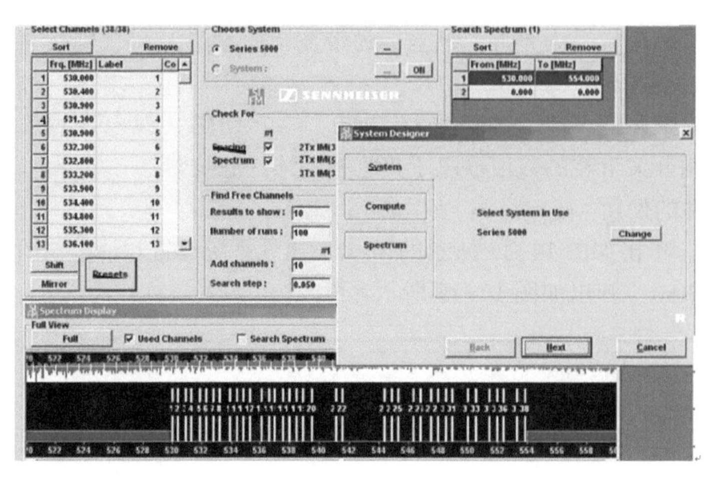

图 14-15　单击图 14-14 中的 Next 后弹出此界面

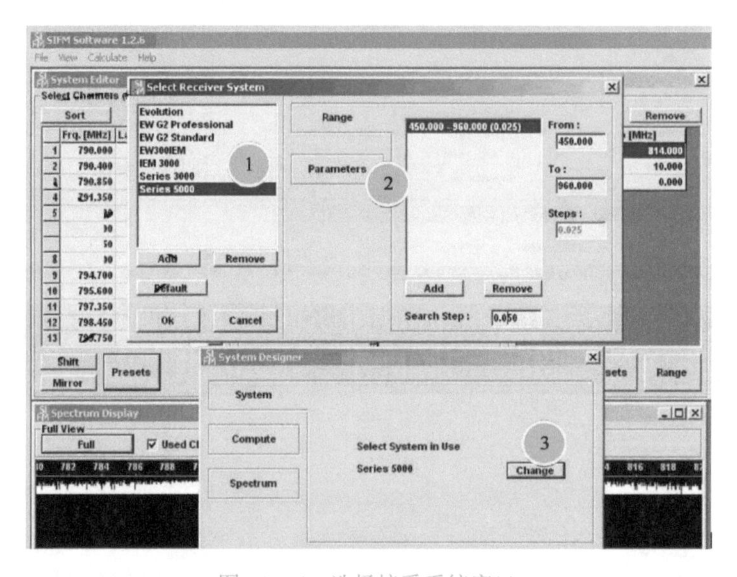

图 14-16　选择接受系统窗口

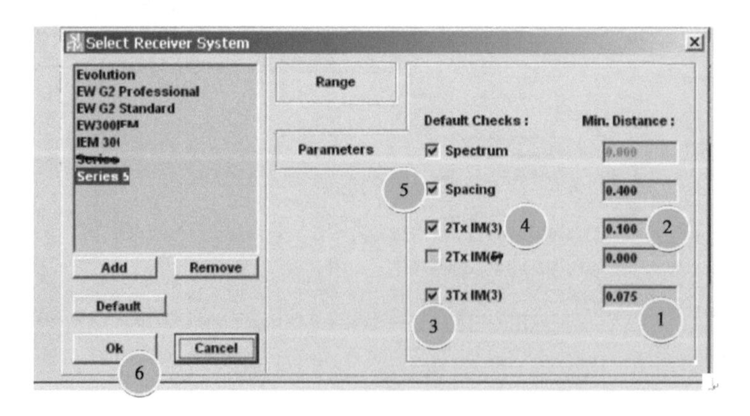

图 14-17　调节 Parameters 参数

③ 在图 14-17 中调节 Parameters 参数。

Parameters 参数对话框仅在不能获取所需要的频道号码时操作，逐步更换参数，使频道之间不会互相串话。

在图 14-17 中，③3T×IM(3)：3T 表示 3 个信号发射器，IM(3)为三阶互调分量；Min. Distance：发生 IM(3)的最小距离，改变①中的数字会增加互相串话；④ 2T×IM(3)：2T 表示两个信号发射器，可减小 IM(3)三阶互调分量到 0 的距离，改变②中的数字可通过减小距离获取更多的频道；⑤Spacing（间隔）：减小频道之间的距离间隔；单击⑥，确认程序计算，弹出如图 14-18 所示的 System Designer 对话框。

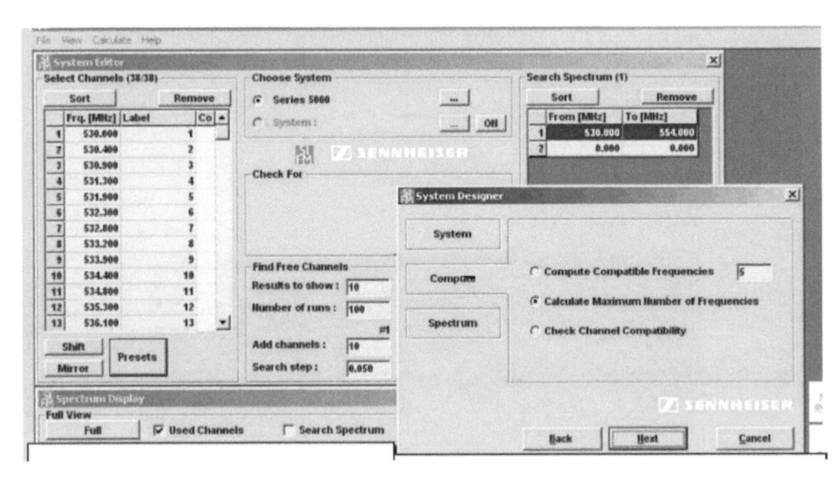

图 14-18 System Designer 对话框

④ 按图 4-18 选择操作模式后，单击图 14-19 中的 Start 计算频道号码（通过左侧黄色条旁的下拉条找出 20），如图 14-20 所示。单击①显示结果，即②中的频率列表。单击底部 Full 显示图形结果，如图 14-21 所示。

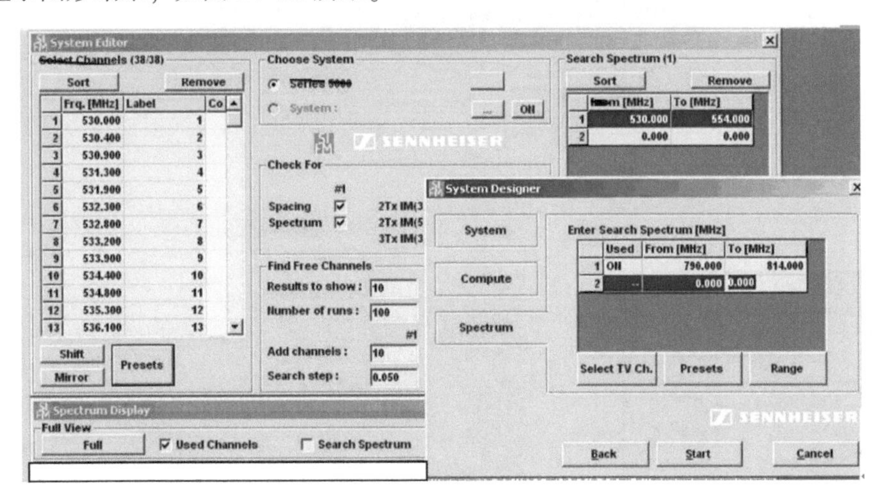

图 14-19 单击 Start

⑤ 图形结果见图 14-21 中的底部。黄色垂直线为互调产物，区域为宽带限制范围。

⑥ 打印结果。单击图 14-21 中的 File，弹出如图 14-22 所示对话框。单击 Create Print Version，弹出如图 14-23 所示的 Create RTF File 对话框，在①中写入文件名类型，单击② Speichern 后，自动打开文件进行打印。打印预览如图 14-24 所示。

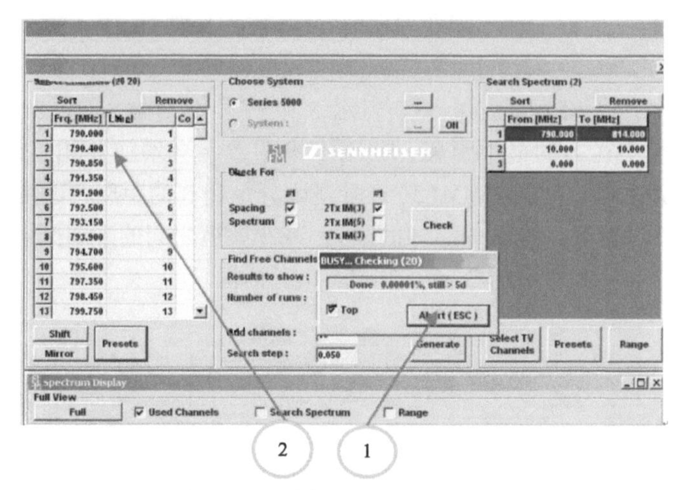

图 14-20　计算频道号码（20）

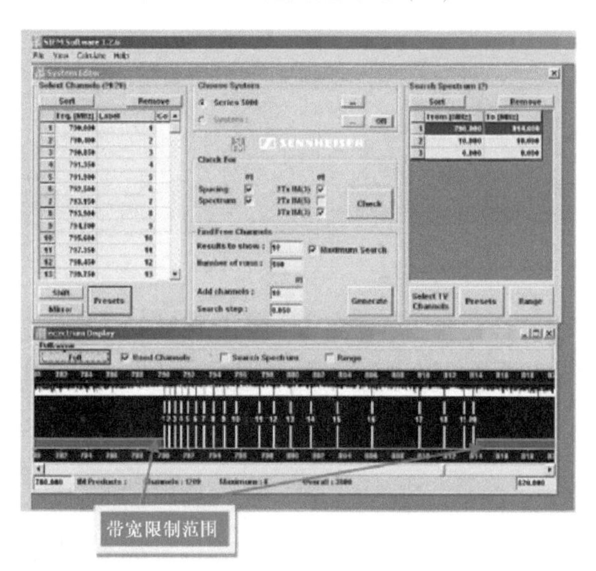

图 14-21　图形结果

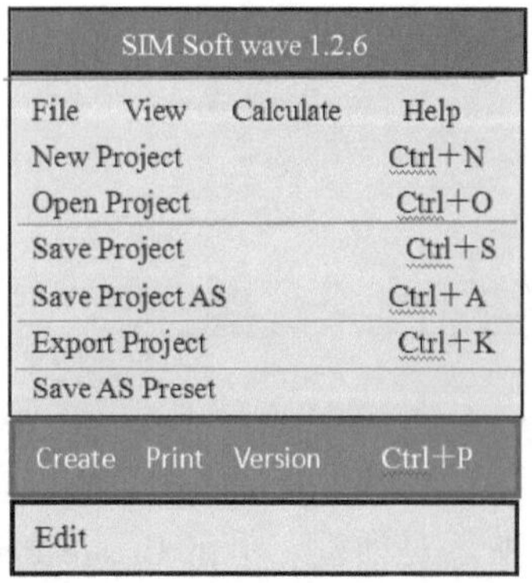

SIM Soft wave 1.2.6

File　View　Calculate　Help	
New Project	Ctrl+N
Open Project	Ctrl+O
Save Project	Ctrl+S
Save Project AS	Ctrl+A
Export Project	Ctrl+K
Save AS Preset	

Create　Print　Version　Ctrl+P

Edit

图 14-22　单击 File 后弹出的对话框

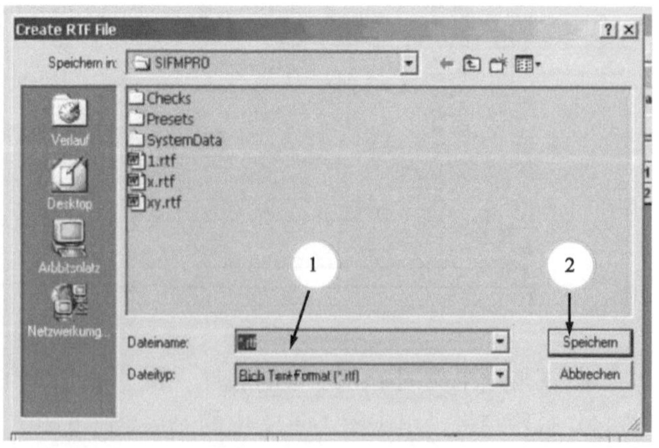

图 14-23　Create RTF File 对话框

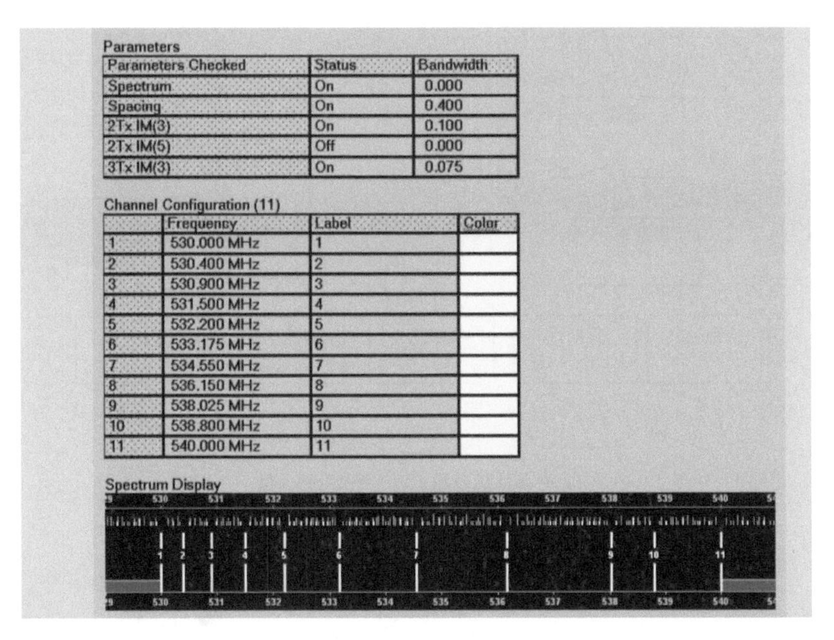

Parameters

Parameters Checked	Status	Bandwidth
Spectrum	On	0.000
Spacing	On	0.400
2Tx IM(3)	On	0.100
2Tx IM(5)	Off	0.000
3Tx IM(3)	On	0.075

Channel Configuration (11)

	Frequency	Label	Color
1	530.000 MHz	1	
2	530.400 MHz	2	
3	530.900 MHz	3	
4	531.500 MHz	4	
5	532.200 MHz	5	
6	533.175 MHz	6	
7	534.550 MHz	7	
8	536.150 MHz	8	
9	538.025 MHz	9	
10	538.800 MHz	10	
11	540.000 MHz	11	

Spectrum Display

图 14-24　打印预览

14.1.4　频率规划和系统方案的设计

所谓频率规划，是在探知现场存在的无线电信号频率及利用软件得出限制使用频率范围后，根据产生同频干扰和互调干扰的众多频率值，对所使用的无线传声器应用的发射频率进行分配。

一个无线传声器系统的设计应包括：

① 使用多少个（手持和腰挂）无线传声器。

② 无线接收机组件获取射频信号的方式（使用内置或外置接收天线）。

③ 给出外置接收天线获取射频信号传送设计图（由天线、同轴电缆、天线放大器、射频信号分配器及接收机组成的线路图）。

④ 外置接收天线的选型（全指向或有指向）及安装位置。

本书案例采用 SHURE 845 有源心形指向天线。

14.2　FOH m32 的调节

14.2.1　调节前的准备工作

① 清楚表演者在舞台上的位置。图 14-25 为大型演唱会表演者的占位图，可使调音员掌握摆放声源传声器的具体位置。

② 准备几样必备的工具，如剪刀、夜光贴纸、记号笔、声压级计、湿度计及激光仪，如图 14-26 所示。

③ 夜光贴纸贴在输入 Fader 的下边，表明该 Fader 声源受控；贴在输出 Fader 的下边，表明该 Fader 控制的输出端口受控；贴在连接线上，在连接或查线时一目了然，便利操作，如图 14-27 所示。

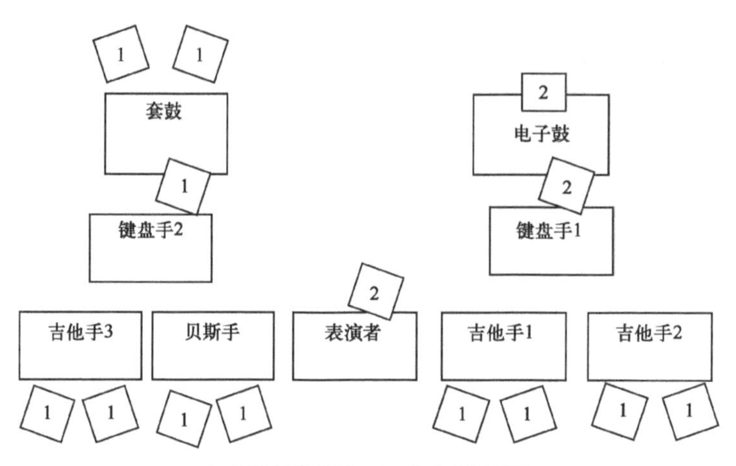

1：有源返送音箱；2：个人监听耳机

图 14-25　大型演唱会表演者的占位图

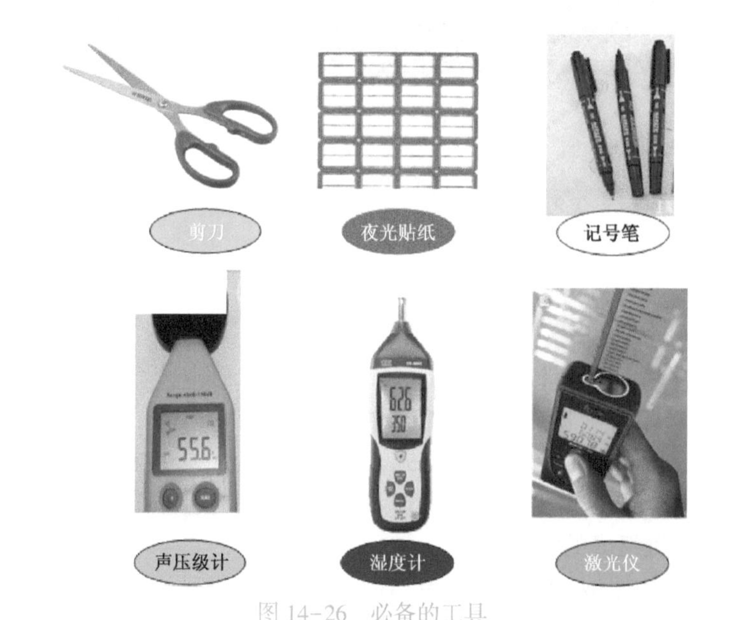

图 14-26　必备的工具

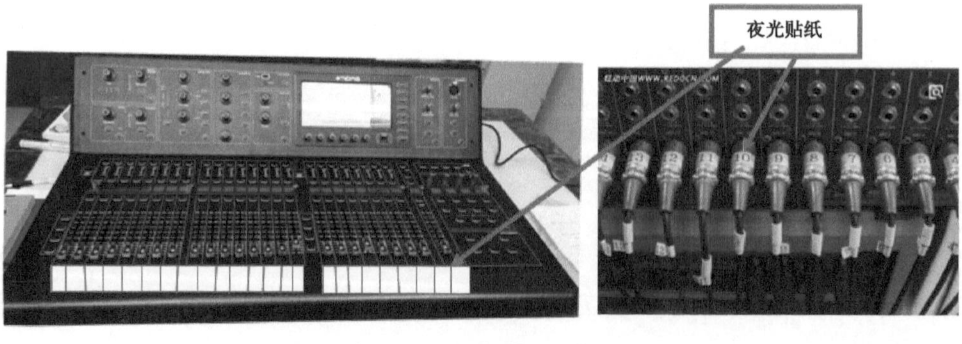

图 14-27　夜光贴纸的应用

④ 温度和湿度都会影响声音的传播，温度影响稍微小些，湿度影响比较大。当湿度从80%降到 20%时，10kHz 频率信号的声压级降低 18dB 左右，使整个系统的高频部分缺失很

多，听感就会出现很大的改变，此时先看看湿度计，再进行有针对性的调整。

14.2.2 FOH m32 的初始化

当再次使用 FOH m32 时，一定要重新进行设置，即对 FOH m32 进行初始化。

① 单击显示屏右侧菜单键 SETUP，弹出如图 14-28 所示的 global 选项卡和提示窗。在 global 选项卡中选择①Initialize，弹出提示窗 Do you really want to initialize All settings?（你是否真的需要全部初始化设置?）。

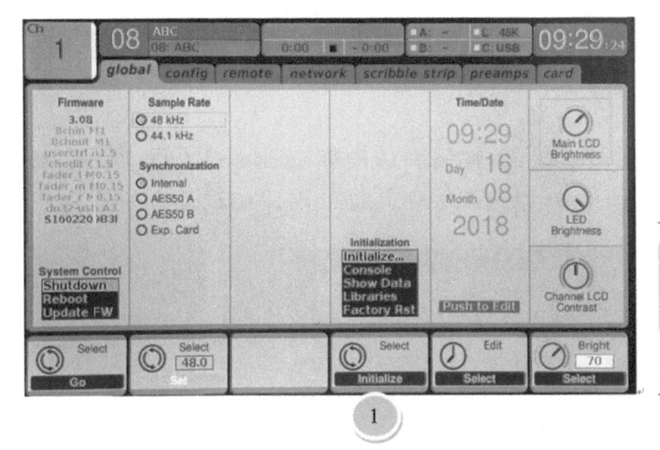

(a)

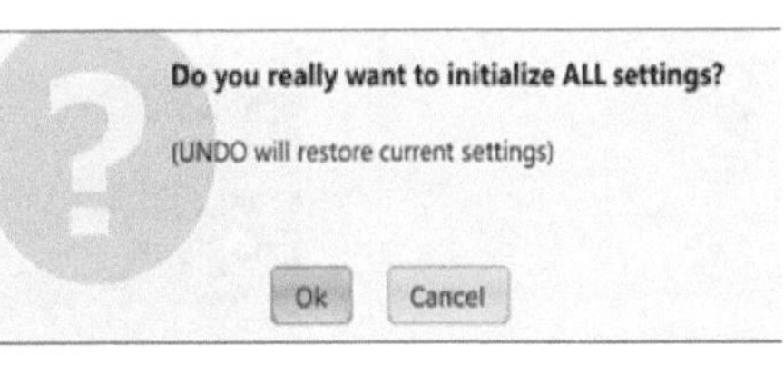

(b)

图 14-28 global 选项卡和提示窗

如果使用的是别人的 FOH m32，则首先需要保存当前的场景。

② 单击如图 14-29 所示快捷区的 VIEW，弹出如图 14-30 所示的 scenes 选项卡。

图 14-29 快捷区

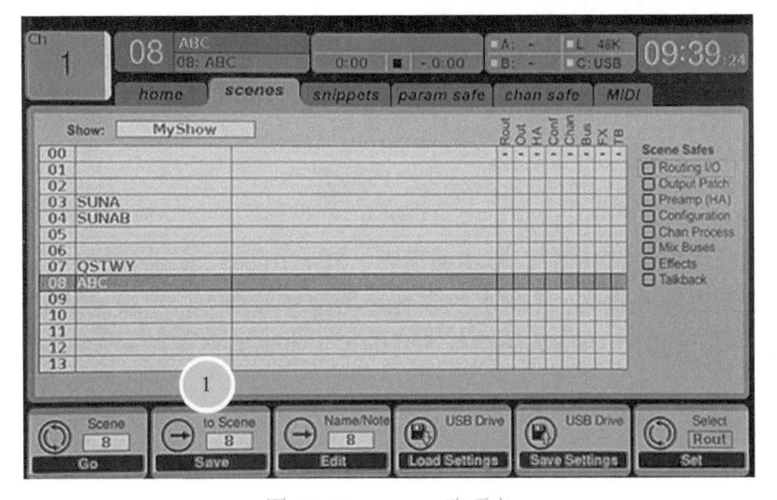

图 14-30 scenes 选项卡

③ 挑选操纵台场景选项，如图 14-31 所示的 06 。

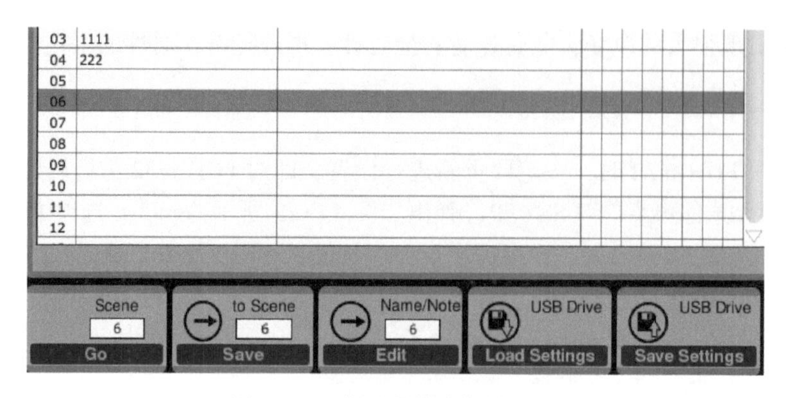

图 14-31　挑选操纵台场景选项

④ 按图 14-30 中①to Scene 的黑色旋钮顶部，弹出对话框如图 14-32（a）所示，输入 555，按黑色旋钮顶部，保存成功。这时，场景选项保存页面如图 14-32（b）所示。

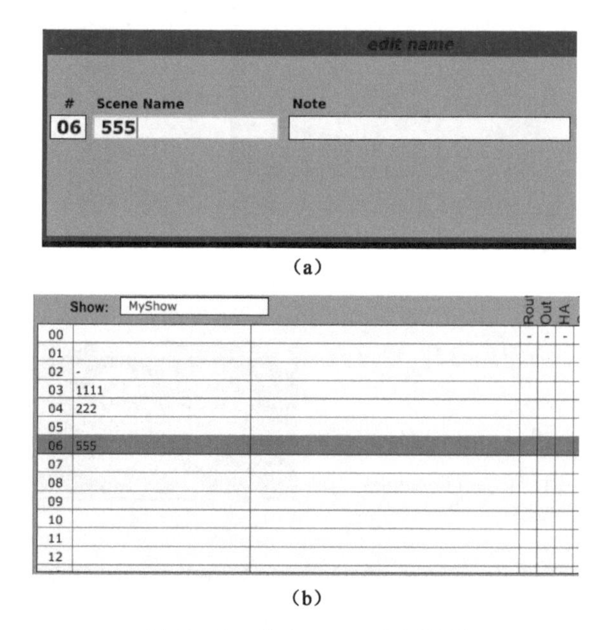

（a）

（b）

图 14-32　输入 555 和保存页面

14.2.3　FOH m32 输入路由的设定

1. 输入通道表

扩音系统在搭建前要做好输入/输出通道表，对 FOH m32 来说就是一张通道规划表。

输入通道表列出输入通道、声源名称及传声器型号等内容，将夜光贴纸贴在通道 Fader 上标明控制的声源，同时也给输入路由指明目的地。本书案例使用的 32 个传声器输入通道表见表 14-1。

2. 舞台接口箱的使用

（1）应用多芯电缆（通常为 16 芯，8 组）将 16 个声源按照表 14-1 对应的输入通道 1~16 接入舞台接口箱 DL16 的 MIC 端，如将输入通道 1 OH L AKG 391B 送入 MIC 1 端口，输入通道 16 BASS MIC SHURE BETA57 送入 MIC 16 端口。

表 14-1　本书案例使用的 32 个传声器输入通道表

输入通道	声源名称	写入	传声器型号/直插 DI	通道表序号
1	DRUM	OH L	AKG　391B	1
2		OH R	AKG　391B	2
3		RIDE	AKG　391B	3
4		TOM	SENNHEISER E904	4
5		RACK TOM 2	SENNHEISER E904	5
6		RACK TOM 1	SENNHEISER E904	6
7		HIHAT	AKG　391B	7
8		SN TOP	SHURE SM57	8
9		SN BOTTOM	SHURE BETA57a	9
10		KICK HI	SHURE SM91	10
11		KICK LOW	SHURE BETA52	11
12		TOYS	AKG　391B	12
13		E. DRUM / L	RADIAL J48	13
14		E. DRUM / R	RADIAL J48	14
15	BASS	BASS DI	RADIAL J48	15
16		BASS MIC	SHURE BETA57	16
17	E. GTR	E. GTR	SHURE SM57	17
18		E. GTR	SHURE SM57	18
19	A. GTR	A. GTR 1	RADIALJ-DI	19
20		A. GTR 2	RADIAL-JDI	20
21	KBI	KB1/L	RADIAL-J48	21
22		KB1/R	RADIAL-J48	22
23		KB2/L	RADIAL-J48	23
24		KB2/R	RADIAL-J48	24
25	PERC	CONGA LOW	SHURE SM57/E904	25
26		CONGA HI	SHURE SM57/E904	26
27		BONGO	SHURE SM57/E904	27
28		DJEMBE	SHURE SM57/E904	28
29	VOCAI	BETA58	SHURE UR4D+BETA58	29
30	PGM1 L		iConnecttivity Play Audio12	30
31	PGM2 R		iConnecttivity Play Audio12	31
32	CLICK		iConnecttivity Play Audio12	32

注：直插 DI 即声源不用传声器拾音，直接经 DI 盒进入 FOH m32 和 Monitor m32。后者适用于电声乐器。

（2）加入+48V 给电容传声器供电。

（3）调节增益不使舞台接口箱 DL16 因模/数变换过载产生失真。舞台接口箱 DL16 向 FOH m32 传送的 MIC1～16 声源信号是经模/数变换后的 AES50 数字信号。

① 将超五类网线 DL16 AES50A 与 FOH m32 的 AES50A 端口连接，如图 14-33 所示，可传送 48 路 AES 信号。舞台接口箱 DL16 仅有 16 路输入，即有 AES50 1～16 路信号对应输入的 MIC 1～16 路声源。

② 选定 FOH m32 主菜单 SETUP 进入 global 选项卡，如图 14-34 所示，在 Sample Rate 中选定 48kHz，在 Synchronization 中选定 Internal。

图 14-33 超五类网线 DL16 AES50A 与 FOH m32 的 AES50A 端口连接

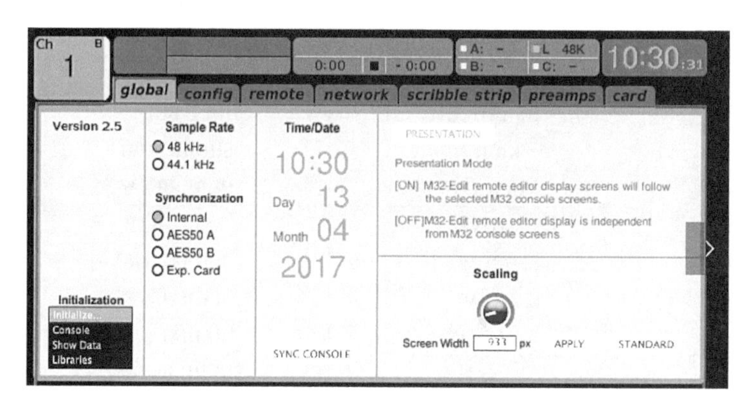

图 14-34 global 选项卡

③ 按下 FOH m32 主菜单 ROUTING 进入 home 选项卡，如图 14-35 所示，将①Inputs 1~8 由图中的 Local 1~8 选为 AES50 A1~8，②Inputs 9~16 由图中的 Local 9~16 选为 AES50 A9~16，使 FOH m32 输入通道 Inputs 1~8、Inputs 9~16 的信号来自舞台接口箱 DL16 输入的 MIC 1~16 路声源；③Inputs 17~24、④Inputs 25~32 用于本地 Local 输入（默认）；⑤用于选定 Aux Ins 中的项目。

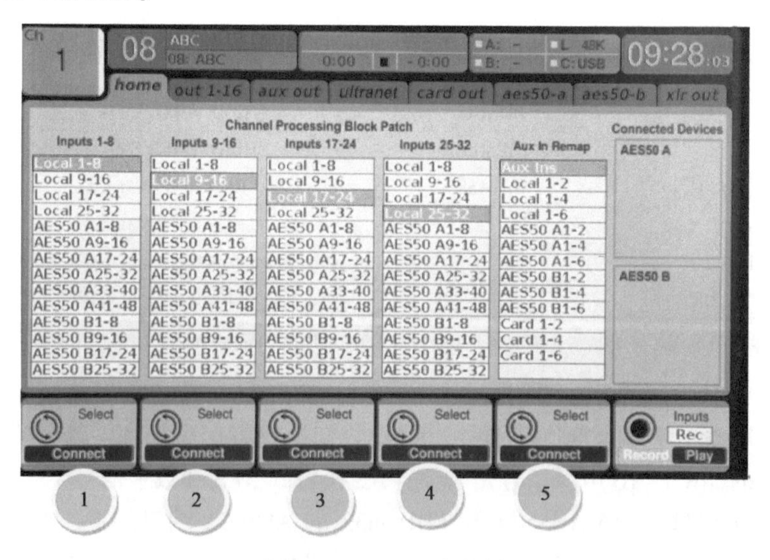

图 14-35 home 选项卡

（4）连接两个 AES50A 端口的超五类网线可双向互传 AES 信号，即 FOH m32 输出的数字信号可通过该网线返送舞台接口箱 DL16 与 FOH m32，再经数/模变换后，由舞台接口箱

DL16 的 OUT 1~8 模拟端口输出给主扩音箱等，利用舞台接口箱 DL16 控制模块设定输出端口的操作如下。

① 在如图 14-36 所示的舞台接口箱 DL16 前面板上，用一只手按住 CONFIG 白色按钮，用另一只手旋动 SELECT ADJUST 旋钮，显示屏出现 1~8，表示 OUT 1~8 对应 FOH m32 的输出 AES50 A1~8，再旋动显示 9~16，表示由 OUT1~8 切换为 FOH m32 的输出 AES50 A9~16。本书案例 FOH m32 Outputs 9~16 被设定为返送主扩音箱的信号，故将舞台接口箱 DL16 的 OUT 1~8 设定为 9~16。

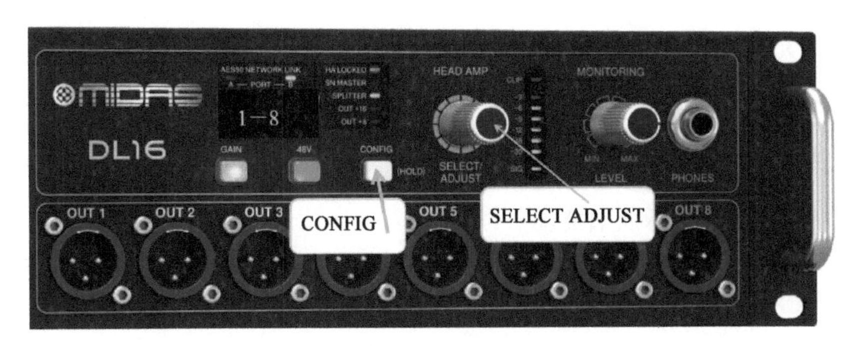

图 14-36　舞台接口箱 DL16 前面板

② 设定 FOH m32 AES50 A9~16 对应的是 FOH m32 Outputs 9~16。按下 FOH m32 主菜单 ROUTING，进入 aes50-a 选项卡，如图 14-37 所示。一旦连线正确，则 aes50-a 选项卡上方的 48kHz 绿灯亮，否则连接不正确。

图 14-37　aes50-a 选项卡

在 AES50A Outputs 9~16 中选择 Out 9~16，即发出 FOH m32 Out 9~16 信号至舞台接口箱 DL16 的 8 个输出端，参照 FOH m32 输出通道表规划对应关系，见表 14-2。

表 14-2　FOH m32 输出通道表规划对应关系

音　箱	取自 FOH m32 母线	FOH m32 输出端	AES50 A9~16
Bass L（超低 L）	BUS 11（母线 11）	Output7	AES50 A9
Bass R（超低 R）	BUS 12（母线 12）	Output8	AES50 A10
front fill L（前补全频 L）	MATRIX6（矩阵）	Output9	AES50 A11

续表

音　箱	取自 FOH m32 母线	FOH m32 输出端	AES50 A9~16
front fill R（前补全频 R）	MATRIX5（矩阵）	Output10	AES50 A12
side L（侧补 L）	MATRIX2（矩阵）	Output13	AES50 A13
side R（侧补 R）	MATRIX1（矩阵）	Output14	AES50 A14
FOH L（主扩全频 L）	MAIN（主输出 L）	Output15	AES50 A15
FOH R（主扩全频 R）	MAIN（主输出 R）	Output16	AES50 A16

3. 本地输入端口的连接

应用多芯电缆（通常为 16 芯，8 组）将 16 个声源按照表 14-1 对应的输入通道 17~32 与 FOH m32 本地输入端口 MIC17~32 连接，如输入通道 17 E. GTR SHURE SM57 与本地输入端口 MIC17 连接。

4. 电容传声器幻象电源及增益调节

如图 14-38 所示，按下 VIEW，打开 config 选项卡，先选择输入通道。若对 CH1 进行操作，则按下 CH1 Fader 上方的 Sel 按钮，此时 config 选项卡左上角显示 Ch1。

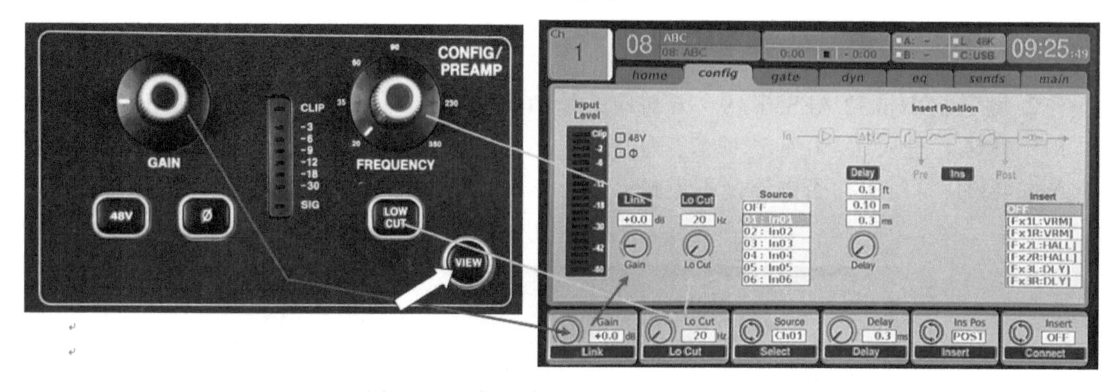

图 14-38　操纵台面板和 config 选项卡

① 按下 48V 按钮，给 CH1 提供电容传声器幻象电源后，对其他输入通道进行操作，如 CH17，按下 CH17 Fader 上方的 Sel 按钮，config 选项卡左上角变为 Ch17，按下 48V 按钮，给 CH17 提供电容传声器幻象电源。依次类推，直到 CH32，完成各个输入通道幻象电源的供电。注意：不要忘记 CH17~CH32 需要分页操作。

② 使用 GAIN 旋钮可调节话筒预放大器增益，观看 Input Level 电平柱显示大小。

下面说明一下舞台接口箱和数字调音台均设置 GAIN 旋钮的用意。当存在第二台数字调音台时，如舞台返送调音台、录音调音台，它们与主扩调音台共享舞台接口箱传来的声源信号，但各自对声源电平的要求不同，可通过调音台自身设置的 GAIN 旋钮调节增益。

③ 利用面板 LOW CUT 按钮和 FREQUENCY 旋钮可启用 Lo Cut 低切和调节频率。

5. 本地输入端口路由的分配

按下主菜单 ROUTING，显示 home 选项卡，如图 14-39 所示。选项卡上橘黄色条框显示的 Local 为默认路由，即 Inputs 1~8 对应 Local 1~8，依次类推，Inputs 9~16 对应 Local 9~16，Inputs 17~24 对应 Local 17~24，Inputs 25~32 对应 Local 25~32。

欲想变动，如将 Local 25~32 分配到 Inputs 1~8（此时 1~8 应处于空闲），则旋动①从 Local 1~8 选择到 Local 25~32 后，给予确认即可。②③④操作相同。⑤用于选定 Aux Ins 中的项目。

本书案例由 FOH m32 本地输入端口送入声源 MIC17~32，FOH m32 本地输入端口默认为 MIC17~24，MIC25~32 声源位于 Inputs 25~32（CH25~32）。此时，③④不必操作。

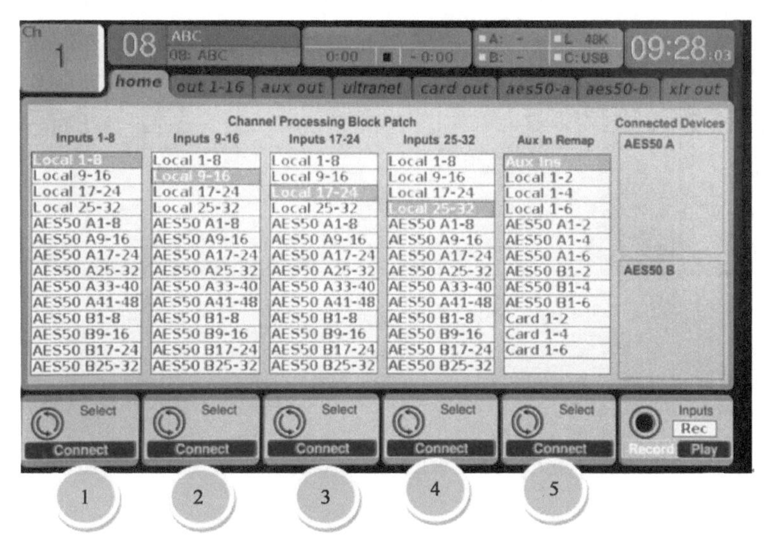

图 14-39　home 选项卡

6. FOH m32 AES50A 接收舞台接口箱 DL16 信号输入路由分配

① 采样率与时钟校对。选定 FOH m32 主菜单 SETUP 进入 global 选项卡，如图 14-40 所示，在 Sample Rate 中选定 48kHz，在 Synchronization 中选定 Internal。

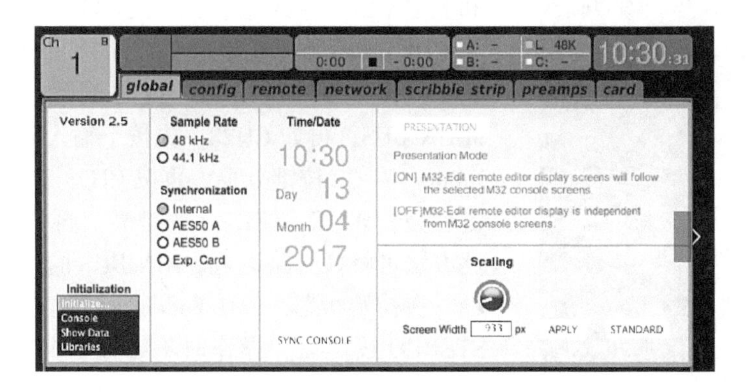

图 14-40　global 选项卡

② FOH m32 AES50A 的设定。单击主菜单 ROUTING 进入 home 选项卡，如图 14-41 所示，将 Inputs 1~8 更改为 AES50 A1~8，Inputs 9~16 更改为 AES50 A9~16，实现 FOH m32 CH1~16 通道的信号来自舞台接口箱 DL16 CH1~16 通道对应的 MIC1~16 信号。

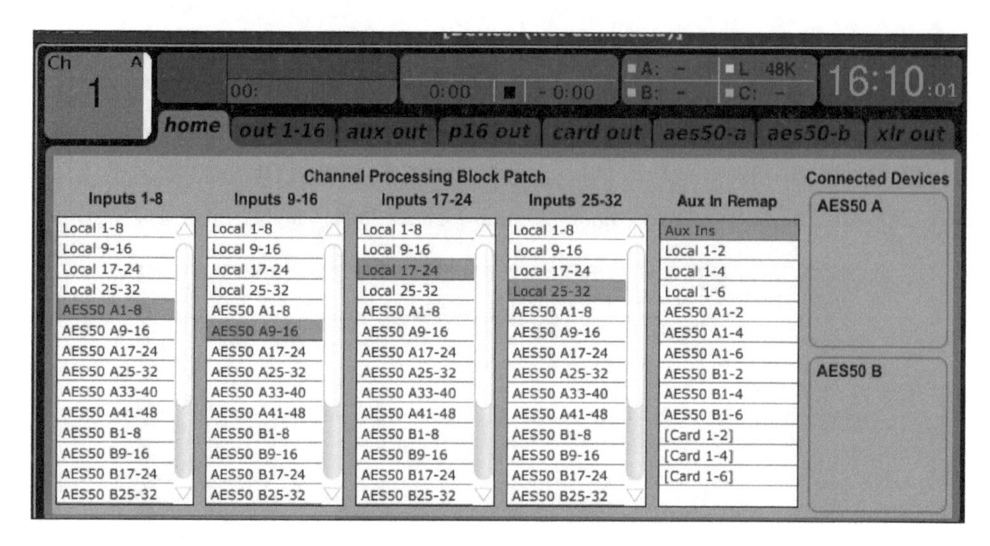

图 14-41　home 选项卡

14.2.4　输入信号送入母线

FOH m32 有 MAIN BUS（主母线）、MIX BUS（混音母线）、MATRIX BUS（矩阵母线）及 SOLO BUS（独唱母线）。

图 14-42　操纵面板

1. 输入信号送入 MAIN BUS

FOH m32 默认 CH1～16、CH17～32 信号直通立体声母线，即 MAIN BUS，不必操作操纵面板（见图 14-42）上的 MAIN STEREO 按键。当不需要某路信号送入 MAIN BUS 时，可通过操作 MAIN STEREO 按键和 MAIN BUS 输入通道 Fader 顶部的 Sel 按键共同实现，如 CH8，按下 Sel 按键后亮，同时 MAIN STEREO 按键亮，再按 Sel 按键后灭，此时删除该路信号不送入 MAIN BUS；再如 CH28，先按下输入通道 Fader 左侧的 Inputs 17～32 按键分页，再按 CH28 Fader 顶部的 Sel 按键后亮，MAIN STEREO 按键亮，再按 Sel 按键灭。照此方法可将任一路送入 MAIN BUS 的信号删除。

在初始状态，CH1 Fader 顶部的 Sel 按键亮，MAIN STEREO 按键亮，操作时不必按 MAIN STEREO 按键，否则将删除送入 MAIN BUS 的 CH1。

2. 输入信号送入 MIX BUS

FOH m32 有 16 条 MIX BUS 混音母线，可把CH1～32 全部或部分送入 MIX BUS 中的一条。

① 将 CH1～32 信号送入 MIX BUS 中的一条。以送入 MIX BUS 9 为例，先按下图 14-43（b）中的 BUS 9～16 按键①，并按下 MIX BUS 9 右侧第一个顶部按键 Sel②选定，按下发送键 SENDS ON Fader③，在闪动过程中将图 14-43（a）16 个输入通道的 Fader 推至0dB 刻度（注意，这时应分页到 1～16，按下 Inputs 1-16 按键）后，再按③关闭。这时，CH1～16 信

号就被送入 MIX BUS 9。

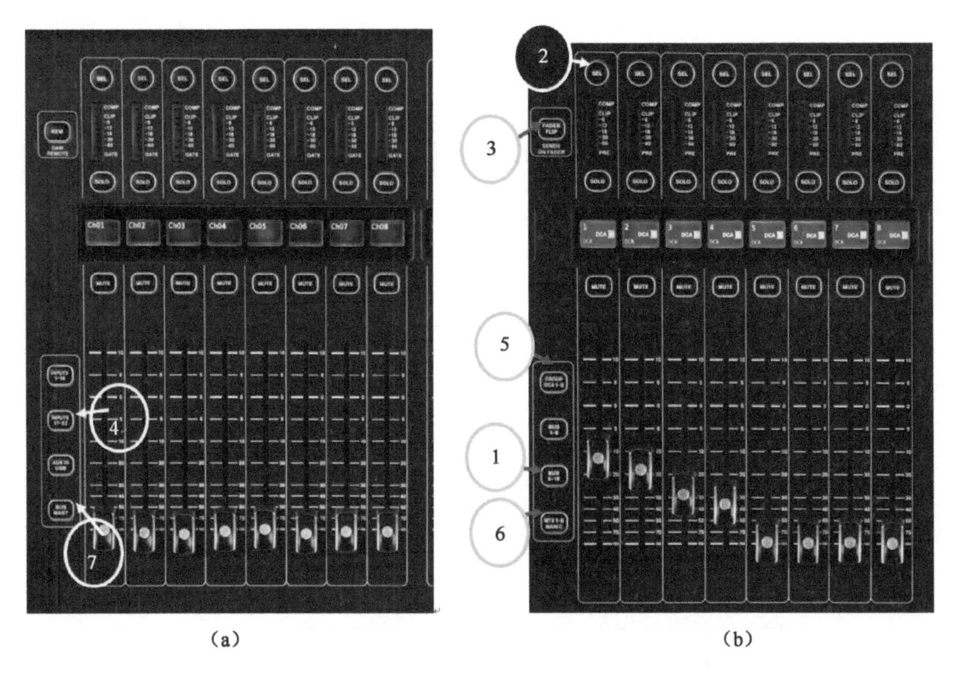

图 14-43　FOH m32 的 Fader 布局

将 CH17~32 信号送入 MIX BUS 9 的操作同上。其不同之处在于：按下图 14-43（a）中的④，分页到 CH17~32，即切换到 Inputs 17~32。

若送入 MIX BUS 1，则先按下图 14-43（b）中的⑤，切换到 BUX1~8，再选定 MIX BUX 1，然后采用上述同样的方法操作。这时推子可用于调节 BUS 电平。

② 将 CH1~32 中的部分信号送入 MIX BUS。操作方法同上，只是将不送入那路的 Fader 留在底部，不推至 0dB 刻度。

3. 输入信号送入 MATRIX BUS

① 将 CH1~16 送入 MIX BUS 中的一条，如 MIX BUS 9。

② 将 MIX BUS 9 中的信号送入 MATRIX BUS 1。按下图 14-43（b）中的 MTX 1~6 按键⑥，切换为 MATRIX BUS 1~6 操作界面，将左侧第一个 Fader 上方的 Sel 选为 MATRIX BUS 1。按下③SENDS ON Fader，在闪动过程中，按下图 14-43（a）中的⑦BUS MAST 按键，将左侧 MIX BUS 9 的 Fader 推至 0dB，再按③关闭。这时，MATRIX BUS 1 就有 MIX BUS 9 中的所有信号。

14.2.5　FOH m32 输出路由的分配

1. FOH m32 输出通道表

FOH m32 输出通道表见表 14-3。

FOH m32 具备 MATRIX 矩阵母线 6 条、BUS 母线 14 条、16 路混音输出（本书案例仅用其中的 11 条）。本书案例需要 10 组音箱。由于 FOH m32 输出通道的限制，故用 MAIN 主母线代替 MATRIX 矩阵母线。舞台返送和个人监听系统采用单声道。

表 14-3　FOH m32 输出通道表

母线	混音输出	目标	音箱
BUS1		FX1	
BUS2		FX2	
BUS3		FX3	
BUS4		FX4	
BUS5		空	
BUS6	Output6	talk back	ZsR10P * 1
BUS 7	Output7	Bass L	Zsound s218 * 15
BUS 8	Output8	Bass R	Zsound s218 * 15
MATRIX1/BUS 9	Output9	front fill L	Zsound vcm * 8
MATRIX2/BUS 10	Output10	front fill R	Zsound vcm * 8
MATRIX3/BUS 11	Output11	delay L	Zsound vcm * 16
MATRIX4/BUS 12	Output12	delay R	Zsound vcm * 16
MATRIX5/BUS 13	Output13	side L	Zsound vcm * 12
MATRIX6/BUS 14	Output14	side R	Zsound vcm * 12
MAIN	Output15	FOH L	Zsound vcm * 20
MAIN	Output16	FOH R	Zsound vcm * 20

2. FOH m32 本地输出路由分配

FOH m32 在出厂时设定 Output15、Output16 为立体声输出，由本机端口 Output11、Output12 输出模拟信号后送入后续设备。

单击 FOH m32 操纵面板主菜单按钮 ROUTING 进入 home 选项卡，选择 out1~16 选项卡，如图 14-44 所示。

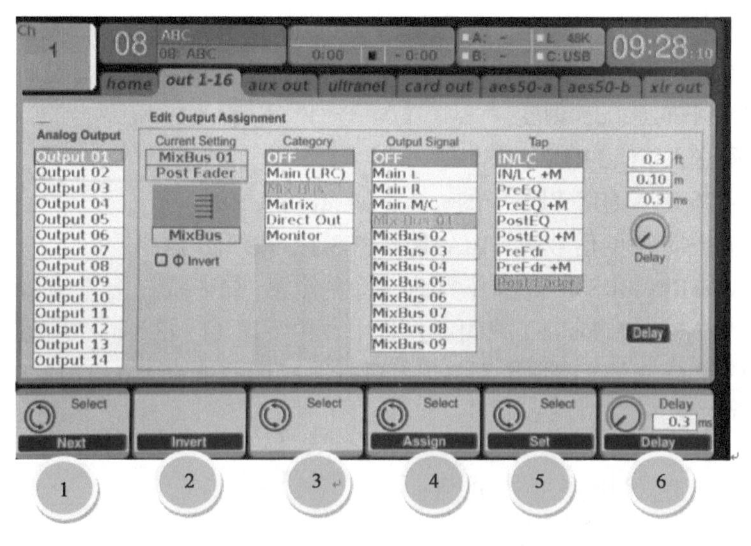

图 14-44　out1~16 选项卡

依照表 14-3 在图 14-44 中进行如下操作。

① 使用底部旋钮①选择 Output 11（对应表 14-3 中的 delay L），橘黄色条框由 Output 01 移到 Output 11，并给予确认。

② 使用底部旋钮③选择 Category 中的 Matrix（矩阵），橘黄色条框由 Mix Bus 移到 Matrix，并给予确认。

③ 使用底部旋钮④选择 Output Signal 中的 MixBus 04，橘黄色条框由 MixBus 01 移到 MixBus 04，并给予确认。

④ 使用底部旋钮⑤选择输出源取自何处，选择 Post Fader 后，条框变为橘黄色，并给予确认。

⑤ ⑥用于调节延时，此处设为 0. 3ms，由数字信号处理器进行调节。

Output 12（delay R）的操作方法同上。

3. FOH m32→Monitor m32 NO1 共享信号

（1）用超五类网线将 FOH m32 的 AES50B 与 Monitor m32 NO1 的 AES50A 连接，如图 14-45 所示。

图 14-45 FOH m32 的 AES50B 与 Monitor m32 NO1 的 AES50A 连接

（2）按下主菜单 ROUTING 进入 aes50-b 选项卡，设置 FOH m32 的发送信号，如图 14-46 所示。

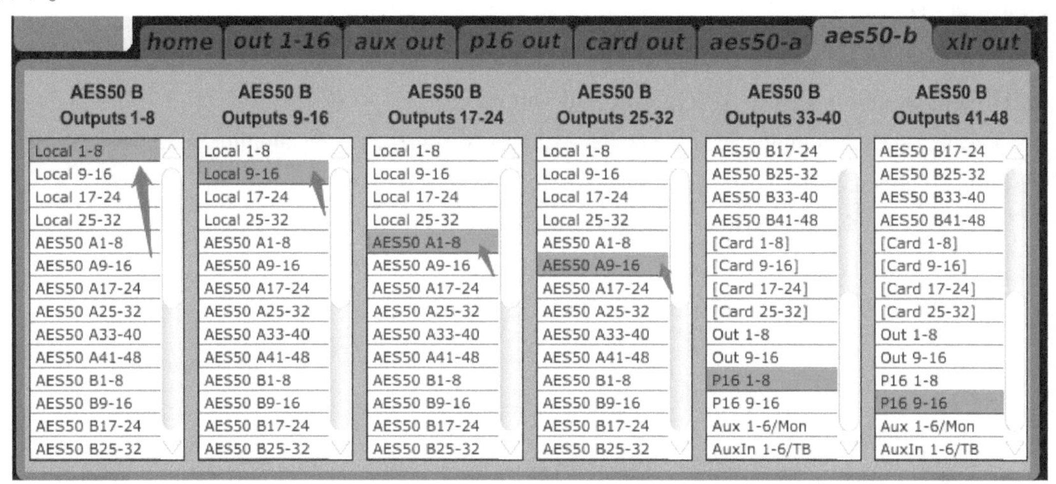

图 14-46 aes50-b 选项卡

图中，红色箭头所指为 FOH m32 的默认值。本书案例进行以下变更：Outputs 1～8→Local 17～24、Outputs 9～16→Local 25～32 由 FOH m32 本地输入，Outputs 17～24→AES50 A1～8、Outputs 25～32→AES50 A9～16 由 FOH m32 接收舞台接口箱 DL16 传送声源。以上被选定后，用橘黄色框框起来。

（3）设置 Monitor m32 NO1 的 AES50A 接收信号。

① 设置数字时钟来源、采样率。按下主菜单 SETUP 进入 global 选项卡，设置采样率 48.0kHz，设置时钟来源 AES50A，如图 14-47 所示。

② 按下主菜单 ROUTING 进入 home 选项卡，设置 Monitor m32 的信号来源，如图 14-48 所示。

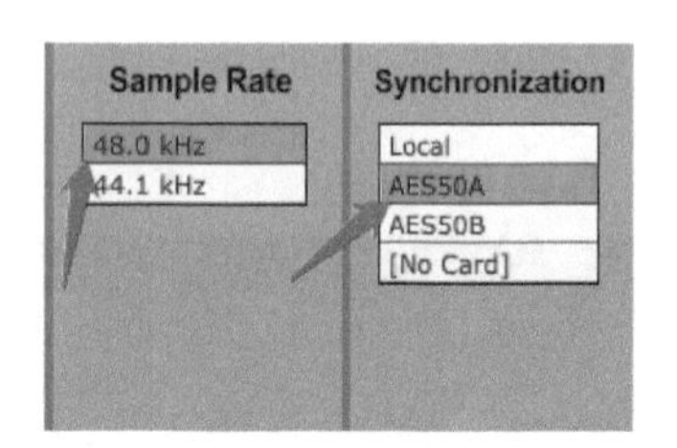

图 14-47　设置数字时钟来源和采样率

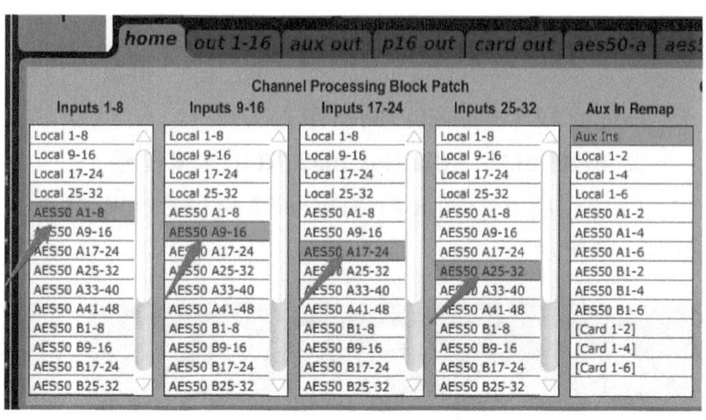

图 14-48　home 选项卡

③ 发送信号从 FOH m32 的 AES50B 端口引出，在 FOH m32 主菜单 ROUTING 的 aes50-b 选项卡中设定 AES50B Output。

④ 接收信号从 Monitor m32 的 AES50A 端口引入，在主菜单 ROUTING 的 home 选项卡中设定 AES50A Input。

4. Monitor m32 NO1、Monitor m32 NO2 共享信号

① 发送信号从 Monitor m32 NO1 的 AES50B 端口引出，接收信号从 Monitor m32 NO2 的 AES50A 端口引入。

② 发送信号从 Monitor m32 NO1 的 AES50B 端口引出，在 Monitor m32 NO1 主菜单 ROUTING 的 aes50-b 选项卡中设定 AES50B Output5。

③ 接收信号从 Monitor m32 NO2 的 AES50A 端口引入，在 Monitor m32 NO2 主菜单 ROUTING 的 home 选项卡中设定 AES50A Input。

④ 设置采样率：48.0kHz；时钟来源：AES50A。

在此，Monitor m32 NO1 为发送方，Monitor m32 NO2 为接收方，可按以上方法环连多台 m32，如 FOH m32→Monitor m32 NO1→ OB m32→Record m32，使信号共享。

14.2.6　其他项目的设定

1. 哑音编组的设定

哑音编组是 m32 的常用功能，即将想要哑音的多个输入通道用一个键同关或同开，不必逐个进行哑音操作。

哑音编组有两种方法：一种是采用快捷法；另一种是利用主菜单。

① 快捷法。激活 MUTE GROUPS，由 MUTE GROUPS 直接进入如图 14-49 所示的 home 选项卡。

可利用 MUTE GROUPS 面板和 16 个输入物理推子进行快捷哑音编组，如图 14-50 所示。按住 MUTE GROUPS 面板上的按钮 1，逐个按下 16 个输入物理推子 CH1、CH2、CH3、

CH4、CH5 输入通道的 Sel 按键，完成后，松开 MUTE GROUPS 面板上的按钮 1。

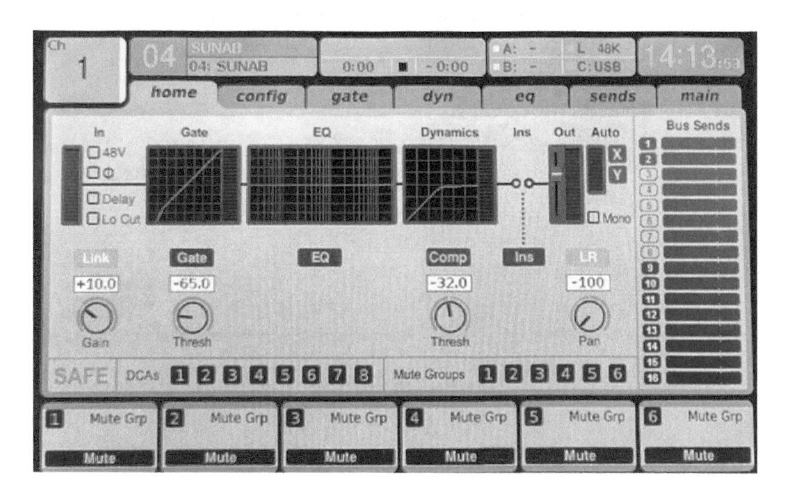

图 14-49 home 选项卡

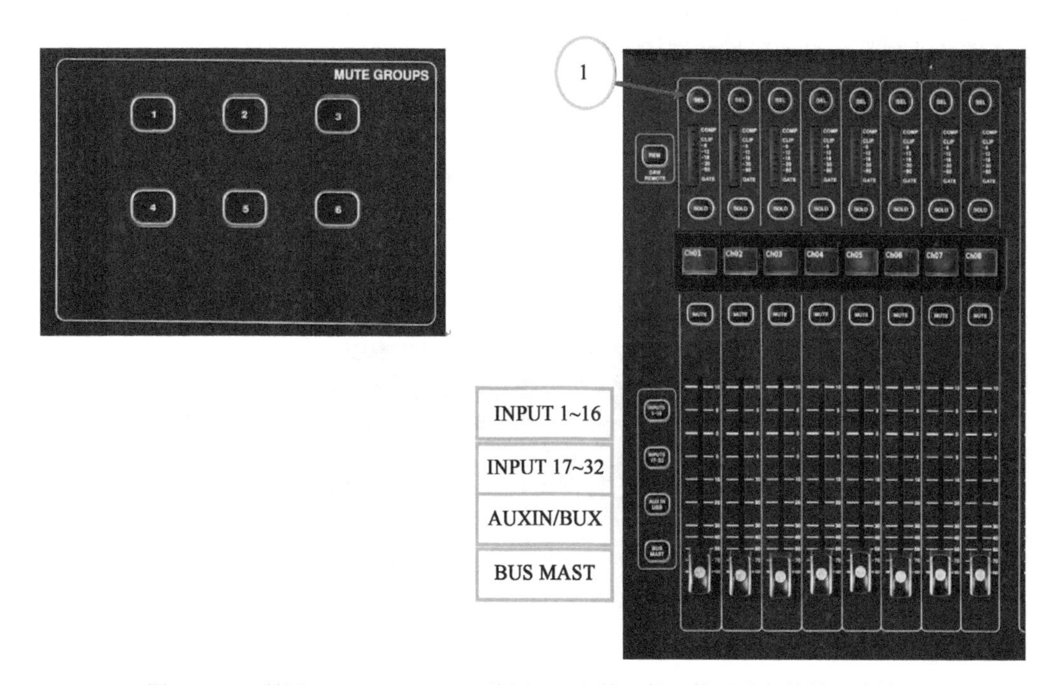

图 14-50 利用 MUTE GROUPS 面板和 16 个输入物理推子进行快捷哑音编组

按下 MUTE GROUPS 面板上的按钮 1，CH1、CH2、CH3、CH4、CH5 的 MUTE 红灯亮，表示已将 CH1、CH2、CH3、CH4、CH5 的 MUTE 哑音编组到面板按钮 1 上。运行时，只要按下 MUTE GROUPS 面板上的按钮 1，则 CH1、CH2、CH3、CH4、CH5 将一起哑音。

照此方法可将 16 个输入物理推子的其他输入通道进行哑音编组，操作时要注意：在每次编组之前，要退出已进行过的编组，并再次激活，高于 CH16 时要分页操作。

退出哑音编组的方法：按下要退出通道对应的 MUTE 按键，红灯灭。

② 利用主菜单 HOME 中的选项卡 home 进行哑音编组。单击主菜单 HOME 按钮，出现 home 选项卡，利用方向按钮进入如图 14-51 所示的选项卡。

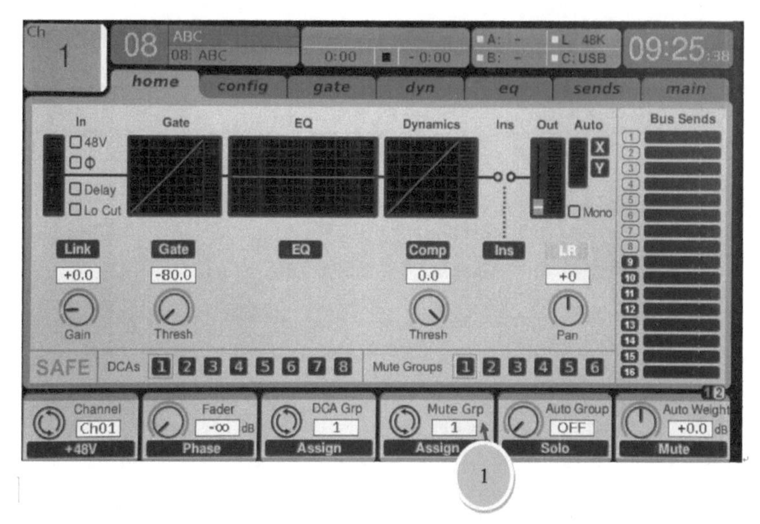

图 14-51 home 选项卡

图 14-51 显示的是 CH1 通道的基本参数设置。Mute Groups 有 1 个方框为橘色，表明 CH1 通道已被哑音编组到面板按钮 1 上。

将 CH2～CH5 编组到面板按钮 1 上：先分别按下 CH2～CH5 的 Sel 按钮，见图 14-50 中的①，再利用各个通道上对应的黑色旋钮选 1（见图 14-51①），即可编组到面板按钮 1 上。运行时，只要按下 MUTE GROUPS 面板上的按钮 1，CH1～CH5 将一起哑音。其他通道的哑音编组方法相同。CH17～CH31 需要分页操作。

音响师要熟悉输入通道与声源的对应关系，可看所贴的夜光贴纸。

操纵台 MUTE GROUPS 面板共有 6 个按钮，可随意使用，如图 14-52 所示。

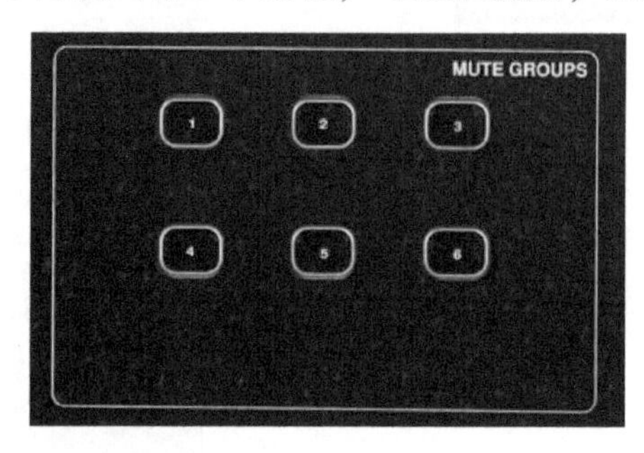

图 14-52 MUTE GROUPS 面板上的 6 个按钮

2. DCA 编组设定

DCA 编组是常用的一种方法，如一套鼓需要 8 个 CH，每个 CH 已调好物理推子的位置，欲要调节它们的总音量，则可编组一个 DCA 推子。

操作方法：由主菜单 HOME 进入 home 选项卡，见图 14-51。

① 按下 8 个物理推子的第一个 DCA 1 的 Sel 按键（紫色灯亮），如图 14-53 所示。逐步按下图 14-54 中 CH1～8 的 Sel 按钮，在各自的界面中，利用 DCA Grp 选择 1，即可编组到 DCA 1。推动 DCA 1 推子即可改变它们的总音量。注意，此时 CH1～8 的推子不跟着移动。照此方法，即可将其他推子（先退出再激活）编组到 DCA 1。注意，在进行上述操作时，要先按下图 14-53 中的 GROUP DCA1-8 按钮。

② 退出方法与哑音编组的退出方法相同。

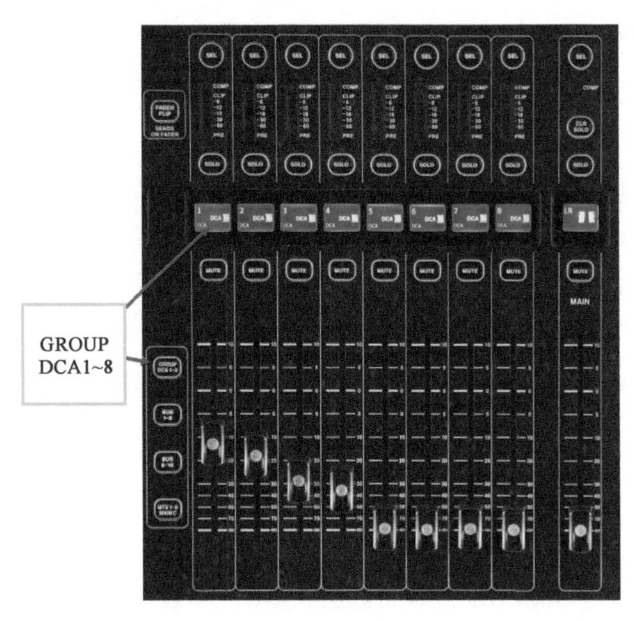

图 14-53　按下 8 个物理推子的第一个 DCA 1 的 Sel 按键（紫色灯亮）

3. 对讲系统的建立

对讲系统的建立可方便与舞台上的表演者和调音师进行交流，操作步骤如下。

① 将鹅颈式传声器接入 TALKBACK 面板上的 2-1 TEX MIC 插座，如图 14-55 所示。

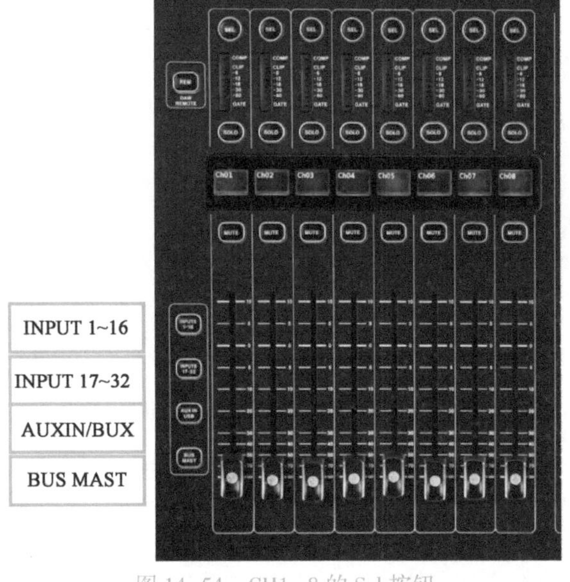

图 14-54　CH1~8 的 Sel 按钮

图 14-55　TALKBACK 面板

② 单击 TALKBACK 面板上的 2-5 按键 VIEW，进入如图 14-56 所示的选项卡。

③ 调节对讲电平。使用 TALKBACK 面板上的 2-2 旋钮 TALK LEVEL 和图 14-56 中①对应的黑色旋钮进行联动，①对应界面上的黄色旋钮随之移动，对讲电平调至-12.0dB，并在①处显示。

④ 选定对讲指定。在图 14-56 中的 Talk Destination A 区域内，利用②对应的黑色旋钮设定，图中设定 Mix Bus1（黄色框），按一下黑色旋钮确认，变为橘黄色框。

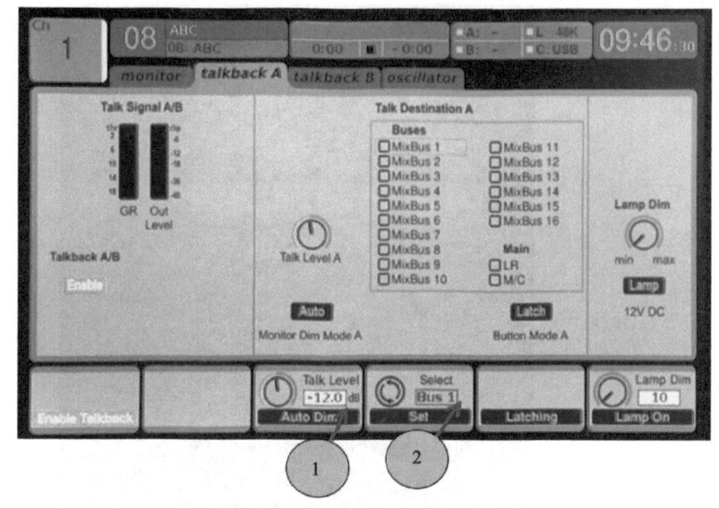

图 14-56　talkback A 选项卡

⑤ 使用时，按下 TALKBACK 面板上的 2-3 TALK A 或 2-4 TALK B 按键，对准对讲传声器讲话即可。

若想改变对讲指定，则按照④重新设定即可。总之，改变对讲指定就需要重新设定。操作时，音响师要熟悉对讲指定的目的地。

备注：最多可以指定两个对讲路径 TALK A 和 TALK B（与两人通话）。

4. 信号处理

信号处理是指均衡、设定噪声门、压缩限幅及效果等。

进入信号处理输入通道的方法：如 CH1，先按下 Fader 推子顶部的 Sel 按钮，再利用快捷功能区或按下主菜单 HOME，进入 eq 等选项卡中进行信号处理。具体操作与调音有关，在此不再介绍。

14.3　Monitor m32 的调节

14.3.1　Monitor m32 NO1 输入路由分配

此部分内容参见 14.2.5 节的 FOH m32→Monitor m32 NO1 共享信号和 Monitor m32 NO1、Monitor m32 NO2 共享信号中的内容。

14.3.2　Monitor m32 NO2 输入路由分配

Monitor m32 NO2 输入路由分配的操作方法与 Monitor m32 NO1 输入路由分配的操作方法相同，只不过此时 Monitor m32 NO1 作为 FOH m32，Monitor m32 NO2 作为 Monitor m32 NO1 而已。

14.3.3　监听通道表

1. Monitor m32 NO1 监听（音箱）通道表

Monitor m32 NO1 监听（音箱）通道表见表 14-4。

表 14-4　Monitor m32 NO1 监听（音箱）通道表

<table>
<tr><th colspan="2">母　线</th><th colspan="2">内置效果器</th></tr>
<tr><td colspan="2">BUS1</td><td colspan="2">fx1</td></tr>
<tr><td colspan="2">BUS2</td><td colspan="2">fx2</td></tr>
<tr><td colspan="2">BUS3</td><td colspan="2">fx3</td></tr>
<tr><td colspan="2">BUS4</td><td colspan="2">fx4</td></tr>
<tr><th>母　线</th><th>输出端口</th><th>乐　器</th><th>监听音箱</th></tr>
<tr><td>BUS5</td><td>Output5</td><td>LEAD. L</td><td>L-ACOUSTICS-XT115HiQ*1</td></tr>
<tr><td>BUS6</td><td>Output6</td><td>LEAD. R</td><td>L-ACOUSTICS-XT115HiQ*1</td></tr>
<tr><td>BUS7</td><td>Output7</td><td>E. GTR1</td><td>L-ACOUSTICS-XT115HiQ*2</td></tr>
<tr><td>BUS8</td><td>Output8</td><td>E. GTR2</td><td>L-ACOUSTICS-XT115HiQ*2</td></tr>
<tr><td>BUS9</td><td>Output9</td><td>A. GTR1</td><td>L-ACOUSTICS-XT115HiQ*2</td></tr>
<tr><td>BUS10</td><td>Output10</td><td>A. GTR2</td><td>L-ACOUSTICS-XT115HiQ*2</td></tr>
<tr><td>BUS11</td><td>Output11</td><td>BASS</td><td>L-ACOUSTICS-XT115HiQ*2</td></tr>
<tr><td>BUS12</td><td>Output12</td><td>PERC</td><td>L-ACOUSTICS-XT115HiQ*2</td></tr>
<tr><td>BUS13</td><td>Output13</td><td>DRUM</td><td>L-ACOUSTICS-XT115HiQ*2</td></tr>
<tr><td>BUS14</td><td>Output14</td><td>KB1</td><td>L-ACOUSTICS-XT115HiQ*2</td></tr>
<tr><td>BUS15</td><td>Output15</td><td>KB2</td><td>L-ACOUSTICS-XT115HiQ*2</td></tr>
<tr><td>BUS16</td><td>Output16</td><td>DRUM SUB</td><td>zs SS2*1</td></tr>
</table>

2. Monitor m32 NO2 监听（IEM）通道表

Monitor m32 NO2 监听（IEM）通道表见表 14-5。

表 14-5　Monitor m32 NO2 监听（IEM）通道表

m32 输出通道	母　线	乐　器	输出位置
Local Output 1	BUS 5	LEAD L	Post Fader
Local Output 2	BUS 6	LEAD R	Post Fader
Local Output 3	BUS 7	E. GTR1	Post Fader
Local Output 4	BUS 8	E. GTR2	Post Fader
P16 输出通道	**母　线**	**乐　器**	**输出位置**
P16 Output 1	BUS 10	DRUM L	Pre Fader
P16 Output 2	BUS 11	DRUM R	Pre Fader
P16 Output 3	BUS 12	PERC L	Pre Fader
P16 Output 4	BUS 13	PERC R	Pre Fader
P16 输出通道	**m32 输入通道**	**乐　器**	**输出位置**
P16 Output 5	ch15	BASS	Pre Fader
P16 Output 6	ch19	A. GTR L	Pre Fader
P16 Output 7	ch20	A. GTR R	Pre Fader
P16 Output 8	ch21	KBI L	Pre Fader
P16 Output 9	ch22	KBI R	Pre Fader
P16 Output 10	ch23	KB2 L	Pre Fader
P16 Output 11	ch24	KB2 R	Pre Fader
P16 Output 12	ch30	PGM L	Pre Fader
P16 Output 13	ch31	PGM R	Pre Fader
P16 Output 14	ch32	CLCIK	Pre Fader
P16 输出通道	**声源出处**		**输出位置**
P16 Output 15	Talk Back		Pre Fader

注：Post Fader 为推子后；Pre Fader 为推子前。

14.3.4 Monitor m32 NO1 输出路由分配

Monitor m32 NO1 监听信号取自 m32 本地输出，设定方法同上述 FOH m32 delay 延时音箱 Output11、Output12 信号的获取。

14.3.5 Monitor m32 NO2 输出路由分配

本书案例的个人监听系统采用单声道。从表 14-5 中可以看出，Monitor m32 NO2 监听信号由两部分输出：一部分由本地输出端口输出；另一部分由 m32 的 Ultranet 端口输出。

（1）本地输出端口 Local Output1～4 输出的设定方法与 Monitor m32 NO1 相同。

（2）Monitor m32 NO2 选择送入 P16 Output1～13 信号的设定。

① 监听 DRUM 群鼓声后设定，先将 DRUM 群鼓声编组到 BUS10，再从 BUS10 分配到 P16 Output1。

◎ 将 DRUM 群鼓声编组到 BUS10。从表 14-1 中得出 DRUM 群鼓声为 CH1～14 的混音，将 CH1～14 编组到 BUS10 的方法：如图 14-57（a）所示，按下①BUS 9～16 按键，并按下②MIXBUS10 顶部的 Sel 按钮选定，按下③发送键 SENDS ON Fader，在闪动过程中，将④14 个输入通道的 Fader 推至 0dB 刻度（注意，应分页到 1～16，按下 Input 1～16 按键），按下③关闭发送键，CH1～CH14 的群鼓声就被编组到 BUS10。

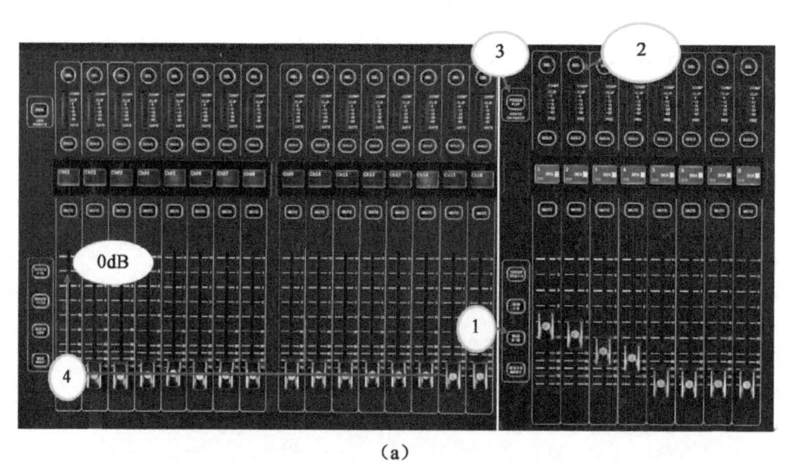

（a）

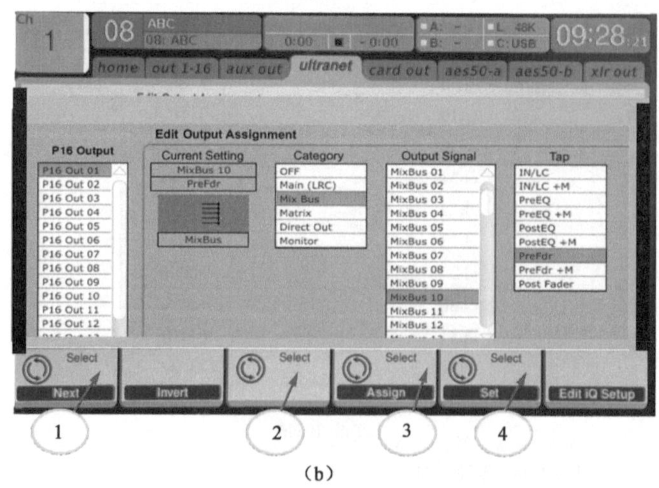

（b）

图 14-57 将 DRUM 群鼓声编组到 BUS10 和 ultranet 选项卡

◎ P16 Output1 取自 BUS10 群鼓声。打开主菜单 ROUTING 中的 ultranet 选项卡，如图 14-57（b）所示。

◎ 选定 P16 Output 通道：利用图 14-57（b）中的黑色旋钮①在 P16 Output 栏中选定 P16 Out01，显示橘黄色条，按一下黑色旋钮顶部给予确认。

◎ 在图 14-57（b）中的②Category 中选择项目：利用②对应的黑色旋钮在 Category 中派送信号母线为 Mix Bus（本书案例的个人耳机 IEM 通道分配指定），并按下黑色旋钮顶部给予确认。

◎ 在图 14-57（b）中的③Output Signal 中选择 MixBus10，并按下黑色旋钮顶部给予确认。

◎ 用图 14-57（b）中的④选取信号节点，如 PreFdr（推子前）（见个人耳机 IEM 通道分配），条框中的橘黄色条移到此处，并按下黑色旋钮顶部给予确认。

再次提醒：用底部黑色旋钮选择项目，被选定条框变为橘黄色后，需要按一下黑色旋钮顶部给予确认。

② PERC 打击乐声监听设定。操作方法同上。请注意：

◎ 从表 14-1 中得出：PERC 打击乐声为 CH25～28 合成音，被编组到 MIX BUS11。

◎ 使用 16 个通道 Fader 的 Inputs 17～32 按钮切换到 CH25～28。

14.3.6 舞台返送监听系统初始调整流程

以 Band Vocal（乐队主唱）、E. GTR（电吉他）、A. GTR（木吉他）、Keyboard（键盘）、Harmony（和声）及 DRUM（鼓）等预设编制为例，舞台返送监听系统初始调整主要包括乐队主唱的声音在每位乐手监听音箱中的最大音压比、初始回授。

① 在吉他基本的监听音量里修饰音质，让吉他手感觉是正确的，此音量的设定可使吉他的音量处在节奏衬托性的音量比上。

② 将吉他的音量踏板和吉他本身的音量旋钮调节到间奏、独奏时所需的最大音量，当初始音量被设定好后，混音器中的参数尽量不要再更改，以免影响监听音箱之间的声压比。独奏、间奏的音量由吉他手本身进行控制时的韵味是最好的。现场音控人员只需适量增、减控制电平值即可。一般吉他手在进行大音量演奏时，会因不同的音乐而有不同程度的效果呈现，音量会比间奏大些，以满足突出感。有时某位吉他手的音质会偏亮些，高音部分就会有一些聒噪感，此时可以将通道的高音部分稍降一点，收敛一些，等到该小节过去后，吉他音量再回到节奏衬托性的音量比值时，可将音质恢复为原来的参数，当然不是每一首歌都适合这样的调整，但是为了表达音乐的真实性，舞台监听系统务必要事前处理好。

③ 加入 Keyboard 的声音（在吉他旁边衬托，以不超过吉他的音量为主）。因为在音乐行程里，有时走到某一段音乐时会因当时的感情而有所起伏，而音量比由键盘手自己抒发掌握是最棒的，监听时的整体感觉会比较人性化，与采用音量控制直接转大到某一程度的感觉是不同的。前者的耐听度更高。

④ 加入 Keyboard Vocal（键盘手边弹边唱）和 BASS Vocal（贝斯手边弹边唱）对于全唱的定位弹性非常大，如果监听音箱采用立体声模式，则可根据在舞台上的摆放位置，模拟出“点”“线”立体方位的音场感。如果监听音箱采用单声道模式，则仅可增大或降低声压，模拟出“点”而已。

⑤ 加入鼓系列的大鼓、小鼓、镲等节奏感持续的基本乐器时，可根据乐手所需的标准适当提供电平。考虑到传声器除可拾取自身的乐器声，还会拾取周围乐器发出的声音，从

而产生串音。串音与主音音量的比值与周围传声器数量的多少有关。为了减少串音，传声器彼此之间的距离应大于2m。另外，也可利用噪声抑制或根据个人要求使用均衡器降低串音。

⑥ BASS基准音的作用。BASS基准音持续清晰，可保障音调的准确性，一旦能够清晰地聆听到BASS的声音，就可以得知舞台上的声音清晰度与混浊声之比。

笔者的经验：

◎ 乐队的风格取决于军鼓和BASS。

◎ 因现场环境的差异，适当增加监听音箱的数量、高效能的音箱及大功率的放大器可以补偿所需求的声音在动态上的不足。

监听母线监听的内容：输入通道的信号；返送耳机的混合信号。

14.4 系统电平的构建

14.4.1 需要了解的知识点

1. 系统电压增益

系统电压增益是系统负载的输出电压与该系统从源得到的输入电压之比。

2. 输入灵敏度

输入灵敏度为达到规定输出电压时的输入电压。

功率放大器的输入灵敏度可变，其原因为输入信号是送入功率放大器的第一级还是跳过第一级直接送入第二级。由于第一级具有一定的电压增益，因此在直接送入第二级时需要较高的输入电压。通常设有“输入灵敏度”开关，标有0dBu(+4dBu)、30dBu（由功率放大器确定)。当开关指向0dBu(+4dBu)且输入此值时，可达到规定的输出功率；当开关指向30dB时，需输入30dBu才能达到规定的输出功率。若开关在0dBu(+4dBu)时送入30dBu，则功率放大器将严重过载。若开关在30dBu时送入0dBu(+4dBu)，则功率放大器的输出将降低。

通常，为了获得大动态，功率放大器使用低灵敏度（30dBu)，此时，m32应处于大动态输出。

3. 数字信号电压与模拟信号电压之间的关系

m32数字调音台与毫伏表的连接如图14-58所示。

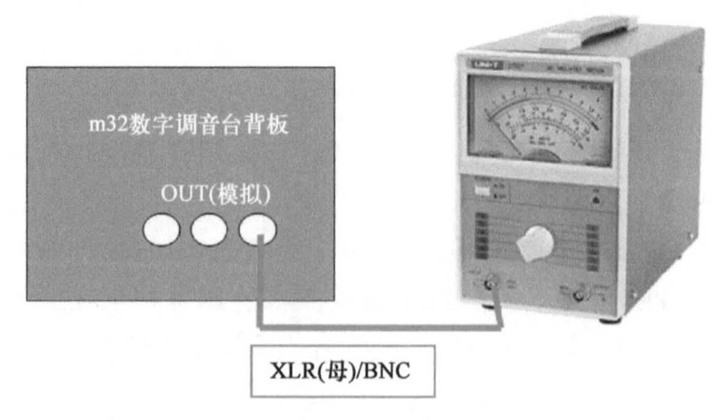

图14-58 m32数字调音台与毫伏表的连接

制作一条一端为 XLR（母）、另一端为 BNC 插头的测试线缆。

启用 m32 内置发生器，在快捷功能区 MONITOR 中单击 VIEW，选择菜单中的 Oscillator 和 1kHz 正弦波，用测试线缆连接 m32 的某个模拟输出端口和毫伏表的输入端口，逐渐增大 1kHz 正弦波的输出量，直到毫伏表显示 0.775V 为止，读出此时 m32 面板电平柱表所对应的数字电平，当读数为-24dBFS 时，-24dBFS＝0.775V＝0dBu，0dBFS＝+24dBu。若读数不是-24dBFS 也没关系，记下此时显示的数字电平。假如为-20dBFS，则-20dBFS＝0.775V＝0dBu，以此标准校正电平柱表，当正常运行，显示-20dBFS 时，对应的就是 0dBu。

上述是 m32 在输出开路状态下进行的校正，若需要在连接后续设备后进行测量，则需用一个 T 形三通，两端分别连接 m32 的输出端和下一级设备的输入端，顶端连接毫伏表，需要两条 XLR（母）/BNC 插头的测试线缆。

14.4.2 系统电压增益的调节

本书案例系统框图（ L 通道）如图 14-59 所示。

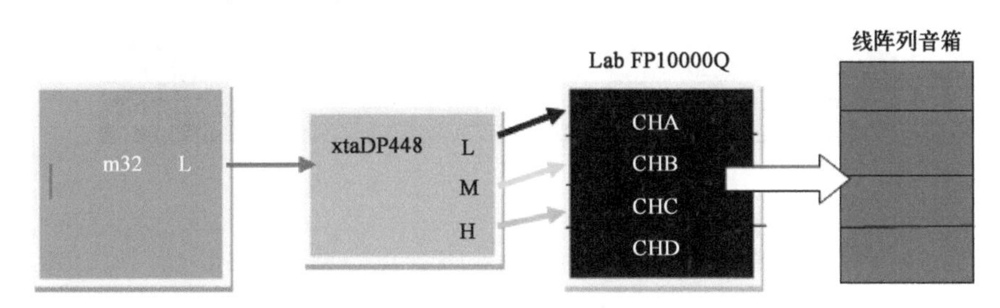

图 14-59 本书案例系统框图（ L 通道）

功率放大器电压增益的调节

Lab FP10000Q 可以根据输出功率（见表 2-3）确定电压增益。

使用举例：

通道	输出状况	负载两端电压有效值	输入电平	电压增益	VPL
CHA（ LF）	2500W/2Ω	106V（42.718dBu）	+4dBu	38.922dB	150V
CHB（MF）	1260W/2Ω	49V（35.564dBu ）	+4dBu	31.564dB	70V
CHC（HF）	870W/2Ω	40V（34dBu）	+4dBu	30dB	56V

注：20lg(106/0.775) ≈20lg136.77＝20(lg100×1.3677)＝20(lg100+lg1.3677)＝20(2+0.1359)＝42.718dBu；

20lg(49/0.775)≈20lg63.22＝20(lg10×6.322)＝20(lg10+lg6.322)＝20(1+0.7782)＝35.564dBu；

20lg(40/0.775)≈20lg51.61＝20(lg10×5.161)＝20(lg10+lg5.161)＝20(1+0.7)＝34dBu。

利用图 14-60 中的①GAIN 可以调节电压增益为 23～44dB，向上推动黑方块可以调节电压增益 1dB，共有三挡，根据每个通道所需的电压增益可以分别设置四个通道的各自电压增益。每个通道的电压增益可以通过 Lab FP10000Q 前面板的电位器进行调节，如图 14-61 所示中部左侧旋钮，范围为 0dB 到负无穷，最右端至最左端分 31 级，衰减为对数递减，在 12 点钟的位置表示-10dB，可观看 Lab FP10000Q 前面板 LED 电平柱的显示。

在输入端口与第一级功率放大器之间放置电位器，通过调节电位器改变送至第一级功率放大器的电压值，从而导致功率放大器输出功率变化。当将电位器旋至最右端时，输入电压全部送至第一级功率放大器，输出功率最大。

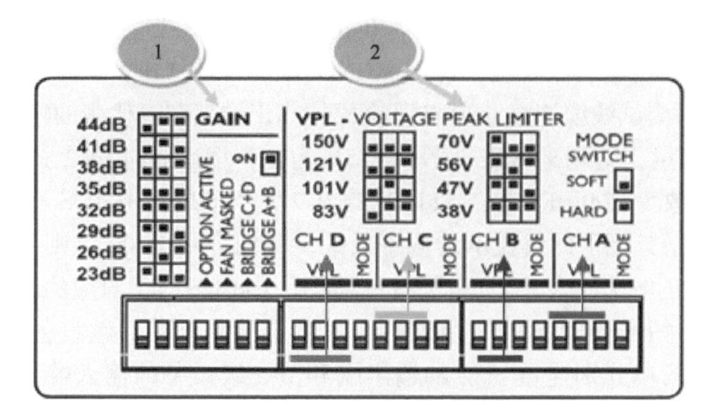

图 14-60　Lab FP10000Q 背面板开关

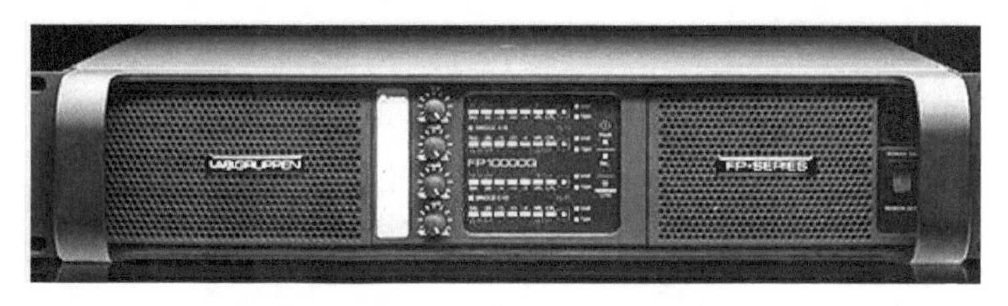

图 14-61　Lab FP10000Q 的前面板

① 调节 GAIN 的同时需要设定每个通道的 VPL，可以通过图 14-60 中②VPL 的 A、B、C、D 四组拨动开关调节每个通道的 VPL。

② 由于 Lab FP10000Q 内置限幅功能，因此不需要再考虑功率放大器不失真功率储备。

启用 m32 信号发生器的粉红噪声作为系统调节的信号源，左、右声道主输出 Fader 放置在 0dB，调节粉红噪声输出，电平柱表显示对应+4dBu 的-dBFS，即 m32 的输出为+4dBu。

调节 xtaDP448 数字信号处理器为 0dB 电压增益，即输入电平为+4dBu，输出电平仍为+4dBu。

此时，Lab FP10000Q 输入电平为+4dBu，达到要求。至此，系统电压增益调节完毕。

运行时，m32 左、右声道主输出 Fader 处于 0dB 位置，若电平柱表低于对应+4dBu 的-dBFS，则可利用输入通道 Fader 进行调节。若不行，则将 m32 左、右声道主输出 Fader 向上推。

第 15 章　演出现场声学特性测试

15.1　测试内容和测试项目

在演出现场进行声场模拟，并确定扬声器系统及其摆放位置后，就可以使用 Smaart 测试软件测试现场声场是否达到要求。

15.1.1　测试内容

测试内容包括声压级是否达到要求的最大声压级和均匀性，幅频特性曲线的 20Hz～20kHz 起伏是否达到要求（涉及处于不同地点的多组扬声器在声场重叠区的相位耦合），测试现场的混响时间及语言清晰度等。

15.1.2　测试项目

① 现场各点的声压级。
② 主扩全频音箱外分频点和交叉重叠区的相位补偿。
③ 主扩音箱与超低音音箱的相位耦合。
④ 主扩音箱与前补音箱的相位耦合。
⑤ 主扩音箱与侧补音箱的相位耦合。
⑥ 主扩音箱与延时塔的相位耦合。

混响时间采用混响时间测试仪进行测量，可以节省工作量。语言清晰度与混响时间有一定的关系。若混响时间在低频段过长，则语言清晰度会很差。

15.2　测试所用设备及连接

15.2.1　测试所用设备及功能

测量传声器：型号为 EARTHWORKS M30，用于拾取测试声压级及幅频、相频特性所需的信号。

声压计校准器：型号为爱华 AWA6223S，用于矫正 Smaart 测试软件的声压级显示。

声卡：型号为双进双出，Sounddevices USBpre-2，用于模/数、数/模变换。

笔记本电脑：共 2 台，1 台安装 Smaart 测试软件，1 台安装 xtaDP448 数字信号处理器操作软件。

本书案例所用设备为 m32 数字调音台、xtaDP448 数字信号处理器、Lab 系列多通道功率放大器及音箱。

15.2.2　测试系统连接

测试系统的连接如图 15-1 所示。

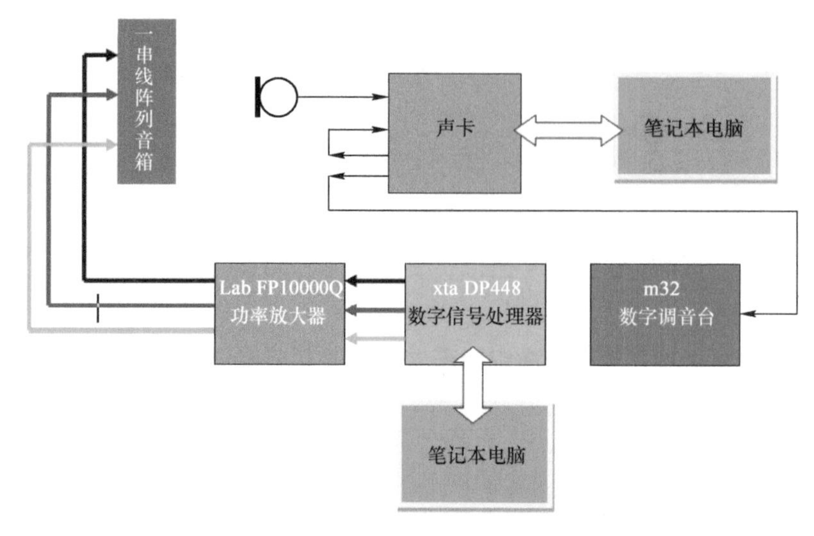

图 15-1 测试系统的连接

① 声卡与笔记本电脑通过 USB 连接。

② 将声卡的一个输出端口与 m32 数字调音台的一个本地端口连接。

③ xtaDP448 数字信号处理器与笔记本电脑通过网线连接各自的 RJ45 端口。

图 15-1 中仅画出一组音箱系统（航空箱）的连接，其他音箱系统的连接方法相同。连接时，要记住连接的端口序号。

15.3 测试程序、测试手段、测试信号源及测试点

15.3.1 相位耦合

1. 相位耦合的必要性

扩声系统有多组摆放在不同位置的音箱。以超低音音箱和全频音箱为例，全频音箱高挂，超低音音箱摆放在地面上。它们发出的声波会在一个区域内重叠。由于该区域与两组音箱的距离不等，因此声波会产生不等的延时，从而造成相位差。为了在重叠区域达到最大的声压级，需要对系统的相频（相位）特性曲线进行调节，使两组音箱的相频特性曲线在重叠区域贴合，被称为相位耦合。

相位耦合还有另外一层含义：幅频特性的变化可引起相频特性的变化，对全频音箱进行分频，使高、低通滤波器在幅度下降频率范围内的幅频特性发生变化，导致相频特性曲线发生变化。其变化程度随幅频特性曲线的下降而加重，如图 15-2 所示。

在高、中频段交叉重叠区域的全频音箱幅频特性曲线会因相位关系发生变化，导致交叉重叠区域的幅频特性和声压级发生变化，如图 15-3 所示。为了使交叉重叠区域达到最大的声压级，同样需要对系统的相频特性曲线进行调节。

相频特性曲线的调节包含两个不同的方面：一方面是针对电信号的调节；另一方面属于声学问题。

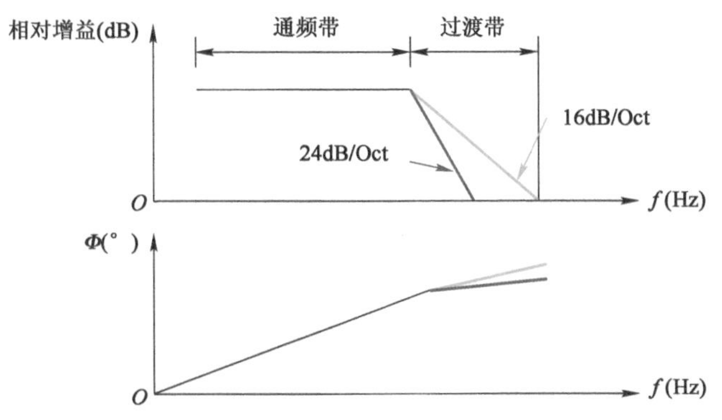

图 15-2　高、低通滤波器的幅频特性和相频特性

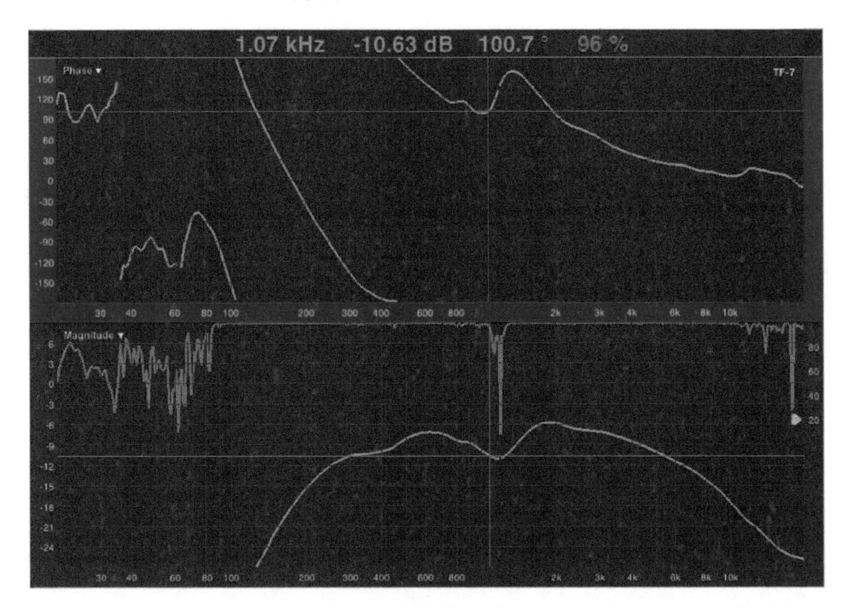

图 15-3　在高、中频段交叉重叠区域的全频音箱幅频特性曲线和相频特性曲线

2. 延时和相位

音箱发出的声波传输到声场中某点的延时为 t，与相位 Φ 的关系为

$$\Phi = 360°ft$$

式中，f 为声波的频率。

对于声场中的某点 O，与 A、B 两个音箱的距离 d 分别为 34m、31m，则

A 音箱：$t=34/340=0.1$（s）；B 音箱：$t=31/340=0.091176$（s）

若声波的频率为 1000Hz，则到达 O 点的相位分别为

A 音箱：$\Phi = 360°\times1000\times0.1=36000°$

B 音箱：$\Phi = 360°\times1000\times0.091176=32823.36°$

若声波的频率为 47Hz，则到达 O 点的相位分别为

A 音箱：$\Phi = 360°\times47\times0.1=1692°$

B 音箱：$\Phi = 360°\times47\times0.091176=1542.69792°$

由此可以看出，A、B 两个音箱发出的声波在 O 点产生相位差，与一个音箱单独存在相比，声压级要降低。

15.3.2 测试程序

现场声学特性是使用 Smaart 软件中的传输函数模式进行测试的。测试程序如图 15-4 所示。

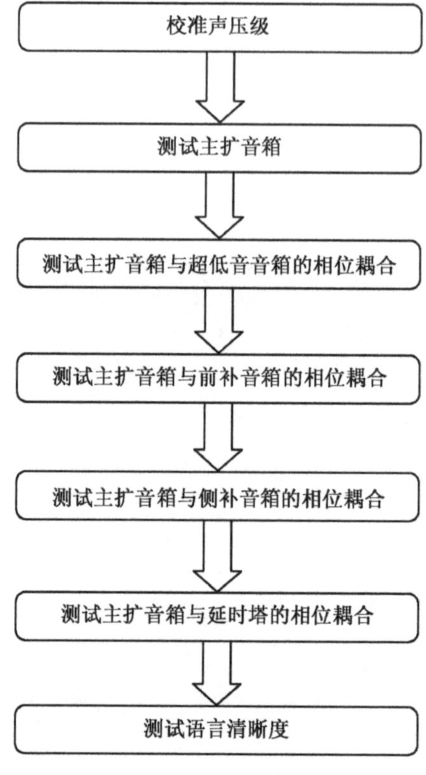

图 15-4 测试程序

15.3.3 测试手段

① 使用 Smaart 测试软件进行测试，利用 xtaDP448 数字信号处理器调整系统。

② 测试信号采用由 Smaart 测试软件发出的粉红噪声 Pink Noise。

③ 两台笔记本电脑分别安装 Smaart 测试软件和 xtaDP448 数字信号处理器操作软件。

④ 一台笔记本电脑可控制单个 xtaDP448 数字信号处理器，也可通过 LINK 端口控制多个 xtaDP448 数字信号处理器，使用各自的 ID 码识别。

⑤ 通过摆放在不同测试点处的测试传声器拾取测试项目所需要的信号。

⑥ 一边利用 xtaDP448 数字信号处理器操作软件调节参数，一边观看 Smaart 测试软件的显示界面。

15.3.4 准备工作

① 系统工作正常。

② 声压级校准。声压级校准器如图 15-5 所示。

图 15-5　声压级校准器

15.3.5　测试信号源

测试信号源为粉红噪声（Pink Noise）。粉红噪声的频率主要分布在中、低频段。从能量角度来看，粉红噪声的能量从低频向高频不断递减，通常每倍频程递减 3dB。

粉红噪声在线性和对数两种坐标中的表现形式不同：在线性坐标中，粉红噪声的幅频特性曲线是以每倍频程下降 3dB 为斜率的向下倾斜直线；在对数坐标中，粉红噪声的幅频特性曲线是平行频率轴的直线。这是因为每倍频程的频率宽度不同，虽然高频段的能量少于中、低频段的能量，但频率带宽宽，可以均衡不同倍频程的能量。粉红噪声是最常用的声学测试信号源。

15.3.6　测试点的设定

测试点一般为几个听点：

① 在音箱的主轴线上，音箱覆盖范围的中心被设定为第一类测试点，如图 15-6 所示。

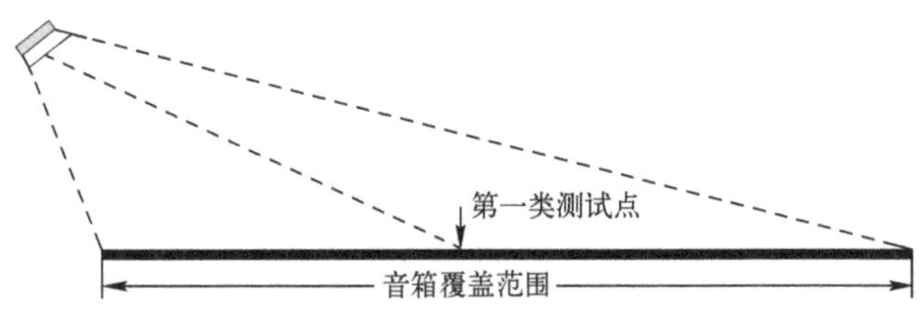

图 15-6　第一类测试点

② 两个音箱覆盖的交叉点被设定为第二类测试点，如图 15-7 所示，用于初始调节相位耦合。图 15-7 中，左侧为主扩音箱，右侧为补声音箱，组合为一个声道，左声道或右声道。

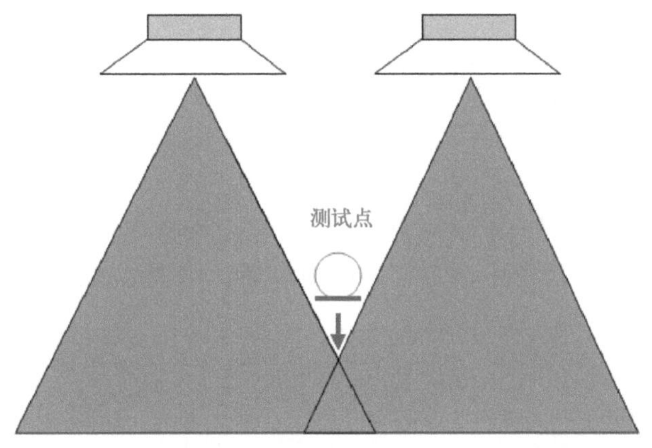

图 15-7　第二类测试点

③ 音箱覆盖范围的 3/4 被设定为第三类测试点，如图 15-8 所示。

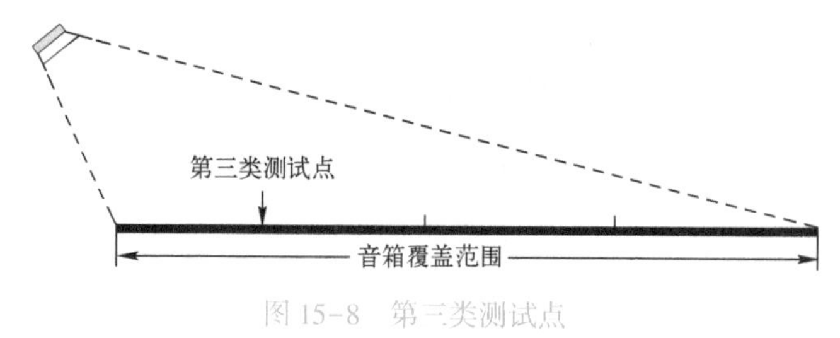

图 15-8　第三类测试点

④ 第四类测试点和第五类测试点如图 15-9 所示。

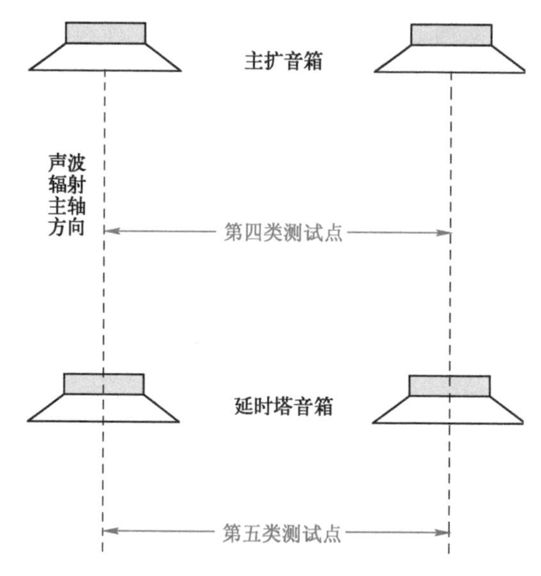

图 15-9　第四类测试点和第五类测试点

⑤ 测量传声器摆放在测试点处拾取信号，并将信号送入声卡，除第四类测试点（调音师的位置）拾取双声道信号外，其他的测试点都拾取单声道（左声道或右声道）信号。

15.4　声压级的测量

① 先将测量传声器插入声压级校准器的发声孔进行校准。

② 开启信号源（Smaart 软件）。

③ 校准 dBSPL Show 数值。

④ 调取声压级模块。

⑤ 单击声压级模块，如图 15-10（a）所示，调取 Sound Level Options 对话框如图 15-10（b）所示。在对话框中填写相应的内容后，单击 Calibrate，弹出 Amplitude Calibration 对话框，如图 15-10（c）所示。

选择声卡（Device）→通道（Channel）→捕捉当前声压级模块（Capture）→输入当前校准器的声压级（Calibrated Level），完成声卡和通道的选择，选择 dB SPL 显示，单击 OK，在初始界面显示屏上（见图 15-10（a））即可显示当前声压级的数值。

声压级模块

input 1
-60.7
dBFS

(a)

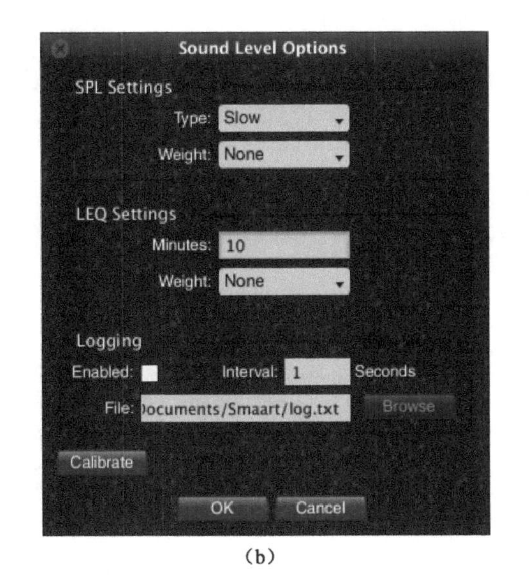

(b)

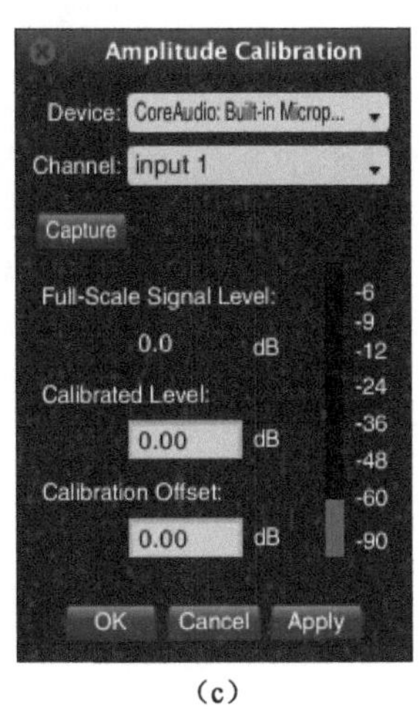

(c)

图 15-10　声压级的测量

15.5　主扩全频线阵列音箱幅频特性和相频特性的测试

15.5.1　准备工作

① 调节基础均衡、分频点及单组线阵列音箱的相位耦合。

② 建立传输函数测量卡（幅频特性曲线、相频特性曲线、相干性曲线及脉冲）。

将测量传声器放在第一类测试点，单击传输函数模块 TF 按钮，出现如图 15-11（a）所示界面，单击①小锤子图标弹出如图 15-11（b）所示界面。

在传输函数组内建立传输函数测量卡，单击图 15-11（b）中的 New TF Measurement，弹出如

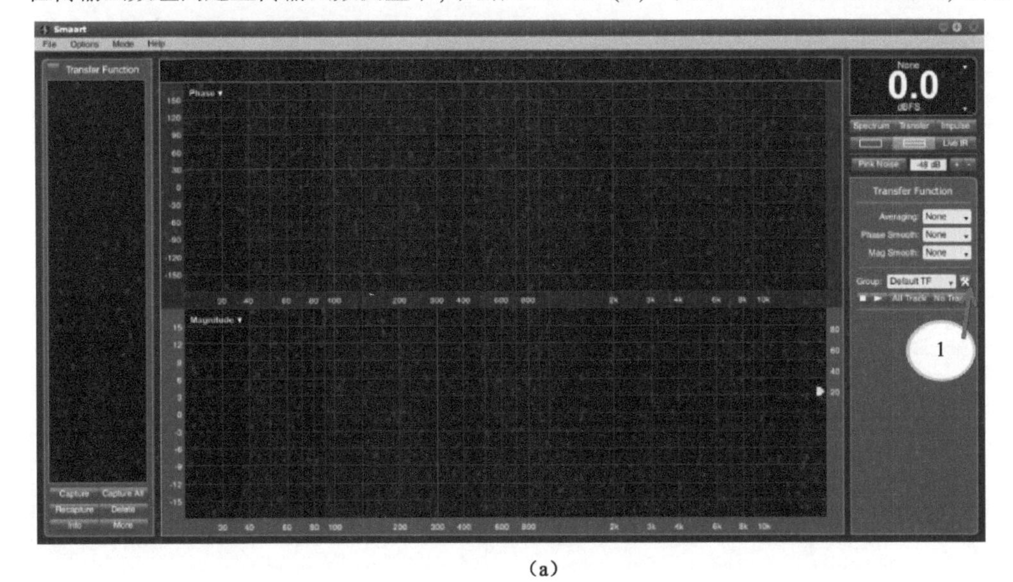

(a)

图 15-11　建立传输函数测量卡

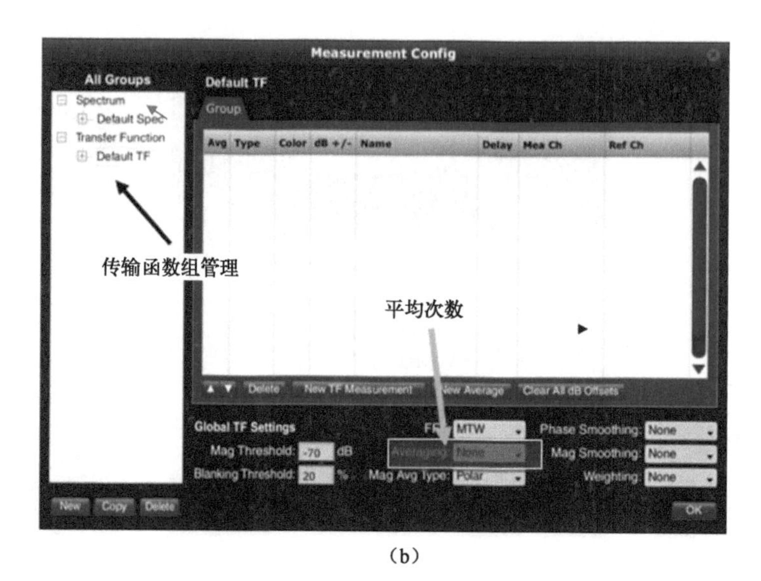

(b)

图 15-11　建立传输函数测量卡（续）

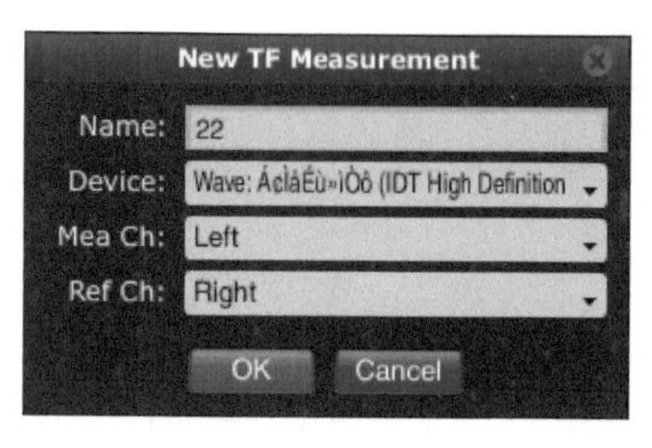

图 15-12　New TF Measurement 对话框

图 15-12 所示对话框，填入名字（Name）→选择声卡（Device）→选择测量通道（Mea Ch）→选择参照通道（Ref Ch）→单击 OK，要填入英文，不支持中文，在图 15-11（b）中将对应显示填入的内容。

在图 15-11（b）中一定要选择平均值，若不选择平均值，则不会出现相干性曲线。

建立传输函数测量卡后，单击图 15-12 中的 OK，出现测量卡，如图 15-13 所示。

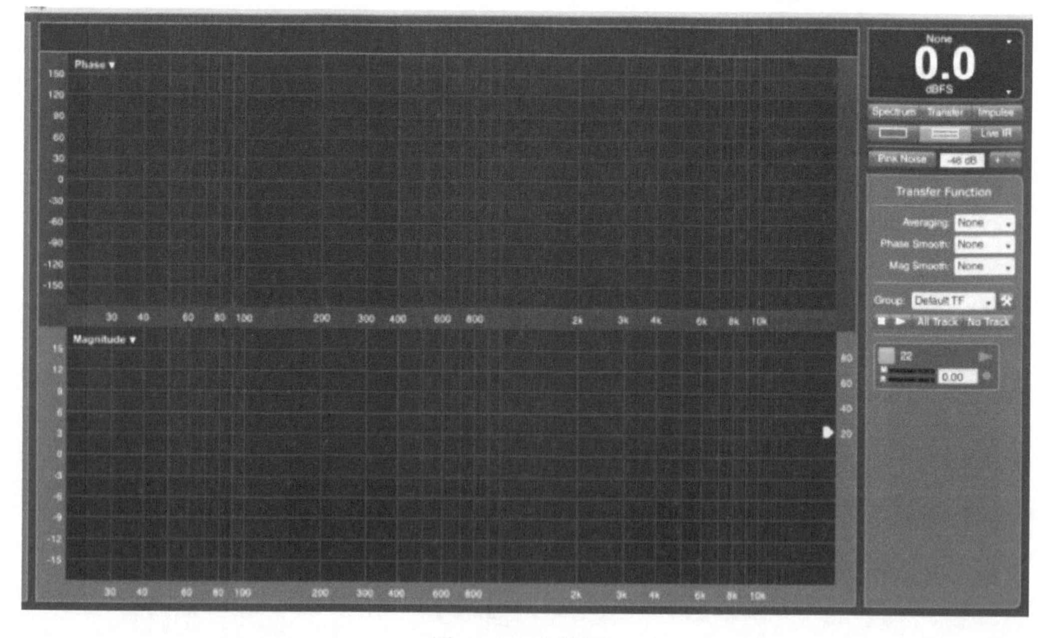

图 15-13　测量卡

③ 设置信号源。单击图 15-13 中的 Pink Noise，出现如图 15-14 所示的 Signal Generator 对话框。

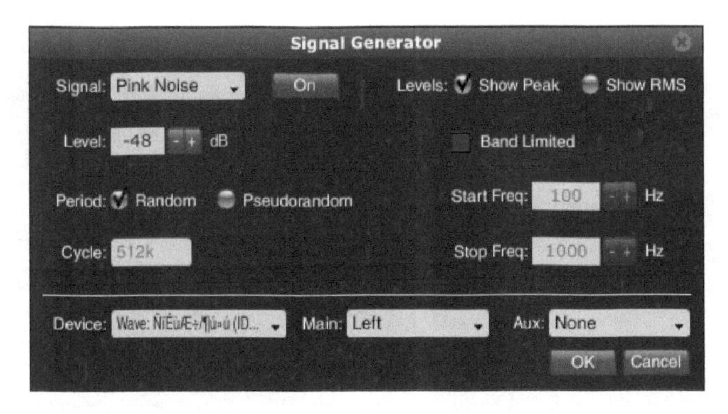

图 15-14　Signal Generator 对话框

选择噪声类型（Signal）→电平设置为一定的数值（Level）→选择声卡设备（Device）→选择主输出通道（Main）和辅助通道（Aux）→单击 OK。

使用由数字信号处理器进行分频工作的音箱，按照先高频 HF、次之中频 MF、最后低频 LF 的顺序进行测试。

15.5.2　测试幅频特性曲线和相频特性曲线

1. 高频段幅频特性曲线

在图 15-14 的 Signal 中选择 Pink Noise（粉红噪声），并设置各项参数，单击 OK，扬声器系统会出现粉红噪声（在声卡的返回通道中存在粉红噪声信号）。

输出部分一定要选择当前所用的声卡，选择两个通道（因之前所用的声卡为两个通道）：一个送给 m32；另一个送给声卡。

操作图 15-13 中的右侧按钮，如图 15-15 所示。

单击测试按钮，出现高频段相频特性曲线，如图 15-16 所示。此时，相频特性曲线不规整，缺少高频段相频特性曲线。其原因为没加延时。

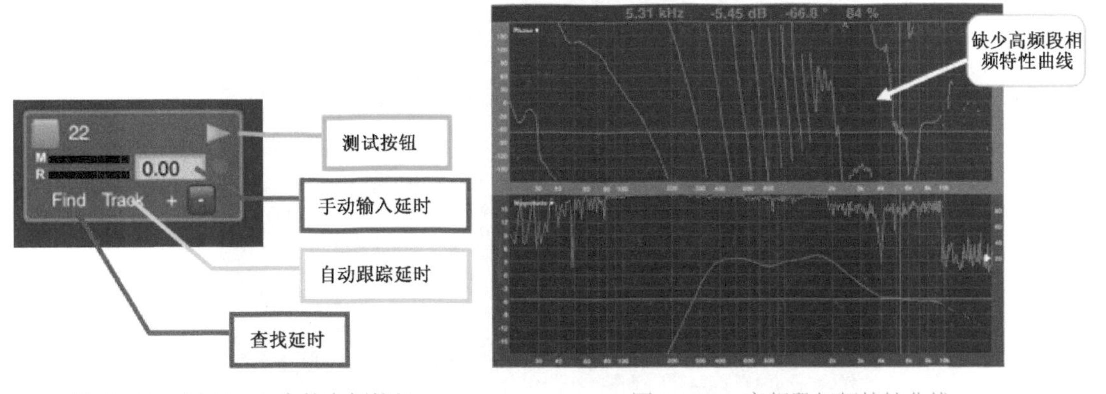

图 15-15　图 15-13 中的右侧按钮

图 15-16　高频段相频特性曲线

单击图 15-15 中的查找延时，出现 Delay Finder 对话框，如图 15-17 所示。

单击图 15-17 中的 Insert（插入延时）按钮，弹出如图 15-18 所示的高频段幅频特性曲线（下半部）和相频特性曲线（上半部）。

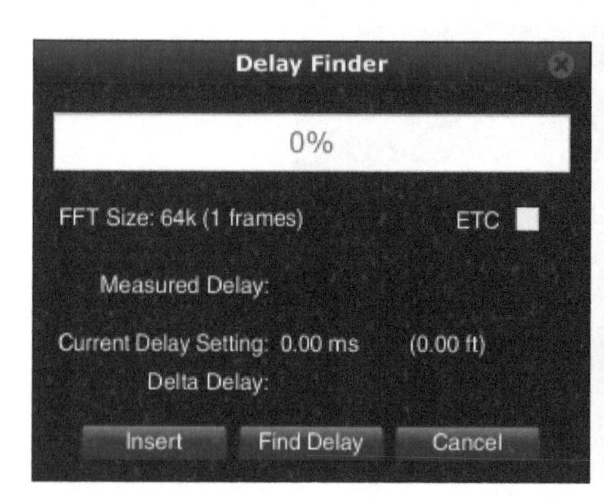

图 15-17　Delay Finder 对话框

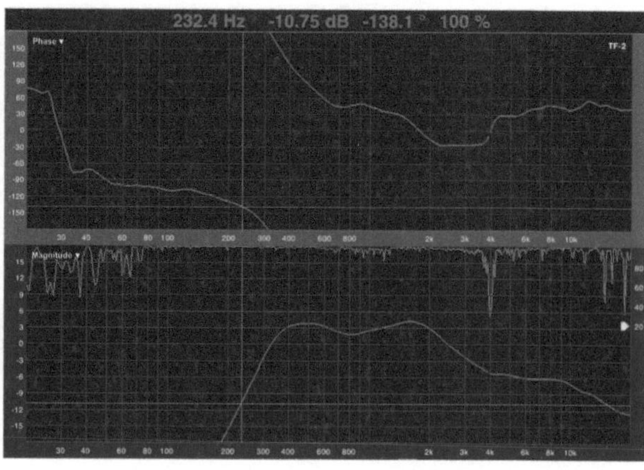

图 15-18　高频段幅频特性曲线（下半部）和相频特性曲线（上半部）

按下空格键，出现如图 15-19 所示的 Capture Trace 对话框。

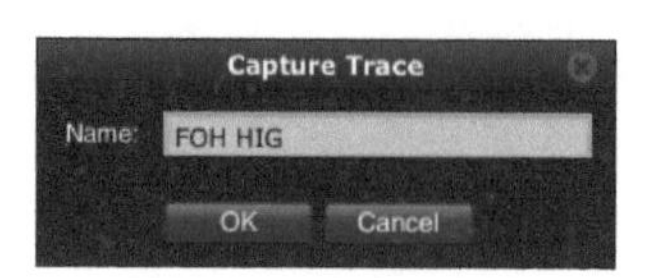

图 15-19　Capture Trace 对话框

在 Name 栏中输入 FOH HIG，单击 OK，保存图 15-18 中的高频段（FOH HIG）幅频特性曲线（下半部）和相频特性曲线（上半部）。

2. 中频段幅频特性曲线

中频段幅频特性曲线（下半部）和相频特性曲线（上半部）如图 15-20 所示。其操作方法同上，在 Name 栏中输入 FOH MID，单击 OK 保存。

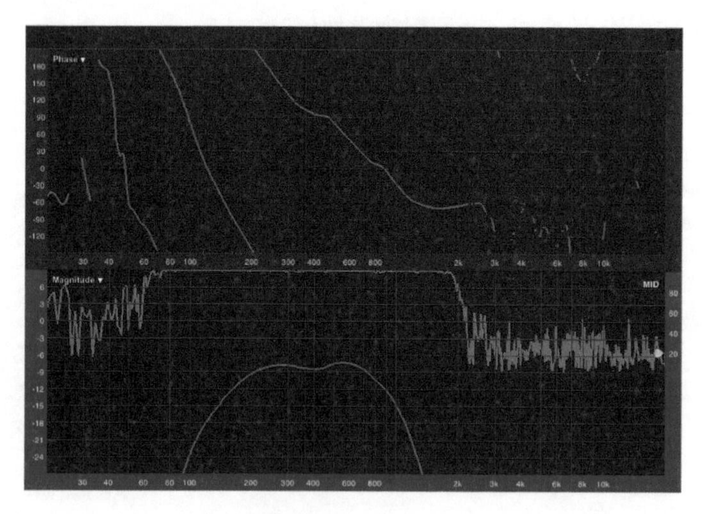

图 15-20　中频段幅频特性曲线（下半部）和相频特性曲线（上半部）

15.6 主扩全频线阵列音箱分频点的设定和相位的调节

1. 中、高频段分频点的设定

① 单击图像保存窗口中的 FOH HIG 和 FOH MID，打开保存过的 FOH HIG 和 FOH MID 幅频特性曲线和相频特性曲线，如图 15-21 所示。图中，蓝色曲线和黄色曲线分别为 FOH MID 和 FOH HIG 的幅频特性曲线和相频特性曲线。

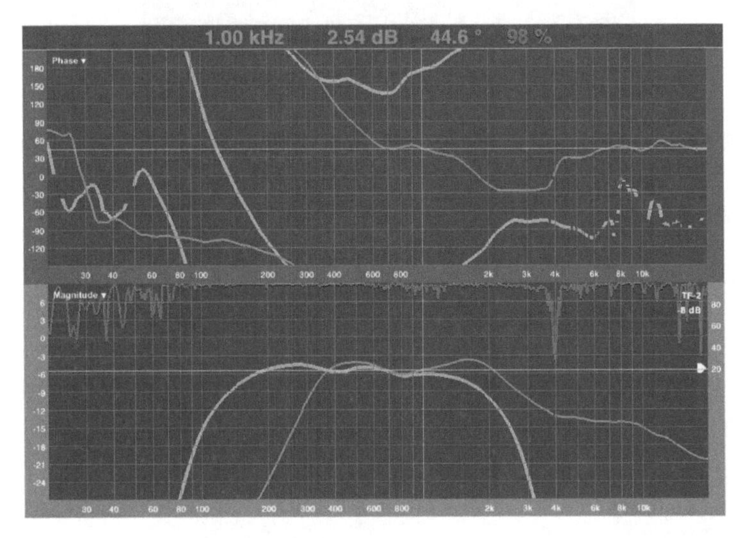

图 15-21 FOH MID 和 FOH HIG 的幅频特性曲线和相频特性曲线

由图 15-21 可知，高频扬声器使用高通滤波器，通频带先取 1～32kHz，过渡带斜率为 24dB；中频扬声器使用低通滤波器，通频带先取 20Hz～1kHz，过渡带斜率为 24dB。

② xtaDP448 数字信号处理器的设定。xtaDP448 主菜单界面如图 15-22 所示。单击 X-Over 弹出 Out 1 选项卡，如图 15-23 所示，在左侧对话框中进行滤波器参数的设定。

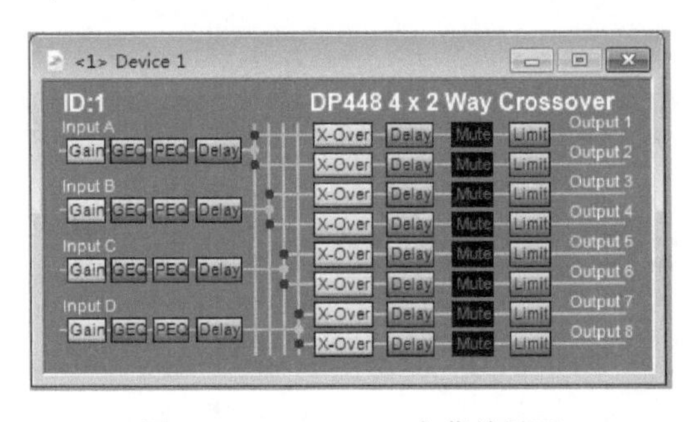

图 15-22 xtaDP448 主菜单界面

按下图 15-23 中的“确定”按钮，得到如图 15-24 所示的幅频特性曲线。从图中可以看出，高频段与中频段的分频点（交叉点）为 1kHz。

③ 使用 Smaart 软件测试现场。在 Smaart 软件界面上的幅频特性曲线（下半部）和相频特性曲线（上半部）如图 15-25 所示。

开启中、高频扬声器驱动功率放大器，得到在声场内测试点处的相频特性曲线，如图 15-26 所示。

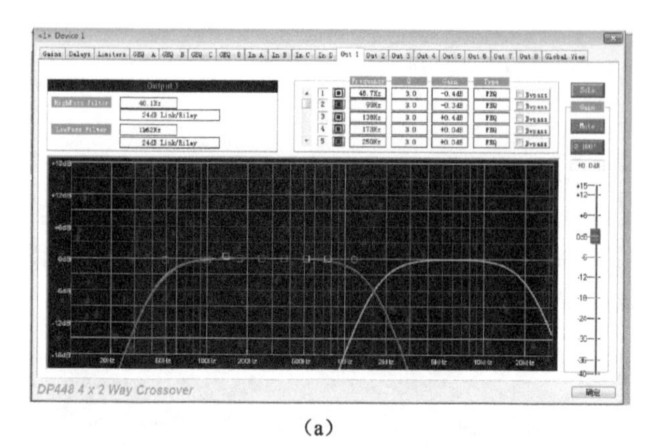

(a)

HIG

HighPass Filter 1k00Hz

24dB Link/Riley

LowPass Filter >32k0Hz

24dB Link/Riley

MID

HighPass Filter <10Hz

24dB Link/Riley

LowPass Filter 1k00Hz

24dB Link/Riley

(b)

图 15-23 Out 1 选项卡及左侧对话框

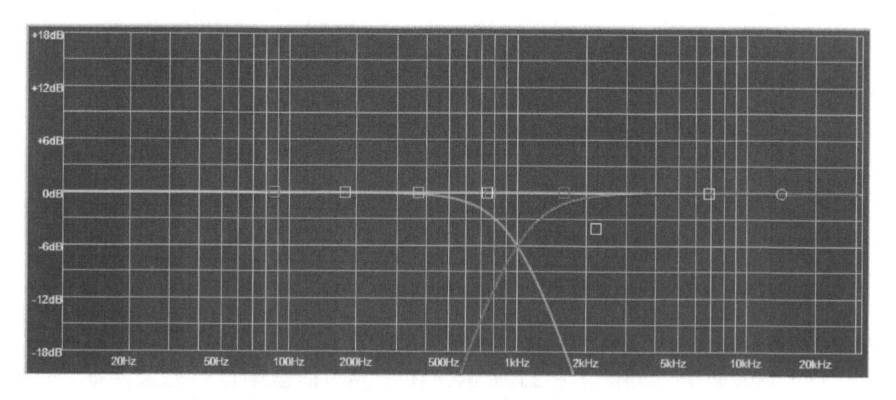

图 15-24 幅频特性曲线

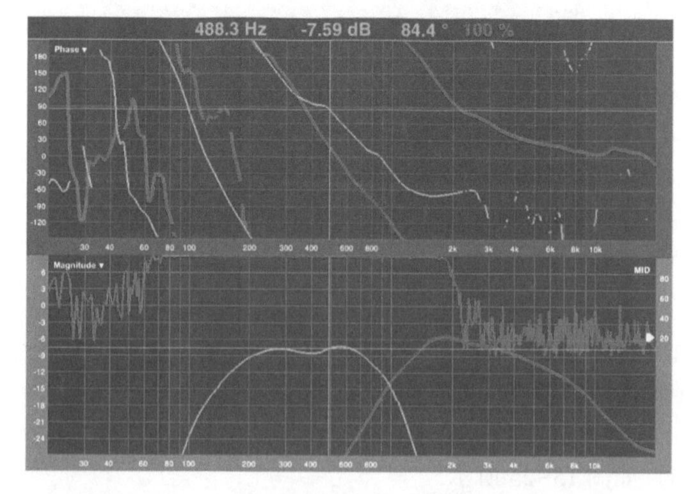

图 15-25 在 Smaart 软件界面上的幅频特性曲线（下半部）和相频特性曲线（上半部）

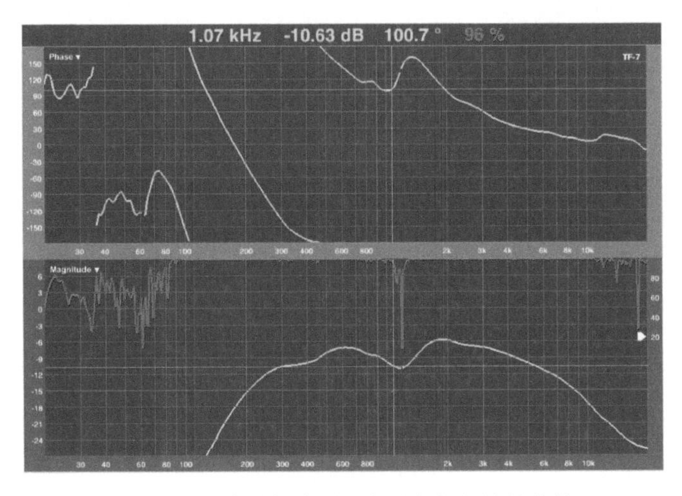

图 15-26 在声场内测试点处的相频特性曲线

2. 相位的调节

从图 15-26 中可以看出，重叠区域的相频特性曲线塌陷，其原因为在重叠区域中的声压级抵消。抵消的原因是在重叠区域中的声波存在相位差（由路径导致）。

① 分析相频特性曲线。将高频段相频特性曲线置前（单击数据保存模块中的高频段相频特性曲线），将鼠标放在分频点处，读出此时高频段相频特性曲线的相位；将中频段相频特性曲线置前，读出中频段相频特性曲线的相位。读取分频点的高频相位如图 15-27 所示。

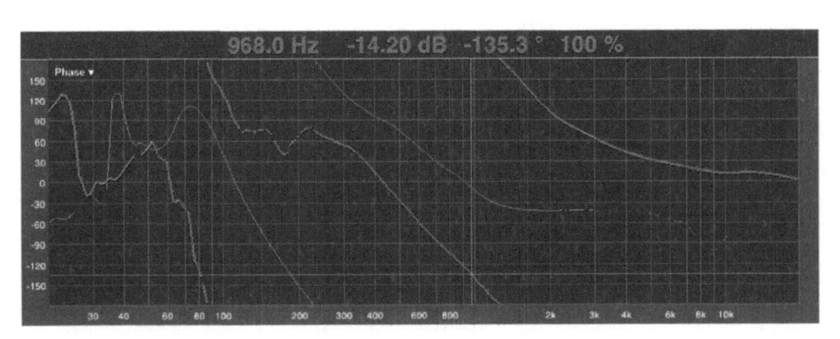

图 15-27 读取分频点的高频相位

读取分频点的中频相位如图 15-28 所示。

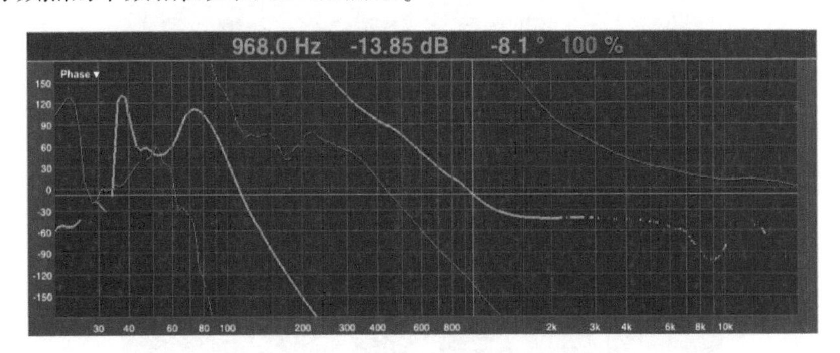

图 15-28 读取分频点的中频相位

高频在 968.0Hz 时的相位为-135.3°，中频在 968.0Hz 时的相位为-8.1°，相位差为 127.2°，合成矢量图如图 15-29 所示。红色线段为两者叠加后的幅度，比各自 968.0Hz 时的幅度低，导致图 15-26 中的相频特性曲线在 968.0Hz 处塌陷。相位差为 Φ 的两个声波 P_a、P_b 叠加为 P_c，如图 15-30 所示。

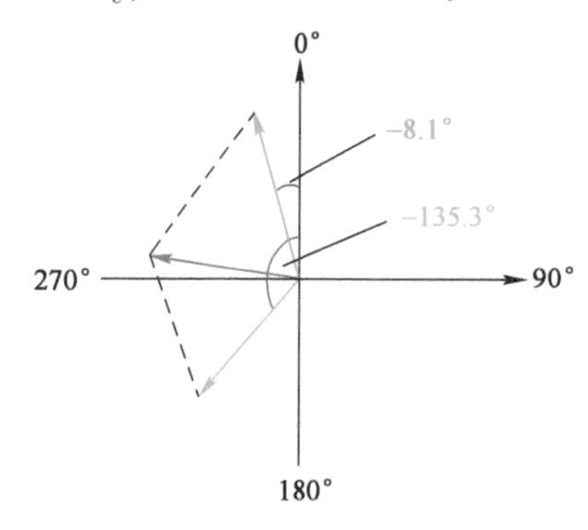

图 15-29　合成矢量图

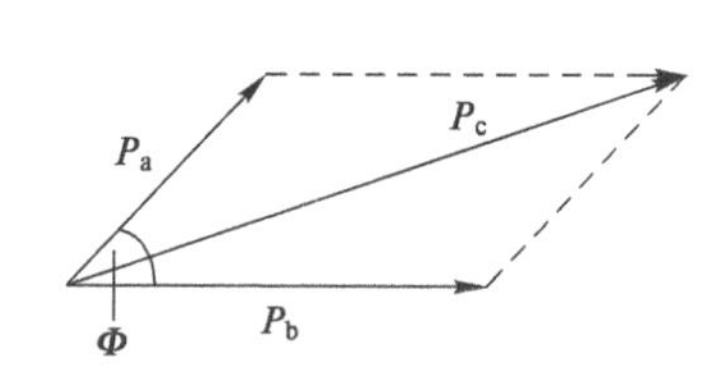

图 15-30　两个声波叠加

$$P_c^2=P_a^2+P_b^2+2P_aP_b\cos\Phi$$

当 $\Phi=0°$或 180°时，P_c 为两个声波相加或相减。

当 $P_a=P_b$，$\Phi=30°$时，P_c为

$$\begin{aligned}P_c^2&=P_a^2+P_a^2+2P_aP_a\cos30°\\&=2P_a^2+2P_a^2\times0.866\\&=2P_a^2\times(1+0.866)=3.732P_a^2\end{aligned}$$

$$P_c=\sqrt{3.732}P_a$$

当 Φ 为 0°~90°、270°~360°时，$\cos\Phi$ 为正，两个声波叠加后提升；当 Φ 为 90°~180°、180°~270°时，$\cos\Phi$ 为负，两个声波叠加后降低。

为了使在交叉重叠区域中幅频特性曲线平坦，可以通过延时进行相位调节。此时给高频段 0.75ms 的延时后，幅频特性曲线和相频特性曲线如图 15-31 所示。延时量 0.75ms 的得出不必通过上式计算，见图 9-18，图中②处白格内的数字即为测量频段延时量，详见图 15-15。由高、中频段得出的延时量之差可得出 0.75ms。

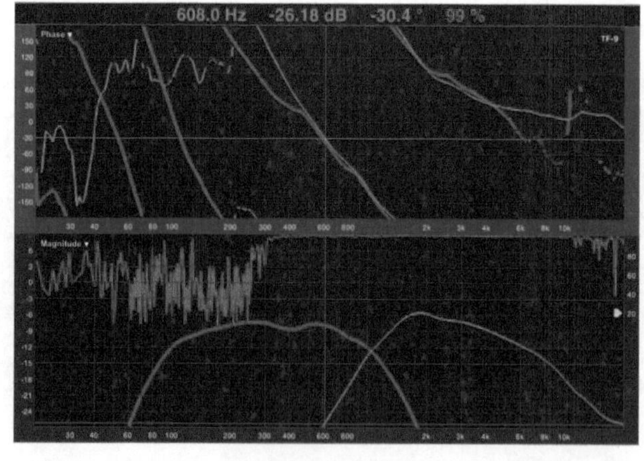

图 15-31　0.75ms 延时的幅频特性曲线和相频特性曲线

② 数字信号处理器 xtaDP448 的操作。单击图 15-22 中的输出 Delay 模块，弹出 Delays 选项卡，如图 15-32 所示，将 0.0000ms 改为 0.7500ms。

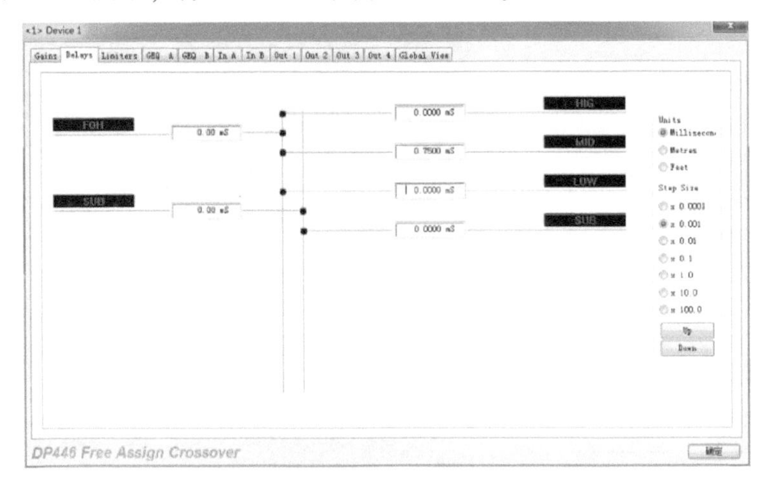

图 15-32 Delays 选项卡

单击“确定”后，通过上述方法得到如图 15-33 所示的高、中频段幅频特性曲线和相频特性曲线。

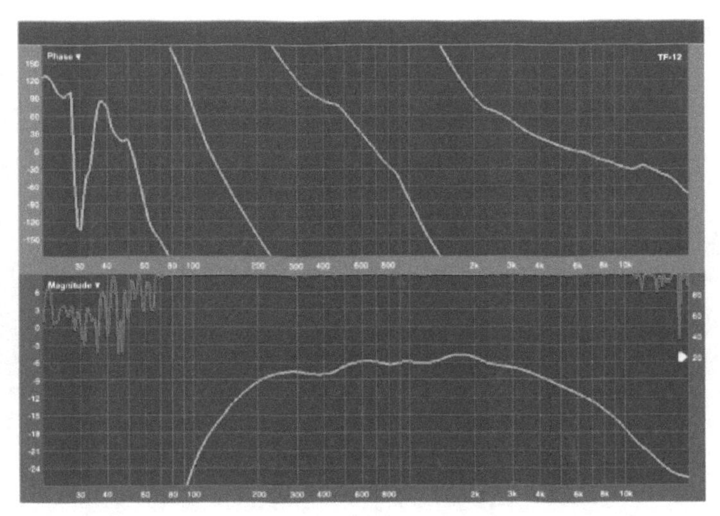

图 15-33 高、中频段幅频特性曲线和相频特性曲线

图中，通过相位补偿可使重叠区域的高频段相频特性曲线与中频段相频特性曲线贴合（相位耦合），在分频点处没有塌陷，叠加 3dB 左右（符合两个等量相位叠加后提高 3dB 的理论分析）；高频段幅频特性曲线下降，其原因是给高频段加了一个延时，导致测试结果不准确，应重新查找延时，直到达到真正的相位耦合。

3. 中、低频段分频点的设定和相位的调节

中、低频段分频点的设定和相位的调节与中、高频段一样，通过图 15-23 设定滤波器的参数，如图 15-34 所示。

注意，MID 要使用高通滤波器设定分频点，低通滤波器已在前面被设定，不要改变；LOW 要使用低通滤波器设定参数。

单击图 15-23 中的“确定”按钮，得到如图 15-35 所示的低频段幅频特性曲线和相频特性曲线。读取相位，选取低频延时。低频分频点的频率为 74. 2Hz，相位为 129. 2°。

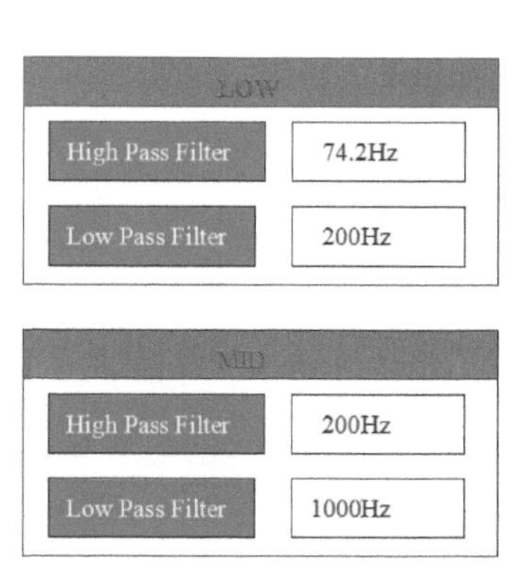

图 15-34　中、低频段滤波器参数的设定

图 15-35　低频段幅频特性曲线和相频特性曲线

至此，左声道全频线阵列音箱的分频点和相位调节完毕，得到如图 15-36 所示的全频段幅频特性曲线和相频特性曲线。

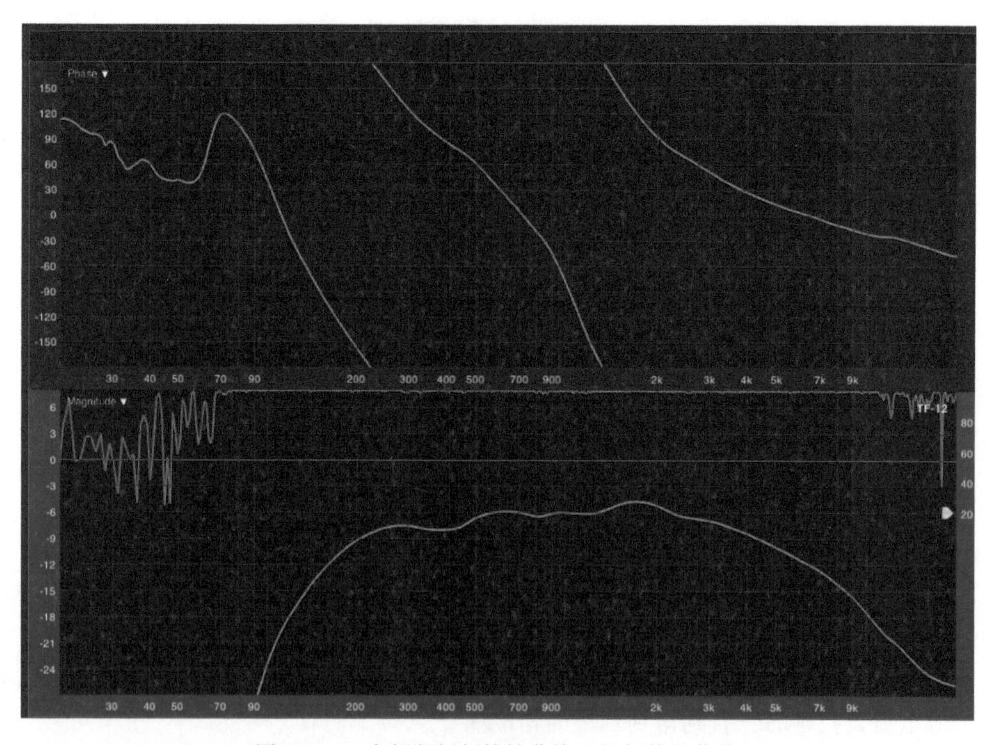

图 15-36　全频段幅频特性曲线和相频特性曲线

4. 右声道线阵列音箱的调节

上述介绍的设定分频点、在重叠区域的相位耦合是对左声道线阵列音箱进行的调节，当调节右声道时，将左声道调节的 xtaDP448 参数复制到右声道即可，但要看左、右声道最终的相频特性曲线是否相同。若不相同，则需检查整套系统，重新调节参数。

15.7 超低音音箱

15.7.1 超低音音箱的摆放

超低音音箱发出的声波覆盖具有全指向性。部分超低音音箱摆放在舞台台口的正前方，距离舞台很近，可导致舞台上的超低声音过多，观众区的超低声音不足，因此可利用相位干涉使超低音音箱发出的声波具有指向性。本书案例采取的方法：超低音音箱采用超心形摆放方式，如图 15-37 所示。

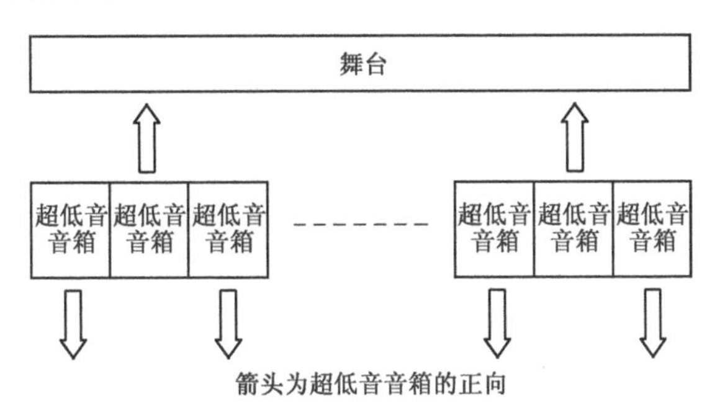

图 15-37　超低音音箱采用超心形摆放方式

15.7.2 xtaDP448 数字信号处理器的操作

此处的 xtaDP448 数字信号处理器为超低音音箱系统的数字信号处理器，在矫正超低音音箱与主扩全频线阵列音箱之间的相位时，为了减少梳状滤波效应，采用界面话筒作为测量传声器，并将其放置在地面上。

（1）将界面话筒朝向观众区的超低音音箱幅频特性曲线和相频特性曲线如图 15-38 所示。

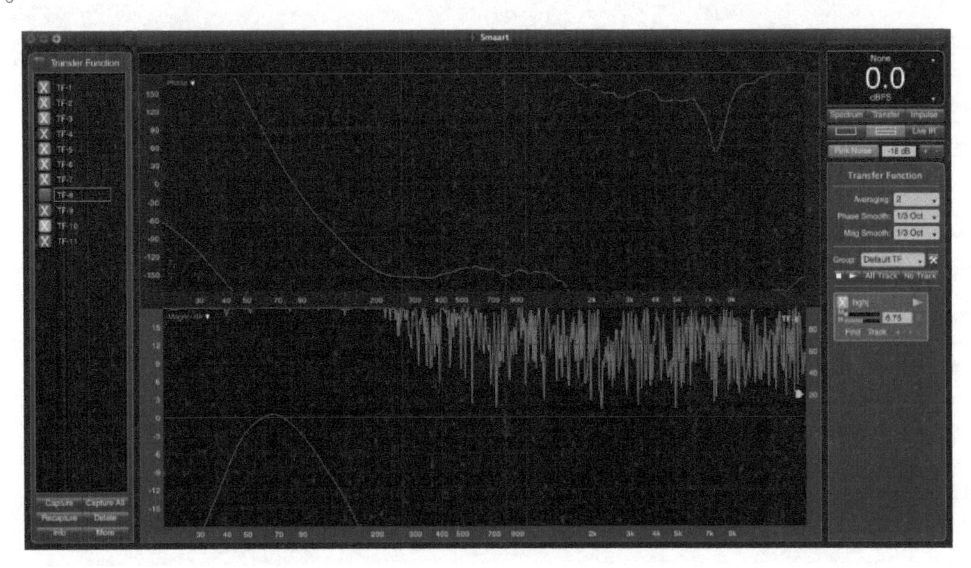

图 15-38　将界面话筒朝向观众区的超低音音箱幅频特性曲线和相频特性曲线

（2）将界面话筒朝向舞台的超低音音箱幅频特性曲线和相频特性曲线如图 15-39 所示。

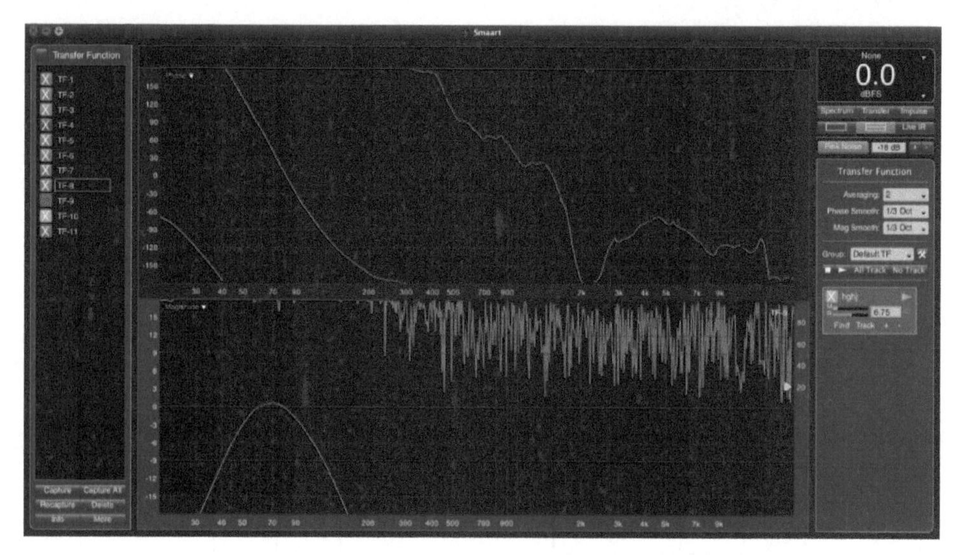

图 15-39　将界面话筒朝向舞台的超低音音箱幅频特性曲线和相频特性曲线

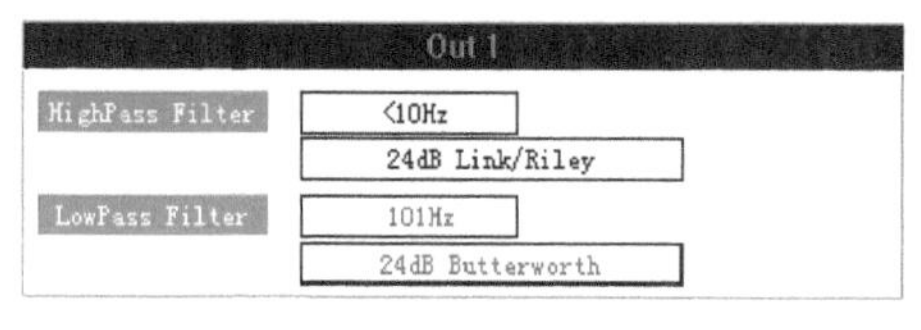

图 15-40　设定超低分频点

（3）修改高通滤波器的斜率和延时使相位贴合。

① 设定超低分频点如图 15-40 所示。相位调节：若使用同一型号的音箱，频率特性和相位特性一致，则可以不再调节相位；若使用不同型号的音箱，则需要调节频率特性和相位特性。

设定分频点和调节延时后，将界面话筒朝向观众区的超低音音箱幅频特性曲线和相频特性曲线如图 15-41 所示。

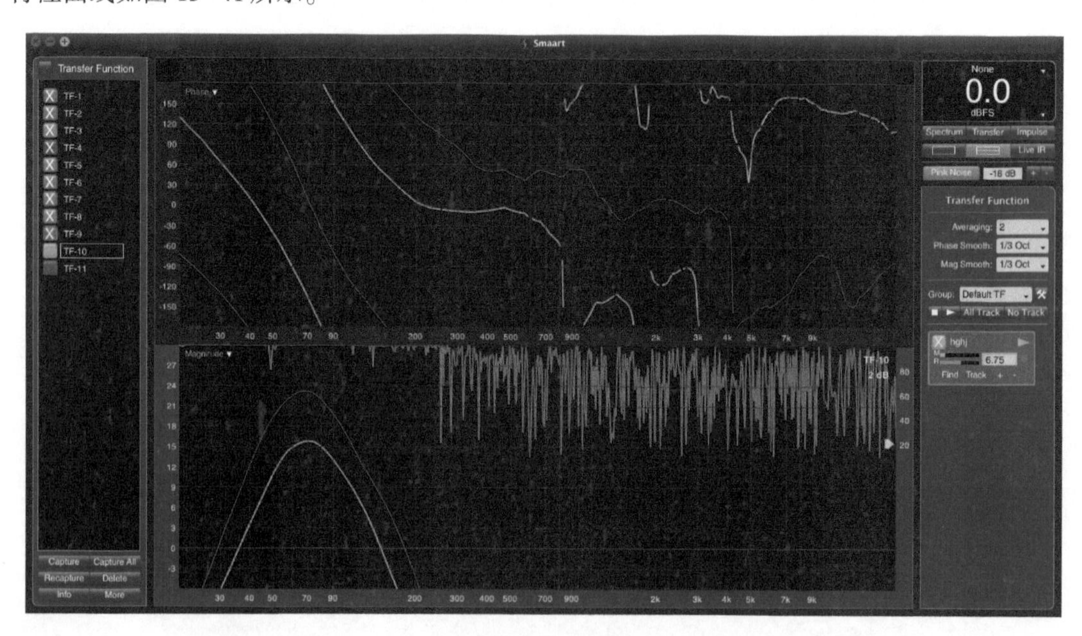

图 15-41　设定分频点和调节延时后，将界面话筒朝向观众区的超低音音箱幅频特性曲线和相频特性曲线

② 反相处理。单击图 15-23（a）中的 Φ180°按钮，将超低音音箱进行反相处理后的相频特性曲线如图 15-42 所示。上半部的绿色与棕色相频特性曲线反相。在封闭场所，由于在舞台地面上存在由天花板和墙面产生的反射波，因此会使超低音音箱的抵消量减小，但在实际聆听时感觉抵消量很多，在观众区的相频特性曲线如图 15-43 所示。

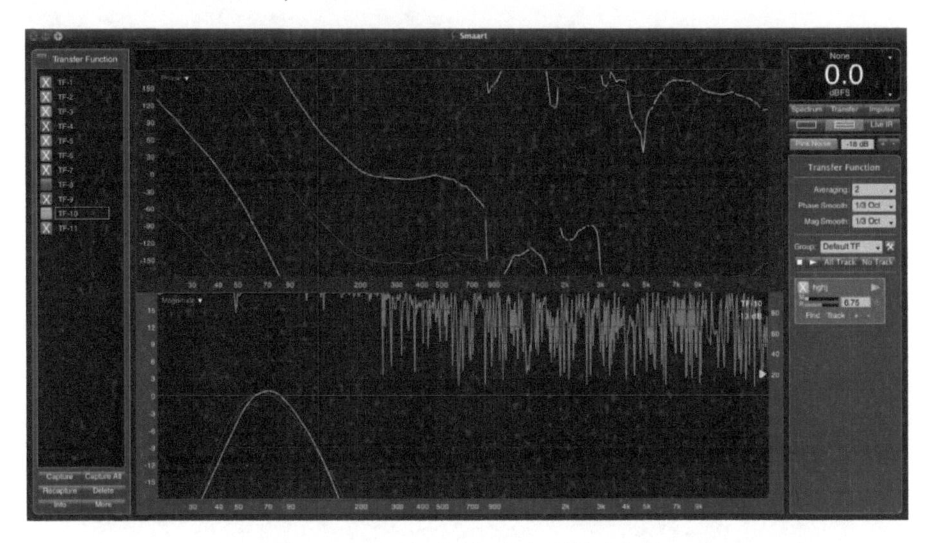

图 15-42　反相处理后的相频特性曲线

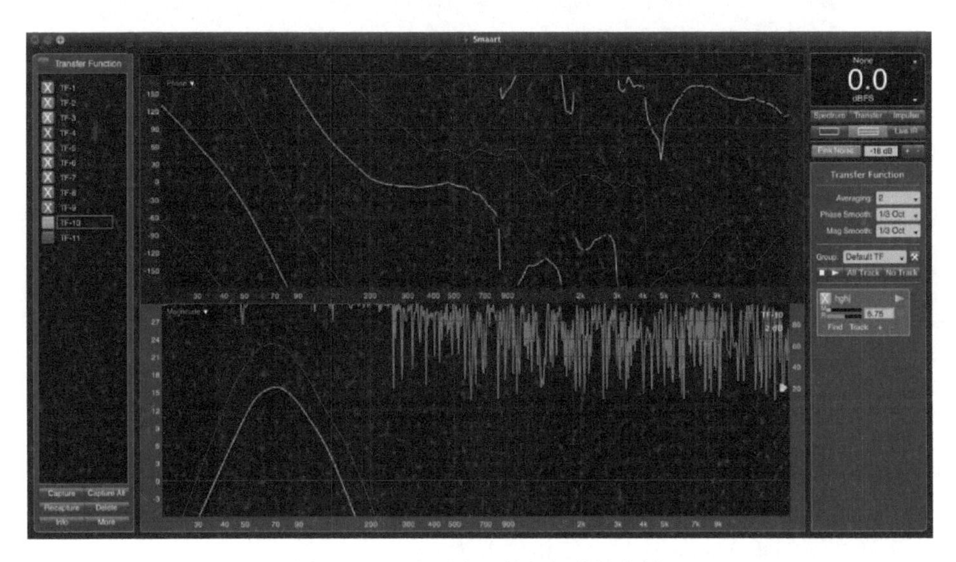

图 15-43　在观众区的相频特性曲线

15.8　主扩全频线阵列音箱与超低音音箱的相位耦合

因在 400Hz 以下查找不到延时，所以采用手动输入延时的方法。此时，界面传声器与超低音音箱的距离为 34m，延时为 100ms，在测试卡的延时框内写入 100ms，如图 15-44（a）所示，得到 100ms 延时的超低音音箱幅频特性曲线和相频特性曲线，如图 15-44（b）所示。

全频线阵列音箱和超低音音箱的幅频特性曲线和相频特性曲线如图 15-45 所示。

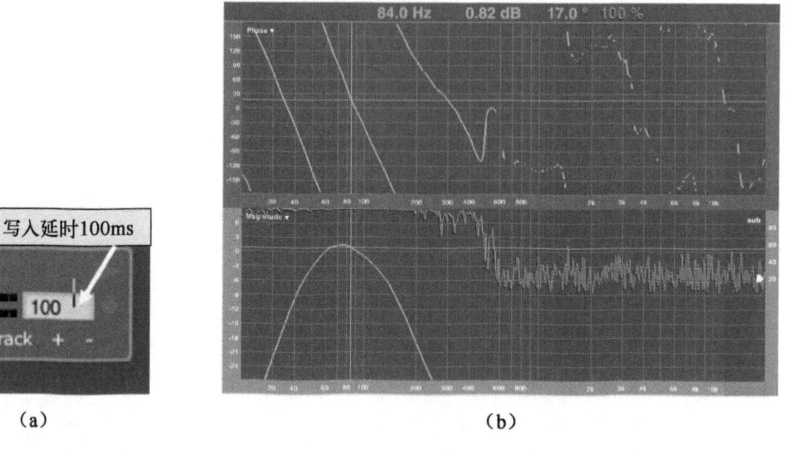

(a)　　　　　　　　　　(b)

图 15-44　写入延时 100ms 及相应的超低音音箱幅频特性曲线和相频特性曲线

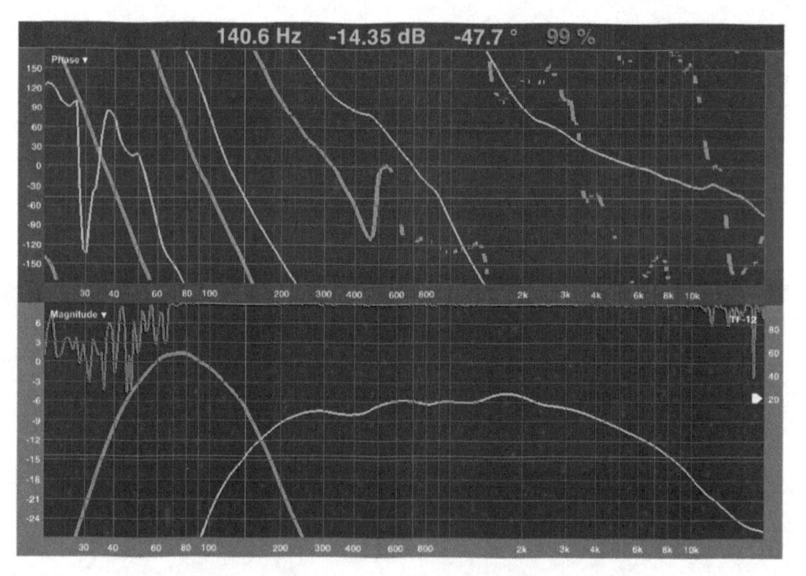

图 15-45　全频线阵列音箱和超低音音箱的幅频特性曲线和相频特性曲线

在重叠区域，超低音音箱的相位为 153.7°，全频线阵列音箱的相位为-95°，相位差为 248.7°，全频线阵列音箱的分频点为 140.6Hz，延时为

$$t=248.7°\div360°\div140.6=0.0049(\text{s})=4.9\text{ms}$$

给全频线阵列音箱加 4.9ms 的延时，使相位差为 0°。

若全频线阵列音箱和超低音音箱与测试点的距离相等，则在全频线阵列音箱上加 4.9ms 延时。若距离不相等，则全频线阵列音箱应在超低音音箱后，距离 $d=340\times0.005=1.7$（m）。

至止，主扩全频线阵列音箱的幅频特性曲线和相频特性曲线调试完毕，测出的主扩全频线阵列音箱的全频段幅频特性曲线和相频特性曲线如图 15-46 所示。

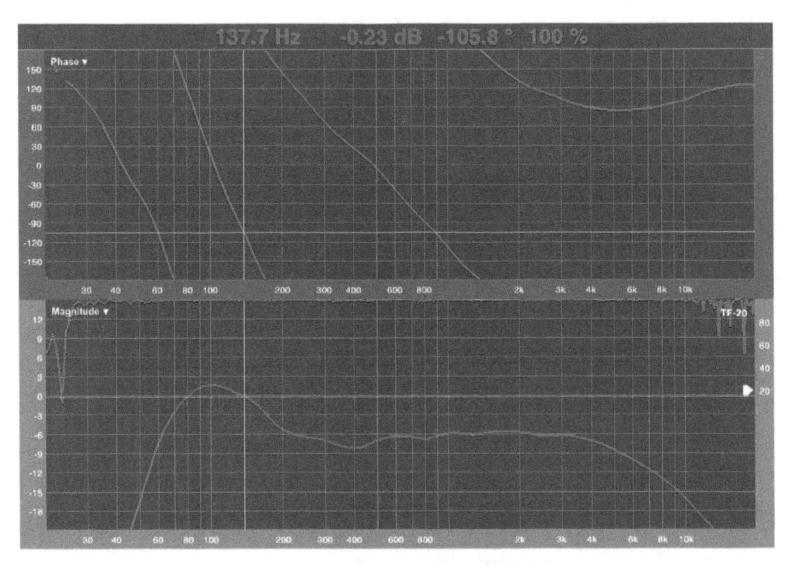

图 15-46　主扩全频线阵列音箱的全频段幅频特性曲线和相频特性曲线

15.9　主扩音箱与辅助音箱的相位耦合

15.9.1　主扩音箱与前补音箱的相位耦合

将测量传声器放在第二类测试点，利用第二类测试点调节主扩音箱与前补音箱的相位耦合。

① 启用主扩音箱，测出相频特性曲线如图 15-47 所示。

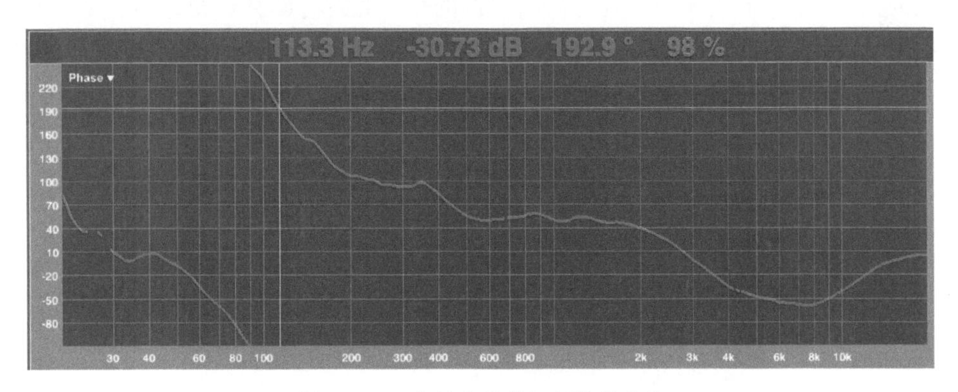

图 15-47　主扩音箱的相频特性曲线

② 关闭主扩音箱，启用前补音箱，测出幅频特性曲线和相频特性曲线如图 15-48 所示。

③ 同时启用主扩音箱和前补音箱，测出相频特性曲线如图 15-49 所示。因采用相同品牌的音箱，所以曲线基本一致。

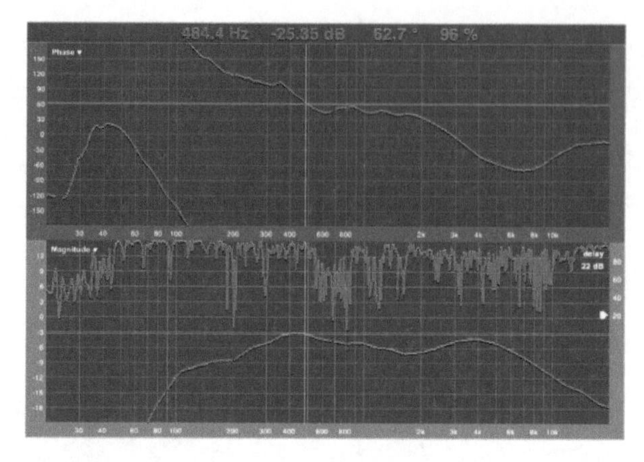

图 15-48　前补音箱的幅频特性曲线和相频特性曲线

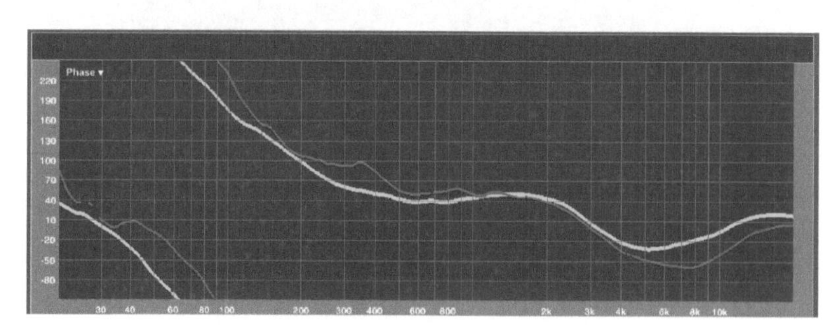

图 15-49　主扩音箱和前补音箱同时启用时的相频特性曲线

15.9.2　主扩音箱与侧补音箱的相位耦合

将测量传声器放在第二类测试点，利用主扩音箱与前补音箱的调节方法调节主扩音箱与侧补音箱的相位耦合。在此不再多述。需要强调的是，此时有侧补音箱分频点及主扩音箱与侧补音箱相位耦合两个方面的调节。侧补音箱的幅频特性曲线和相频特性曲线如图 15-50 所示。

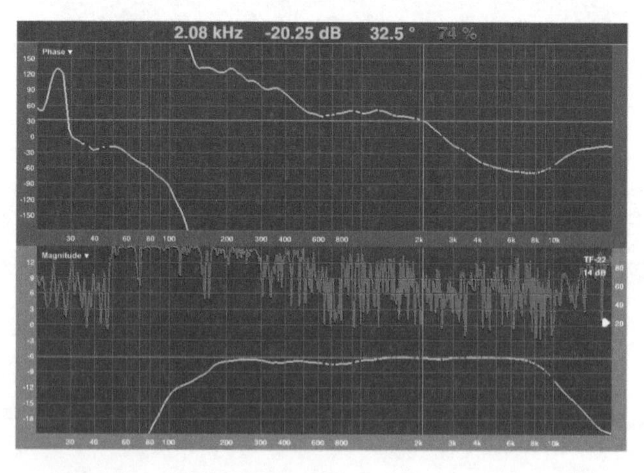

图 15-50　侧补音箱的幅频特性曲线和相频特性曲线

15.9.3　主扩音箱与延时音箱的相位耦合

将测量传声器放在第五类测试点。

主扩音箱与延时音箱的相位耦合分左、右声道。左声道延时音箱的相频特性曲线和幅频特性曲线如图 15-51 所示，将其复制即可得到右声道延时音箱的相频特性曲线和幅频特性曲线。

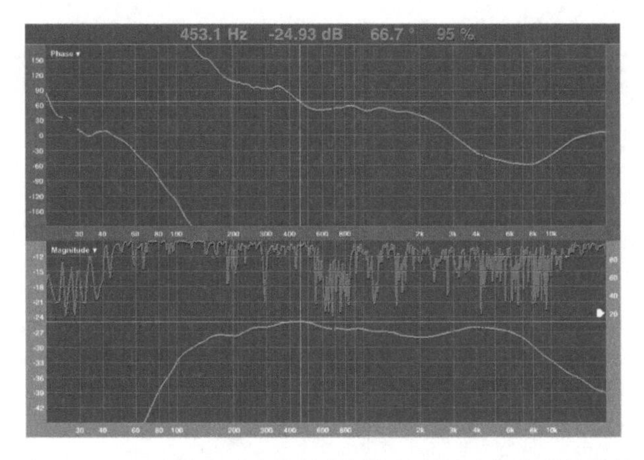

图 15-51 左声道延时音箱的相频特性曲线和幅频特性曲线

首先通过 Smaart 软件的查找延时功能找到延时塔与主扩音箱之间的延时，步骤如前所述；然后单独开启延时塔，在保持测量传声器不改变状态的情况下，找到测量传声器与延时塔之间的延时；最后用主扩音箱的延时减去延时塔的延时，得到延时音箱应加的延时，也就是主扩音箱与延时音箱的距离延时，还可以通过测量延时音箱与主扩音箱的距离，由公式 $t(\mathrm{sec})=d(\mathrm{m})/340(\mathrm{m/sec})$ 计算得出。

15.10 测试的最终工作

15.10.1 现场幅频特性曲线的平均值

在整套系统调试完毕后，利用 Smaart 软件求平均值的方式，可得到演出现场幅频特性曲线的平均值。为了得到更准确的现场幅频特性曲线，在主扩音箱的轴线上选择 8 个点，单击数据保存模块的 More 选择测量 8 次，如图 15-52 所示。

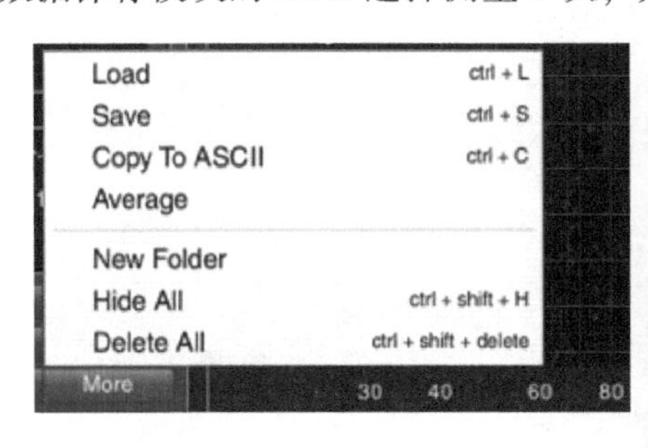

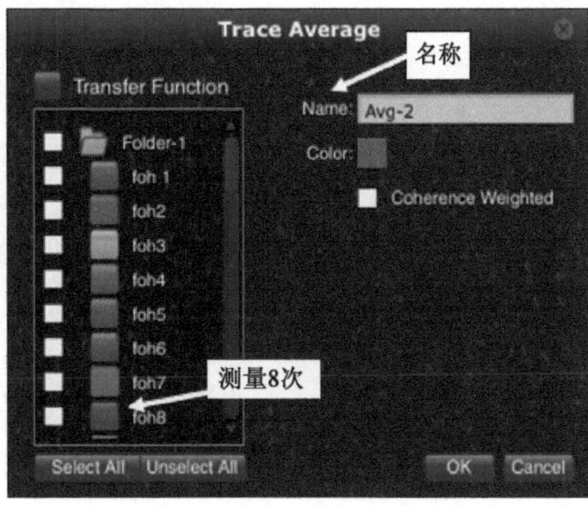

图 15-52 数据保存模块 More 和 Trace Average 对话框

单击 OK，测量 8 次平均后的幅频特性曲线和相频特性曲线如图 15-53 所示。

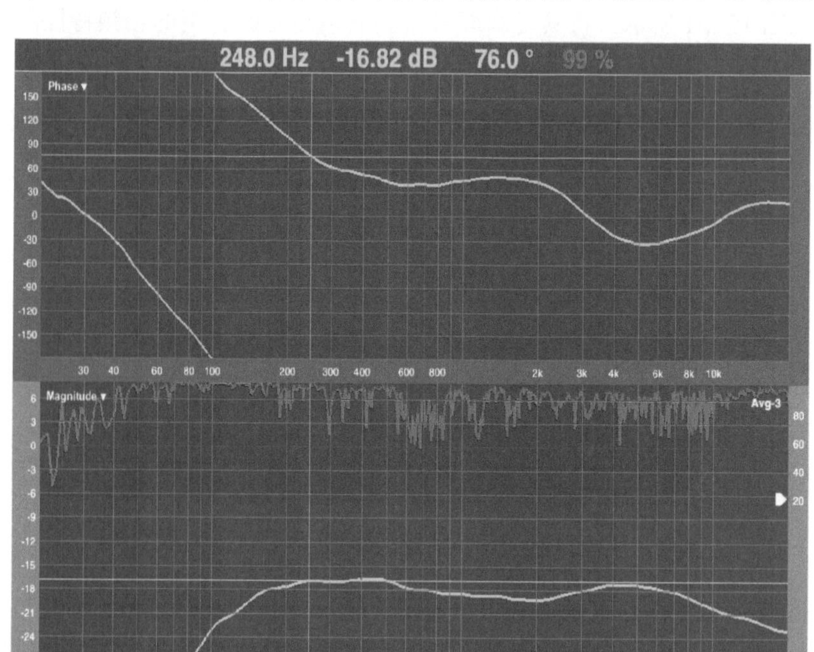

图 15-53 测量 8 次平均后的幅频特性曲线和相频特性曲线

15.10.2 偏轴幅频特性

在整套系统调试完毕后，可利用第三类测试点测试偏轴幅频特性，如图 15-54 所示。

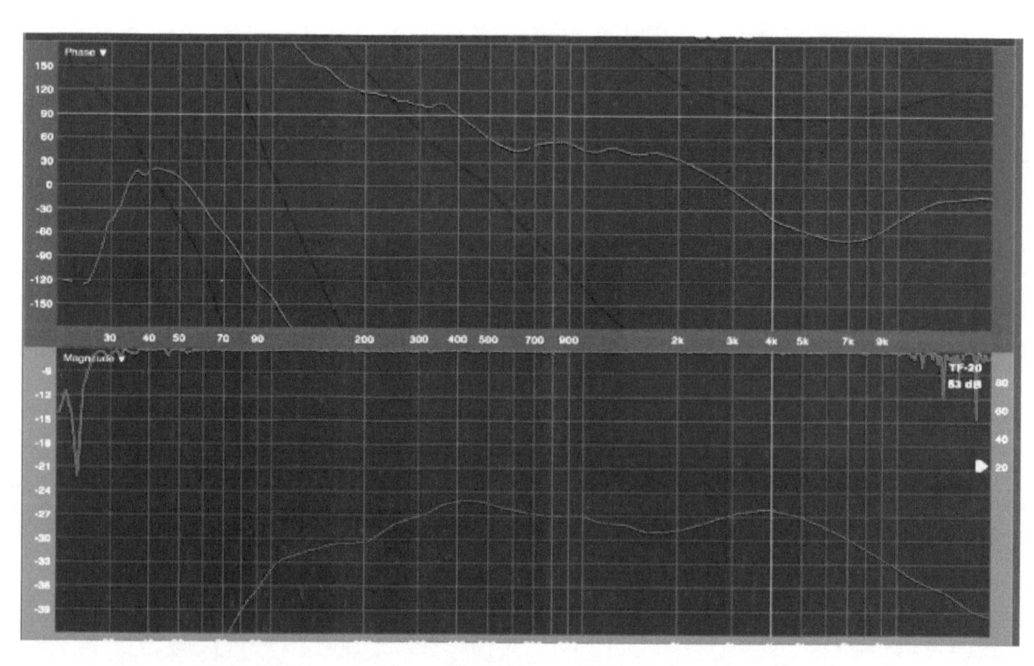

图 15-54 偏轴幅频特性

15.10.3 音响师位置的幅频特性

利用第四类测试点，开启全部音箱，送入粉红噪声，测试音响师位置的幅频特性，如图15-55所示。

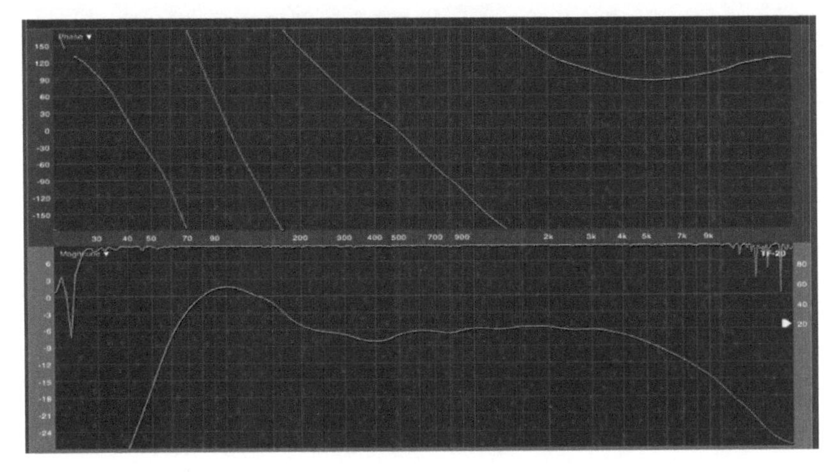

图15-55 音响师位置的幅频特性